# 非均匀室内环境营造理论与方法

李先庭　邵晓亮　王　欢　等著

中国建筑工业出版社

**图书在版编目（CIP）数据**

非均匀室内环境营造理论与方法 / 李先庭等著. —
北京：中国建筑工业出版社，2024.3
ISBN 978-7-112-29689-7

Ⅰ.①非… Ⅱ.①李… Ⅲ.①室内装饰设计-研究
Ⅳ.①TU238.2

中国国家版本馆 CIP 数据核字（2024）第 058239 号

责任编辑：齐庆梅
文字编辑：武　洲
责任校对：赵　力

**非均匀室内环境营造理论与方法**
李先庭　邵晓亮　王　欢　等著

*

中国建筑工业出版社出版、发行（北京海淀三里河路 9 号）
各地新华书店、建筑书店经销
北京科地亚盟排版公司制版
北京中科印刷有限公司印刷

*

开本：787 毫米×1092 毫米　1/16　印张：13½　字数：319 千字
2024 年 3 月第一版　　2024 年 3 月第一次印刷
定价：**128.00** 元
ISBN 978-7-112-29689-7
（42330）

# 前　言

随着社会进步和经济发展，人们对居住建筑和生产建筑的要求越来越高。据统计，人的一生有70％～90％的时间在室内度过，因此营造舒适、健康、安全和节能的室内环境意义重大。如何在不增加甚至显著减少建筑用能的条件下创建更加舒适、健康和安全的室内环境成为室内环境营造亟待解决的难题。由于空气流动是室内热、湿、污染物分布最重要的决定因素，对于营造安全、健康、节能、舒适的室内环境起到关键作用，因此研究室内空气的流动规律，尤其是不同气流组织所形成的室内参数分布规律，成为提升室内环境保障水平和节能效果的核心环节。

传统的通风空调系统理论假设室内空气参数是均匀的，主要采用集总参数方法进行方案设计，房间的空调效果用平均参数来考察。然而在实际工程中室内环境通常是非均匀的，由此产生一系列特殊问题有待解决，包括：多个送风口、内部源（热、湿、污染物）项、初始参数分布对任意位置瞬态或稳态参数的影响如何定量刻画？在不同类型的边界条件下，如何实现室内非均匀环境的快速模拟计算以节约时间成本，并更好地服务于暖通空调设计与在线控制？实际空调通风系统往往带回风运行，回风循环引起各房间的送风浓度未知，入口空气龄不为零，如何求解带回风系统中各房间的污染物浓度和空气龄分布？非均匀环境下，为保障目标区域的热舒适与空气质量，需要送入房间的新风量或洁净风量和冷热量是多少？非均匀环境下，人员等需求对象可能仅占据室内部分空间，如何面向需求对象进行气流组织设计和评价？传统空调设计主要针对极端设计工况，而这些工况在实际工程中出现的几率并不大，如何设计出可变模式的通风系统以更好地适应实际多变的需求场景和源分布？上述问题，是营造更加高效、舒适的室内环境必须解决的系列关键问题，相关问题的解决将极大地促进室内环境营造技术的发展与提高。

清华大学CRH（CFD，Refrigeration，and Heating）团队针对上述非均匀环境营造的系列关键问题开展了近20年的持续研究，本书即为这些问题研究成果的系统梳理。在本书之前，作者团队已出版《室内空气流动数值模拟》一书，对团队前期研究的室内空气流动模拟中面临的特殊问题的模拟方法、室内空气分布评价指标和带回风系统的污染物分布模拟方法等成果进行了介绍，本书重点针对室内非均匀环境的形成机理与营造手段，系统地介绍非均匀环境下室内参数的分布规律、快速预测、局部需风量与局部负荷、非均匀环境评价、面向需求的多模通风等研究成果。

本书由李先庭、邵晓亮、王欢、马晓钧、梁超、闫帅编写，赵家安、陈玖玖、刘叶敏、刘禹、梁辰吉昱、李佳玉、荆刚、刘利伟等帮助整理了相关资料，在此表示由衷的感谢！

同时感谢中国建筑工业出版社对本书出版给予的大力支持！

由于各种原因，书中可能存在不严谨之处甚至问题，敬请读者及时指出。

李先庭

# 目　　录

# 主要符号表

## 1. 英文符号

| 符号 | 说明 |
| --- | --- |
| $A_{Ci,p}(\tau)$ | 在时段 $\tau$ 内第 $i$ 个污染源对室内某点 p 处的污染源可及性 |
| $a_{C,j}^{i}$ | 第 $i$ 个污染源对第 $j$ 个传感器读数的污染源可及度 |
| $a_{C,m}^{i}(\tau)$ | 第 $i$ 个潜在污染源对第 $m$ 个传感器位置的污染源可及度 |
| $\overline{A}_{Cj,local}$ | 稳态时第 $j$ 个热源对保障区域的热源可及度 |
| $\overline{A}_{CWk,local}$ | 稳态时第 $k$ 个围护结构对保障区域的热源可及度 |
| $A_{C,k}^{n}$ | 污染源对第 $n$ 个房间中与第 $m$ 个 GAHU 相连的第 $k$ 个回风口的可及性 |
| $\overline{A}_{C,local}^{n_C}$ | 第 $n_C$ 个污染源对局部区域的平均可及度 |
| $A_{C,p}^{n}(\tau)$ | 在时段 $\tau$ 内房间 $n$ 的整体污染源对室内某点 p 处的污染源可及性 |
| $A_{C,p}^{n}$ | 房间 $n$ 的整体污染源对室内某点 p 处的稳态污染源可及性 |
| $A_{C,p}^{n_C}$ | 第 $n_C$ 个污染源对点 p 的可及度 |
| $a_{C,p}^{n_C^*}(j\Delta\tau)$ | 第 $n_C$ 个污染源在第 $j$ 个时间步对室内某点 p 处的污染源可及度 |
| $a_{C,p}^{n_C}(\tau)$ | 第 $n_C$ 个污染源在时刻 $\tau$ 对空间某点 p 处的污染源可及度 |
| $\widetilde{a}_{C,p}^{n_C}(j\Delta\tau)$ | 自循环气流作用下，第 $n_C$ 个污染源在第 $j$ 个时间步对室内某点 p 处的修正污染源可及度 |
| $\overrightarrow{a_{C}^{p}}$ | 室内某点 p 处的对流边界可及度 |
| $\overline{a_{C,ex}^{p}}$ | 室内某点 p 处的室外温度可及度 |
| $\overline{a_{C,ter}^{p}}$ | 室内某点 p 处的对流末端温度可及度 |
| $(\overrightarrow{a_{C,E}^{p}})^{T}$ | 对流边界对 p 点的可及度向量 |
| $\overline{A}_{D,local}^{n_D}$ | 第 $n_D$ 个湿源对局部区域的平均可及度 |
| $A_{DF,p}^{n}$ | 第 $n$ 个房间的所有新风送风口对室内某点 p 处的送风可及性 |
| $\overrightarrow{a_{E}^{p}}$ | 对流边界条件下，室内某点 p 处的修正热源可及度 |
| $(\overrightarrow{a_{E}^{p}})^{T}$ | 恒定强度热源对 p 点的可及度向量 |
| $a_{h}$ | 湿度在比赛区气流组织评价中的权重 |
| $\overline{A}_{H,local}^{n_H}$ | 第 $n_H$ 个热源对局部区域的平均可及度 |

续表

| 符号 | 说明 |
| --- | --- |
| $a_i$ | 第 $i$ 个指标的权重 |
| $a^*_{\mathrm{I,p}}(j\Delta\tau)$ | 初始条件在第 $j$ 个时间步对室内某点 p 处的初始条件可及度 |
| $a_{\mathrm{I,p}}(\tau)$ | 初始条件在时刻 $\tau$ 对空间某点 p 处的初始条件可及度 |
| $\widetilde{a}_{\mathrm{I,p}}(j\Delta\tau)$ | 自循环气流作用下，初始条件在第 $j$ 个时间步对室内某点 p 处的修正初始条件可及度 |
| $A_{\mathrm{I,p}}(\tau)$ | 在时段 $\tau$ 内室内某点 p 处的初始条件可及性 |
| $A^{\mathrm{DF}}_{nk,\mathrm{p}}$ | 稳态状况下，第 $n$ 个房间的第 $k$ 个直接新风口对房间 $n$ 中 p 点的可及性 |
| $A^{jm}_{nk,\mathrm{out}}$ | 第 $j$ 个 AHU 对第 $m$ 个 AHU 在房间 $n$ 的第 $k$ 个回风口的 AHU 可及性 |
| $A^{m}_{nk,\mathrm{p}}$ | 稳态状况下，第 $m$ 个 AHU 的第 $k$ 个送风口对房间 $n$ 中 p 点的可及性 |
| $A^{m}_{n,\mathrm{p}}$ | 稳态状况下，第 $m$ 个 AHU 的所有送风口对第 $n$ 个房间中 p 点的可及性 |
| $\overline{A}_{\mathrm{S}i,\mathrm{local}}$ | 稳态时第 $i$ 个送风口对保障区域的送风可及度 |
| $A_{\mathrm{S}i,\mathrm{p}}(\tau)$ | 在时段 $\tau$ 内第 $i$ 个送风口在室内某点 p 处的送风可及性 |
| $\overline{A}^{n_\mathrm{S}}_{\mathrm{S,local}}$ | 第 $n_\mathrm{S}$ 个送风口对局部区域的平均可及度 |
| $A^{n}_{\mathrm{S}m,k}$ | 第 $m$ 个 GAHU 的所有送风口对第 $n$ 个房间中与第 $m$ 个 GAHU 相连的第 $k$ 个回风口的可及性 |
| $A^{n}_{\mathrm{S}m,\mathrm{p}}(\tau)$ | 第 $m$ 个 GAHU 在第 $n$ 个房间内任意一点 p 的送风可及性 |
| $A^{n}_{\mathrm{S}m,\mathrm{p}}$ | 第 $m$ 个 GAHU 在第 $n$ 个房间内任意一点 p 的稳态送风可及性 |
| $A^{n_\mathrm{S}}_{\mathrm{S,p}}$ | 第 $n_\mathrm{S}$ 个送风口对点 p 的可及度 |
| $a^{n_\mathrm{S}}_{\mathrm{S,p}}(\tau)$ | 第 $n_\mathrm{S}$ 个送风口在时刻 $\tau$ 对空间某点 p 处的送风可及度 |
| $\widetilde{a}^{n_\mathrm{S}}_{\mathrm{S,p}}(j\Delta\tau)$ | 自循环气流作用下，第 $n_\mathrm{S}$ 个送风口在第 $j$ 个时间步对室内某点 p 处的修正送风可及度 |
| $a^{n_\mathrm{S}*}_{\mathrm{S,p}}(j\Delta\tau)$ | 第 $n_\mathrm{S}$ 个送风口在第 $j$ 个时间步对室内某点 p 处的送风可及度 |
| $\overrightarrow{a^{\mathrm{p}}_{\mathrm{S}}}$ | 对流边界条件下，室内某点 p 处的修正送风可及度 |
| $(\overrightarrow{a^{\mathrm{p}}_{\mathrm{S}}})^{\mathrm{T}}$ | 各送风口对 p 点的可及度向量 |
| $a_\mathrm{t}$ | 温度在比赛区气流组织评价中的权重 |
| $a_\mathrm{v}$ | 风速在比赛区气流组织评价中的权重 |
| $a^{n_\mathrm{C}}_{\theta\mathrm{C,p}}(\tau)$ | 第 $n_\mathrm{C}$ 个热源在时刻 $\tau$ 对空间某点 p 处的热源可及度 |
| $a_{\theta\mathrm{I,p}}(\tau)$ | 初始温度分布在时刻 $\tau$ 对空间某点 p 处的初始温度条件可及度 |
| $a^{n_\mathrm{S}}_{\theta\mathrm{S,p}}(\tau)$ | 第 $n_\mathrm{S}$ 个送风口在时刻 $\tau$ 对空间某点 p 处的送风温度可及度 |
| $\overline{C}_0$ | 初始时刻房间污染物体平均浓度 |
| $C_{\mathrm{e},i}$, $C^{n_\mathrm{C}}_{\mathrm{E}}$ | 稳态时排风口的平均浓度 |
| $C^{n_\mathrm{Er}}_{\mathrm{E}}(j\Delta\tau)$ | 第 $n_\mathrm{Er}$ 个自循环装置的吸风污染物浓度 |

续表

| 符号 | 说明 |
|---|---|
| $C_e^n$ | 稳态下，当污染源存在时房间 $n$ 的排风口污染物平均浓度 |
| $C_e^{n_C,0}$ | 污染源从第 0 个时间步开始以 $S^{n_C,0}$ 的速率持续散发，直至稳态后的排风浓度 |
| $C_j$ | 第 $j$ 个传感器的污染物浓度读数 |
| $\overline{C}_{local}$ | 稳定状态时局部区域的平均浓度 |
| $C_m(\tau)$ | 时刻 $\tau$ 第 $m$ 个传感器的采集浓度 |
| $C_m^*(\tau)$ | 时刻 $\tau$ 第 $m$ 个传感器位置处的浓度预测值 |
| $C_o^{n_f^{n_r}}(j\Delta\tau)$ | 第 $n_f^{n_r}$ 个新风口在第 $j$ 个时间步的送风浓度 |
| $C_{od}$ | 室外空气的污染物浓度 |
| $C_{od}[(j-I^{n_f^{n_r}})\Delta\tau]$ | 第 $(j-I^{n_f^{n_r}})$ 个时间步的室外浓度 |
| $C_p$ | 空气定压比热容（kJ/(kg·℃)） |
| $C_p(j\Delta\tau)$ | 房间内 p 点在第 $j$ 个时间步的污染物浓度 |
| $C_p(\infty)$ | 稳态时点 p 处的污染物浓度 |
| $C_p(t)$ | 时刻 $t$ 点 p 处的污染物浓度 |
| $C_p(\tau)$ | 时刻 $\tau$ 点 p 处的污染物浓度 |
| $C_p^n$ | 第 $n$ 个房间中 p 点的稳态污染物浓度 |
| $C_p^n(t)$ | 房间 $n$ 内点 p 在时刻 $t$ 时的污染物浓度 |
| $C_R^{n_r,n_u}(j\Delta\tau)$ | 第 $n_u$ 个 AHU 在 $j$ 时间步来自第 $n_r$ 个房间的回风浓度 |
| $C_{Rm}^n$ | 房间 $n$ 内连接第 $m$ 个 GAHU 的回风浓度 |
| $C_{Rm}^T$ | 第 $m$ 个 GAHU 的总回风浓度 |
| $C_{R,in}^{n_R^{n_r,n_u}}(j\Delta\tau)$ | 房间 $n_r$ 内与第 $n_u$ 个 AHU 相连的第 $n_R^{n_r,n_u}$ 个出风口在第 $j$ 时间步的入口浓度 |
| $C_{R,in}^{n_R^{n_r,n_u}}[(j-I^{n_R^{n_r,n_u}})\Delta\tau]$ | 第 $n_R^{n_r,n_u}$ 个回风口在第 $(j-I^{n_R^{n_r,n_u}})$ 个时间步的污染物浓度 |
| $C_R^{n_u,T}(j\Delta\tau)$ | 第 $n_u$ 个 AHU 在 $j$ 时间步的总回风浓度 |
| $C_s$ | 送风污染物浓度 |
| $C_{set}$ | 局部区域污染物浓度设定值 |
| $C_S^{n_S}$ | 第 $n_S$ 个送风口的送风污染物浓度 |
| $C_{S0}$ | 所有直接新风入口的污染物浓度 |
| $C_{S,i}$ | 第 $i$ 个送风口的示踪气体浓度 |
| $C_{S,m}$ | 第 $m$ 个 GAHU 的送风污染物浓度 |
| $C_S^{n_S,0}$ | 第 $n_S$ 个送风口在第 0 个时间步的污染物浓度 |

续表

| 符号 | 说明 |
|---|---|
| $C_S^{n_S}(i\Delta\tau)$ | 第 $n_S$ 个送风口在第 $i$ 个时间步的送风浓度 |
| $C_{Sr}^{n_{Sr}}(i\Delta\tau)$ | 第 $n_{Sr}$ 个自循环装置在第 $i$ 个时间步的送风浓度 |
| $C_S^{n_S^{n_r,n_u}}(j\Delta\tau)$ | 房间 $n_r$ 内与第 $n_u$ 个 AHU 相连的第 $n_S^{n_r,n_u}$ 个送风口在第 $j$ 个时间步的出风浓度 |
| $C_S^{n_u}[(j-I^{n_S^{n_r,n_u}})\Delta\tau]$ | 第 $n_u$ 个 AHU 在第 $(j-I^{n_S^{n_r,n_u}})$ 个时间步的送风浓度 |
| $C_S^{n_u}(j\Delta\tau)$ | 第 $n_u$ 个 AHU 在第 $j$ 个时间步的送风浓度 |
| $\overline{d_0}$ | 初始时刻房间内空气含湿量的体平均值 |
| $D_{AB}$ | 扩散系数 |
| $\overrightarrow{d_{amb}}$ | 对流边界处含湿量向量 |
| $d_{amb,j}$ | 第 $j$ 个对流边界处含湿量 |
| $d_{dew}^{n_B}$ | 第 $n_B$ 个网格点壁面温度对应的饱和含湿量 |
| $\overrightarrow{d_k}$ | 毗邻对流边界的网格节点含湿量向量 |
| $d_{k,i}$ | 第 $i$ 个网格节点的含湿量 |
| $d^{n_B,p}(\tau)$ | 与第 $n_B$ 个壁面网格相邻的室内空气网格在时刻 $\tau$ 的瞬时含湿量 |
| $d^{n_S}$ | 第 $n_S$ 个送风口的送风含湿量 |
| $d_p(\tau)$ | 空间任意点 p 在时刻 $\tau$ 的瞬时含湿量 |
| $\overrightarrow{d_S}$ | 送风含湿量向量 |
| $E$ | 单位矩阵 |
| $e_j$ | 第 $j$ 个传感器读数与预测浓度的偏差 |
| $e_m(\tau)$ | $\tau$ 时刻传感器读数与预测浓度的偏差 |
| $F_{k_r}$ | 对流边界网格节点面积 |
| $f_m$ | 第 $m$ 个 GAHU 的新风比 |
| $f^{n_u}$ | 第 $n_u$ 个 AHU 的新风比 |
| $h_{amb}$ | 室外侧对流传热系数 |
| $h_{in,r}$ | 室内空气和对流边界的对流传热系数 |
| $\overline{h}_i^K$ | 反映对流热与其他对流边界处对流温度间关系的非均匀环境等效传热系数 |
| $\overline{h}_i^{loc}$ | 反映对流热与工作区设定温度间关系的非均匀环境等效传热系数 |
| $h_{local\_set}$ | 局部区域空气设定温度和湿度所对应的比焓 |
| $h_s$ | 送风的比焓 |
| $h_{space\_set}$ | 室内空气设定温度和相对湿度所对应的比焓 |

续表

| 符号 | 说明 |
| --- | --- |
| $I^{n_f^{n_r}}$ | 新风从室外送至室内的时间延迟量 |
| $I^{n_S^{n_r,n_u}}$ | 污染物从第 $n_u$ 个 AHU 出口到第 $n_S^{n_r,n_u}$ 个送风口的时间延迟量 |
| $\vec{J}$ | 湿源强度向量 |
| $J^i$ | 第 $i$ 个真实源强 |
| $\tilde{J}^i$ | 第 $i$ 个潜在源的辨识强度 |
| $J_d^{n_B}(\tau)$ | 第 $n_B$ 个壁面网格在时刻 $\tau$ 的散湿强度 |
| $J_d^{n_C}$ | 第 $n_C$ 个湿源的散湿强度 |
| $J^{n_C}$ | 第 $n_C$ 个污染源的散发强度 |
| $\vec{J}_\phi$ | 空气标量的散发强度向量 |
| $\bar{k}_i^1$ | 反映对流热与其他热源间关系的非均匀环境等效传热系数 |
| $K_m^n$ | 第 $m$ 个 GAHU 与第 $n$ 个房间相连的回风口个数 |
| $L$ | 风管长度 |
| $l$ | 特征尺寸 |
| $LCL(\tau)$ | 非均匀环境动态负荷 |
| $M$ | 通用空气处理装置（GAHU）个数或传感器个数 |
| $m_s$ | 送风质量流量 |
| $N$ | 房间或潜在污染源个数 |
| $N_C$ | 污染源个数 |
| $n_c$ | 对流边界个数 |
| $\widehat{n_c}$ | 全部对流边界处的离散网格总数 |
| $N_{DF}^n$ | 第 $n$ 个房间中的直接新风送风口数量 |
| $n_e$ | 恒定强度热源个数 |
| $n_f$ | 热边界个数 |
| $\widehat{n_f}$ | 对流边界网格离散后的热边界总数 |
| $N_f^{n_r}$ | 第 $n_r$ 个房间内新风入口个数 |
| $n_k$ | 毗邻第 $k$ 个边界的空气网格节点个数 |
| $N_{local}, P_{local}$ | 保障区域内的点（或小控制体）的个数 |
| $N_R$ | 自循环装置个数 |
| $N_R^{n_r,n_u}$ | 第 $n_r$ 个房间中与第 $n_u$ 个 AHU 相连的回风口数量 |

续表

| 符号 | 说明 |
| --- | --- |
| $N_{Rn}^{m}$ | 第 $n$ 个房间中与第 $m$ 个 AHU 相连的回风口数量 |
| $N_S$ | 送风口个数 |
| $N_{Sn}^{m}$ | 第 $n$ 个房间中来自第 $m$ 个 AHU 的送风口数量 |
| $N_S^{n_r,n_u}$ | 第 $n_r$ 个房间中来自第 $n_u$ 个 AHU 的送风口数量 |
| $n_s$ | 独立送风口个数 |
| $OD_P$ | 区域 P 的人员分布密度 |
| $OD_{Pi}$ | 第 $i$ 个人在区域 P 的空间占有率 |
| $parh$ | 比赛区超过设计相对湿度的百分比 |
| $pat$ | 比赛区超出设计温度的百分比 |
| $pav$ | 比赛区超过规定风速的空间百分比 |
| $Pe$ | 贝克列数 |
| $P_{local}$ | 构成某局部区域的小控制体的数量 |
| $Pr_t$ | 湍流普朗特数 |
| $Q$ | 房间通风量 |
| $\overrightarrow{Q}$ | 室内恒定强度热源向量 |
| $Q_C^i$ | 第 $i$ 个对流边界处传热量 |
| $q_{c,i}^{j}$ | 第 $i$ 个对流边界处第 $j$ 个毗邻网格节点对流边界传热量 |
| $Q_{Fm}$ | 第 $m$ 个 GAHU 的新风量 |
| $Q_{gain}$ | 室内得热量 |
| $\overrightarrow{Q_{k_r}}$ | 对流边界的对流热向量 |
| $Q_{local}$ | 非均匀室内环境的局部负荷 |
| $Q_{local\_s}$ | 非均匀室内环境的局部显热负荷 |
| $Q^n$ | 房间 $n$ 的总通风量 |
| $q^{n_C}$ | 第 $n_C$ 个热源的散热量 |
| $Q^{n_S}$ | 第 $n_S$ 个送风口的风量 |
| $Q_{Rm}^{n}$ | 第 $m$ 个 GAHU 与第 $n$ 个房间相连的所有回风口的总回风量 |
| $Q_s$ | 独立送风口的总送风量 |
| $Q_{Sm}$ | 第 $m$ 个 GAHU 的送风量 |
| $Q_{space}$ | 传统均匀室内环境下的室内负荷 |
| $Q_t$ | 包括自循环装置在内的所有出风口的总风量 |
| $r_{mk}^{n}$ | 第 $k$ 个回风口的风量占第 $m$ 个 GAHU 与第 $n$ 个房间相连的所有回风口的总回风量的比例 |

续表

| 符号 | 说明 |
| --- | --- |
| $r^{n_R^{n_r,n_u}}$ | 第 $n_R^{n_r,n_u}$ 个回风口的风量占第 $n_u$ 个 AHU 与第 $n_r$ 个房间相连的所有回风口的总回风量的比例 |
| $R_R^{n_r,n_u}$ | 第 $n_r$ 个房间的回风占其总回风的比例 |
| $R_{Rm}^n$ | 第 $m$ 个 GAHU 从第 $n$ 个房间的回风占其总回风的比例 |
| $S$ | 气流组织形式的性能得分 |
| $S_g$ | 整个比赛区气流组织的满意度 |
| $S_h$ | 湿度满意度 |
| $S_i$ | 第 $i$ 个污染源的散发强度 |
| $S_{IPMV}$ | 观众席舒适性满意度 |
| $S^n$ | 房间 $n$ 内污染源的总散发率 |
| $S^{n_C,0}$ | 第 $n_C$ 个污染源在第 0 个时间步内的散发速率 |
| $S^{n_C}(i\Delta\tau)$ | 第 $n_C$ 个污染源在第 $i$ 个时间步的散发速率 |
| $S_t$ | 温度满意度 |
| $S_v$ | 风速满意度 |
| $S_{\eta'_a}$ | 修正换气效率的得分 |
| $S_{\eta'_t}$ | 修正能量利用系数的得分 |
| $t$ | 时刻 |
| $t_{adj}^j$ | 对流边界处第 $j$ 个毗邻网格节点的温度 |
| $t_{amb,j}$ | 第 $j$ 个对流边界处的对流温度 |
| $\overrightarrow{t_{amb,k}}$ | 对流外温向量 |
| $t_{av}$ | 目标保障区 $V$ 的体积平均温度 |
| $t_e$ | 排风温度 |
| $T_0$ | 基准温度 |
| $\overrightarrow{t_{k_r}}$ | 毗邻对流边界的空气网格温度向量 |
| $t_{k,i}$ | 第 $i$ 个网格节点的温度 |
| $T_{local\_set}$ | 保障区域的设定温度 |
| $T^{n_B}$ | 第 $n_B$ 个网格点壁面的温度 |
| $t_{n_{w,i}}$ | 对流边界内壁面温度 |
| $t^p$ | 房间内任意点 p 的温度 |
| $T_s,t_S$ | 送风温度 |
| $\overrightarrow{t_S}$ | 送风温度向量 |

续表

| 符号 | 说明 |
| --- | --- |
| $T_{\text{set}}$ | 非均匀室内环境保障区域的设定温度 |
| $\overrightarrow{U_{k_r}}$ | 对流传热系数 |
| $V$ | 房间体积 |
| $\bar{v}$ | 比赛区的平均风速 |
| $V_g$ | 比赛区的体积 |
| $\Delta V_i$ | 速度场中第 $i$ 个微元处的体积 |
| $v_i$ | 速度场中第 $i$ 个微元体积处的速度 |
| $\Delta V_j$ | 第 $j$ 个超出规定的风速、温度和相对湿度的网格所在的微元体积 |
| $Y_{\text{C,p}}^{n_\text{C}}(j\Delta\tau)$ | 房间内任一点 p 在第 $j$ 个时间步对第 $n_\text{C}$ 个污染源的响应系数 |
| $Y_{\text{C},n_\text{R}^{n_\text{r},n_\text{u}}}^{n_\text{C}^{n_\text{r}}}[(j-i)\Delta\tau]$ | 与第 $n_\text{u}$ 个 AHU 相连的第 $n_\text{R}^{n_\text{r},n_\text{u}}$ 个回风口在第 $j$ 个时间步对房间 $n_\text{r}$ 内第 $n_\text{C}^{n_\text{r}}$ 个污染源在第 $i$ 个时间步散发的响应系数 |
| $Y_{\text{DF},n_\text{R}^{n_\text{r},n_\text{u}}}^{n_\text{f}^{n_\text{r}}}[(j-i)\Delta\tau]$ | 与第 $n_\text{u}$ 个 AHU 相连的第 $n_\text{R}^{n_\text{r},n_\text{u}}$ 个回风口在第 $j$ 个时间步对房间 $n_\text{r}$ 内第 $n_\text{f}^{n_\text{r}}$ 个直接新风口在第 $i$ 个时间步送入污染物的响应系数 |
| $Y_{\text{I},n_\text{R}}(j\Delta\tau)$ | 管道出口在第 $j$ 个时间步对管道内初始分布的响应系数 |
| $Y_{\text{S,p}}^{n_\text{S}}(j\Delta\tau)$ | 房间内的任意一点 p 在第 $j$ 个时间步对第 $n_\text{S}$ 个送风口的送风响应系数 |
| $Y_{\text{S},n_\text{R}}[(j-i)\Delta\tau]$ | 管道出口在第 $j$ 个时间步对入口第 $i$ 个时间步送入污染物的响应系数 |
| $Y_{\text{S},n_\text{R}^{n_\text{r},n_\text{u}}}^{n_\text{S}^{n_\text{r},n_\text{u}}}[(j-i)\Delta\tau]$ | 与第 $n_\text{u}$ 个 AHU 相连的第 $n_\text{R}^{n_\text{r},n_\text{u}}$ 个回风口在第 $j$ 个时间步对与第 $n_\text{u}$ 个 AHU 相连的第 $n_\text{S}^{n_\text{r},n_\text{u}}$ 个送风口第 $i$ 个时间步送风的响应系数 |
| $Y_{\text{Sr,p}}^{n_\text{Sr}^*}[(j-i)\Delta\tau]$ | 房间内的任意一点 p 在第 $j$ 个时间步对第 $n_\text{Sr}$ 个自循环装置第 i 个时间步送风的响应系数 |

## 2. 希腊文符号

| 符号 | 说明 |
| --- | --- |
| $\alpha_{nk}^m$ | 第 $n$ 个房间中第 $k$ 个回风口的风量占第 $m$ 个 AHU 的回风量的比例 |
| $\delta$ | 墙体厚度 |
| $\delta x$ | CFD 计算中的网格尺寸 |
| $\eta_a'$ | 修正换气效率 |
| $\eta_c'$ | 修正排污效率 |
| $\eta_{\text{DF}}^n$、$\eta_\text{f}^{n_\text{r}}$ | 房间 $n$、$n_\text{r}$ 内直接新风的污染物净化效率 |
| $\eta_m$ | 第 $m$ 个 GAHU 的空气净化效率 |
| $\eta_{n_\text{Er}}$ | 第 $n_\text{Er}$ 个自循环装置的污染物净化效率 |
| $\eta^{n_\text{u}}$ | 第 $n_\text{u}$ 个 GAHU 的污染物净化效率 |

续表

| 符号 | 说明 |
| --- | --- |
| $\eta_t'$ | 修正能量利用系数 |
| $\theta_I$ | 初始体平均过余温度 |
| $\bar{\theta}_{local}$ | 保障区域稳态时的过余温度 |
| $\theta_p$ | 保障区域任意点 p（或小控制体 p）稳态时的过余温度 |
| $\theta_p(\tau)$ | 空间任意点 p 在时刻 $\tau$ 的过余温度 |
| $\theta_S^{n_S}$ | 第 $n_S$ 个送风口的送风过余温度 |
| $\lambda$ | 导热系数 |
| $\mu$ | 黏性系数 |
| $\mu_{eff}$ | 有效黏度 |
| $\mu_t$ | 湍流黏性系数 |
| $\nu$ | 空气运动黏度 |
| $\Delta\tau$ | 风管的空气龄增量 |
| $\tau$ | 持续送风时间 |
| $\tau_{FA}^m$ | 第 $m$ 个 AHU 中混风前新风的空气龄 |
| $\tau_i$ | 第 $i$ 股气流的空气龄 |
| $\tau_{in}^i$ | 第 $i$ 个送风口的空气龄 |
| $\tau_{mix}$ | 多股气流混合后的空气龄 |
| $\tau_{n,p}$ | 第 $n$ 个房间中任意点 p 的空气龄 |
| $\tau_{n,p}^R$ | 当所有送风口的空气龄为 0 时，第 $n$ 个房间中的任意点 p 的房间空气龄 |
| $\tau_{n,p}^{R'}$ | 新房间空气龄 |
| $\tau_{n,mk,out}^{R'}$ | 所有 AHU 的空气龄均为 0 时，第 $m$ 个 AHU 在房间 $n$ 的第 $k$ 个回风口处的新房间空气龄 |
| $\tau_{nk,in}^{DF}$ | 第 $n$ 个房间中第 $k$ 个直接新风口的空气龄 |
| $\tau_{nk,in}^m$ | 第 $n$ 个房间中与第 $m$ 个 AHU 相连的第 $k$ 个送风口处的空气龄 |
| $\Delta\tau_{nk,in}^m$ | 从第 $m$ 个 AHU 的送风段初始位置到第 $n$ 个房间中的第 $k$ 个送风口的空气龄增量 |
| $\tau_{nk,out}^m$ | 第 $n$ 个房间中与第 $m$ 个 AHU 相连的第 $k$ 个回风口处的空气龄 |
| $\Delta\tau_{nk,out}^m$ | 从第 $n$ 个房间中的第 $k$ 个回风口到第 $m$ 个 AHU 混风前的空气龄增量 |
| $\tau_p$ | 房间任意一点 p 的空气龄 |
| $\tau_{RA}^m$ | 第 $m$ 个 AHU 中混风前回风的空气龄 |
| $\tau_{SA}^j$ | 第 $j$ 个 AHU 混合后的送风空气龄 |
| $\tau_{SA}^m$ | 第 $m$ 个 AHU 中回风与新风混合后的送风空气龄 |
| $\Gamma_{Ceff}$ | 等效质扩散系数 |
| $\sigma_t$ | 湍流传质 Schmidt 数 |

续表

| 符号 | 说明 |
|---|---|
| $\phi^{p}$ | 室内任意点 p 的空气标量参数 |
| $\overrightarrow{\phi_{amb}}$ | 标量的对流边界处的参数值向量 |
| $\overrightarrow{\phi_{S}}$ | 标量的送风参数向量 |

3. 缩略语

| 符号 | 说明 |
|---|---|
| ACS | 污染源可及性 |
| AIC | 初始条件可及性 |
| ASA | 送风可及性 |
| CAV | 定风量 |
| CFD | 计算流体力学 |
| DV | 置换通风 |
| FFU | 风机过滤单元 |
| GAHU | 通用空气处理装置 |
| LCL | 局部冷负荷 |
| MAAT | 对流边界可及度 |
| MAHS | 修正热源可及度（对流边界） |
| MASA | 修正送风可及度（对流边界） |
| MMV | 多模通风 |
| MV | 混合通风 |
| OD | 人员分布密度 |
| RCCS | 污染源响应系数 |
| RCSA | 送风响应系数 |
| RTACS | 修正污染源可及度（自循环作用） |
| RTAIC | 修正初始条件可及度（自循环作用） |
| RTASA | 修正送风可及度（自循环作用） |
| TACS | 污染源可及度 |
| TAIC | 初始条件可及度 |
| TASA | 送风可及度 |
| UFAD | 地板送风 |
| VAV | 变风量 |

# 第1章 绪 论

## 1.1 室内环境营造方法的演变

自从人类进入文明社会以来，人们对室内环境的要求越来越高。早期的室内环境主要是满足人们不挨冻的需求，各种取暖技术应运而生。随着人们对各种污染物和传染病对人类危害认识的加深，通风技术得到了长足发展。随着工业大生产的发展和人们对舒适性要求的升级，以温湿度控制为代表的空调技术得到了广泛的应用。

不论是取暖、通风还是空调，都属于室内环境的营造技术。传统上通常将室内环境温度、湿度、污染物浓度等都当成均匀分布，即用一个参数代表整个室内情况，以此为基础发展了较为完整的室内环境营造方法，包括室内所需要的通风量、冷热负荷、湿负荷、送风温湿度等参数。

为了实现各种类型房间中室内环境的营造，人们提出了一系列以混合通风为基础的送风末端和气流组织形式，并广泛应用于工业和民用建筑中。混合通风虽然能满足室内所需要的参数，但通常所需要的送风量较大，送入的冷热量也较大，导致室内环境营造系统能耗较高。为了减少送风量和送入室内的冷热量，人们提出了一系列更为高效的送风方式，包括置换通风、地板送风等（图 1-1）。为了更好地营造个性化的室内环境并进一步减少送风量，人们提出了个性化通风方案（图 1-2）。

(a)

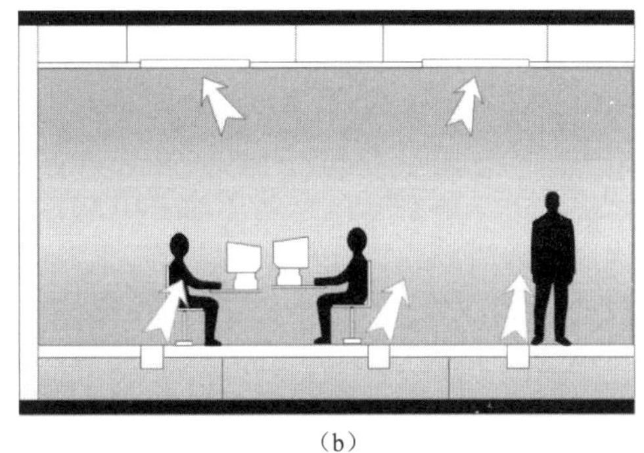

(b)

图 1-1 基于工作区保障的通风气流组织

(a) 置换通风；(b) 地板送风

与传统的均匀混合营造方式相比，上述高效气流组织形式均创造出温度、湿度和污染物浓度非均匀分布的室内环境，在保障人员或工艺所要求参数的同时，可以降低其他区域的参数要求，从而减少送风量或冷热量的投入，节约能源消耗。大量研究表明，上述高效气流组织均存在显著的节能效果，因此在民用建筑和工业建筑中都得到了大量应用。

图 1-2　个性化通风

## 1.2　现有非均匀室内环境营造技术存在的问题

虽然各类非均匀环境营造技术显著地降低了通风量或冷热投入量，但由于传统的室内环境营造理论基于室内均匀混合，原有理论无法指导各类非均匀环境的设计和运行。

首先，在非均匀环境条件下，在满足保障区域污染物浓度时所需要的送风量大小与均匀混合条件下存在着显著差别。以模拟计算的某办公室为例（尺寸为 4.12m×2.89m×4.2m），为保障人员呼吸导致的 $CO_2$ 浓度不超标，按照均匀混合计算方法所需的送风换气次数为 4.32 次/h，但如果实际气流组织具有短路特征，由此形成的非均匀室内环境条件下，为保障目标区域浓度达标所需要的送风换气次数高达 8 次/h。以某实际电子洁净厂房为例（尺寸为 9.6m×9.6m×4.5m），按照均匀混合计算方法所需的洁净送风量为 123 次/h，在真实洁净厂房多 FFU（Fan Filter Unit）送风营造的非均匀环境下，对所关注的目标区域进行洁净度保障时，所需要的送风换气次数仅为 40.2 次/h。由此表明，准确确定保障空气品质所需的通风量是室内环境营造的关键，但目前并没有适合于非均匀环境送风的送风量理论公式。

其次，为解决非均匀环境下室内冷热负荷大小的问题，相关学者提出了针对置换通风、地板送风、分层空调等气流组织形式下基于热源分配比例系数的室内冷热负荷概念与计算方法。但这种经验分配系数不具有通用性，且分配系数值不能反映热源对所在区域的影响远大于其他区域的现象。为了确认设计方案可以满足实际需要，人们通常采用计算流体力学（Computational Fluid Dynamics，CFD）方法对设计方案进行模拟，检验设计方案的效果，并通过反馈进行设计方案的调整，最终使设计方案满足实际需求。上述做法虽然可以最终寻找到满足要求的设计方案，但需要通过不断的试算，且对各种影响因素的影响程度只能靠经验估算，难以指导非均匀环境的优化设计。为了更全面地考虑非均匀环境对室内负荷的影响，有学者[1] 提出如式（1-1）所述的表达式，但该式仅为一个能量平衡关系，无法直接反映相关负荷的影响因素对非均匀环境下负荷的影响特征。

$$Q_{\mathrm{occupied}}=a_{\mathrm{oe}}Q_{\mathrm{oe}}+a_{\mathrm{l}}Q_{\mathrm{l}}+a_{\mathrm{ex}}Q_{\mathrm{ex}}+a_{\mathrm{f}}Q_{\mathrm{f}} \tag{1-1}$$

式中，$a_{oe}$、$a_{l}$、$a_{ex}$ 和 $a_{f}$ 分别为热源 $Q_{oe}$（人员设备）、热源 $Q_{l}$（灯光）、热源 $Q_{ex}$（围护结构）和热源 $Q_{f}$（地板）分配到工作区的比例，即热源分配比例系数。

第三，目前的室内环境营造设计主要面对的是设计工况，通常是夏季或冬季的极端工况。这些工况在实际工程中出现的几率并不大，而那些量大面广的实际工况却在设计时并没有考虑（图 1-3）。目前的室内环境营造通常基于某种固定的气流组织形式，而一种气流组织形式很难高效地满足各种日常工况和设计工况。

(a)

(b)

图 1-3　基于图像的实际典型工况确定
(a) 自习工况；(b) 会议工况

第四，目前的室内环境评价指标面向的是整个空间，而人员工作区和工艺区以外区域的参数对人员和工艺的影响较小，整个空间评价好的室内环境不一定在人员和工艺区的评价也好（图 1-4），而整体评价差的室内环境，未必在对象区域内保障也差。

只有很好地解决了上述问题，才能使室内环境营造更好地满足人员的舒适、健康需求或工艺需求，且营造室内环境所需要的能量更少。

全空间保障换气效率仅为0.15

人员占据下部空间，新风输送高效，实际换气效果应该更优

图 1-4　全空间保障与对象区域保障差异

## 1.3　本书的目的与内容

之所以出现上述非均匀环境营造中的问题，关键在于人们没有掌握非均匀环境下室内参数的分布规律，因而无法建立类似均匀混合条件下送风量与室内源的关系、室内负荷与各种得热间的关系。本书的目的就是希望全面地解决目前非均匀环境设计面临的各种问题，为面向人员或工艺的非均匀环境设计提供全面的技术指导。为此，本书的主要内容如下：第 2 章介绍定边壁通量条件下室内温度、湿度、污染物浓度等标量参数的分布规律，第 3 章介绍包含对流边壁条件的室内标量参数的分布规律，第 4 章介绍变化边界条件下室内标量参数的分布规律与快速计算方法，第 5 章给出满足局部区域需求时的

通风量公式，第 6 章介绍保障局部区域时的室内空调负荷及其影响因素，第 7 章给出保障局部区域时的室内动态空调负荷公式，第 8 章介绍面向需求的非均匀环境评价方法，第 9 章介绍面向不同应用场景的多模式通风方法，第 10 章为非均匀环境营造技术展望。

## 第 1 章 参考文献

[1] Lau J，Niu J. Measurement and CFD simulation of the temperature stratification in an atrium using a floor level air supply method [J]. Indoor and Built Environment，2003，12 (4)：265-280.

# 第 2 章　定边壁通量条件下室内标量参数分布规律

## 2.1　概述

在稳态情况下，室内空间各点的空气标量参数受送风与热质释放源的共同作用；而在瞬态情况下，任意时刻的标量参数除受送风与释放源的影响外，还受房间初始参数分布的影响。以图 2-1 所示的污染物传播为例，污染物由送风、内部污染源、边壁源释放到室内，在达到稳态时，室内给定点 p 的浓度的形成为来自送风（S1 和 S2）和源（内部源 C1 和边壁源 C2）的共同作用；而在瞬态情况下，除送风和源的作用外，还有来自室内污染物初始浓度分布 I 的影响。

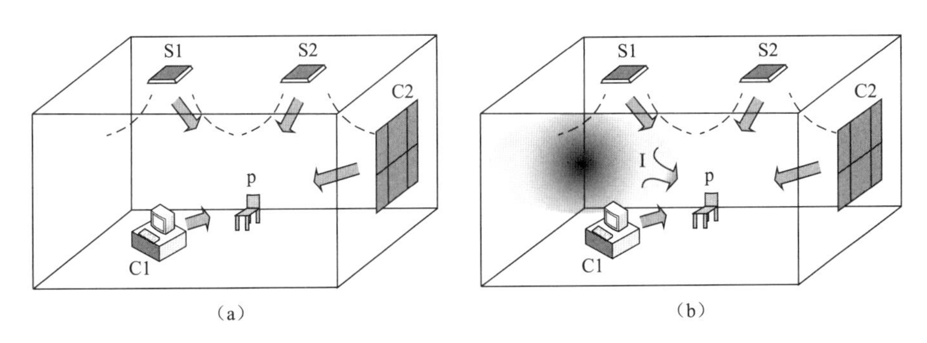


图 2-1　室内污染物浓度的影响因素示意图

（a）稳态；（b）瞬态

被动气体污染物的输运方程为：

$$\frac{\partial \rho C(\tau)}{\partial \tau}+\frac{\partial \rho C(\tau) U_j}{\partial x_j}=\frac{\partial}{\partial x_j}\left[\Gamma_{\mathrm{Ceff}} \frac{\partial C(\tau)}{\partial x_j}\right]+S(\tau) \tag{2-1}$$

对应污染物传播的边界条件和初始条件为：

边界条件：

$$\begin{cases} C(\tau)=C_{\mathrm{S}}^{n_{\mathrm{S}}} & \text{对第 } n_{\mathrm{S}} \text{ 个送风口} \\ S(\tau)=J^{n_{\mathrm{C}}} & \text{对第 } n_{\mathrm{C}} \text{ 个污染源} \end{cases} \tag{2-2}$$

初始条件：

$$C(\tau)\big|_{\tau=0}=C^{\mathrm{p}}(0) \tag{2-3}$$

当流场确定并保持稳定时，方程（2-1）为线性方程，符合叠加原理，室内任意点 p 的污染物浓度值可以由上述三部分（送风、源、初始分布）的线性代数总和获得，如图 2-2 所示。

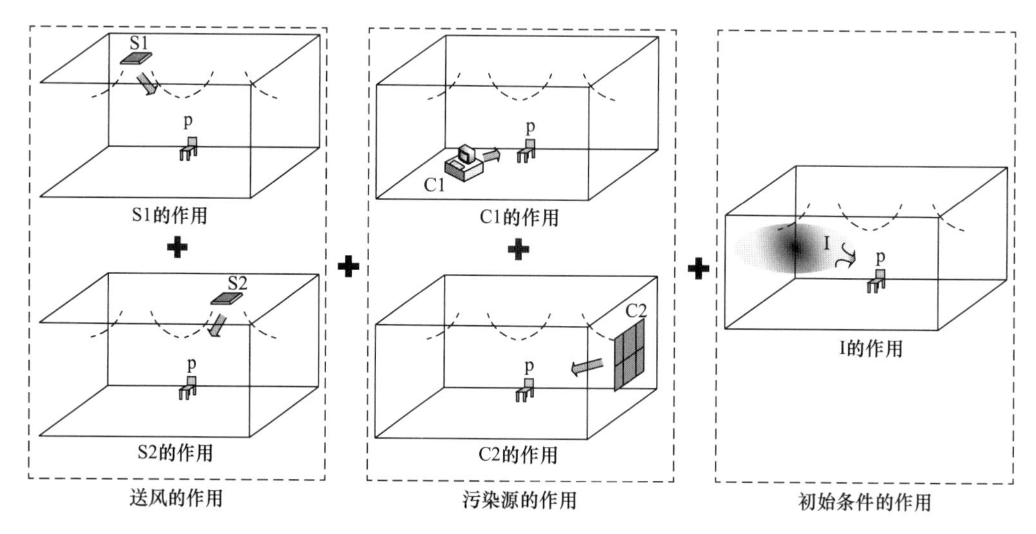


图 2-2　室内污染物瞬时浓度叠加原理示意图

在此条件下，式（2-2）和式（2-3）的边界条件和初始条件同样可分解为三部分：

（1）送风的作用

边界条件：
$$\begin{cases} C(\tau)=C_{S}^{n_S} & \text{对第 } n_S \text{ 个送风口} \\ S(\tau)=0 & \text{对所有污染源} \end{cases} \tag{2-4}$$

初始条件：
$$C(\tau)|_{\tau=0}=0 \tag{2-5}$$

（2）污染源的作用

边界条件：
$$\begin{cases} C(\tau)=0 & \text{对所有送风口} \\ S(\tau)=J^{n_C} & \text{对第 } n_C \text{ 个污染源} \end{cases} \tag{2-6}$$

初始条件：
$$C(\tau)|_{\tau=0}=0 \tag{2-7}$$

（3）初始条件的作用

边界条件：
$$\begin{cases} C(\tau)=0 & \text{对所有送风口} \\ S(\tau)=0 & \text{对所有污染源} \end{cases} \tag{2-8}$$

初始条件：
$$C(\tau)|_{\tau=0}=C^{p}(0) \tag{2-9}$$

为了掌握各影响因素对室内污染物浓度分布的影响程度，揭示出室内污染物的传播规律，本章提出了反映送风、污染源和初始分布在任意时刻对室内各点影响能力的可及性指标，包括：送风可及性（Accessibility of Supply Air，ASA）、污染源可及性（Accessibility of Contaminant Source，ACS）和初始条件可及性（Accessibility of Initial Condition，AIC）；以及可及度指标，包括：送风可及度（Transient Accessibility of Supply Air，TASA）、污染源可及度（Transient Accessibility of Contaminant Source，TACS）和初始条件可及度（Transient Accessibility of Initial Condition，TAIC）。以可及性和可及度指标为基础，分别构建了时平均污染物浓度分布和瞬时污染物浓度分布的线性叠加关系式。根据水蒸气和热量传播过程的相似性，建立了形式一致的瞬态含湿量和温度分布的关系式。

## 2.2　室内环境定量影响评价指标

一般情况下，流场达到稳定的速度远大于污染物浓度达到稳定的速度，相对污染物的传播而言，流场可以认为是瞬间达到稳定的；而对于通风空调系统而言，室内机械通风的气流组织在全天的运行中不会有太大的变化，此外，由于在室内空气品质研究领域，所关注的气态污染物浓度通常都较低，其传播过程不影响室内空气流动，因此，为简化研究起见，本章作如下假设：①假设在污染物传播的过程中，室内流场保持不变；②假设污染物为被动运输气体，忽略污染物对空气流动的影响；③假设在污染物存在的情况下，空气的密度改变较小，空气分子（含污染物）的对流扩散特征不发生变化。

### 2.2.1　可及性指标

（1）送风可及性

1）送风可及性概念

对一个有单个或多个送风口的通风房间，假定第 $i$ 个送风口送入的空气中含有一种标志性示踪气体，而其他风口送入的均为洁净空气，房间内不存在该气体的散发源，壁面绝质，且在 0 时刻，房间内空气中这种标志性气体的浓度为 0，则对房间内任一点 p，来自送风口 $i$ 的送风在该点的可及性定义如下：

$$A_{\mathrm{S}i,\mathrm{p}}(\tau)=\frac{\int_0^\tau C_\mathrm{p}(t)\mathrm{d}t}{C_{\mathrm{S},i}\cdot\tau} \tag{2-10}$$

式中，$A_{\mathrm{S}i,\mathrm{p}}(\tau)$ ——在时段 $\tau$ 内送风口 $i$ 在室内某点 p 处的送风可及性；

$C_\mathrm{p}(t)$ ——在时刻 $t$ 点 p 处的示踪气体浓度；

$C_{\mathrm{S},i}$——第 $i$ 个送风口的示踪气体浓度；

$\tau$——持续送风时间；

$t$——时刻。

送风可及性是一个无量纲数，是与时间相关的指标，反映送风在任意时刻到达室内各点的能力，可用于描述各个送风口对室内各处污染物浓度的影响程度。送风可及性的大小仅由房间内的气流组织决定，有如下特征：

$$A_{\mathrm{S}i,\mathrm{p}}(0)=0 \tag{2-11}$$

$$\frac{\partial A_{\mathrm{S}i,\mathrm{p}}(\tau)}{\partial\tau}>0 \tag{2-12}$$

$$\lim_{\tau\to\infty}A_{\mathrm{S}i,\mathrm{p}}(\tau)=SVE4_\mathrm{p}(i) \tag{2-13}$$

$$A_{\mathrm{S}1\cdots\mathrm{N_S},\mathrm{p}}(\tau)=\sum_{i=1}^{N_\mathrm{S}}A_{\mathrm{S}i,\mathrm{p}}(\tau) \tag{2-14}$$

式中，$N_\mathrm{S}$ 是送风口个数，$SVE4$ 指标是日本东京大学的 Kato 等[1] 提出的，$SVE4_\mathrm{p}(i)$ 是指空间点 p 处的空气微团中，来自第 $i$ 个送风口的空气比例，$SVE4_\mathrm{p}(i)=\dfrac{C_\mathrm{p}}{C_{\mathrm{S},i}}$。

对于式（2-11）和式（2-12），可简单解释如下：在初始时刻送风尚未进入房间，因此 0 时刻的送风可及性为 0；由于房间内浓度逐渐积累，任一点的可及性数值随时间单调增长。而任一点空气微团中的分子只能来自某一个或全部送风口，因此代表来自某个风口比例的送风可及性最大值为 1（即 100%）。

可及性虽然是送风进入房间后的描述指标，但由上述的叠加关系不难得出，若各个送风口的送入浓度不相同时，送风可及性也可用来计算房间内的浓度大小。令时段 $\tau$ 内的平均浓度 $\overline{C}(x,y,z,\tau)=\frac{\int_0^\tau C(x,y,z,t)\mathrm{d}t}{\tau}$，则室内无源情况下此平均浓度和各个风口的送风浓度存在如下关系：

$$\overline{C}(x,y,z,\tau)=\sum_{i=1}^{M}C_{\mathrm{in},i}A_{\mathrm{s},i}(x,y,z,\tau) \tag{2-15}$$

为此，在已知各个送风口浓度之后，可以直接获得在任一点处某一时段内的平均浓度。当需要通风系统在较短的时间内保证空气往某个特定区域的送入效果时，指定该时段 $\tau$，借助 ASA 来预估某种送风方式下的可能效果，可为送风控制提供指导。在稳态状况（$\tau\rightarrow\infty$）下，式（2-15）仍然成立，此时得到的结果是稳态时室内浓度和各个风口送入浓度的相关关系。

2）送风可及性展示

获得室内空气流场是进行送风可及性计算和讨论的基础。采用清华大学建筑技术科学系自主开发的三维 CFD 软件 STACH-3 对房间气流组织进行模拟分析。该数值计算工具已得到各类典型通风房间实验数据的验证，它采用了一个新的零方程湍流模型[2]，用有限容积法离散室内空气流动的雷诺平均方程，包括质量守恒方程、动量方程、能量方程以及组分方程等。差分格式为具有二阶精度的幂指数差分。动量方程在非均匀交错网格上求解，算法为求解速度和压力耦合的 SIMPLE 算法[3]。

① 单风口送风

如图 2-3 所示为一个送风口的房间，房间尺寸为 $X\times Y\times Z=3.5\text{m}\times2.6\text{m}\times3.1\text{m}$，在房间顶部和侧墙上分别有一个送风口（标为 S1）和一个回风口（标为 E1）。房间换气次数为 5.7 次/h，室内没有热源且各墙壁绝热，形成的稳态流速场如图 2-4 所示。

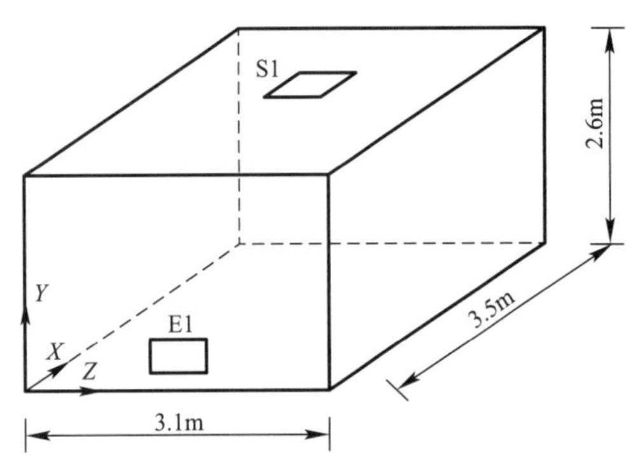


图 2-3 单风口送风房间布置

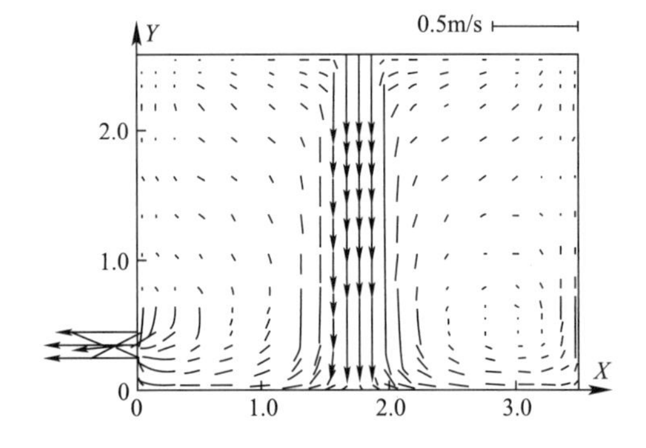


图 2-4 单送风口房间流速场（截面 $Z=1.55\text{m}$）

图 2-5 展示了送风可及性沿不同时刻的变化状况。虽然流场可以很快达到稳定状态，

但房间送风中空气分子的传播却是逐步展开的。在接近名义时间常数的10min后，房间内大部分地方的送风可及性仍然小于0.4，表明新风在这些区域的平均占有率小于40%；而直到100min之后，房间内绝大地方的可及性才高于0.8，预示着房间空气被置换所需的时间将远远长于通过换气次数决定的名义时间常数。

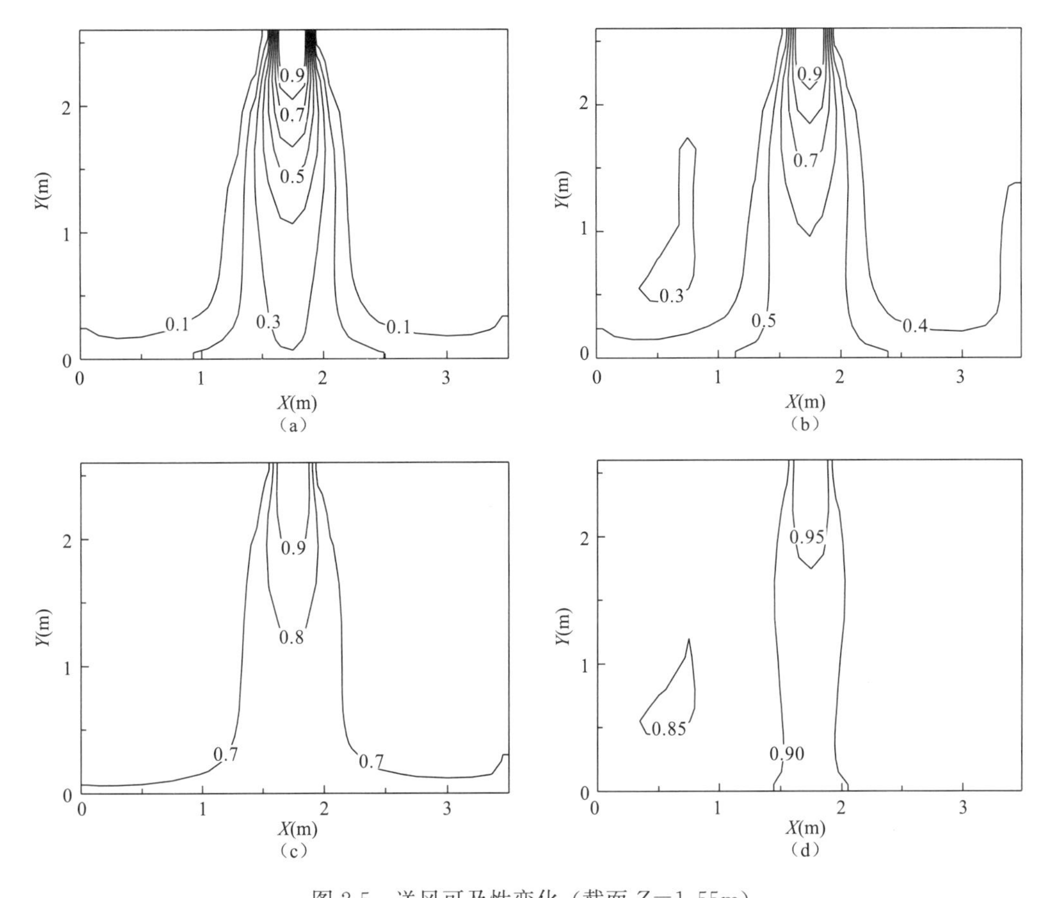


图2-5　送风可及性变化（截面$Z=1.55$m）

(a) $\tau=1$min；(b) $\tau=10$min；(c) $\tau=30$min；(d) $\tau=100$min

在有限时段内空间各点的送风可及性都在发生变化，同时，不同位置的送风可及性大小也存在差异，这反映了不同位置的送风到达程度存在不同。经过无限长时间后，空间每一点的可及性全部为1，这个最终的结果既体现了时间上趋于稳定，也反映了空间各处的均衡：房间空气被完全置换，房间内各处的气体都来自风口送风。

这种特点意味着送风可及性概念同时具有空气龄和$SVE4$指标的特点。由于房间持续送风，因此房间内送入的空气分子永远处于动态的对流扩散过程。从任一时刻（记为0时刻）起，观察任一时间段内的送风扩散，不难分析得出，虽然数值大小不同，但送风可及性和空气龄在空间中的分布具有如下明确关系：送风可及性大的位置处空气龄小，反之亦然。这是因为两者在描述送风传播的快慢上传递了相似的信息。因此，有限时间内的送风可及性计算结果跟空气龄的含义具有相似性。

另一方面，空气微团中的所有分子虽然来自不同时刻的送风，但在送风可及性的定义中只被分作两类，一类来自 $t=0$ 时刻之前，一类来自 $t=0$ 时刻之后。当所观察的时间尺度为无穷大（$\tau\rightarrow\infty$）之后，空间各点的送风可及性不再变化，数值大小便是这无穷长时间内送风在任一位置处的累积比例，而这正是 $SVE4$ 所秉承的计算原则。因此在式（2-10）的数学表达背后，包含着 ASA 和 $SVE4$ 在时间尺度无穷大之后物理意义上的统一。

由于送风可及性在时间和空间两个方面具有兼顾优势，因此可适用于更多场合。它不仅可通过空间点上的差异判断不同位置上送风到达的快慢，还可以根据此差异对送风提出定性和定量要求。如图 2-5 所示，有限时间内房间各处的送风可及性有大有小，反映了送风到达各处的有效性存在差异。当人员在不同位置时，为了保证其吸入空气的品质，可根据式（2-15）对送风浓度给出指导性建议。在单风口送风时，房间内各点的 $SVE4$ 值均为 1，体现不出此差异；空气龄虽能部分反映空间差异，但这种差异仅仅体现在定性上，无法通过类似式（2-15）的方式对送风提出进一步的改进措施。当房间有多个风口送风时，送风可及性的意义和优势将更加明显。

② 多风口送风

当前对风口送风的描述中很少对不同的风口进行区分。然而，各个送风口的送风参数可能不同：在风机盘管加新风的房间内，新风口和风机盘管送风口可以各自存在，两者送入的空气截然不同；当房间由多个空调箱送风时，各个空调箱的新回风比例可能不完全相同，或当各个空调箱的回风位置不同时，室内浓度的分布不均匀性也会导致来自不同风口的送风清洁程度存在差别；当考虑送风的新鲜程度时，即使多个风口来自同一个空调箱，但管道长度的不同会造成送风流动花费的时间存在差异，使得不同风口送入空气的全程空气龄各不相同。为此，有必要描述由不同风口送风在房间内的各自效果。送风可及性可以针对每个风口单独定义，因此能够实现上述功能。

图 2-6 为含有三个送风口（分别标为 S1、S2 和 S3）的房间，房间尺寸为 $X\times Y\times Z=8.1\text{m}\times2.6\text{m}\times3.1\text{m}$，在侧墙下方有两个回风口（分别标为 E1 和 E2）。室内没有热源，房间墙壁绝热。通风换气次数为 7.4 次/h（送风速度为 0.5m/s），室内典型截面的空气流速场如图 2-7 所示。

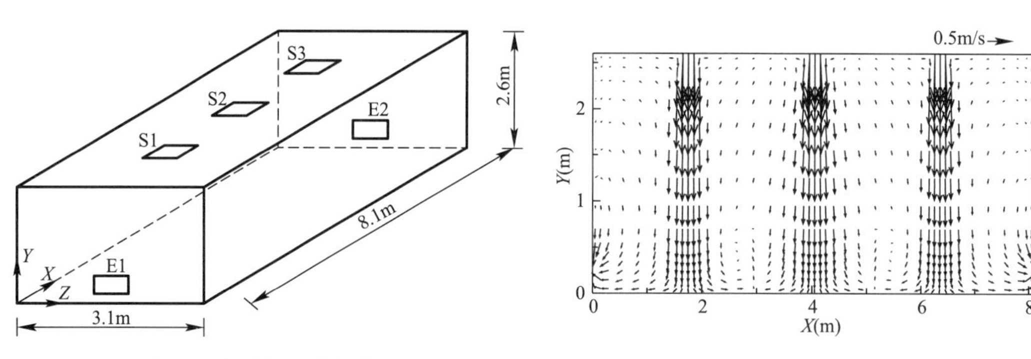


图 2-6　多送风口房间布置　　　图 2-7　多送风口房间流速场（截面 $Z=1.55\text{m}$）

图 2-8 展示了风口 S1 的送风可及性的沿时间变化过程。随着时间的推移，来自该风口的空气分子在房间内的扩散范围逐渐扩大，但直至稳态情况（$\tau\rightarrow\infty$），该部分空气分

子仍局限在房间左侧，而右侧的比例只有 10%左右。通过这种方式可以观察来自某个风口的作用，例如对风机盘管加新风的房间，假定 S1 为新风口，则在系统运行后，可以获知新风在房间内的分布范围沿时间变化情况。当人员处于 S1 送风范围内时，为了吸入较多的新鲜空气，则应该避免 S1 的送风中包含过多的污染物，因此送风可及性的结果可用来对送风参数的控制提出指导。

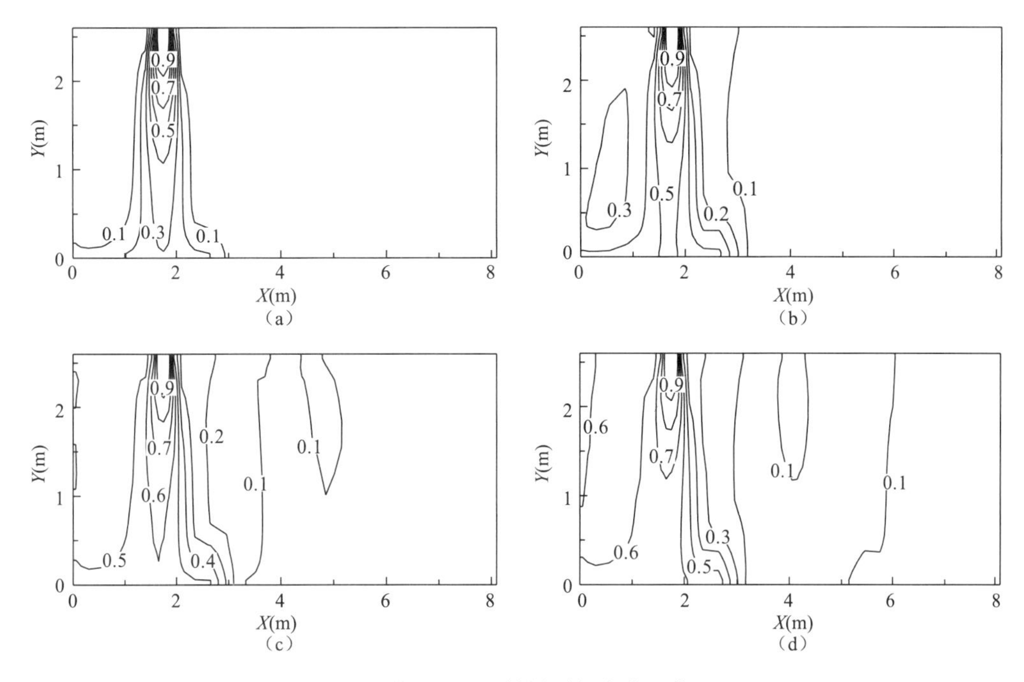


图 2-8　送风口 S1 的送风可及性沿时间变化（截面 $Z=1.55\text{m}$）

（a）$\tau=1\text{min}$；（b）$\tau=10\text{min}$；（c）$\tau=30\text{min}$；（d）$\tau\to\infty$

当房间由多个空调箱送风且每个空调箱连接多个送风口时，每个空调箱所连接的风口送风参数相同（暂不考虑全程空气龄等参数），为此可以将这些风口的送风放在一起考虑。在直接获得某几个风口一起的送风可及性之后，可以大大简化式（2-15）的计算过程。图 2-9 给出了当 S1 和 S2 共同看待时得到的送风可及性，不难看出，多个风口和单个风口送风类似，空气在房间内逐步扩散。由于两个风口的参数相同，共同看待时扩散速度要高于图 2-8 中来自单个风口的空气扩散速度。

在稳态工况下时，可及性的结果为来自某个或某些风口的送风在微团空气分子中所占的比例，和已有的指标 *SVE*4 具有相同的效果，这跟单风口送风时送风可及性和 *SVE*4 的之间的关系具有一致性。

综上所述，在评价乃至控制送风对房间空气环境的影响上，只有在单风口送风且考察的有限时间内，空气龄才能跟送风可及性的意义具有定性上的一致性；当房间由多个风口送风且送风参数各不相同时，空气龄的概念无法适用。*SVE*4 指标只能描述多风口送风时的稳态工况，对单风口送风或有限时间内的送风评价和控制则无能为力。而送风可及性能够展示实际送风的动态传播过程，并在此动态过程中辨析不同风口的送风以及房间内不同位置的参数差异，因而能够更全面地进行送风效果的评价和控制。

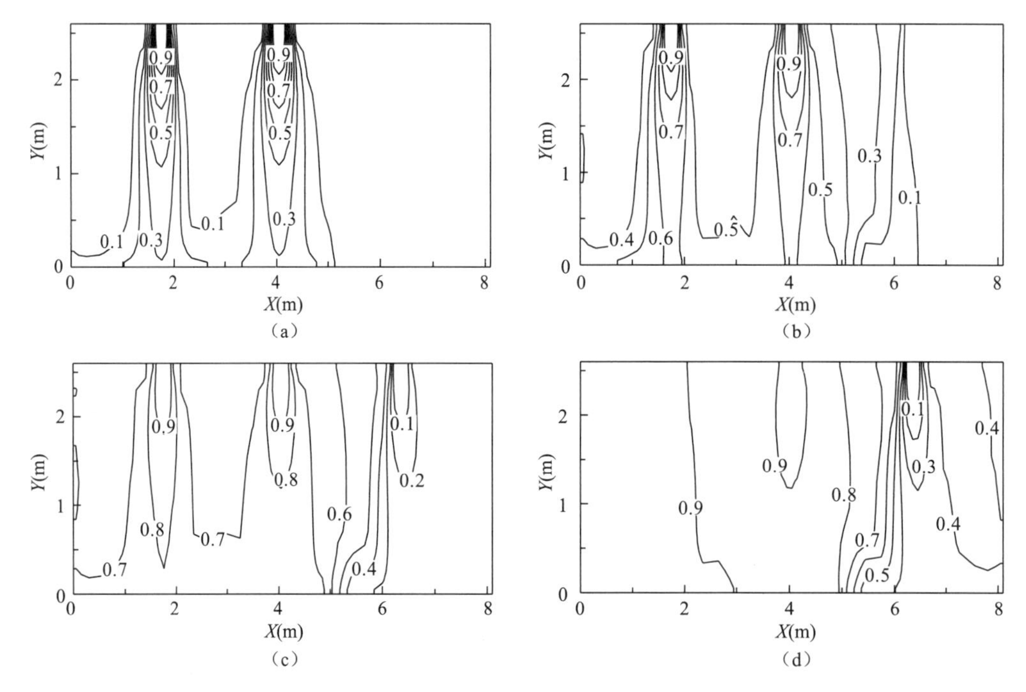


图 2-9　送风口 S1 和 S2 共同的送风可及性沿时间变化（截面 $Z=1.55$m）

（a）$\tau=1$min；（b）$\tau=10$min；（c）$\tau=30$min；（d）$\tau\rightarrow\infty$

（2）污染源可及性

1）污染源可及性概念

在一个存在污染源的通风房间内，假定送风中污染物浓度为 0，壁面绝质，且在 0 时刻，房间内空气中这种标志性气体的浓度为 0，对某一个具体的污染源，自污染物开始散发的时刻起，室内各点的浓度将逐渐发生变化，若空间任一点 p 处污染物即时浓度为 $C_{\mathrm{p}}(t)$，则污染源可及性被定义为：

$$A_{\mathrm{C}i,\mathrm{p}}(\tau)=\frac{\int_{0}^{\tau}C_{\mathrm{p}}(t)\mathrm{d}t}{C_{\mathrm{e},i}\cdot\tau} \tag{2-16}$$

式中，$A_{\mathrm{C}i,\mathrm{p}}(\tau)$——在时段 $\tau$ 内污染源 $i$ 在室内某点 p 处的污染源可及性；

$\tau$——持续送风时间；

$C_{\mathrm{e},i}$——稳态时排风口的平均浓度，它和房间通风量 $Q$、污染物的散发强度 $S_i$ 存在如下关系：

$$C_{\mathrm{e},i}=\frac{S_i}{Q} \tag{2-17}$$

一定气流组织下的污染源可及性 ACS 和 ASA 类似，同样是一个无量纲数，它反映了来自各个污染源的污染物在任意时段内对房间浓度的影响程度。污染源可及性的大小由房间内的气流组织和源的位置决定，与源的种类和强度无关。污染源可及性有如下特征：

$$A_{\mathrm{C}i,\mathrm{p}}(0)=0 \tag{2-18}$$

$$\frac{\partial A_{\mathrm{C}i,\mathrm{p}}(\tau)}{\partial \tau} > 0 \tag{2-19}$$

$$\lim_{\tau \to \infty} A_{\mathrm{C}i,\mathrm{p}}(\tau) = \frac{C_{\mathrm{p}}(\infty)}{C_{\mathrm{e},i}} \tag{2-20}$$

$$A_{\mathrm{C1}\cdots N_{\mathrm{C}},\mathrm{p}}(\tau) = \frac{\sum_{i=1}^{N_{\mathrm{C}}} A_{\mathrm{C}i,\mathrm{p}}(\tau) S_i}{\sum_{i=1}^{N_{\mathrm{C}}} S_i} \tag{2-21}$$

式中，$C_{\mathrm{p}}(\infty)$ ——稳态时点 p 处的污染物浓度；

$N_{\mathrm{C}}$——污染源个数。

2）污染源可及性展示

在如图 2-3 所示的通风房间中，换气次数为 5.7 次/h，假定在房间内（$x$，$y$，$z$）=（1.4，0.8，1.55）处有一个污染源，房间的其他边界条件不变，则可根据定义式计算出该污染源的可及性。取房间内的 1.2m 高处的 3 个点作为观察点，它们的位置分别为 A（0.5，1.2，1.55），B（1.7，1.2，1.55），C（3.0，1.2，1.55）。图 2-10 展示了 4 个时段的污染源可及性。不难看出，污染物随时间逐渐向房间内扩散，但在不同的区域

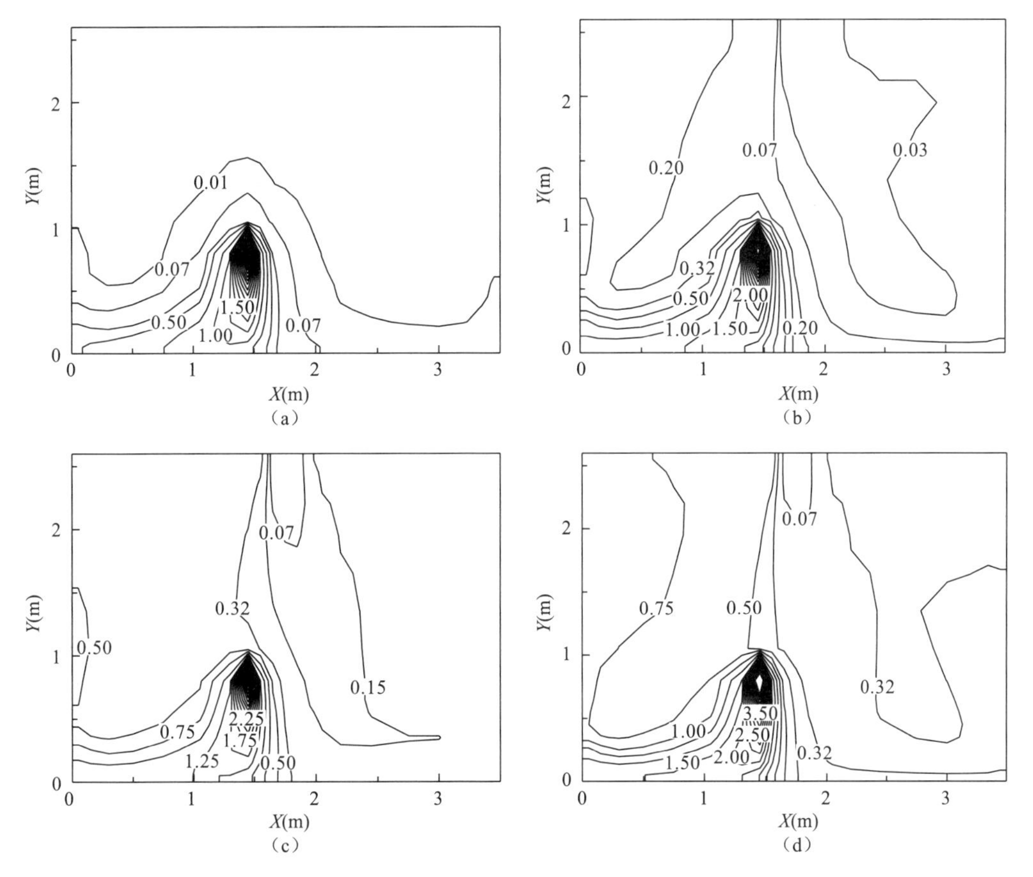


图 2-10　房间内的污染源可及性分布（截面 $Z$=1.55m）

（a）$\tau$=0.5min；（b）$\tau$=5min；（c）$\tau$=30min；（d）$\tau \to \infty$

扩散快慢不同。在紧邻污染源的下风侧，因稀释程度不够造成污染物积聚，因此在某段时间内的平均浓度远远高于最终的平衡排风浓度，污染源可及性大于 1。而在房间的大部分区域，由于被新风稀释，房间内的污染源可及性小于 1。在稳态之后，房间内各个点的污染源可及性达到最大值。

图 2-11 显示了所取 3 个观察点的可及性变化。在 A 点附近的区域，涡流造成浓度较高，因此 A 点的污染源可及性较高，表明污染物易于到达此区域。在房间右侧的 C 点附近，当地污染源可及性低于房间 A 点附近的值，这是由于气流形成的风幕（排风口在房间左侧）在很大程度上阻挡了污染物向此区域的扩散。而在代表房间中央区域的 B 点处，正好位于送风口下方，由于能够被新风直接吹到且在污染物传播的上风侧，因此浓度保持在低水平，污染源可及性在 3 个点中最低。

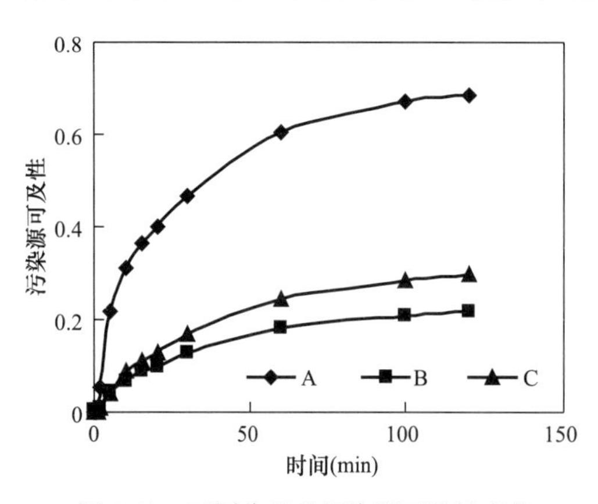


图 2-11　不同位置的污染源可及性变化

上述结果表明，污染物传播的时空分布均可通过污染源可及性指标给予很好的描述。在实际环境中，若污染物在房间内突然释放，污染源可及性可被用来评价各处受到的污染程度。对于需要着重关注的地方（如人员呼吸区），在允许浓度和暴露时间已知的情况下，可及性的数值能够对通风的有效组织提供指导。以图 2-11 的结果为例，若允许的 30min 对应的污染源可及性阈值为 0.2，则现有通风设计会使得 A 处人员受到过高的危害，而 B、C 两处的人员较为安全。换言之，若希望保证 A 处人员的安全，则需要设计更好的气流组织。

（3）初始条件可及性

1）初始条件可及性概念

对一个通风房间，假定各送风口的污染物浓度为 0，室内无污染源，壁面绝质，在 0 时刻，此污染气体在房间内存在初始分布，则对房间内任一点 p，其初始条件可及性定义如下：

$$A_{\mathrm{I,p}}(\tau)=\frac{\int_0^{\tau} C_{\mathrm{p}}(t)\mathrm{d}t}{\overline{C}_0\cdot\tau},\qquad \overline{C}_0=\frac{\oint C_{\mathrm{p}}(0)\mathrm{d}V}{V}\tag{2-22}$$

式中，$A_{\mathrm{I,p}}(\tau)$——在时段 $\tau$ 内室内某点 p 处的初始条件可及性；

$\overline{C}_0$——初始时刻房间污染物体平均浓度；

$V$——房间体积；

$\tau$——持续送风时间。

与送风可及性 ASA 以及污染源可及性 ACS 类似，一定气流组织下的初始条件可及性 AIC 也是一个无量纲数，它反映了在一定流场条件下，初始的污染物分布在任意时段内对房间内污染物浓度的影响程度。初始条件可及性的大小由污染物的初始分布以及房间内的气流组织决定。

初始条件可及性有如下特征：

$$\lim_{\tau \to \infty} A_{\mathrm{I,p}}(\tau) = 0 \tag{2-23}$$

对于均匀初始条件：

$$A_{\mathrm{I,p}}(\tau) = 1 - \sum_{i=1}^{N_{\mathrm{S}}} A_{\mathrm{S}i,\mathrm{p}}(\tau) \tag{2-24}$$

对于均匀初始条件，其初始条件可及性可以通过送风可及性得到。但是对更通用的非均匀初始条件，式（2-24）不再适用。

值得指出的是，当初始分布、送风量和气流组织确定之后，初始条件可及性和初始浓度的具体数值无关，即当房间内各点初始浓度同比例变化一个倍数，其初始条件可及性不变。因此，初始条件可及性反映的是初始条件的一种结构关系，体现的是初始条件本身的分布特性，而与具体数值无关。

此外，初始条件可及性不同于送风可及性和污染源可及性之处在于：它不是一个随时间单调增或者单调减的函数。在房间内某些位置的某些时刻，由于送风影响，其时平均浓度逐渐积累，则初始条件可及性增加；若浓度逐渐稀释，则初始条件可及性减小。但是，当趋于稳态时，房间内各点初始条件可及性必然趋于0。此外，由定义可见，初始条件可及性有可能大于1。

2）初始条件可及性展示

图2-12是一个典型通风房间，房间尺寸为 $X \times Y \times Z = 6\mathrm{m} \times 2.5\mathrm{m} \times 3\mathrm{m}$，房间顶部有两个送风口S1和S2，尺寸均为 $0.4\mathrm{m} \times 0.4\mathrm{m}$，排风口S3和S4分别位于两侧墙的下部，尺寸均为 $0.8\mathrm{m} \times 0.2\mathrm{m}$，所有风口均关于平面 $Z = 1.5\mathrm{m}$ 对称布置，送风形式为典型的混合送风模式。模拟工况的房间送风量为7.68次/h，室内无热源且墙壁绝热绝质，形成的室内稳态流场如图2-13所示。

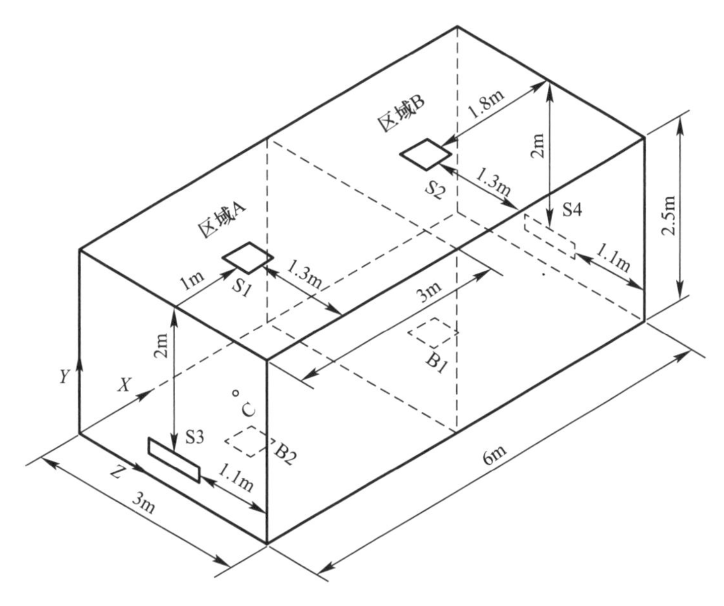


图2-12　模拟房间布置

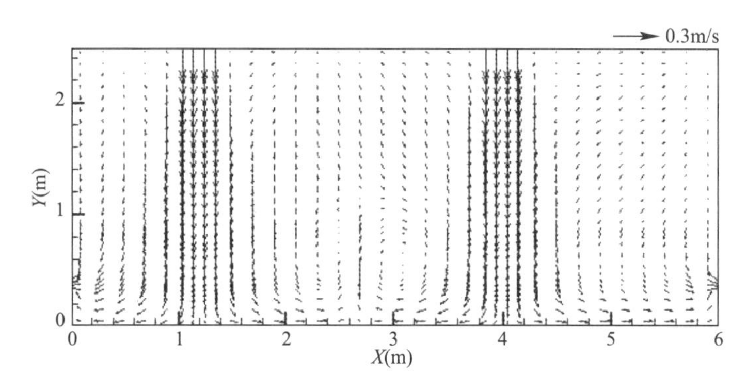


图 2-13　房间流场（截面 $Z=1.5\mathrm{m}$）

为了对比不同污染物初始浓度分布下初始条件可及性随时间的变化状况，设置了 3 种不同的初始条件，如表 2-1 所示。这 3 种初始条件的初始平均浓度均为 $1\mathrm{mg/m^3}$。初始条件 1 中房间内的初始浓度均匀分布，初始条件 2 和 3 中房间内的初始浓度非均匀分布。通风房间被假想分为两个区域，区域 A 和 B 分别代表房间的左、右半部分，其中初始条件 2 中区域 A 的初始浓度均匀分布，为 $2\mathrm{mg/m^3}$，区域 B 的污染物浓度为 0；初始条件 3 则相反。

**三种初始条件**　　**表 2-1**

| 区域编号 | 初始浓度（$\mathrm{mg/m^3}$） | | |
|---|---|---|---|
| | 1 | 2 | 3 |
| A | 1 | 2 | 0 |
| B | 1 | 0 | 2 |

图 2-14 展示了 3 种初始条件下的初始条件可及性在不同时段的分布情况。

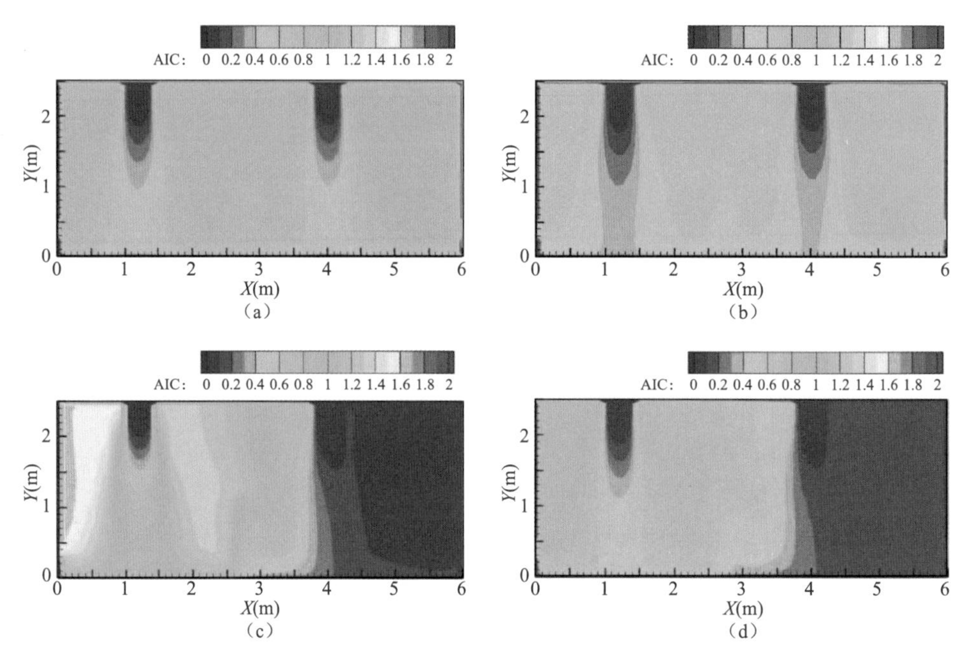


图 2-14　不同初始条件下的初始条件可及性（截面 $Z=1.5\mathrm{m}$）（一）

(a) 初始条件 1（$\tau=5\mathrm{min}$）；(b) 初始条件 1（$\tau=15\mathrm{min}$）；(c) 初始条件 2（$\tau=5\mathrm{min}$）；(d) 初始条件 2（$\tau=15\mathrm{min}$）

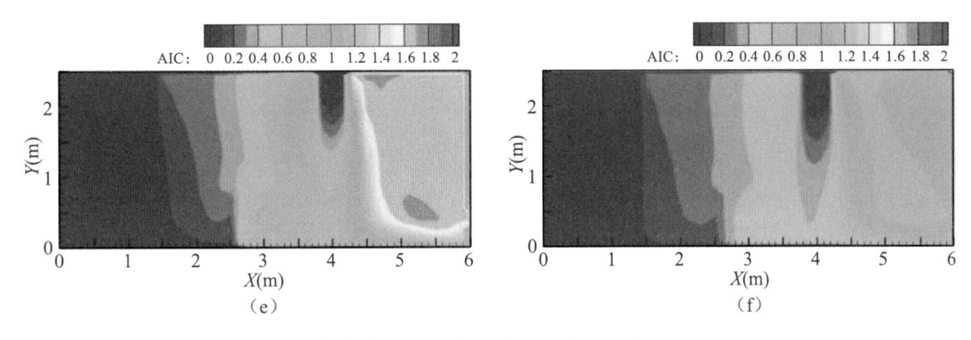


图 2-14　不同初始条件下的初始条件可及性（截面 $Z=1.5$m）（二）

(e) 初始条件 3（$\tau=5$min）；(f) 初始条件 3（$\tau=15$min）

首先，初始条件可及性的分布与流场分布相关。由图 2-14 中任意一图可见，即使同一区域内的初始浓度分布均匀，但由于气流组织的影响，在同一区域的不同位置，初始条件可及性存在很大差异。在送风口下方，由于送风影响较大，污染物被很快稀释，初始浓度对污染物浓度影响很小，因此初始条件可及性很小；而在风速较小的区域，污染物不易稀释，初始浓度影响较大，因此初始条件可及性较大。其次，初始条件可及性与初始浓度分布相关。对比图 2-14（a）、（c）、（e）或图 2-14（b）、（d）、（f）可以看出，虽然 3 种初始条件下房间内的初始体平均浓度相同、流场相同，但由于初始浓度分布的不同，决定了其初始条件可及性存在很大差别。3 种初始条件下，区域 A 的初始浓度从大到小分别是初始条件 2＞初始条件 1＞初始条件 3，由图可见，对应的初始条件可及性大小亦如此；区域 B 则反之。这说明初始浓度分布的不均匀程度越高，初始条件可及性差别越大，且有可能大于 1。再次，初始条件可及性随着时间变化。虽然流场可以很快达到稳定状态，但是房间中初始存在的污染物的扩散或稀释却是逐步展开的。分别对比图 2-14（a）和（b）、（c）和（d）、（e）和（f）可见，随着时间的增加，初始条件可及性减小，这说明随着时间的增加，初始浓度的分布对房间污染物浓度的影响越来越小。

上述分析表明，初始条件可及性受流场和污染物初始分布的影响。

### 2.2.2　可及度指标

（1）送风可及度

1）送风可及度概念

对于一固定流场，无室内散发源且边壁绝质，初始浓度为 0，当某一送风口 $n_S$ 从第 0 时刻开始恒定释放某一浓度 $C_S^{n_S}$ 时，空间任意点 p 在任意时刻 $\tau$ 的送风可及度 $a_{S,p}^{n_S}(\tau)$ 定义如下：

$$a_{S,p}^{n_S}(\tau)=\frac{C_p(\tau)}{C_S^{n_S}} \tag{2-25}$$

式中，$C_p(\tau)$ 为空间任意点 p 在时刻 $\tau$ 的污染物浓度。

TASA 是一个无量纲数，反映了各个送风口对房间内任意点的瞬时浓度的影响程度，若某一风口对室内某点的 TASA 越大，则说明该风口对此点瞬时浓度的影响程度越高。

TASA 是一个与时间相关的指标，其大小仅由房间内的气流组织决定，而与送风浓度本身无关。在稳态时，送风可及度与描述送风对污染物浓度时平均值影响程度的送风可及性和描述送风口势力范围的 $SVE4$ 指标[1] 具有相同的形式。送风可及度反映了流场的固有属性，其数值既可以通过示踪气体测量获得，也可以通过数值模拟计算获得。

2）送风可及度展示

图 2-15 为一个送风房间，房间尺寸为 $X \times Y \times Z = 6\text{m} \times 3\text{m} \times 3\text{m}$，在房间顶部和侧墙上分别有两个送风口（尺寸均为 0.3m×0.3m，分别标为 S1、S2）和两个回风口（尺寸均为 0.3m×0.3m，分别标为 E1、E2）。房间换气次数为 6 次/h，室内没有热源，各墙壁绝质。典型断面速度矢量分布如图 2-16 所示，送风口 S1 和 S2 在各个时刻的送风可及度分布如图 2-17 所示。

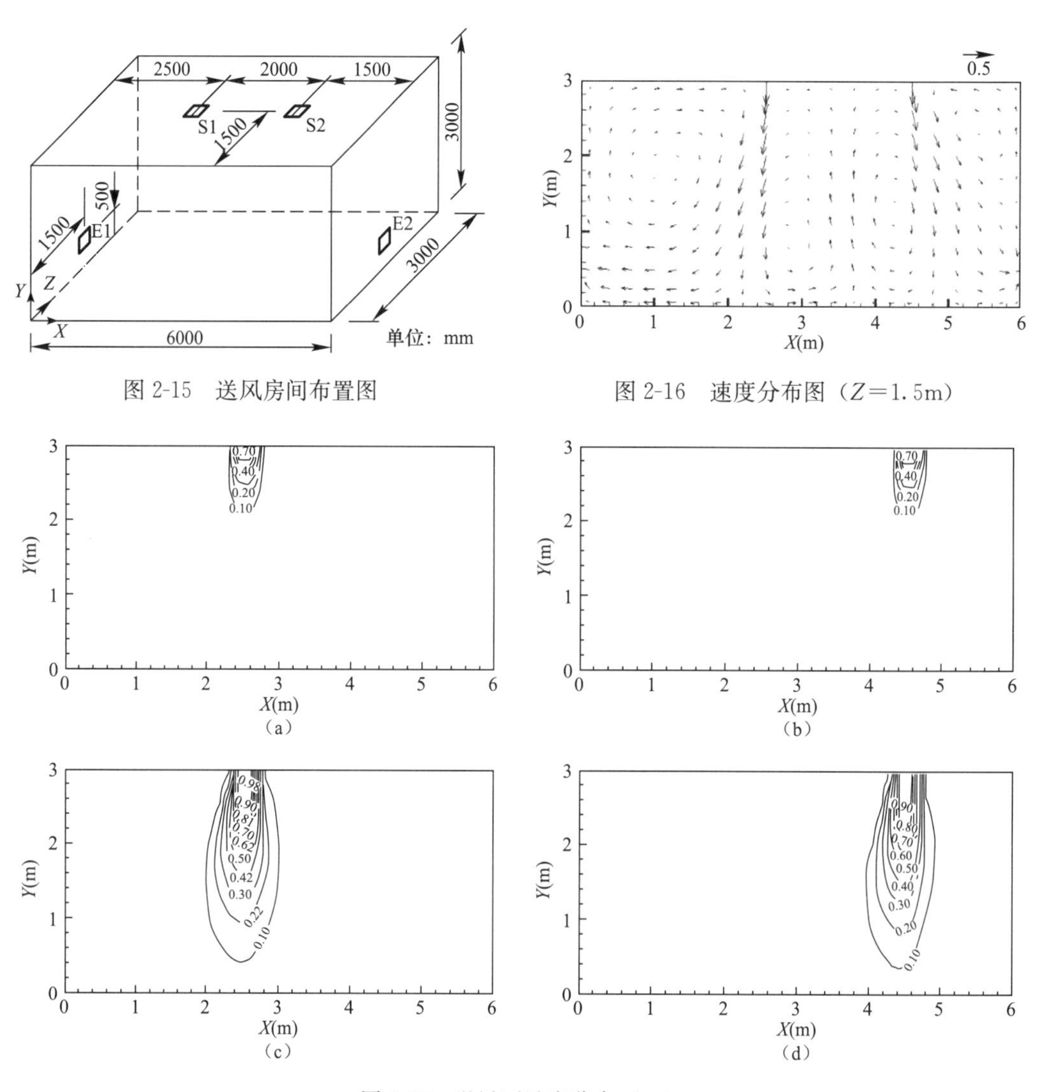


图 2-15　送风房间布置图

图 2-16　速度分布图（$Z=1.5\text{m}$）

图 2-17　送风可及度分布（一）

(a) S1，1s；(b) S2，1s；(c) S1，10s；(d) S2，10s

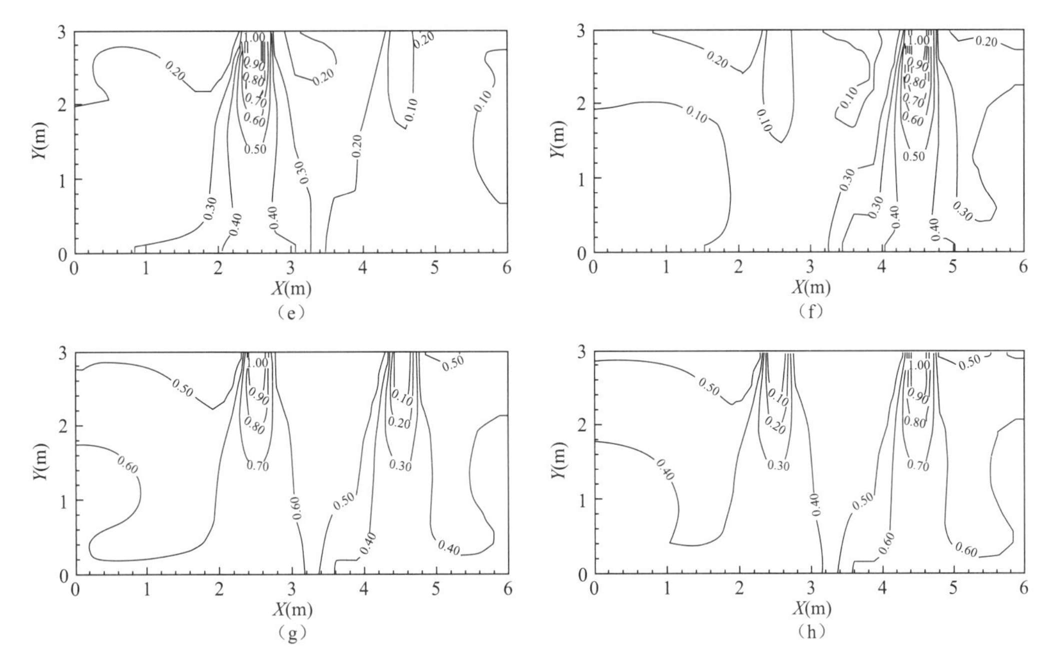


图 2-17　送风可及度分布（二）

(e) S1，300s；(f) S2，300s；(g) S1，稳态；(h) S2，稳态

送风可及度反映了在流场确定的情况下各送风口对室内不同位置的影响程度。以送风口 S1 为例，当室内流场稳定后，从第 0 时刻开始，送风开始送入污染物影响室内；第 1 秒时，除了送风口附近的可及度数值较大外，大部分空间可及度为 0，即送风中的污染物对大部分区域没有影响；随着时间的推移，可及度不为 0 的范围逐渐扩大，送风影响范围扩大；当时间足够长后，可及度分布已变化较慢，此时送风口 S1 附近的可及度接近 1，说明此处主要受 S1 影响。可及度动态分布揭示了送风口 S1 对室内各区域的贡献，其中 S2 附近可及度数值是空间最小的，表明 S1 送风对靠近 S2 的区域影响最小，此区域主要受 S2 控制。送风口 S2 的送风可及度与 S1 具有相似的特性。当达到稳态时，所有送风（S1 和 S2）的瞬时可及度相加后，所有空间的可及度数值均为 1，说明当室内仅存在送风污染物时，室内各点的污染物浓度均来自于各个送风的贡献的叠加。

（2）污染源可及度

1）污染源可及度概念

对于一固定流场，各个边壁为绝质条件，各个送风口的浓度以及房间的初始浓度均为 0，当室内某一源 $n_{\mathrm{C}}$ 从第 0 时刻开始，以恒定的散发强度 $J^{n_{\mathrm{C}}}$ 单独散发时，空间任意点 p 在此后任意时刻 $\tau$ 的污染源可及度 $a_{\mathrm{C,p}}^{n_{\mathrm{C}}}$（$\tau$）定义如下：

$$a_{\mathrm{C,p}}^{n_{\mathrm{C}}}(\tau)=\frac{C_{\mathrm{p}}(\tau)}{C_{\mathrm{E}}^{n_{\mathrm{C}}}},\qquad C_{\mathrm{E}}^{n_{\mathrm{C}}}=\frac{J^{n_{\mathrm{C}}}}{Q}\tag{2-26}$$

式中，$J^{n_{\mathrm{C}}}$——释放源的散发强度；

$C_{\mathrm{E}}^{n_{\mathrm{C}}}$——稳态时排风口的平均浓度；

$Q$——房间通风量。

与送风可及度相同，污染源可及度也是一个无量纲数，反映了各个污染源对房间内任意点的瞬时浓度的影响程度。污染源可及度是一个与时间相关的指标，当房间内的污染源位置确定后，其大小仅由房间内的气流组织决定，而与污染源本身强度无关。在稳态时，污染源可及度与描述污染源对浓度时平均值影响程度的污染源可及性相等。污染源可及度的大小可以通过示踪气体测量或数值计算的方法获得。

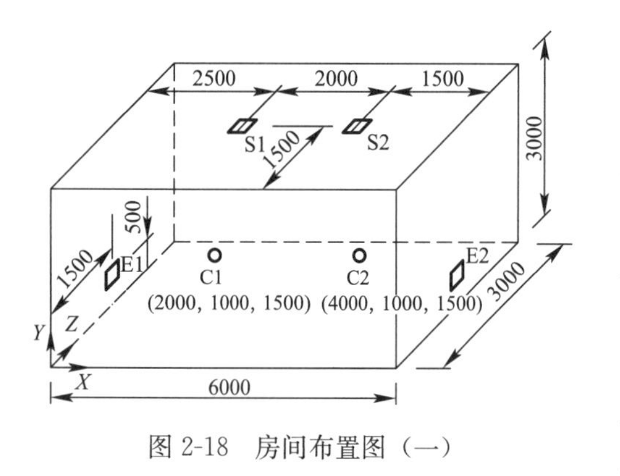


图 2-18　房间布置图（一）

2）污染源可及度展示

在示例房间中增加两个散发源 C1 和 C2，位置如图 2-18 所示。图 2-19 为污染源 C1 与 C2 在各个时刻的瞬时可及度分布情况。在散发开始较短时间内，可及度的分布与污染源的位置关系密切，而流场的传播作用还不明

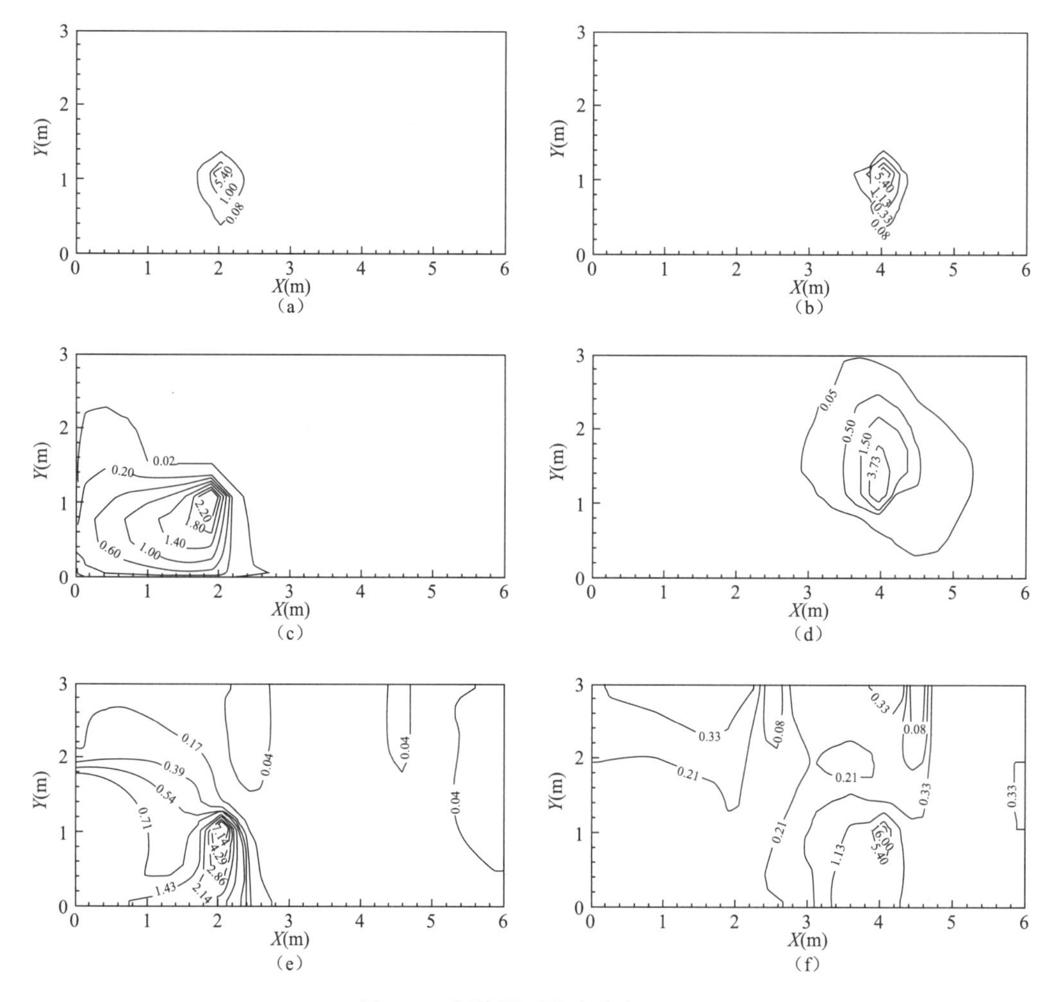


图 2-19　污染源可及度分布（一）

(a) C1 (1s)；(b) C2 (1s)；(c) C1 (10s)；(d) C2 (10s)；(e) C1 (300s)；(f) C2 (300s)

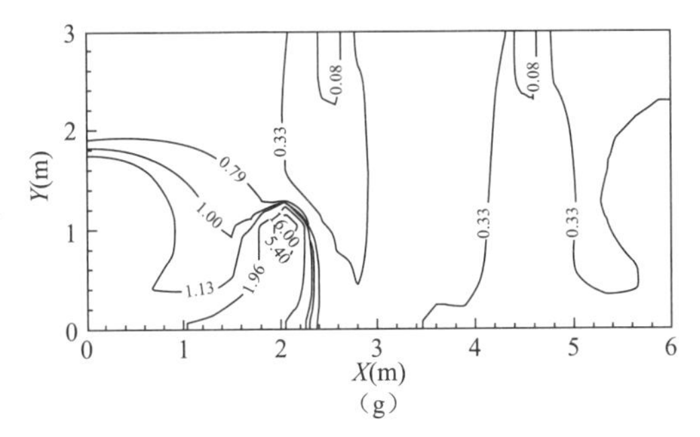


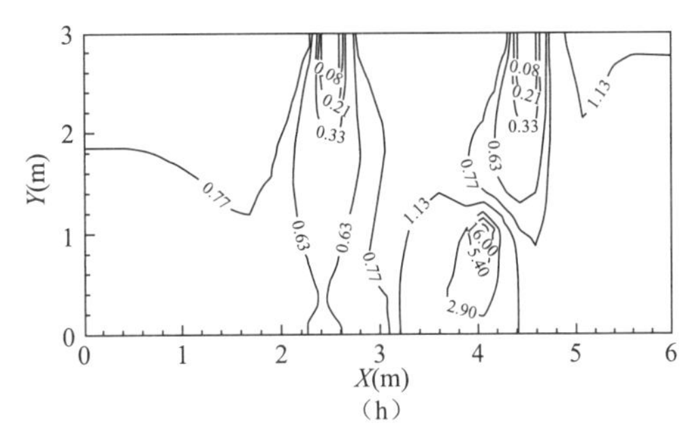


图 2-19　污染源可及度分布（二）

（g）C1（稳态）；（h）C2（稳态）

显；当时间到达 300s 以后，流场作用开始显现；当达到稳态时，可及度分布特征变化显著，房间内的污染物分布受源位置与流场共同作用。

（3）初始条件可及度

1）初始条件可及度概念

对于一固定流场，房间各送风口的污染物浓度为 0，室内无污染源，壁面绝质，在 0 时刻，此污染物在房间内存在初始分布，则在此后的任意时刻 $\tau$，对房间内任一点 p，其初始条件可及度 $a_{\mathrm{I,p}}(\tau)$ 定义如下：

$$a_{\mathrm{I,p}}(\tau)=\frac{C_{\mathrm{p}}(\tau)}{\overline{C}_0},\qquad \overline{C}_0=\frac{\oint C_{\mathrm{p}}(0)\mathrm{d}V}{V} \tag{2-27}$$

式中，$\overline{C}_0$ 为初始时刻房间污染物平均浓度。

与送风可及度和污染源可及度类似，一定气流组织下的初始条件可及度也是一个无量纲数。它反映了在确定的流场条件下，初始污染物分布对之后时刻的浓度分布的影响。初始条件可及度的大小由初始污染物分布特征以及房间气流组织特性决定，与初始浓度的具体数值无关，反映了房间污染物初始条件本身的分布特性。在达到稳态时，污染物初始分布的影响趋于不存在，初始条件可及度为 0。初始条件可及度可以通过示踪气体测量或者数值计算的方法获得。

2）初始条件可及度展示

将展示房间分为两个相等体积的区域 I1 和 I2，位置如图 2-20 所示。图 2-21 为两种场景下各个时刻的初始条件可及度分布。开始时刻，污染物初始分布仅对其所占据的空间起作用，可及度的最大数值为 2，根据初始条件可及度定义可知，当初始污染物占据的区域内部为均匀分布时，此时即反映了整个空间容积与污染物初始分布所占据的容积之间是 2 倍的关系。送风口附近由于受到送风气流流场的影响，初始条件可及度数值较低。当达到稳态时，污染物初始分布对室内的影响几乎不存在，此时初始条件可及度在整个空间内均趋于零。

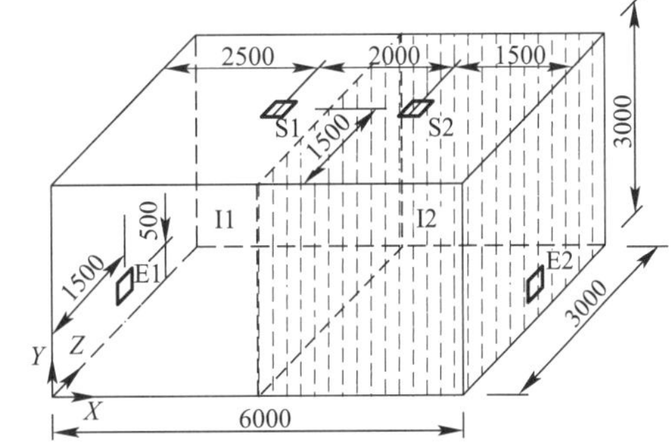


图 2-20　房间布置图（二）

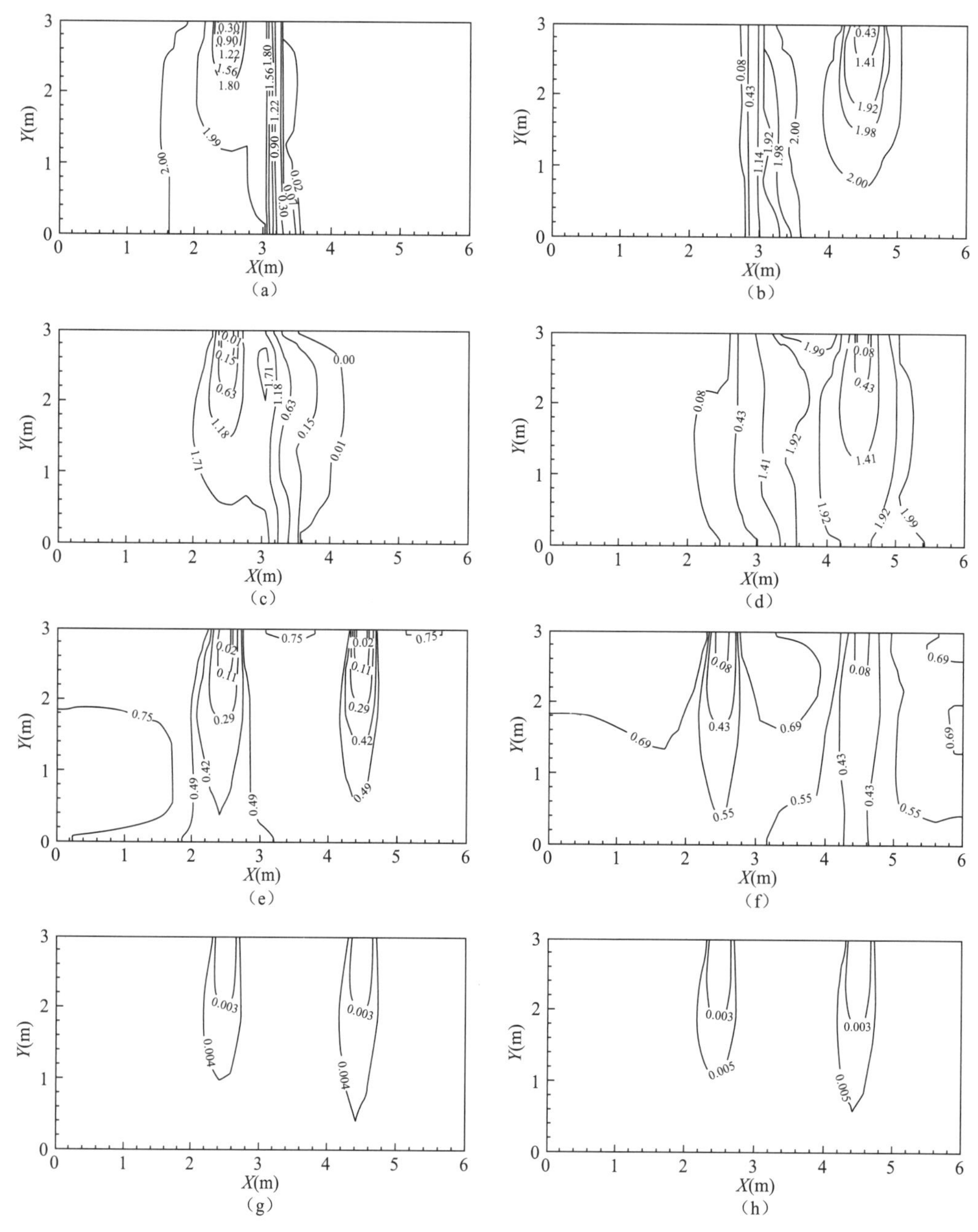


图 2-21　初始条件可及度分布

(a) I1 (1s); (b) I2 (1s); (c) I1 (10s); (d) I2 (10s);

(e) I1 (300s); (f) I2 (300s); (g) I1 (稳态); (h) I2 (稳态)

## 2.3　固定流场下室内标量参数分布规律

### 2.3.1　时平均污染物浓度分布关系式

当污染物的存在不影响空气流动，且流场稳定时，各送风口的送风可及性、各污染源的污染源可及性和初始条件可及性均可获得。根据可及性的定义，由污染物传播原理及叠加原理，通风房间内任一点 p 的污染物时平均浓度和初始浓度、送风浓度以及污染源强度的关系为：

$$\overline{C}_{\mathrm{p}}(\tau)=\overline{C}_0 A_{\mathrm{I,\ p}}(\tau)+\sum_{i=1}^{N_{\mathrm{S}}}\left[C_{\mathrm{S},\ i}A_{\mathrm{S}i,\ \mathrm{p}}(\tau)\right]+\sum_{i=1}^{N_{\mathrm{C}}}\left[\frac{S_i}{Q}A_{\mathrm{C}i,\ \mathrm{p}}(\tau)\right] \tag{2-28}$$

式（2-28）等号右边的 3 项分别定量描述了初始条件、送风和污染源对室内时平均污染物浓度的影响。当初始浓度均匀分布时，将式（2-24）代入式（2-28），得：

$$\begin{aligned}\overline{C}_{\mathrm{p}}(\tau)&=C_0\left[1-\sum_{i=1}^{N_{\mathrm{S}}}A_{\mathrm{S}i,\ \mathrm{p}}(\tau)\right]+\sum_{i=1}^{N_{\mathrm{S}}}\left[C_{\mathrm{S},\ i}A_{\mathrm{S}i,\ \mathrm{p}}(\tau)\right]+\sum_{i=1}^{N_{\mathrm{C}}}\left[\frac{S_i}{Q}A_{\mathrm{C}i,\ \mathrm{p}}(\tau)\right]\\&=C_0+\sum_{i=1}^{N_{\mathrm{S}}}\left[(C_{\mathrm{S},\ i}-C_0)A_{\mathrm{S}i,\ \mathrm{p}}(\tau)\right]+\sum_{i=1}^{N_{\mathrm{C}}}\left[\frac{S_i}{Q}A_{\mathrm{C}i,\ \mathrm{p}}(\tau)\right]\end{aligned} \tag{2-29}$$

式（2-29）是式（2-28）的一个特例：前者适用于均匀初始条件下污染物的传播，而后者则适用于任意初始条件下污染物浓度的计算，是更通用的污染物传播关系式。

在稳态情况下，房间内各点的初始条件可及性均为 0，式（2-28）变为：

$$C_{\mathrm{p}}(\infty)=\sum_{i=1}^{N_{\mathrm{S}}}\left[C_{\mathrm{S},\ i}A_{\mathrm{S}i,\ \mathrm{p}}(\infty)\right]+\sum_{i=1}^{N_{\mathrm{C}}}\left[\frac{S_i}{Q}A_{\mathrm{C}i,\ \mathrm{p}}(\infty)\right] \tag{2-30}$$

这表明在稳态时，室内污染物浓度分布的最终形成来自送风和污染源的共同作用，房间内污染物的初始分布对污染物的传播不再有影响。

式（2-28）表明，初始浓度的分布影响着污染物的传播，但随着时间的推移，送风和污染源对浓度分布将逐渐起主导作用，达到稳态时，初始浓度对污染物浓度的分布无影响；若送风口的送入浓度为 0，则送风对污染物浓度的动态变化影响将通过初始条件可及性和污染源可及性体现；若室内无污染源，则室内污染物浓度的动态变化由初始条件和送风决定。此关系式同时表明，其他条件不变时，初始体平均浓度越大、送风污染物浓度越大、污染源散发强度越高，室内各处的污染物浓度水平越高。

为更充分地说明式（2-28）的作用，展示本式与均匀初始条件下污染物传播关系式（2-29）的区别，以 2.2.1 节的初始条件可及性算例为例，设置了各类不同工况，分析各因素对通风房间内污染物浓度的影响。所用模拟通风房间、3 种初始条件同 2.2.1 节的初始条件可及性算例，并且在房间内假设存在一处污染源（标为 $C$），坐标为（$x$，$y$，$z$）=（1，0.8，1.5）。为充分展示各因素对室内浓度的影响，设计了 7 个不同的工况，如表 2-2 所示。$C_{\mathrm{S},1}$、$C_{\mathrm{S},2}$ 分别表示送风口 S1 和 S2 的送入污染物浓度，$S$ 表示污染源强度。

**模拟工况设计**　　**表 2-2**

| 工况编号 | 1 | 2 | 3 | 4 | 5 | 6 | 7 |
|---|---|---|---|---|---|---|---|
| 初始条件（$mg/m^3$） | 1 | 1 | 2 | 2 | 3 | 3 | 3 |
| $C_{\mathrm{S},1}$（$mg/m^3$） | 0 | 5 | 0 | 5 | 0 | 5 | 0 |
| $C_{\mathrm{S},2}$（$mg/m^3$） | 10 | 5 | 10 | 5 | 10 | 5 | 10 |
| $S$（mg/s） | 0 | 0.1 | 0 | 0.1 | 0.1 | 0 | 0 |

初始条件可及性如图 2-14 所示，图 2-22（a）和（b）展示了送风口 S1 和 S2 的送风

可及性分布，图 2-22（c）展示了此通风模式下的污染源可及性分布。

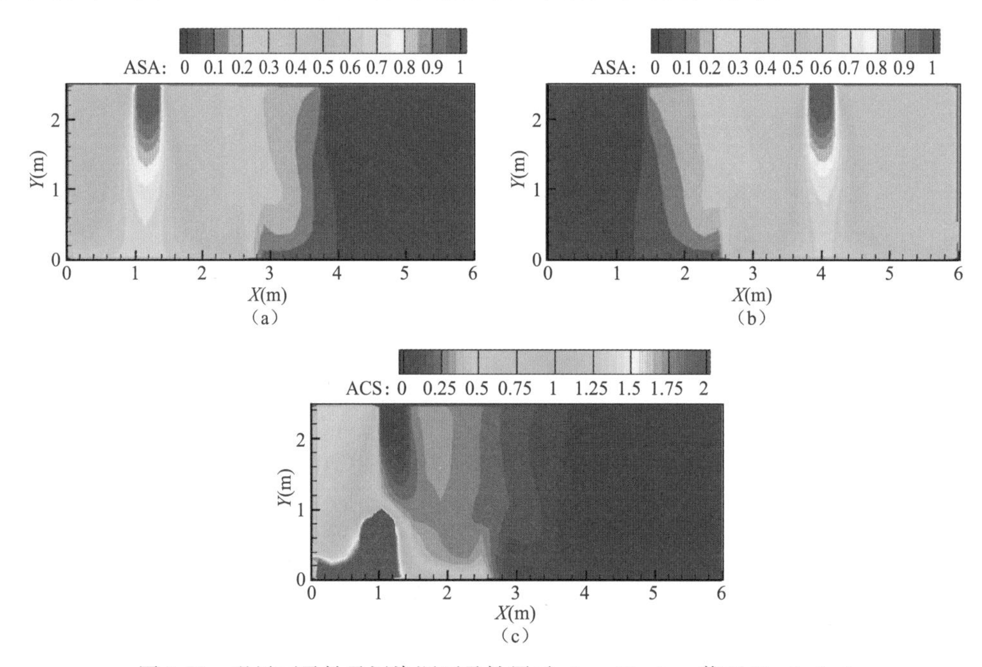


图 2-22　送风可及性及污染源可及性展示（$\tau$=15min，截面 $Z$=1.5m）

（a）S1 送风可及性；（b）S2 送风可及性；（c）污染源可及性

当流场给定后，初始条件、送风和污染源将影响房间内污染物的动态分布。图 2-23 展示了通过式（2-28）计算得到的各工况下室内污染物时平均浓度分布。

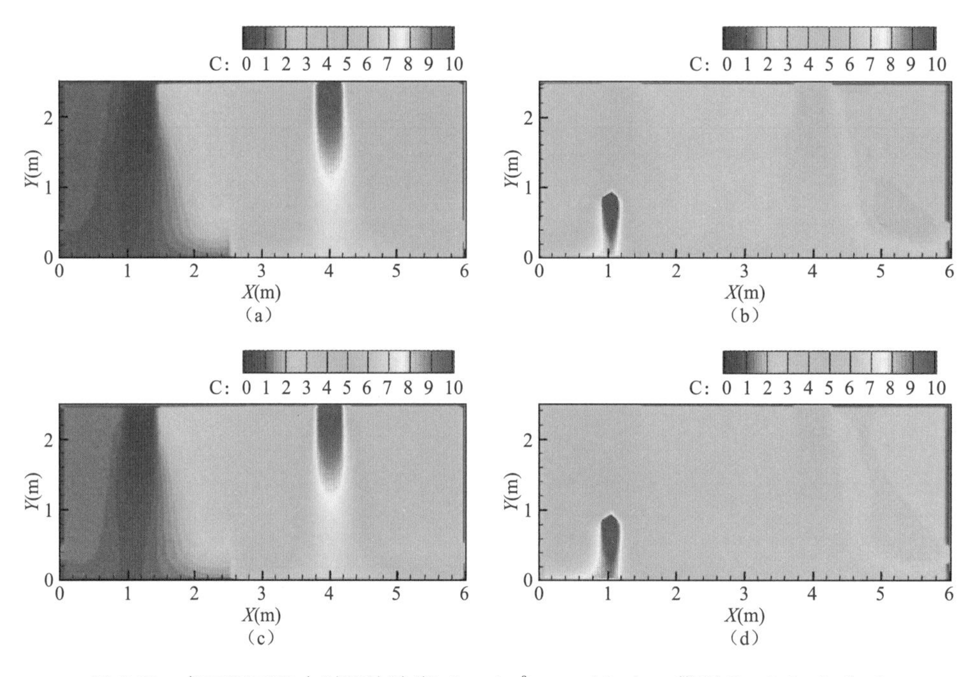


图 2-23　各工况下室内时平均浓度（$mg/m^3$，$\tau$=15min，截面 $Z$=1.5m）（一）

（a）工况 1；（b）工况 2；（c）工况 3；（d）工况 4

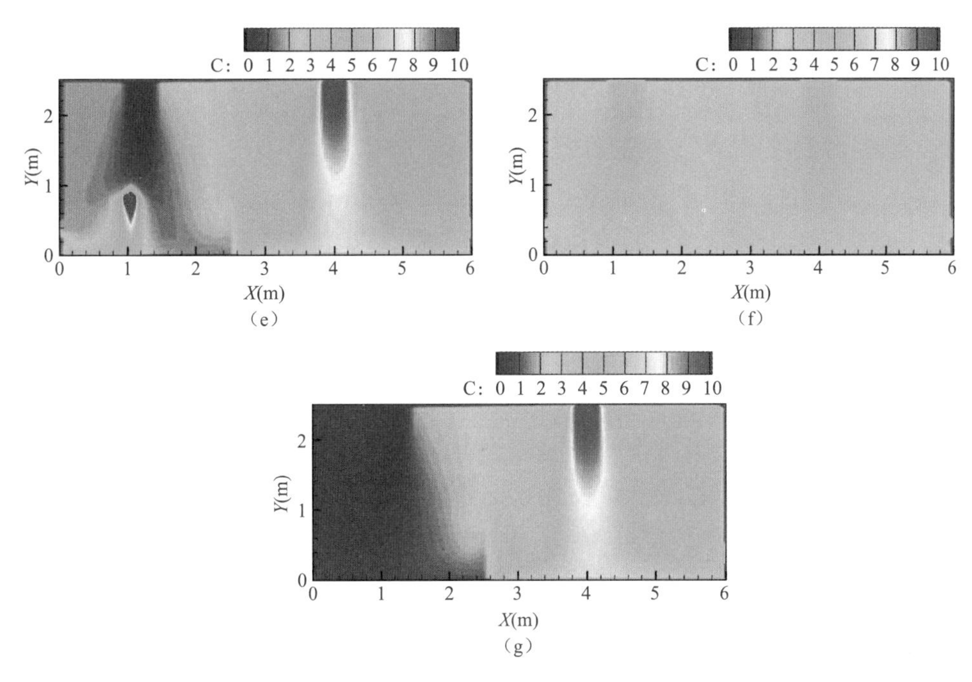


图 2-23　各工况下室内时平均浓度（mg/m³，$\tau$=15min，截面 $Z$=1.5m）（二）
（e）工况 5；（f）工况 6；（g）工况 7

初始条件将影响浓度分布，图 2-23（a）、（c）、（g）展示了在相同送风浓度组合、无污染源且壁面绝质的情况下，不同初始条件下的室内污染物时平均浓度分布。在这 3 种工况中，区域 A 的初始浓度大小顺序为工况 3>工况 1>工况 7，而区域 B 的初始浓度为工况 7>工况 1>工况 3，对比图可见，工况 3 中区域 A 的时平均浓度高于工况 1 和工况 7。同理，B 区域亦然。这说明，不同的初始浓度分布将影响房间污染物浓度的动态变化，其影响程度在式（2-28）中是通过初始条件可及性来体现的；相比而言，式（2-29）只能计算初始条件均匀的情况，对于非均匀初始条件的影响则无法体现。对比工况 2 和工况 4 也有类似结论。

影响浓度分布的另一重要因素是送风浓度。图 2-23（f）和（g）展示了在相同初始条件、无污染源且壁面绝质的情况下，风口送入浓度组合不同时的室内污染物时平均浓度分布。利用送风可及性的不均匀和式（2-28），则无需再次经过 CFD 计算即可迅速获得任一时间段内的房间污染物平均浓度。在解救人质的应急通风中，用式（2-28）可以快速计算某类麻醉气体的不同送风浓度组合下房间内不同区域的浓度分布，以便制定相应的通风策略。

由式（2-28）可见，除了初始条件以及送风，污染源是影响房间内浓度分布的另一重要因素。对比图 2-23（e）和（g）可见，有无污染源对室内污染物的浓度分布有较大的影响。当房间内突然出现污染源时，逐时变化的污染物浓度对室内人员的健康影响需要及时确定，利用式（2-28）可快速预估室内各处（特别是呼吸区）污染物的浓度，进而制定相应的通风策略，达到需要的新风稀释效果。

以上结果表明，式（2-28）建立了通风的初始条件和室内污染物状态的直接关系，通过它可快速判断初始条件、送风方式、送风参数以及污染源状况等因素对房间环境的影响程度，从而在环境需求和通风选择之间建立联系。

### 2.3.2 瞬态污染物浓度分布关系式

当流场固定，房间有送风、污染源和初始分布的共同作用时，任意时刻室内污染物瞬时分布的作用效果具有线性叠加性。当室内同时存在 $N_S$ 个送风口、$N_C$ 个污染源以及某初始污染物分布时，空间任意点 p 在时刻 $\tau$ 的瞬时浓度表达式为：

$$C_p(\tau)=\sum_{n_S=1}^{N_S}\left[C_S^{n_S}a_{S,p}^{n_S}(\tau)\right]+\sum_{n_C=1}^{N_C}\left[\frac{J^{n_C}}{Q}a_{C,p}^{n_C}(\tau)\right]+\overline{C}_0a_{I,p}(\tau) \tag{2-31}$$

式（2-31）等号右边 3 项分别定量描述了送风、污染源（包括内部源和边壁源）以及初始条件对室内瞬态污染物浓度的影响，适用于绝质边界和第二类边界在任意初始条件下的通用情况。式（2-31）适用于非均匀室内污染物浓度瞬时值的计算，该式为一简单代数表达式，可清晰揭示各个边界因素是如何影响室内任意点的瞬时浓度值的，有助于理解瞬态污染物传播规律。当任意边界浓度或强度发生改变时，通过该式可快速获得边界条件发生改变后任意位置的浓度值，从而避免传统数值计算的大量重复工作。

当达到稳态时，即 $\tau\rightarrow\infty$ 时，房间各点的初始分布可及度均为 0，则式（2-31）变为：

$$C_p(\infty)=\sum_{n_S=1}^{N_S}\left[C_S^{n_S}a_{S,p}^{n_S}(\infty)\right]+\sum_{n_C=1}^{N_C}\left[\frac{J^{n_C}}{Q}a_{C,p}^{n_C}(\infty)\right] \tag{2-32}$$

式（2-32）即为稳态浓度表达式。在稳态时，室内污染物浓度分布仅来自送风和污染源的共同作用，初始分布对污染物的传播不再有影响。

图 2-24 为房间布置示意图，房间尺寸及送回风口各项参数均与前述展示算例相同，室内存在两个污染源 C1 及 C2，并存在室内污染物浓度的初始分布，分布区域为 I1 与 I2。表 2-3 为边界及初始条件设置情况，其中，当进行到 300s 时，源 C1 从没有散发改变为具有 0.5mg/s 强度的散发。图 2-25 为各个典型时刻的室内污染物浓度分布计算结果。

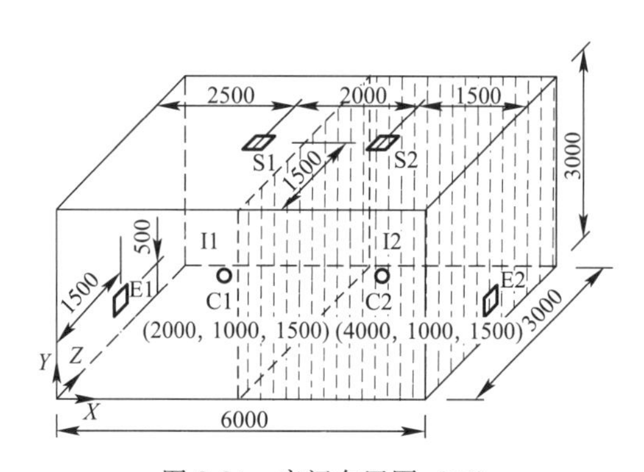


图 2-24 房间布置图（三）

**边界及初始条件设置　　　　　　　　　　表 2-3**

| 参数 | 0s | 1～299s | ≥300s |
|---|---|---|---|
| S1 (mg/m³) | 0.5 | 0.5 | 0.5 |
| S2 (mg/m³) | 0.5 | 0.5 | 0.5 |
| C1 (mg/s) | 0 | 0 | 0.5 |
| C2 (mg/s) | 0 | 0 | 0 |
| I1 (mg/m³) | 0 | 0 | 0 |
| I2 (mg/m³) | 2 | 0 | 0 |

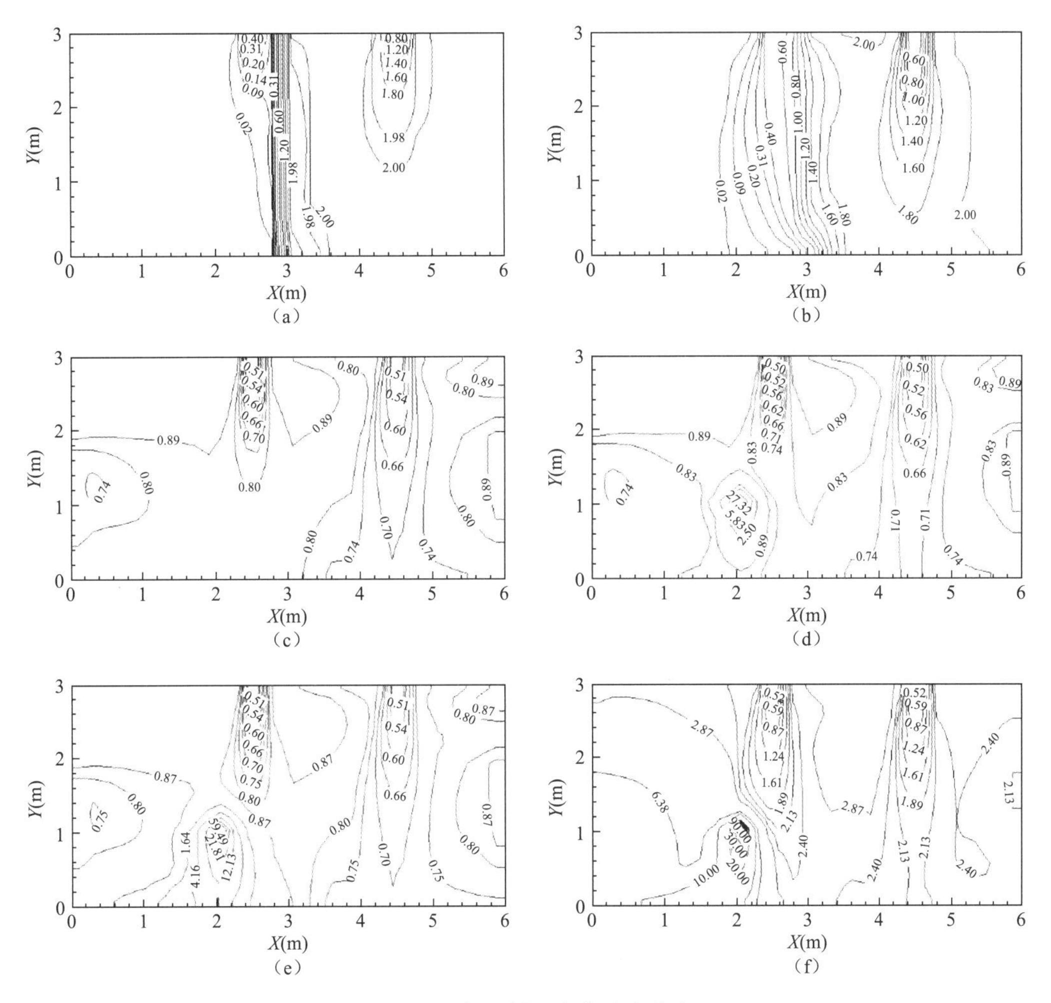


图 2-25　各时刻污染物浓度分布

(a) 1s；(b) 10s；(c) 300s；(d) 301s；(e) 310s；(f) 稳态

在 1s 时，房间左侧的浓度几乎全部为 0，而右侧几乎全部为 2mg/m³，室内污染物分布明显受初始条件的影响较大，而两个送风口对房间浓度的影响仅限于离风口较近的区域。随着时间的推进，初始浓度分布影响逐渐减小，而送风的影响逐渐增加。当在 300s 时可以看出，房间的浓度分布已经与初始浓度场的分布完全不同。从 300s 开始，室内污染源 C1 开始释放污染物，室内污染物的分布开始受到 C1 的影响。随着时间的推进，污染源的影响逐渐扩大，当达到稳态时，室内浓度受两个送风口（S1，S2）和污染源（C1）的共同作用。

以上通过式（2-31）对不同时刻的室内污染物分布进行了预测分析。采用该式不但可以快速获得从起始时刻开始任意时刻的室内浓度分布，而且当某一时刻的送风、污染源等条件改变时，也可快速获得后面任意时刻的室内浓度分布。通过快速计算，可进一步对不同送风方案进行对比优化，从而当需要对房间某些特定关注区域的污染物浓度进行控制时，可快速地寻找到最高效率的送风策略，从而实现设计甚至在线控制的通风策略优化，提高通风效率。

## 2.3.3 瞬态温、湿度分布关系式

（1）瞬态湿度分布关系式

在建筑室内环境中，湿空气中的水蒸气一般处于过热状态，且通常含量很低，可以当作被动气体处理。另一方面，水蒸气与被动气体在室内传播的数学描述具有共通性。在式（2-1）中，被动气体污染物输运方程中的等效质扩散系数 $\Gamma_{\mathrm{Ceff}}$ 为：

$$\Gamma_{\mathrm{Ceff}}=\frac{\mu}{\sigma_{\mathrm{C}}}+\frac{\mu_{\mathrm{t}}}{\sigma_{\mathrm{t}}} \tag{2-33}$$

对室内空气流动范畴而言，式（2-33）右端第一项中，黏性系数 $\mu$ 通常取值为 $1.8\times10^{-5}\mathrm{kg/(m\cdot s)}$[4]，而传质 Schmidt 数与组分种类有关，即：

$$\sigma_{\mathrm{C}}=\frac{\nu}{D_{\mathrm{AB}}} \tag{2-34}$$

空气的运动黏度 $\nu$ 通常取 $1.5\times10^{-5}\mathrm{m^2/s}$[4]；对于“空气-水蒸气”而言，扩散系数 $D_{\mathrm{AB}}$ 可取 $2.5\times10^{-5}\mathrm{m^2/s}$，对于“空气-有害气体污染物”而言，扩散系数可取 $0.8\times10^{-5}\sim1.7\times10^{-5}\mathrm{m^2/s}$[5]。式（2-33）右端第二项，根据文献［2］，对于室内空气流动而言，湍流黏性系数 $\mu_{\mathrm{t}}$ 的数量级一般为 $10^{-1}\sim10^{-2}$，而湍流传质 Schmidt 数 $\sigma_{\mathrm{t}}$ 可取 1[6]。结合式（2-33）和式（2-34）可以看出，式（2-33）右端第一项数值远小于第二项，水蒸气与其他被动污染物的等效质扩散系数具有相同的数量级，因此，输运方程可认为具有相同的形式，可将污染物传播的可及度概念用于描述各类边界、湿源等对室内任意点含湿量的贡献。

与通风房间中的被动气体的传播规律相同，当房间内的气流组织稳定后，房间中任意一点空气中的含湿量的变化，均受到来自风口、内部和壁面湿源（或汇）以及房间内的含湿量初始分布的影响。利用被动气体污染物组分传播规律的可及度系列指标（包括送风可及度 $a_{\mathrm{S}}^{n_{\mathrm{S,p}}}(\tau)$、源可及度 $a_{\mathrm{C}}^{n_{\mathrm{C,p}}}(\tau)$ 和初始分布可及度 $a_{\mathrm{I}}^{\mathrm{p}}(\tau)$），来反映室内任意位置的湿度受到来自上述各类边界条件及初始条件的影响程度，从而最终获得室内在任意时刻的湿度分布表达式。当流场等条件确定以后，即可求出在各种恒定边界条件同时作用时，空间任意点 p 在时刻 $\tau$ 的瞬时含湿量 $d_{\mathrm{p}}(\tau)$，可表示为：

$$d_{\mathrm{p}}(\tau)=\sum_{n_{\mathrm{S}}=1}^{N_{\mathrm{S}}}\left[d^{n_{\mathrm{S}}}a_{\mathrm{S,p}}^{n_{\mathrm{S}}}(\tau)\right]+\sum_{n_{\mathrm{C}}=1}^{N_{\mathrm{C}}}\left[\frac{J_{\mathrm{d}}^{n_{\mathrm{C}}}}{Q}a_{\mathrm{C,p}}^{n_{\mathrm{C}}}(\tau)\right]+\overline{d_{0}}\cdot a_{\mathrm{I,p}}(\tau) \tag{2-35}$$

式中，$d^{n_{\mathrm{S}}}$——第 $n_{\mathrm{S}}$ 个送风口的送风含湿量；

$J_{\mathrm{d}}^{n_{\mathrm{C}}}$——第 $n_{\mathrm{C}}$ 个湿源的散湿强度；

$\overline{d_0}$——初始时刻房间内空气含湿量的体平均值。

(2) 瞬态温度分布关系式

当通风房间中热源的变化不会引起温度的剧烈变化时，可近似地认为流场固定，即热量的加入或空气密度的变化均不影响速度场。当流场给定并保持稳定时，仅考虑显热作用，空气中热量传递的能量方程如下式所示：

$$\frac{\partial \rho T(\tau)}{\partial \tau}+\frac{\partial \rho U_j T(\tau)}{\partial x_j}=\frac{\partial}{\partial x_j}\left[\Gamma_{\mathrm{eff}} \frac{\partial T(\tau)}{\partial x_j}\right]+S_{\mathrm{T}}(\tau) \tag{2-36}$$

其中，等效热扩散系数 $\Gamma_{\mathrm{eff}}$ 为：

$$\Gamma_{\mathrm{eff}}=\frac{\lambda}{C_{\mathrm{p}}}+\frac{\mu_{\mathrm{t}}}{Pr_{\mathrm{t}}} \tag{2-37}$$

对于室内空气流动范畴，式 (2-37) 右端第一项中，空气导热系数 $\lambda$ 一般可取 $2.59\times 10^{-2}\mathrm{W/(m\cdot ℃)}$，定压比热 $C_{\mathrm{p}}$ 可取 $1.005\mathrm{kJ/(kg\cdot ℃)}$[4]；右端第二项中，湍流黏性系数 $\mu_{\mathrm{t}}$ 的数量级一般为 $10^{-1}\sim10^{-2}$，湍流 Prandtl 数 $Pr_{\mathrm{t}}$ 可取 0.9[7]。可以看出，式 (2-37) 右端第一项远小于第二项，因而在计算中可以忽略，即：

$$\Gamma_{\mathrm{eff}}=\frac{\mu_{\mathrm{t}}}{Pr_{\mathrm{t}}} \tag{2-38}$$

将式 (2-38) 代入式 (2-36) 后可以看出，与式 (2-1) 具有相似的形式，因而，也可将可及度指标用于描述各类边界及初始条件对室内热量传递过程的影响。但考虑到湍流 Prandtl 数 $Pr_{\mathrm{t}}$ 和湍流传质 Schmidt 数 $\sigma_{\mathrm{t}}$ 的取值不同，可及度的数值需要根据温度值重新计算 (或测量) 获得。需要提到的是，当用于室内空气流动时，$Pr_{\mathrm{t}}$ 的取值范围可至 $0.9\sim1$[8]，因此当 $Pr_{\mathrm{t}}$ 取 1 时，即 $Pr_{\mathrm{t}}$ 与 $\sigma_{\mathrm{t}}$ 相等，式 (2-36) 与组分输运方程式 (2-1) 具有完全相同的形式，也即表明在此情况下，室内空气中的热量传递与组分传播的规律完全相同，用于描述固定流场条件下的组分传播规律的可及度系列指标也可用于描述热量的传递规律。

当室内流场保持固定时，温度场受热源的影响也可以认为是线性系统。应用叠加原理，室内任意点 p 的温度值可以由送风、热源和初始分布三部分分别作用下的线性叠加构成。当室内同时存在 $N_{\mathrm{S}}$ 个送风口、$N_{\mathrm{C}}$ 个恒定散热强度的热源以及某初始温度分布时，空间任意点 p 在时刻 $\tau$ 的过余温度表达式为：

$$\theta_{\mathrm{p}}(\tau)=\sum_{n_{\mathrm{S}}=1}^{N_{\mathrm{S}}}\left[\theta_{\mathrm{S}}^{n_{\mathrm{S}}} a_{\theta\mathrm{S},\mathrm{p}}^{n_{\mathrm{S}}}(\tau)\right]+\sum_{n_{\mathrm{C}}=1}^{N_{\mathrm{C}}}\left[\frac{q^{n_{\mathrm{C}}}}{\rho C_{\mathrm{p}} Q} a_{\theta\mathrm{C},\mathrm{p}}^{n_{\mathrm{C}}}(\tau)\right]+\theta_{\mathrm{I}} a_{\theta\mathrm{I},\mathrm{p}}(\tau) \tag{2-39}$$

式中，　$\theta_{\mathrm{S}}^{n_{\mathrm{S}}}$——第 $n_{\mathrm{S}}$ 个送风口的送风过余温度；

$q^{n_{\mathrm{C}}}$——第 $n_{\mathrm{C}}$ 个热源的散热量；

$\theta_{\mathrm{I}}$——初始体平均过余温度；

$a_{\theta\mathrm{S},\mathrm{p}}^{n_{\mathrm{S}}}(\tau)$、$a_{\theta\mathrm{C},\mathrm{p}}^{n_{\mathrm{C}}}(\tau)$、$a_{\theta\mathrm{I},\mathrm{p}}(\tau)$——量化热影响的送风、热源、初始温度条件可及度。

固定流场下室内空气温度分布的代数表达式，可以直观、定量地分析各个影响因素 (送风、热源等) 对空间任意点在任意时刻的温度值的贡献程度，并快速地计算这些空间点的温度值，因而，可用于在设计过程中对多种工况进行方案比选与分析，也可用于在运行控制过程中针对不同运行场景进行送风温度的在线控制与调节策略制定，从而达到通风空调系统节能与高效的目的，对于创造非均匀温度环境的工程实践具有重要价值。

图 2-26 为一个通风房间，房间尺寸为 $X \times Y \times Z = 8.0\text{m} \times 2.5\text{m} \times 3.0\text{m}$，房间采用顶送侧下回的气流组织方式。顶部和侧墙上分别有两个送风口（分别标为 1 和 2）和两个回风口（分别标为 3 和 4），风口尺寸均为 0.3m×0.3m，房间的通风换气次数为 5.4 次/h（送风速度 0.5m/s）。为简化分析，设室内各壁面绝热且将各个热源简化为非实体块，初始时刻室内温度均匀且与送风温度均为 20℃。热参数设置如表 2-4 所示。利用式（2-39）的快速预测功能，进行针对局部目标位置温度需求的快速送风参数确定。

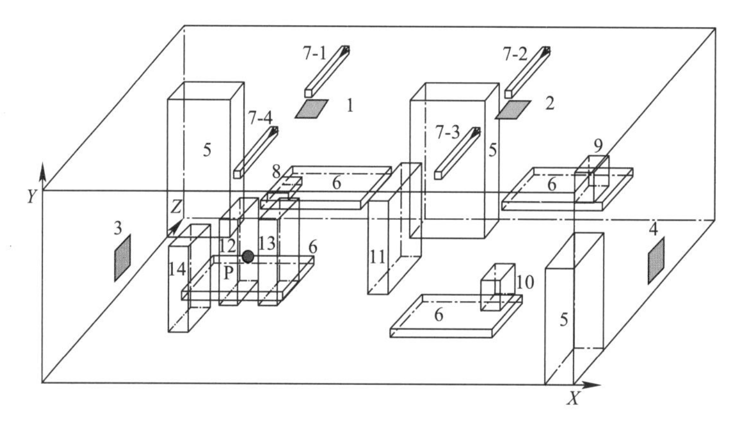


图 2-26　通风房间布置图

1—送风口 1；2—送风口 2；3—排风口 1；4—排风口 2；5—储柜；6—桌子；7-1 至 7-4—灯；8—计算机 1；9—计算机 2；10—计算机 3；11—设备；12—人员 1；13—人员 2；14—人员 3

**房间参数设置**　　　　**表 2-4**

| 类别 | 编号 | 名称 | 温度（℃） | 发热量（W） |
|---|---|---|---|---|
| 送风 | 1 | 送风口 1 | 20 | — |
| | 2 | 送风口 2 | 20 | — |
| 热源 | 7-1 | 灯 1 | — | 10 |
| | 7-2 | 灯 2 | — | 10 |
| | 7-3 | 灯 3 | — | 10 |
| | 7-4 | 灯 4 | — | 10 |
| | 8 | 计算机 1 | — | 50 |
| | 9 | 计算机 2 | — | 100 |
| | 10 | 计算机 3 | — | 100 |
| | 11 | 设备 | — | 320 |
| | 12 | 人员 1 | — | 60 |
| | 13 | 人员 2 | — | 70 |
| | 14 | 人员 3 | — | 50 |

室内流场计算结果如图 2-27 所示。

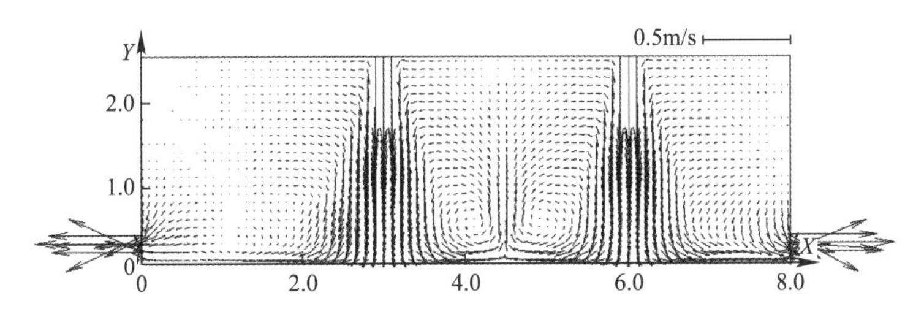


图 2-27　典型断面速度矢量图（$Z$=1.5m）

为便于对计算模型进行应用展示，设一控制点 P（图 2-26），其在房间中的位置为 $X$=2m、$Y$=0.85m、$Z$=1m，表 2-5 给出了送风、热源对 P 点的温度可及度。

**P 点的温度可及度　　表 2-5**

| 影响因素 | 对 P 点的温度可及度 |
|---|---|
| 送风口 1 | 0.79 |
| 送风口 2 | 0.21 |
| 灯 1 | 1.34 |
| 灯 2 | 0.38 |
| 灯 3 | 0.44 |
| 灯 4 | 1.92 |
| 计算机 1 | 0.91 |
| 计算机 2 | 0.08 |
| 计算机 3 | 0.10 |
| 设备 | 0.99 |
| 人员 1 | 1.03 |
| 人员 2 | 0.53 |
| 人员 3 | 2.58 |

传统 CFD 方法无法获得送风及热源等因素对室内温度分布的影响程度，因而当需要了解诸如不同送风温度或不同热源状况下的包括控制点在内的室内温度分布情况时，只能通过遍历的方法，进行大量重复的计算而得到。利用式（2-39）可以很方便地计算出各类边界发生改变后的控制点 P 的温度值，比采用 CFD 模拟更为高效。在运行控制中，若需要采用一定的送风策略对控制点 P 的空气温度进行保障，则运用上述关系式，可快速计算获得送风参数，制定满足需求的送风调节策略，从而达到高效、节能的目的。假设 P 点需要保障温度为 24℃，利用式（2-39）可快速计算出，当两个送风口的送风温度仅能统一调控时，需要将送风温度调节为 18℃，即能实现 P 点的温度保障；而如可对两个送风口的送风温度进行分开调节，则可将送风口 1 和 2 的送风温度分别调节至 16.4℃和 24℃。两种方式均可实现非均匀环境下局部目标位置 P 点的温度保障，但二者需要通风空调系统投入的冷量差别显著：在全新风工况下，第一种做法投入冷量为 650W，而第二种做法仅为 411W，后者为前者的 65%，意味着节能。

## 2.4 固定流场假设对温度分布预测的适应性

前述理论以固定流场为条件，而热边界条件的改变往往会引起浮升力的改变，进而影响流场。因此，基于固定流场的温度预测会存在一定的偏差，在较小的偏差范围内，可利用温度分布关系式的拆分清晰、计算快捷的优势进行快速预测和送风决策。由此对固定流场理论的可靠性进行了探索，重点比较稳态非均匀温度预测的偏差水平。搭建了典型通风房间，如图 2-28 所示，房间尺寸为 $X \times Y \times Z = 4.0\text{m} \times 2.5\text{m} \times 3.0\text{m}$，房间内有两个送风口（分别记为 S1 和 S2）和两个回风口（分别记为 R1 和 R2）。房间换气次数为 9.6 次/h，送风温度为 18℃。考察两个断面 $Z=0.5\text{m}$ 和 $Z=1.5\text{m}$，每个断面监测 9 个位置（P1 ～ P9）的温度值。

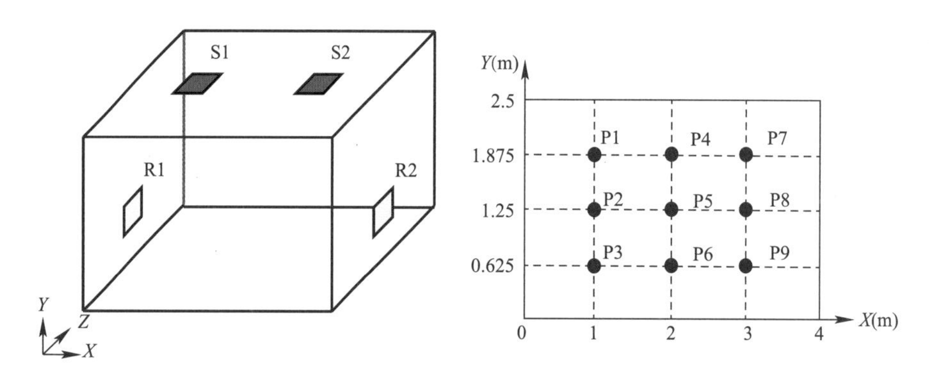


图 2-28 通风房间模型图

在房间布置 6 个热源（图 2-29）：热源 1～4 代表室内热源（位于 $Z=1.5\text{m}$ 断面，高度在图 2-29 中标出），位置 1 靠近送风口 S1，位置 2 和 3 远离送风口 S1 和 S2，位置 4 靠近回风口 R1；热源 5 代表右侧墙壁热源，热源 6 代表地面热源。在每种热源位置下，分别构建无热源流场、热源 200W 时的流场、热源 600W 时的流场。对每种固定流场，获得可及度分布，采用式（2-39）预测真实热源强度为 1000W 时的各位置温度，与 1000W 热源强度下直接 CFD 模拟的温度结果进行比较，结果如图 2-30 所示。图中位置 P6 处的部分预测相对偏差值因超过纵轴最大值而未显示。

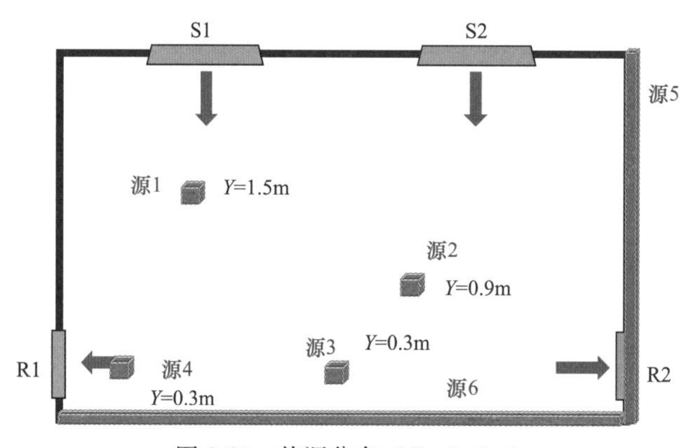


图 2-29 热源分布（$Z=1.5\text{m}$）

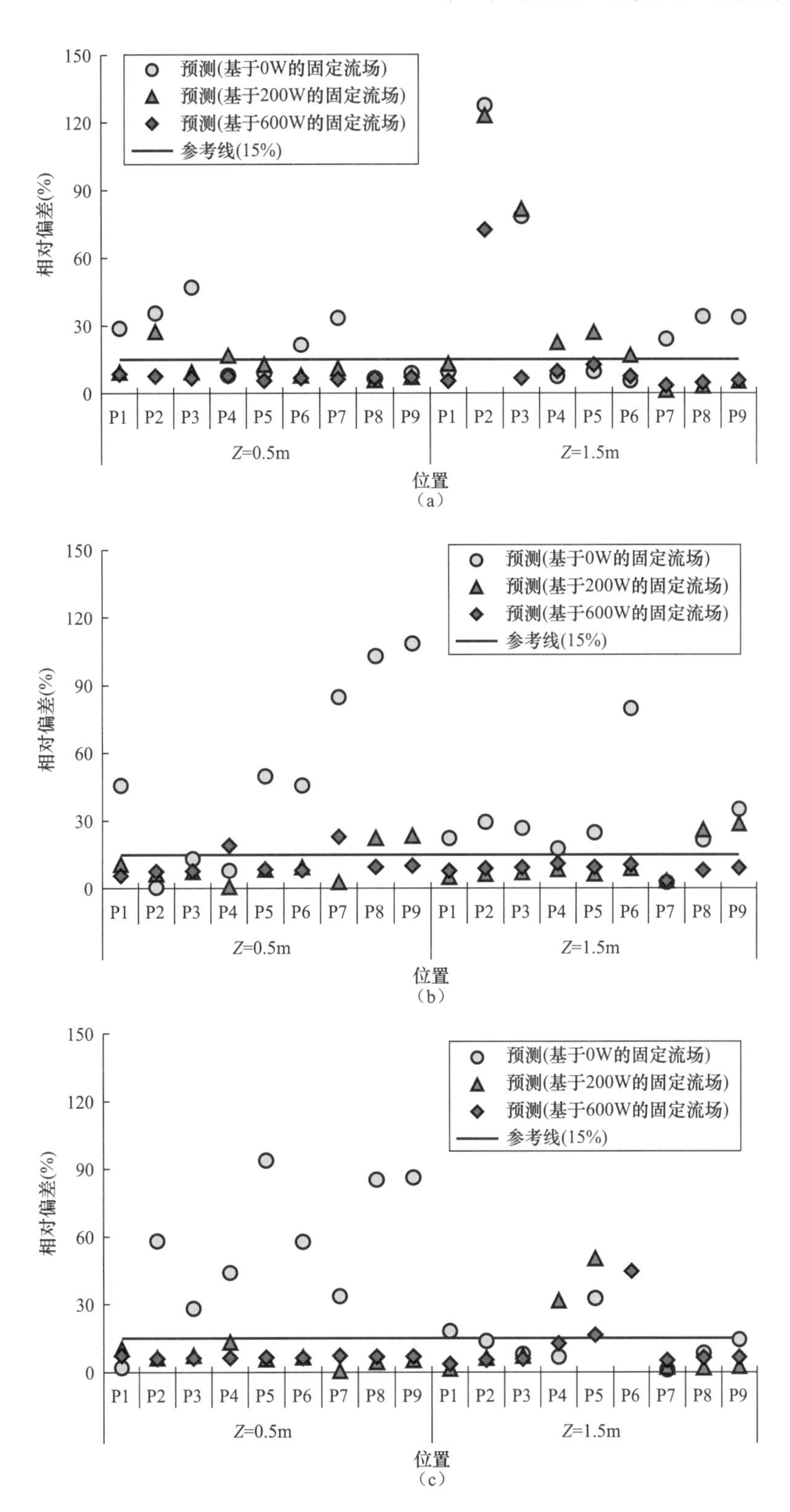


图 2-30　不同热源位置下的相对预测偏差（一）

（a）热源位置 1；（b）热源位置 2；（c）热源位置 3

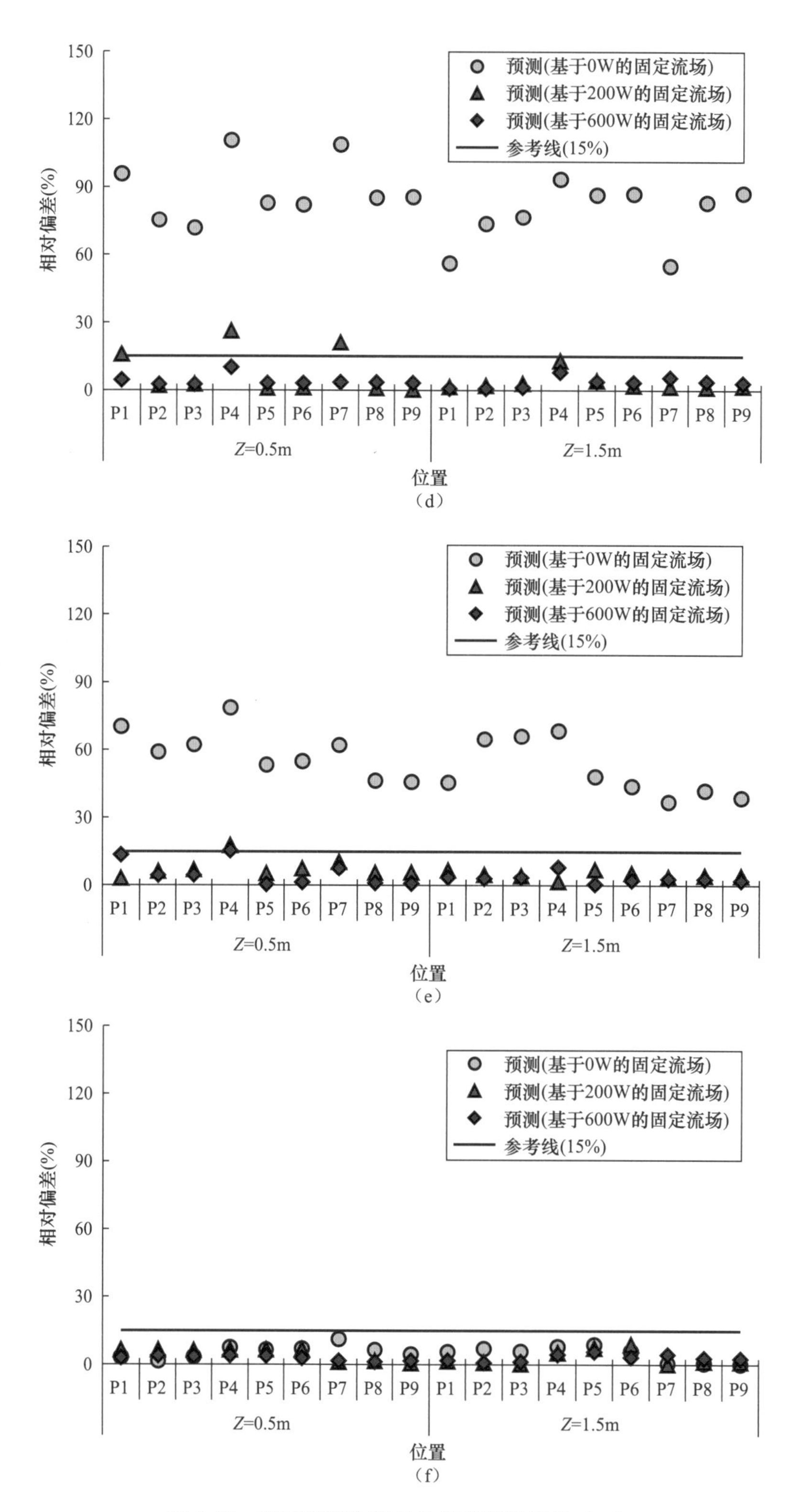


图 2-30　不同热源位置下的相对预测偏差（二）

（d）热源位置 4；（e）热源位置 5；（f）热源位置 6

当热源处于位置 1 时，基于无热源形成的固定流场可准确预测的位置较少；基于一定值的热源强度形成的固定流场，因考虑了浮升力引起的气流上升作用，可准确预测除热源附近外的大部分位置，具有较高的可靠性；构建流场时采用的热源强度越接近真实热源强度，预测偏差越小。对于热源位置 2，除了两个断面上的位置 P8 和 P9 外，基于 200W 热量构建的流场下大多数位置的预测值相对偏差小于 15%；当使用基于 600W 热量构建的流场进行预测时，仅有两个位置的相对偏差大于 15%。对于热源位置 3，热源远离两个送风口，因此浮升力效应对热源正上方的局部流场起主导作用，对于 200W 热量构建的固定流场，热源附近 P4、P5 和 P6 处的预测相对偏差大于 15%，而其他位置处的预测相对偏差小于 15%；当采用 600W 热量构建的固定流场时，仅 P6 位置的预测相对偏差大于 15%。对于热源位置 4～6，热源分别位于排风口附近、侧壁和地板上，3 个位置均远离主气流区，对于 200W 和 600W 热量构建的固定流场，几乎所有位置的预测相对偏差均小于 15%。这表明，当建筑围护结构释放热量时，该方法可有效预测温度分布。

表 2-6 汇总了所有监测位置的平均相对偏差。结果表明，基于 0W 热量构建的固定流场的总体预测偏差远大于 200W 和 600W 流场的预测偏差，因此，在利用快速预测公式时，不应基于无热源的情况构建固定流场，而应基于代表性热源释放场景建立固定流场。建立固定流场时采用的热源强度越接近于真实热源强度，预测精度越高。快速预测方法在预测平均温度和热源区以外位置的温度时精度较高，而对热羽流区域精度较低。

**平均相对预测偏差**　　**表 2-6**

| 热源位置 | 采用热强度建立固定流场（W） | | |
|---|---|---|---|
| | 0 | 200 | 600 |
| 1 | 29.4% | 22.3% | 10.6% |
| 2 | 39.9% | 10.6% | 9.8% |
| 3 | 105.4% | 20.7% | 9.2% |
| 4 | 83.2% | 5.6% | 3.6% |
| 5 | 54.8% | 6.1% | 4.3% |
| 6 | 5.2% | 3.8% | 2.9% |

采用理查森数 $Ri=\frac{Gr}{Re^2}=\frac{\Delta TgL}{TU_0^2}$ 进一步量化浮力效应与惯性效应的相对大小，研究采用热源强度为 1000W（83W/m$^2$），处于通风空调房间代表热量范围内，计算得到 $Ri$ 为 0.09，远小于 1，表明机械通风空调房间内的浮力效应弱于惯性效应，浮力效应仅在一定程度上影响流场。虽然浮力效应不能忽略，但在远离热源的大部分区域内可实现可接受的预测效果，因此，可较为可靠地实现非均匀热环境的快速预测和调控。

## 2.5　本章小结

本章针对恒定边壁通量条件下室内空气标量参数的分布规律进行研究，主要结论如下：

（1）提出了反映送风、污染源和初始浓度分布对室内任意位置时平均浓度定量影响的送风可及性、污染源可及性和初始条件可及性指标，以及反映瞬态浓度定量影响的送风可及度、污染源可及度和初始条件可及度指标，对于解耦评价每个送风口、污染源和初始分布对室内任意位置的时间平均或瞬时独立影响提供了方法。

（2）基于可及性（度）指标，建立了固定流场条件下室内任意位置的时平均浓度和瞬态浓度的线性叠加表达式，一旦通过模拟或实验获得可及性（度）指标，即可实现污染物浓度的快速预测。基于水蒸气和热量传播的相似性，给出了形式一致的瞬态湿度和温度分布表达式。热源强度变化引起的浮升力改变可能影响固定流场假设和温度预测的可靠性，通过空调通风房间代表性热源强度的研究表明，表达式在预测房间平均温度和热源区以外位置温度时的精度较高，而对热羽流区域的精度较低。

## 第2章　参考文献

[1] Kato S, Murakami S, Kobayashi H. New scales for evaluating ventilation efficiency as affected by supply and exhaust openings based on spatial distribution of contaminant [C]. 12th International Symposium on Contamination Control. The Japan Air Cleaning Association. 1994：341-348.

[2] Chen Q, Xu W. A zero-equation turbulence model for indoor airflow simulation [J]. Energy and Buildings，1998，28（2）：137-144.

[3] Launder B E, Spalding D B. The numerical computation of turbulent flows [J]. Computer Methods in Applied Mechanics and Engineering，1974，3（2）：269-289.

[4] 杨世铭，陶文铨. 传热学 [M]. 4版. 北京：高等教育出版社，2006.

[5] 张寅平. 建筑环境传质学 [M]. 北京：中国建筑工业出版社，2006.

[6] 李万平. 计算流体力学 [M]. 武汉：华中科技大学出版社，2004.

[7] 吴子牛. 计算流体力学基本原理 [M]. 北京：科学出版社，2001.

[8] 李先庭，赵彬. 室内空气流动数值模拟 [M]. 北京：机械工业出版社，2009.

# 第 3 章　不同类型边壁条件下室内标量参数分布规律

## 3.1　概述

第 2 章研究了定边壁通量条件下室内标量参数的分布规律，指出任意时刻室内各点标量参数（温度、湿度、污染物浓度）受送风、源以及初始参数分布的共同影响。本章将讨论除定边壁通量条件（第二类边界条件）外，定边壁参数条件（第一类边界条件）和混合条件（第三类边界条件）下的室内标量分布规律。

在实际通风空调房间的边界热质交换中，例如围护结构传热、局部冷梁向室内传热等，均存在“对流边界”（即第一、三类边界）情况。区别于定通量边界（第二类边界），对流边界的传热/传质量与室内参数，如温度、湿度、浓度等相互耦合。当室内参数发生变化时，对流传热、传质的大小及方向均会随之改变。如果采用第 2 章提出的可及度来描述对流边界对室内标量参数的影响，需预先得到对流传热/传质量。而对流传热/传质量的大小则需与室内参数迭代求解，无法提前获得。

为此，本章通过理论方法获得送风、源和对流边界对室内标量参数分布的独立影响规律，建立不同类型的边壁条件下室内标量分布规律的表达式。对于建筑室内环境范畴而言，边壁与室内的热交换更为常见，换热强度以及对室内温度参数的影响均较大。而通过边壁的质交换（水蒸气、气体污染物等）则相对较小，除壁面发生水蒸气凝结情况以外，大多可将壁面当作绝质处理。因此，本章将首先讨论在以壁面传热的各类边界条件下室内温度分布规律的计算方法，进而推广到所有室内空气标量参数（湿度、气体污染物浓度）的计算。

## 3.2　对流热边壁条件下室内温度分布的隐式表达式

### 3.2.1　室内温度分布隐式表达式

通风空调房间内通常存在多种类型热边界。广义而言，除传统意义上的壁面边界以外，如送风、室内热源、回风等也属于房间的热边界范畴。为了整体考虑，本节将建立包含各类广义边界的通用房间模型，用以分析各类边界条件下的室内温度分布规律。对研究对象进行合理简化，基于以下假设：

（1）室内空气流场固定不变。虽然室内环境是由多种影响因素综合导致的复杂环境，但考虑到通风房间送回风口位置固定，除变风量系统外，房间通风量一般不会发生较大变化；另一方面，在室内不存在较大强度的热源的情况下，热源的变化不会引起空气中温度值的剧烈变化。因而可以认为流场是固定的，即热量的加入或空气密度的变化均不影响速度场。在室内流场基本不变时，可以基于线性叠加原理获得送风、源和边界对室内各处的独立影响[1]。

（2）忽略房间内不同表面间的长波辐射换热，即不考虑房间辐射热对空气温度分布的影响。由于在多数工况下，房间不同表面间的温差较小，所以壁面间的辐射传热量有限。此外，不同表面间的辐射传热在稳态工况下最终会传递至室内空气中，为此可将辐射热近似用对流热替代[1,2]。

（3）研究对象为稳态传热。事实上，建筑围护结构的热惯性较大，而房间空气的热惯性较小（可以忽略）。因此，研究稳态传热规律能更好地揭示各个热边界对室内温度构成的独立影响。此外，非稳态传热本身可由若干近似准稳态过程替代[1,3-5]。

对于任意通风空调房间（图 3-1），前已述及，其热边界构成包括送风边界、定热流热源边界和对流边界。为此，所建立的房间中，包含 $n_s$ 个独立送风口（每个风口温度独立）和 $n_e$ 个恒定强度热源（每个热源强度独立），此外，房间还包括 $n_c$ 个对流边界（每个边界对流外温相互独立）。

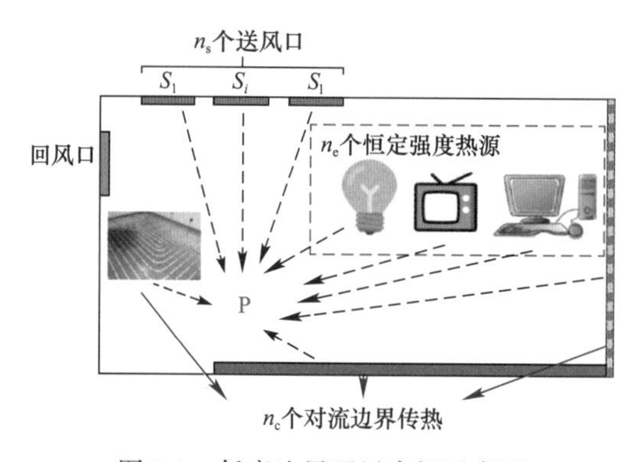


图 3-1　任意边界通风房间示意图

在所建立的通风空调房间内，共存在 $n_f$ 个热边界，如式（3-1）所示。

$$n_f = n_s + n_e + n_c \tag{3-1}$$

首先分析基于隐式对流热的室内温度分布的影响因素。由第 2 章可知，送风和恒定强度热源对室内温度分布的影响互相独立，而对流热对室内温度分布的影响尚不清晰，为此，本节重点分析对流边界对室内温度分布的影响。

通常，通风空调房间内存在两类热源：第一类热源的发热强度已知，如电脑、灯光等房间内部热源，以及第二类边界的边壁热源；第二类热源的强度未知，对流边界即为此类情况，包括第一类及第三类边界的边壁热源，即已知其对流传热系数及对流边壁温度，但由于该类热源的传热量与室内温度相关，因此其向室内的传热量未知。基于第 2 章研究，可获得包括对流边界的非均匀环境室内表达式，如式（3-2）所示。其中，对流热表达式如式（3-3）所示。为简洁起见，式（3-2）和式（3-3）采用向量表达形式。

$$t^{\mathrm{p}} = (\overrightarrow{a_{\mathrm{S}}^{\mathrm{p}}})^{\mathrm{T}} \times \overrightarrow{t_{\mathrm{S}}} + (\overrightarrow{a_{\mathrm{E}}^{\mathrm{p}}})^{\mathrm{T}} \times \frac{\overrightarrow{Q}}{m_s C_p} + (\overrightarrow{a_{\mathrm{C,\ E}}^{\mathrm{p}}})^{\mathrm{T}} \times \frac{\overrightarrow{Q_{k_r}}}{m_s C_p} \tag{3-2}$$

$$\overrightarrow{Q_{k_r}} = F_{k_r} \times \overrightarrow{U_{k_r}} (\overrightarrow{t_{\mathrm{amb,\ k}}} - \overrightarrow{t_{k_r}}) \tag{3-3}$$

式中，　$t^{\mathrm{p}}$——房间内任意点 p 的温度（℃）；

$\overrightarrow{t_{\mathrm{S}}}$——送风温度向量（℃）；

$\overrightarrow{Q}$——室内恒定强度热源向量（W）；

$\overrightarrow{Q_{\mathrm{k_r}}}$——对流边界的对流热向量（W）；

$(\overrightarrow{a_{\mathrm{S}}^{\mathrm{p}}})^{\mathrm{T}}$、$(\overrightarrow{a_{\mathrm{E}}^{\mathrm{p}}})^{\mathrm{T}}$、$(\overrightarrow{a_{\mathrm{C,E}}^{\mathrm{p}}})^{\mathrm{T}}$——各送风口、恒定强度热源和对流边界对 p 点的可及度向量；

$F_{\mathrm{k_r}}$——对流边界网格节点面积（$\mathrm{m^2}$）；

$\overrightarrow{U_{\mathrm{k_r}}}$——对流传热系数［$\mathrm{W/(m^2 \cdot K)}$］；

$\overrightarrow{t_{\mathrm{amb,k}}}$——对流外温向量（℃）；

$\overrightarrow{t_{\mathrm{k_r}}}$——毗邻对流边界的空气网格温度向量。

由于$\overrightarrow{t_{\mathrm{k_r}}}$为未知，无法通过对流热直接求出室内房间 p 点的温度 $t^{\mathrm{p}}$，因此上述温度分布计算表达式为隐式形式。

在图 3-1 所示的通风空调房间内，共有 $n_{\mathrm{c}}$ 个对流边界。对其中任一个对流边界而言（如第 $k$ 个对流边界），该边界共有 $n_{\mathrm{k}}$ 个毗邻该边界的空气网格节点，如图 3-2 所示。

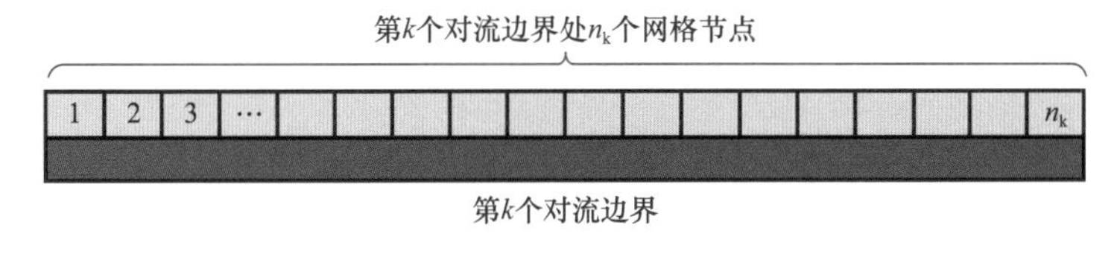


图 3-2　对流边界及毗邻网格示意图

由于每个毗邻边界的空气网格节点的温度值均为未知且大多不同，因而同一对流边界不同位置处网格传热量的大小不同，在运用式（3-2）和式（3-3）进行求解中，需将第 $k$ 个边界处划分为 $n_{\mathrm{k}}$ 个离散网格，则全部对流边界处共有$\widehat{n_{\mathrm{c}}}$个离散网格［式（3-4）］。若要获得对流热对室内温度分布的影响，则需获得每个网格处对流热的大小。因此，室内温度分布受$\widehat{n_{\mathrm{c}}}$个网格节点对流热的共同影响。此外，室内温度分布还受到 $n_{\mathrm{s}}$ 个送风边界和 $n_{\mathrm{e}}$ 个恒定强度热源边界的影响，因而对于整个房间共有$\widehat{n_{\mathrm{f}}}$个热边界，式（3-1）则转化为式（3-5）。

$$\widehat{n_{\mathrm{c}}}=\sum_{k=1}^{n_{\mathrm{c}}} n_{\mathrm{k}} \tag{3-4}$$

$$\widehat{n_{\mathrm{f}}}=n_{\mathrm{s}}+n_{\mathrm{e}}+\widehat{n_{\mathrm{c}}} \tag{3-5}$$

在实际计算过程中，一个热边界处存在多个毗邻该边界的网格，因此$\widehat{n_{\mathrm{f}}}$远大于 $n_{\mathrm{f}}$。同时考虑求解方程为隐式形式，因此，该方法在实际应用中可行性较低，难以直观地反映对流边界对室内温度分布的影响规律。

### 3.2.2　室内温度分布独立影响因素分析

上节分析表明，房间对流边界处的传热为各处网格传热的叠加值。在隐式计算方法中，毗邻对流边界网格的温度向量为隐变量，且不同节点处的温度各不相同，因此对于

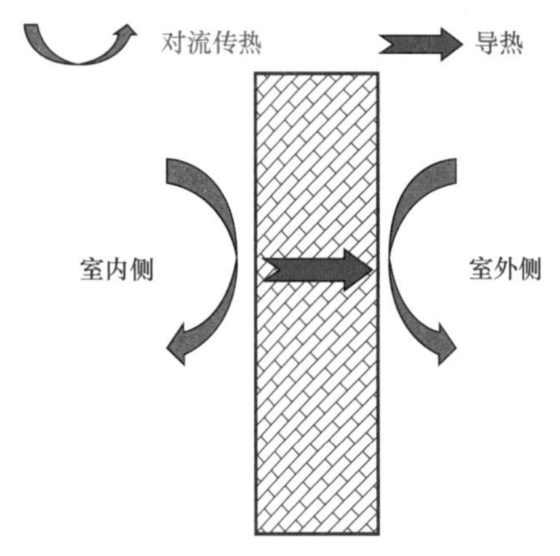


图 3-3　对流边界传热热阻示意图

$n_c$ 个对流边界，其影响因素为$\widehat{n_c}$。如这些影响因素存在相关性，则可进行简化，从而获得各因素对室内温度分布的独立影响。

为了分析对流边界内传热的一般性原理，可将图 3-3 中边界内的对流传热热阻进行简化。通风空调房间的对流边界主要包括室外对流边界（如外墙、窗等）和室内对流边界（如对流板、局部冷梁等）。在此，以外墙传热为例进行分析，该对流传热热阻等于三个串联的热阻，如式（3-6）所示。

$$U_{k_r}=\frac{1}{\frac{1}{h_{amb}}+\frac{\delta}{\lambda}+\frac{1}{h_{in,r}}} \tag{3-6}$$

式中，$h_{amb}$——室外侧对流传热系数［$W/(m^2 \cdot K)$］；

$\delta$——墙体厚度（m）；

$\lambda$——墙体导热系数［$W/(m^2 \cdot K)$］；

$h_{in,r}$——室内空气和对流边界的对流传热系数［$W/(m^2 \cdot K)$］，由雷诺数和普朗特数决定。

当室内流场近似不变时，内壁面的对流传热系数可以确定。相比之下，外壁面的对流传热热阻和导热热阻由对流边界的热特性决定，与室内空气流场无关。以建筑围护结构处的传热为例，围护结构的导热热阻由围护结构的保温特性决定，而外壁面的对流传热热阻与室外风速相关，通常也可视为定值[5]。当对流边界的热特性已知时，$U_{k_r}$ 可唯一确定，不随热边界的改变而改变。

对流传热系数与流场相关，当流场确定时，对流传热系数可确定。因此，以毗邻对流边界的一个网格节点为例，该处传热量与送风、热源及对流边界温度的线性关系可唯一确定。当流场不变时，由线性原理可知，与整个对流边界相邻的网格节点的温度都与送风、热源及对流边界温度存在线性关系。其中，每个节点对流热的计算方法如式（3-3）所示。换言之，毗邻对流边界网格的传热由 $n_s$ 个风口的送风温度、$n_e$ 个热源的热源强度和 $n_c$ 个对流边界处的对流外温共同决定（图 3-4）。

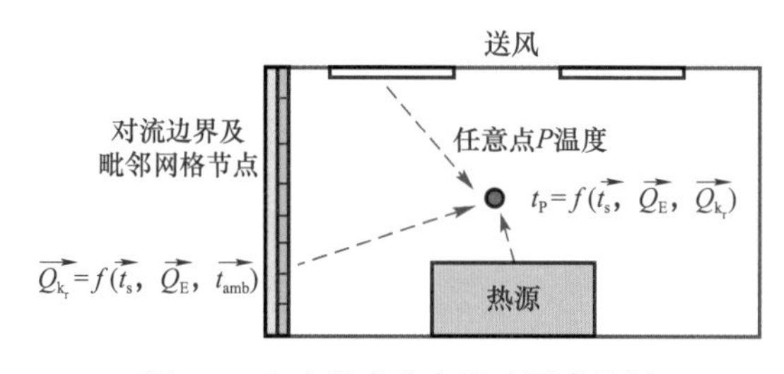


图 3-4　室内温度分布影响因素分析

对流边界处对流热的大小与流场特性和对流边界处的对流外温相关。尽管相同的对流边界在不同网格处的热流大小不同，但都只受对流边界处对流温度的影响。换言之，房间温度分布的独立影响因素仅由送风温度、热源强度及对流边界处的对流温度决定。因此，影响房间温度分布的独立变量个数由$\widehat{n_f}$个降低至$n_f$个。其中，$n_f$的计算公式如式（3-1）所示。

综上，若采用隐式表达式，房间温度分布将会受到$\widehat{n_f}$个热边界影响。事实上，对于每个对流边界，毗邻该对流边界的网格温度仅和送风温度、热源强度及对流边界温度相关。换言之，相同的对流边界处的网格对流热存在相关性，并非相互独立。因此，房间温度分布的独立影响变量为送风温度、热源强度和对流边界处对流温度，室内温度分布的独立影响变量个数为$n_f$个。

## 3.3　对流热边壁条件下室内温度分布的显式表达式

前文分析表明，当房间存在$n_f$个热边界时，房间任意点温度分布的独立影响因素为$n_f$。隐式表达式中对流热与房间温度耦合，且该表达式引入了许多互相关变量，因此无法描述房间的温度分布与各个热边界的独立影响。为此，本节希望获得室内温度分布与$n_f$个热边界的显式表达式，进而揭示非均匀室内环境中任意点的温度分布如何受各个热边界的独立影响。

### 3.3.1　室内温度分布显式表达式

前文分析表明，毗邻对流边界的网格节点温度与对流热存在耦合。若能建立毗邻对流边界网格节点的温度与送风温度、热源强度及对流边界温度间的关系，则能借助对流边界网格节点温度作为中间变量，将该温度代入室内温度分布隐式表达式中，获得室内任意点温度分布的显式表达式，进而揭示各类边界对室内温度分布的显式影响，下面进行具体分析。

（1）引入毗邻对流边界的网格节点温度作为中间变量

首先，定义毗邻对流边界的网格节点温度向量$t_k$和对流边界温度向量$t_{amb}$。以图3-1所示的任意通风空调房间为例，共有$\widehat{n_c}$个毗邻对流边界的网格节点，将其温度记为向量形式，如式（3-7）所示；房间存在$n_c$个对流边界，将对流边界温度记为向量形式，如式（3-8）所示。对于房间内每个毗邻对流边界的网格节点，可给出与之对应的对流边界温度，如式（3-9）所示。式（3-10）则给出了对流边界温度向量与网格节点温度向量的对应关系。

$$\overrightarrow{t_k}=[t_{k,1},t_{k,2},\cdots,t_{k,x},\cdots,t_{k,\widehat{n_c}}]^T \tag{3-7}$$

$$\overrightarrow{t_{amb}}=[t_{amb,1},t_{amb,2},\cdots,t_{amb,n_c}]^T \tag{3-8}$$

$$\overrightarrow{\widehat{t_{amb}}}=(\boldsymbol{D})_{\widehat{n_c}\times n_c}\times\overrightarrow{t_{amb}} \tag{3-9}$$

$$\begin{cases}\boldsymbol{D}_{i,j}=1 & (i\in C_j)\\ \boldsymbol{D}_{i,j}=0 & (i\notin C_j)\end{cases} \tag{3-10}$$

式中，$t_{k,i}$——第$i$个网格节点的温度（℃）；

$t_{\text{amb},j}$——第 $j$ 个对流边界处的对流温度（℃）；

$\boldsymbol{D}$——对流温度矩阵。

（2）建立毗邻对流边界温度显式表达式

基于室内温度分布的隐式表达式，可获得毗邻对流边界网格节点温度$\overrightarrow{t_{\text{k}}}$的隐式表达式，如式（3-11）所示。其中，可及度采用矩阵形式表达，矩阵中行向量为热边界对各点的影响，即：$\boldsymbol{A}_{\text{s}}$、$\boldsymbol{A}_{\text{E}}$ 和 $\boldsymbol{A}_{\text{C}}$ 分别为送风可及度矩阵、热源可及度矩阵及对流热可及度矩阵［式（3-12）～式（3-14）］。当室内流场确定后，该可及度矩阵为常数，不随热边界的变化而变化。

$$
\begin{aligned}
(\overrightarrow{t_{\text{k}}})_{\widehat{n_{\text{c}}}\times 1} = & (\boldsymbol{A}_{\text{s}})_{\widehat{n_{\text{c}}}\times n_{\text{s}}} \times (\overrightarrow{t_{\text{S}}})_{n_{\text{s}}\times 1} + \frac{1}{m_{\text{s}}C_{\text{p}}}(\boldsymbol{A}_{\text{E}})_{\widehat{n_{\text{c}}}\times n_{\text{e}}} \times (\overrightarrow{Q})_{n_{\text{e}}\times 1} \\
& + \frac{1}{m_{\text{s}}C_{\text{p}}}(\boldsymbol{A}_{\text{C}})_{\widehat{n_{\text{c}}}\times\widehat{n_{\text{c}}}} \times (\overrightarrow{\widehat{t_{\text{amb}}}} - \overrightarrow{t_k})_{\widehat{n_{\text{c}}}\times 1}
\end{aligned}
\tag{3-11}
$$

$$
(\boldsymbol{A}_{\text{s}})_{i,\text{b}} = a_{\text{S},i}^{\text{b}} \tag{3-12}
$$

$$
(\boldsymbol{A}_{\text{E}})_{j,\text{b}} = a_{\text{E},j}^{\text{b}} \tag{3-13}
$$

$$
(\boldsymbol{A}_{\text{C}})_{k,\text{b}} = U_k F_k a_{\text{C}}^{\text{b}} \tag{3-14}
$$

由式（3-11）可以发现，$\overrightarrow{t_{\text{k}}}$ 在方程左右两边同时出现，即对流温度向量与对流边界处的传热量存在耦合。通过变量消去法求解该式，可获得对流边壁的温度分布，如式（3-15）所示。可以看出，对流边界处网格的温度分布受送风温度、热源强度以及对流边壁处对流外温的独立影响，各个因素的影响权重由流场特征及对流边界热物性共同决定。

$$
\begin{aligned}
\overrightarrow{t_{\text{k}}} = & \left(\boldsymbol{E} + \frac{1}{m_{\text{s}}C_{\text{p}}}\boldsymbol{A}_{\text{C}} \times \boldsymbol{D}\right)^{-1} \times \left(\boldsymbol{A}_{\text{s}} \times \overrightarrow{t_{\text{S}}} + \frac{1}{m_{\text{s}}C_{\text{p}}}\boldsymbol{A}_{\text{E}} \times \overrightarrow{Q}\right. \\
& \left. + \frac{1}{m_{\text{s}}C_{\text{p}}}\boldsymbol{A}_{\text{C}} \times \boldsymbol{D} \times \overrightarrow{t_{\text{amb}}}\right)
\end{aligned}
\tag{3-15}
$$

式中，$\boldsymbol{E}$——单位矩阵；

$\boldsymbol{D}$——对流温度矩阵。

由式（3-15）可知，$\overrightarrow{t_{\text{k}}}$ 受送风温度（$\overrightarrow{t_{\text{S}}}$）、热源强度（$\overrightarrow{Q}$）和对流边界处对流温度（$\overrightarrow{t_{\text{amb}}}$）的共同影响。各个边界对 $\overrightarrow{t_{\text{k}}}$ 的影响大小仅与流场特性和对流边界热特性相关。

通过对比式（3-2）与式（3-15）可见，式（3-2）不能反映对流边界 $\overrightarrow{t_{\text{amb}}}$ 对室内温度分布的直接作用。而在式（3-11）的基础上，通过变量消去方式，可获得毗邻对流边界网格节点温度的显式表达式。事实上，式（3-15）不再依赖隐变量对流热，因此可用于获得室内任意点温度的显式表达式。

（3）代入中间变量获得室内温度分布的显式表达式

表达式（3-15）建立了$\overrightarrow{t_{\text{k}}}$ 与送风温度、热源强度和对流外温的直接关系，不需依赖隐变量对流热。为此，可将室内温度分布隐式表达式（3-2）写为显式形式，如式（3-16）所示。

$$
t^{\text{p}} = (\overrightarrow{a_{\text{S}}^{\text{p}}})^{\text{T}} \times \overrightarrow{t_{\text{S}}} + (\overrightarrow{a_{\text{E}}^{\text{p}}})^{\text{T}} \times \frac{\overrightarrow{Q}}{m_{\text{s}}C_{\text{p}}} + (\overrightarrow{a_{\text{C}}^{\text{p}}})^{\text{T}} \times \overrightarrow{t_{\text{amb}}} \tag{3-16}
$$

式（3-16）建立了室内任意点温度 $t^{\text{p}}$ 与所有独立热边界的直接关系。当对流边界存在时，室内任意点温度为各个热边界对其影响作用的叠加值。其中，$\overrightarrow{a_{S}^{p}}$、$\overrightarrow{a_{E}^{p}}$ 和 $\overrightarrow{a_{C}^{p}}$ 分别被定义为修正送风可及度（Modified Accessibility of Supply Air，MASA）、修正热源可及度（Modified Accessibility of Heat Source，MAHS）及对流边界可及度（Modified Accessibility of Ambient Temperature，MAAT），其表达式如式（3-17）至式（3-19）所示。

$$\overrightarrow{a_{S}^{p}}=\overrightarrow{a_{S}^{p}}-\frac{1}{m_{s}C_{p}}\left[\left(\boldsymbol{E}+\frac{1}{m_{s}C_{p}}\boldsymbol{A}_{C}\times\boldsymbol{D}\right)^{-1}\times\boldsymbol{A}_{s}\right]^{T}\times\overrightarrow{UFa_{C}^{p}} \tag{3-17}$$

$$\overrightarrow{a_{E}^{p}}=\overrightarrow{a_{E}^{p}}-\frac{1}{m_{s}C_{p}}\times\boldsymbol{A}_{C}\times\boldsymbol{D}\times\left[\left(\boldsymbol{E}-\frac{1}{m_{s}C_{p}}\boldsymbol{A}_{C}\times\boldsymbol{D}\right)^{-1}\times\boldsymbol{A}_{E}\right]^{T}\times\overrightarrow{UFa_{C}^{p}} \tag{3-18}$$

$$\overrightarrow{a_{C}^{p}}=\frac{1}{m_{s}C_{p}}\times\boldsymbol{A}_{C}\times\boldsymbol{D}\times\left[\boldsymbol{E}-\frac{1}{m_{s}C_{p}}\left(\boldsymbol{E}-\frac{1}{m_{s}C_{p}}\boldsymbol{A}_{C}\times\boldsymbol{D}\right)^{-1}\times\boldsymbol{A}_{C}\times\boldsymbol{D}\right]\times\overrightarrow{UFa_{C}^{p}} \tag{3-19}$$

通过式（3-16）可见，在任意边界通风空调房间内，室内的温度分布受送风温度、热源强度及对流边界温度的独立影响。各处的影响权重仅与气流组织和对流边界热特性相关。换言之，当室内流场固定时，各处边界对室内温度影响的大小不随热边界的变化而变化，即室内温度分布与各类热边界间存在线性关系。可以看出，修正可及度只与空气流场及对流边界特性相关，而与不同的工况设定值无关。更重要的是，修正可及度指标可反映各类室内热边界对空气温度分布的直接影响关系。

由式（3-17）和式（3-19）可得，修正送风可及度$\overline{a_{S}^{p}}$和对流边界可及度$\overline{a_{C}^{p}}$相加为 1，表明送风温度和对流温度对房间各处影响的权重之和相同，如式（3-20）所示。而热源通过过余温度影响房间温度，其对房间各处的影响不同。在均匀环境中，同样可将房间的平均温度表示为送风温度、热源强度和对流边界温度间的线性关系。在均匀环境中，送风温度和对流边界处的对流温度对房间影响的加权值为 1。因此，在均匀环境和非均匀环境中，送风边界和对流边界对房间各处影响的累加值均为 1。

$$\overline{a_{S}^{p}}+\overline{a_{C}^{p}}=1 \tag{3-20}$$

前文分析了各类热边界对房间任意点温度的影响规律。在实际工程中，通风需控制通风空调房间内目标区域的平均温度 $t_{av}$，例如，在相关设计标准中规定，夏季一般为25℃，冬季一般为 18℃。目标保障区 $V$ 的体积平均温度可由该区域内所有点温度的体积积分获得，如式（3-21）所示。

$$t_{av}=\frac{\iiint t^{p}\mathrm{d}v}{\iiint \mathrm{d}v} \tag{3-21}$$

将室内温度表达式（3-16）代入式（3-21），不难发现，$t_{av}$ 同样受送风温度、热源强度及对流边界温度叠加影响。为此，分别用$\overline{a_{S,i}^{av}}$、$\overline{a_{E,j}^{av}}$ 和$\overline{a_{C,k}^{av}}$ 表示送风温度、热源强度和环境温度对 $t_{av}$ 的影响，其表达式如式（3-22）至式（3-24）所示。由于修正送风可及度、修正热源可及度及对流边界可及度仅与流场特性和对流边界热物性相关，而$\overline{a_{S,i}^{av}}$、$\overline{a_{E,j}^{av}}$ 和 $\overline{a_{C,k}^{av}}$ 作为其积分值，也仅取决于对流边界的流场和热特性，不随工况的变化而改变。

$$\overline{a_{\mathrm{S},i}^{\mathrm{av}}}=\frac{\iiint \overline{a_{\mathrm{S},i}^{\mathrm{p}}}\mathrm{d}v}{\iiint \mathrm{d}v} \tag{3-22}$$

$$\overline{a_{\mathrm{E},j}^{\mathrm{av}}}=\frac{\iiint \overline{a_{\mathrm{E},j}^{\mathrm{p}}}\mathrm{d}v}{\iiint \mathrm{d}v} \tag{3-23}$$

$$\overline{a_{\mathrm{C},k}^{\mathrm{av}}}=\frac{\iiint \overline{a_{\mathrm{C},k}^{\mathrm{p}}}\mathrm{d}v}{\iiint \mathrm{d}v} \tag{3-24}$$

本研究获得了任意边界下通风空调房间室内温度分布的显式表达式。采用修正可及度表达式，可通过对流边界温度计算对流边界对室内温度的影响。换言之，如果房间内存在$n_{\mathrm{c}}$个对流边界，则$n_{\mathrm{c}}$个对流边界的环境温度对室内空间的贡献是独立的。

第2章中可及度指标与本章提出的修正可及度指标都可用来描述各个热边界对室内温度分布的影响。但前者采用隐式方法，难以揭示对流边界对室内温度分布的影响规律。具体而言，可及度与修正可及度存在如下差异：①当对流热存在时，可及度指标会随着热边界的变化而改变；相比之下，修正可及度仅取决于流场和对流边界热特性，不随热边界的变化而变化；②可及度指标采用隐式方法描述对流热对室内温度分布的影响，无法揭示对流边界对室内温度分布的独立作用。修正可及度可描述送风、热源及对流边壁温度对室内温度分布的显式影响。简言之，修正可及度能有效地揭示当存在不同类型边壁条件时室内温度与各独立影响因素之间的关系。

### 3.3.2 修正可及度和对流边界可及度的获得方法

当房间存在$n_{\mathrm{f}}$个独立热边界时，房间任意点温度可描述为$n_{\mathrm{f}}$个热边界的线性组合。根据叠加原理，当室内流场固定后，可通过$n_{\mathrm{f}}$个热边界独立工况获得修正送风可及度（MASA）、修正热源可及度（MAHS）和对流边界可及度（MAAT）。

以图3-1所示任意通风空调房间为例，可通过如下步骤获得修正可及度：

（1）计算典型室内流场。典型流场应当具有代表性，即格拉晓夫数、雷诺数和阿基米德数变化不大[6]。其中，典型流场的获取方式存在多种选择，如通过数值模拟获得或通过实验舱测试获得。采用数值模拟方法时，需给定典型热边界设置；而在实验舱测试获得时，可通过调节送风量至目标值。

（2）基于典型流场获得$n_{\mathrm{f}}$组独立热情况下p点温度，将其记为向量形式$\overrightarrow{t^{\mathrm{p}}}$，如式（3-25）所示。当室内流场确定后，p点温度与各个热边界间的线性关系可唯一确定，因此可通过逆矩阵求解法获得修正可及度。换言之，可通过$n_{\mathrm{f}}$组独立工况的温度得到MASA、MAHS和MAAT，如式（3-26）所示。这是由于MASA、MAHS和MAAT等指标仅取决于流场和对流边界特性，不随热边界的变化而变化。因此，可以用$n_{\mathrm{f}}$组不同的热边界工况获得室内任意点的MASA、MAHS和MAAT。

$$\left(\overrightarrow{t^{\mathrm{p}}}\right)_{n_{\mathrm{f}}\times 1}=\begin{bmatrix}\left(\overrightarrow{t_{\mathrm{S},1}}\right)^{\mathrm{T}} & \left(\overrightarrow{Q_{1}}\right)^{\mathrm{T}} & \left(\overrightarrow{t_{\mathrm{amb},1}}\right)^{\mathrm{T}}\\ \cdots & \cdots & \cdots\\ \left(\overrightarrow{t_{\mathrm{S},n_{\mathrm{f}}}}\right)^{\mathrm{T}} & \left(\overrightarrow{Q_{n_{\mathrm{f}}}}\right)^{\mathrm{T}} & \left(\overrightarrow{t_{\mathrm{amb},n_{\mathrm{f}}}}\right)^{\mathrm{T}}\end{bmatrix}_{n_{\mathrm{f}}\times n_{\mathrm{f}}}\times\begin{bmatrix}\overrightarrow{a_{\mathrm{S}}^{\mathrm{p}}}\\ \overrightarrow{a_{\mathrm{E}}^{\mathrm{p}}}\\ \overrightarrow{a_{\mathrm{C}}^{\mathrm{p}}}\end{bmatrix}_{n_{\mathrm{f}}\times 1} \tag{3-25}$$

$$\begin{bmatrix}\overrightarrow{a_{\mathrm{S}}^{\mathrm{p}}}\\ \overrightarrow{a_{\mathrm{E}}^{\mathrm{p}}}\\ \overrightarrow{a_{\mathrm{C}}^{\mathrm{p}}}\end{bmatrix}_{n_{\mathrm{f}}\times 1}=\begin{bmatrix}\left(\overrightarrow{t_{\mathrm{S},1}}\right)^{\mathrm{T}} & \left(\overrightarrow{Q_{1}}\right)^{\mathrm{T}} & \left(\overrightarrow{t_{\mathrm{amb},1}}\right)^{\mathrm{T}}\\ \cdots & \cdots & \cdots\\ \left(\overrightarrow{t_{\mathrm{S},n_{\mathrm{f}}}}\right)^{\mathrm{T}} & \left(\overrightarrow{Q_{n_{\mathrm{f}}}}\right)^{\mathrm{T}} & \left(\overrightarrow{t_{\mathrm{amb},n_{\mathrm{f}}}}\right)^{\mathrm{T}}\end{bmatrix}_{n_{\mathrm{f}}\times n_{\mathrm{f}}}^{-1}\times\left(\overrightarrow{t^{\mathrm{p}}}\right)_{n_{\mathrm{f}}\times 1} \tag{3-26}$$

本节建立了在非均匀室内热环境任意边界下室内温度分布的显式表达式，表明在非均匀环境下任意点的温度与送风温度、热源强度和对流边界温度间存在线性关系，因此，可用修正送风可及度、修正热源可及度和对流边界可及度反映各类热边界对室内温度分布的独立影响。

## 3.4　对流边界可及度特性分析

前文已建立了含对流边界的室内任意点温度的计算方法，基于该方法可获得室内温度分布与各个热变量的独立影响关系。当室内空气流场固定时，房间内任意点温度与送风温度、热源强度及对流边界温度间存在着线性关系。但由于室内环境具有非均匀特征，目前对于各热边界对房间不同位置的影响是否相同、修正可及度指标受哪些因素影响等认识缺乏，而修正可及度指标在非均匀环境中的影响因素及其分布情况对于理解非均匀环境的构成和非均匀环境的营造至关重要。

### 3.4.1　可及度特性与影响因素分析

构建典型案例对修正可及度指标的影响因素及其在非均匀环境中的构成进行分析。构建尺寸为 4m($X$)× 3m($Y$)× 2.5m($Z$) 的通风房间，如图 3-5 所示。其中，房间天花板有两个送风口，侧壁有两个排风口，房间中央存在一个热源。房间存在两大对流边界，即外围护结构及对流板。对流板的水温可调节，通过与室内空气对流换热向房间供冷。在该房间中，共有 1 个送风边界、1 个热源边界和 2 个对流边界，因此该房间共有 4 个独立的热影响因素，即$n_{\mathrm{f}}=4$。

根据已建立的理论公式，可获得该房间内任意点的温度分布表达式：

$$t^{\mathrm{p}}=\overline{a_{\mathrm{S}}^{\mathrm{p}}}\times t_{\mathrm{S}}+\overline{a_{\mathrm{C,ter}}^{\mathrm{p}}}\times t_{\mathrm{ter}}+\overline{a_{\mathrm{C,ex}}^{\mathrm{p}}}\times t_{\mathrm{out}}+\overline{a_{\mathrm{E}}^{\mathrm{p}}}\times\frac{Q}{m_{\mathrm{s}}C_{\mathrm{p}}} \tag{3-27}$$

式中，$\overline{a_{\mathrm{C,ter}}^{\mathrm{p}}}$ 为对流末端温度可及度，$\overline{a_{\mathrm{C,ex}}^{\mathrm{p}}}$ 为室外温度可及度。

修正可及度与流场和对流边界热特性相关。其中，对流边界传热特性包括对流边界面积和传热系数。因此，设置不同算例来探究各类因素对修正可及度的影响。不同工况的设定如表 3-1 所示，可比较换气次数、对流边界面积和保温特性对修正可及度的影响。

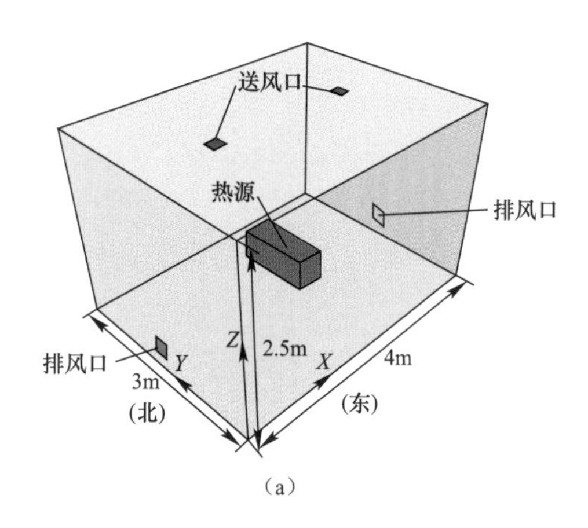

(a)

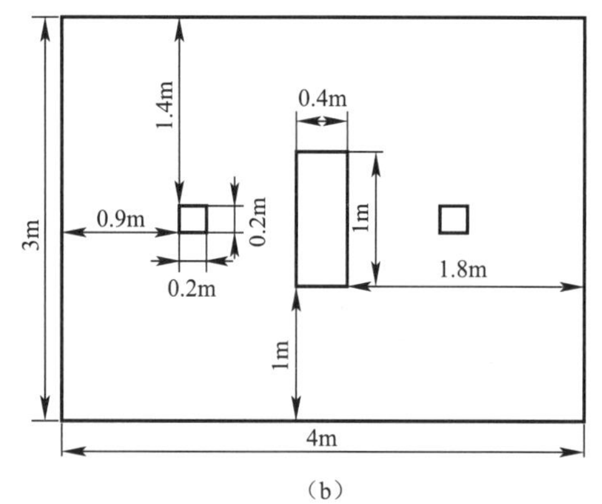

(b)

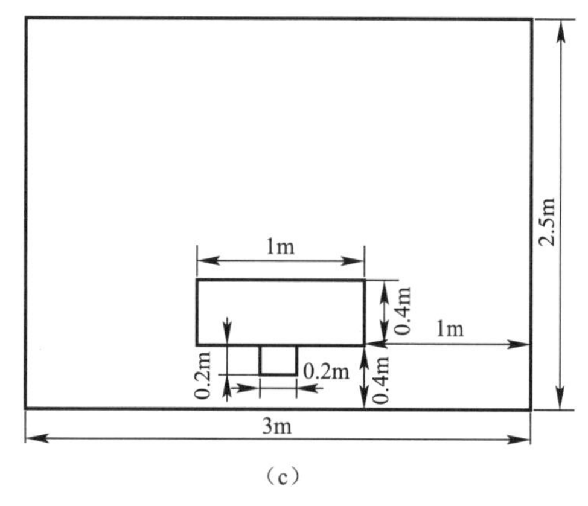

(c)

图 3-5　房间几何模型及尺寸布置图

(a) 典型通风房间示意图；(b) 房间顶视图；(c) 房间侧视图

**房间温度分布典型案例构建**　　**表 3-1**

| 编号 | 换气次数<br>(次/h) | $F_{ex}$<br>($m^2$) | $F_{ter}$<br>($m^2$) | $U_{ex}$<br>[W/($m^2$·K)] | 案例缩写 |
|---|---|---|---|---|---|
| 1 | 9.6 | 10 | 49 | 2.5 | LV-SE-NI |
| 2 | 9.6 | 17.5 | 41.5 | 2.5 | LV-LE-NI |
| 3 | 9.6 | 10 | 49 | 1 | LV-SE-BI |
| 4 | 4.8 | 10 | 49 | 2.5 | SV-SE-NI |

表中 LV 和 SV 分别代表大风量和小风量；LE 和 SE 分别代表大围护结构面积和小围护结构面积；NI 和 BI 分别代表普通保温和更好的保温。

在计算房间可及度时，首先需要对房间流场进行计算。针对高低风量两种模式，分别计算其在典型热场景下的流场。针对每类工况，热边界设定如表 3-2 所示。其中，大风量下房间热源强度为 150W，小风量下房间热源强度为 75W。

**典型流场构建参数表**　　**表 3-2**

| 风量 | $t_s$<br>(℃) | $Q$<br>(W) | $U_{ex}$<br>[W/($m^2$·K)] | $U_{in}$<br>[W/($m^2$·K)] | $F_{ter}$<br>($m^2$) | $F_{in}$<br>($m^2$) | $t_{amb}$<br>(℃) | $t_{wat}$<br>(℃) |
|---|---|---|---|---|---|---|---|---|
| LV | 18 | 150 | 2.5 | 2.5 | 10 | 49 | 35 | 27 |
| SV | 18 | 75 | 2.5 | 2.5 | 10 | 49 | 35 | 27 |

湍流计算采用 RNG $k$-$\varepsilon$ 湍流模型，用 Boussinesq 假设模拟浮力项，用 SIMPLE 算法求解动量方程和连续性方程，并用 QUICK 作为差分方案，计算获得不同热边界的典型流场，如图 3-6 所示。

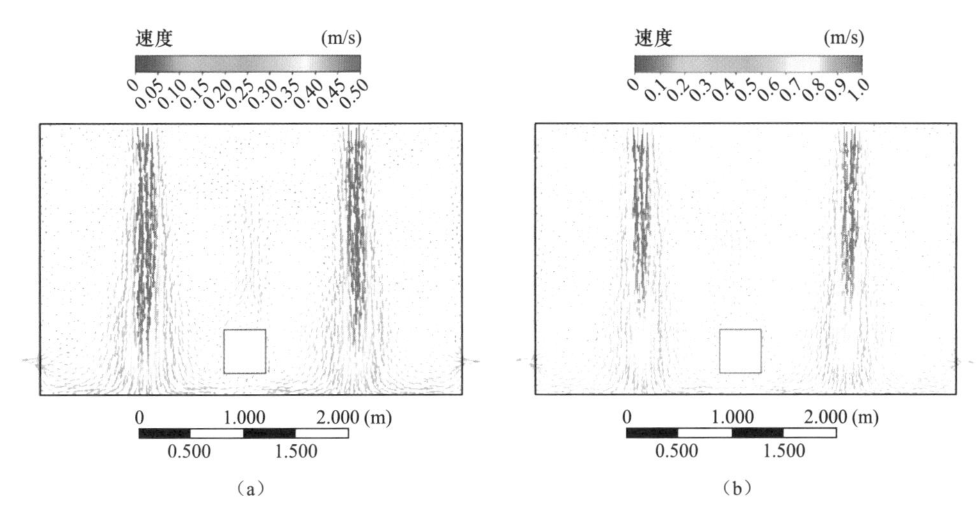


图 3-6　房间中心截面流场

(a) 换气次数为 4.8 次/h；(b) 换气次数为 9.6 次/h

基于图 3-6 所示的典型流场，可获得算例 1 的对流温度可及度$\overline{a_S^p}$的分布图，如图 3-7 所示。MASA 在送风口附近及送风主流区域较大，当远离送风口时则较小。部分靠近送风口附近点的 MASA 可达 1，而在其他区域则较低。然而，如果采用送风可及度指标（TASA）而非修正的送风可及度指标，则房间各处的送风可及度相等且均为 1。这是由于在传统分析中将室内热边界划分为送风和热源两大类，因此送风对房间各处的影响相同。修正送风可及度指标可反映送风和对流边壁处的对流温度对房间各点的独立影响，以更直观的方式反映送风的贡献。相较于其他区域，送风对于房间主流区有更大的影响。

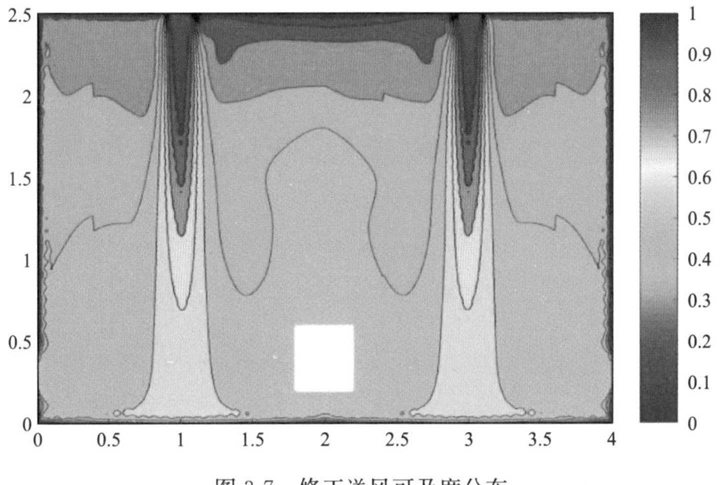


图 3-7　修正送风可及度分布

对流末端水温的MAAT分布反映了对流末端的水温对室内温度的贡献，其结果如图3-8（a）所示。与MASA相比，对流末端水温MAAT在送风主流区较低，对周围区域的影响比对送风主流区的影响更大，表明不同热边界对房间各处的影响大小不同。当保障区域位于对流末端附近时，对流末端对其影响大于送风末端。与对流末端MAAT类似，反映室外温度的MAAT分布如图3-8（b）所示，室外温度MAAT仅在房间顶部的部分区域超过0.2，与对流末端的水温相比较低。这是由于这两类对流边界虽然传热系数近似相等，但对流末端传热面积更大，因此其对室内分布参数的贡献也更大。

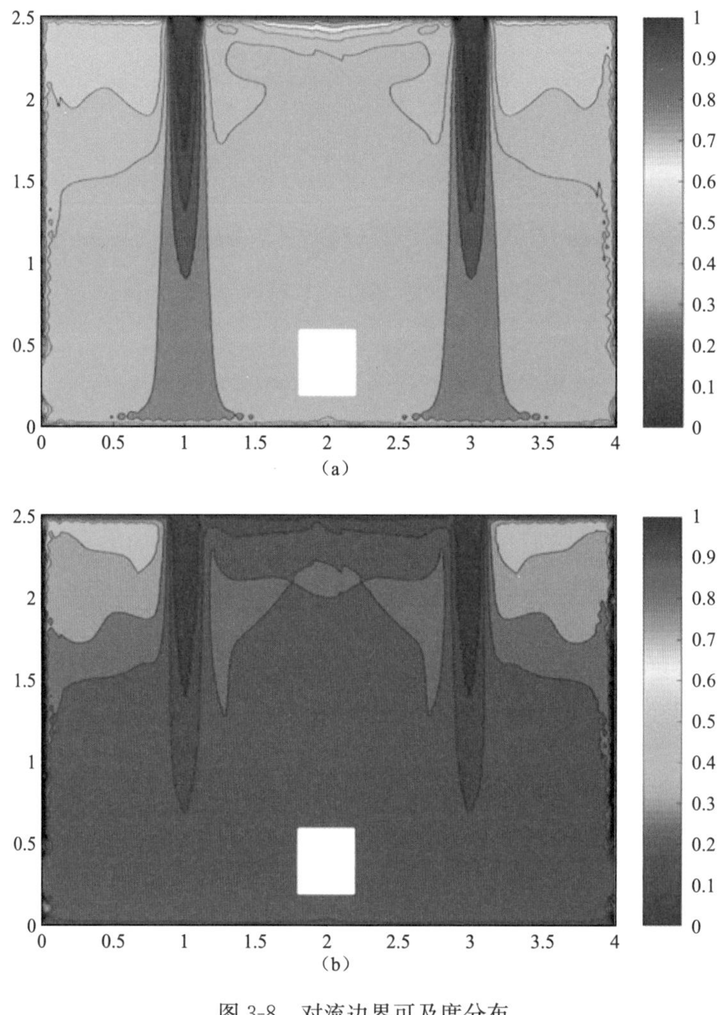


图3-8 对流边界可及度分布

（a）对流末端水温；（b）室外温度

修正热源可及度$\overline{a_{E}^{P}}$的分布如图3-9所示，修正热源可及度越大表明热源对该点影响越大。由图3-9可见，MAHS在靠近热源的区域较高，在远离热源的区域较低。其中，在射流核心区很低，这是由于该区域内的空气流动由送风动量主导，因此热源对该区域影响有限。相比之下，热源附近远离送风口，该处的空气运动受热浮升力影响较大，而受送风影响较小，因此$\overline{a_{E}^{P}}$在热源附近较高，其中在靠近热源区域甚至可超过1。

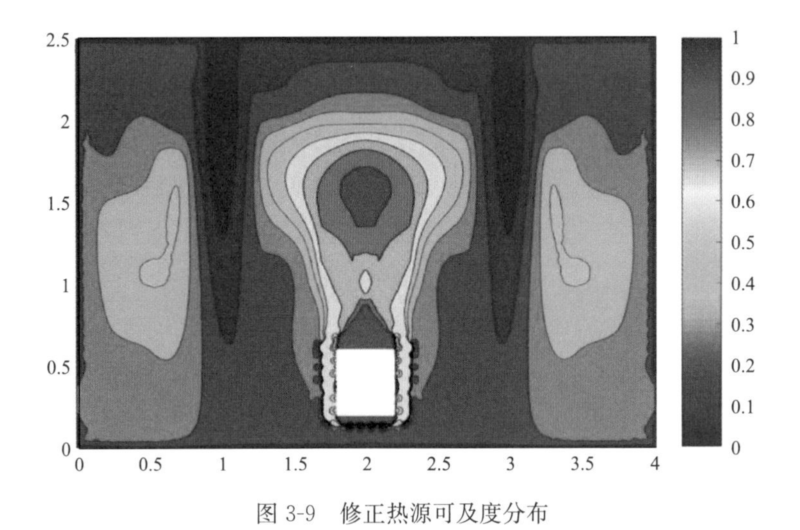


图 3-9　修正热源可及度分布

如前所述，MASA、MAAT 和 MAHS 是由流场和对流边界性能共同决定的。对表 3-1 中 4 种工况的房间平均可及度进行比较，包括$\overline{a_{\mathrm{S}}^{\mathrm{av}}}$、$\overline{a_{\mathrm{C,ter}}^{\mathrm{av}}}$、$\overline{a_{\mathrm{C,ex}}^{\mathrm{av}}}$和$\overline{a_{\mathrm{E}}^{\mathrm{av}}}$。不同工况下的$\overline{a_{\mathrm{S}}^{\mathrm{av}}}$结果如图 3-10 所示。根据式（3-27），当增加送风量或加强对流边界保温后，$\overline{a_{\mathrm{S}}^{\mathrm{av}}}$将会增加，这是由于此时送风对保障区域的影响更大。从图中可见，算例 1 至算例 3 的换气次数较大，算例 4 的换气次数较小。因此，算例 4 中的送风对保障区域的影响较小，$\overline{a_{\mathrm{S}}^{\mathrm{av}}}$最低。在相同送风风量下，算例 3 的保温效果最好，而算例 1 属于普通保温，因此，尽管算例 1 至算例 3 的换气次数相同，但算例 3 的$\overline{a_{\mathrm{S}}^{\mathrm{av}}}$最高，这是由于对流边界保温更好，对流温度对房间温度的贡献低，送风温度对房间温度的贡献更高。事实上，修正送风可及度与修正对流温度可及度相加为 1，因此可以通过改变对流边界的流场和换热系数来调节送风的贡献。

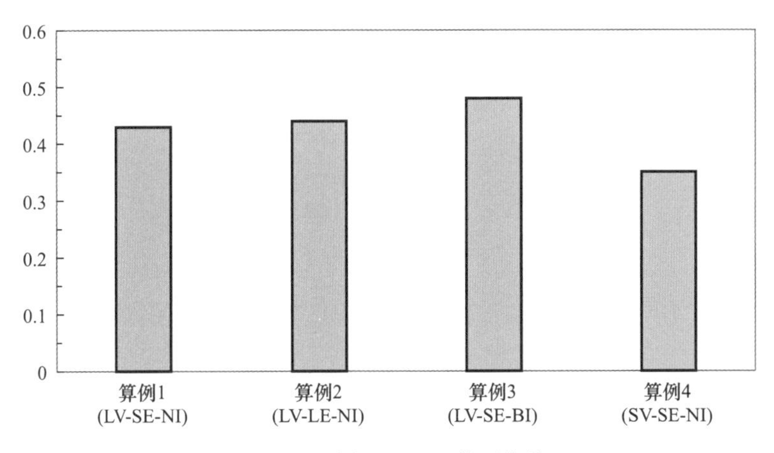


图 3-10　房间 MASA 体平均值

在不同工况下，对流末端水温对保障区域可及度如图 3-11（a）所示。可以看出，算例 2 的$\overline{a_{\mathrm{C,ter}}^{\mathrm{av}}}$最小，因为此时对流末端的面积最小。事实上，MAAT 同样受到流场的影响，以算例 1 和算例 4 为例，尽管二者的对流末端面积及传热系数分别相同，但算例 4 的房间风量较小，因此对流末端对室内温度的相对影响更大，即$\overline{a_{C,ter}^{av}}$更大。比较不同工况下的室外空气对流温度可及度（$\overline{a_{C,ex}^{av}}$），如图 3-11（b）所示。算例 2 和算例 4 的$\overline{a_{C,ex}^{av}}$较高，这是由于前者的外围护结构总面积最大，后者的换气次数较低，送风的贡献有限。

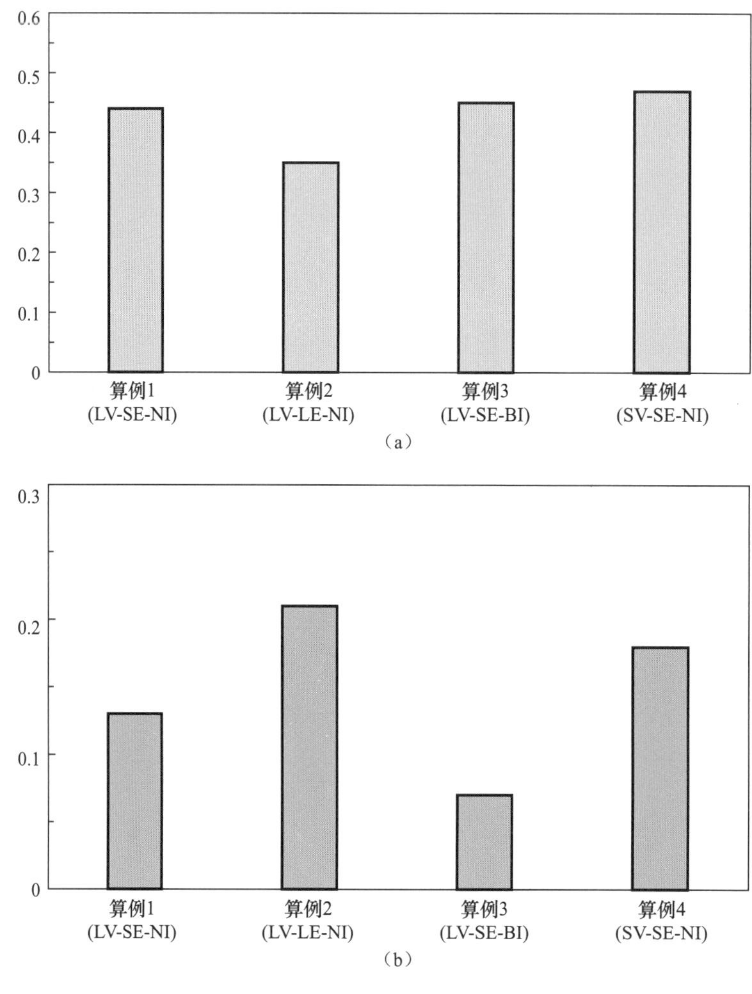


图 3-11 房间 MAAT 体平均值

（a）对流末端水温；（b）室外温度

图 3-11 表明，不同末端对于保障区温度构成的影响不同。在算例 1 中，对流末端温度和送风温度对室内温度的贡献大致相同。因此，改变这两类末端温度均能影响局部保障区温度。然而，调节二者的难度却有所不同。以夏季供冷为例，由于送风末端通常通入冷水（其温度约为 7℃），相比之下，室内对流末端的水温通常较高，约 18℃，因此，降低对流末端的水温比改变送风更容易，且节能效果更为显著。

图 3-12 给出了不同工况下的$\overline{a_{E}^{av}}$。根据 MAHS 解析表达式，当送风量变小或对流末端保温性能变差时，$\overline{a_{E}^{av}}$将会变低。因此，算例 4 的$\overline{a_{E}^{av}}$在所有工况中最低。

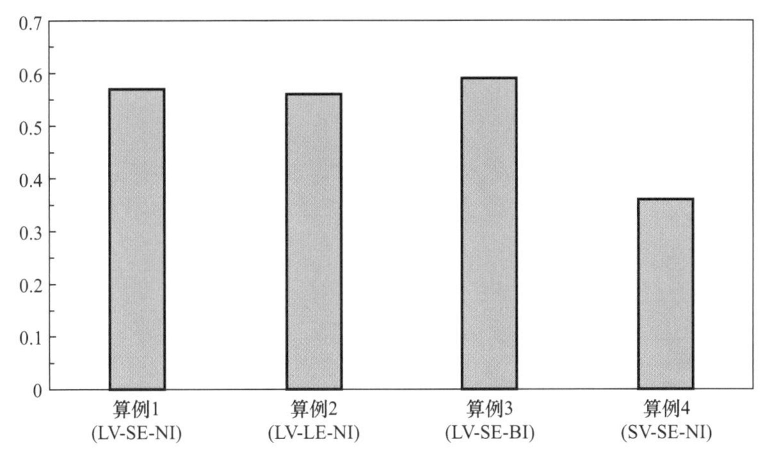


图 3-12　房间 MAHS 体平均值

前文分析表明，当室内流场确定时，各个热边界对房间温度的影响可唯一确定，其中，不同边界对室内的影响可用修正可及度指标描述。此外，室内空气流场和对流边界热特性将会对修正可及度产生影响。为实现高效非均匀环境营造，可从两个角度入手。首先，可通过高效气流组织及保障区域位置来调整各类传热边界对室内温度的影响。其次，当室内流场及保障区域确定后，可以分析不同热边界对局部保障区域的不同影响程度。因此，可根据送风、热源和对流边界对局部保障区域的影响程度，优先调节对保障区域影响较大的热边界。当保障区域靠近室内对流板时，对流板对保障区域温度的贡献更大。尽管调节送风末端或对流板水温均能满足保障区需求，但由于对流板水温对保障区的影响更大，所以调节对流板水温的代价更低。

### 3.4.2　对流可及度实验分析

可采用实验的方法探究当送风量近似不变时，各类边界对室内温度分布的影响。通过实验研究，一方面可验证所提理论的准确性，另一方面来回答当热边界变化时，流场稳定的假设是否成立。为了验证非均匀环境温度显式表达式，所搭建的实验台应具备如下功能：①具有多个传热边界，且部分传热边界热参数可控；②房间整体热惯性较小，能够在较短的时间内达到稳态传热；③房间整体气密性较好，且送风末端能够营造出非均匀分布的室内热环境；④房间内长波辐射换热可忽略不计。实验舱示意图如图 3-13 所示，包括主实验舱及气候舱两部分，两个舱体以中间隔墙间隔。主实验舱为实验测试主体部分，可实现混合通风和置换送风两种气流组织，通过风阀进行切换。为避免实验舱内长波辐射换热，将房间所有内墙表面贴上铝箔纸，以降低其表面发射率。此外，实验舱中包含室内对流板，可研究其对室内分布参数规律及保障局部需求的影响。气候舱主要用于营造温度可控的邻室环境，其中包含风机盘管和电加热。为降低围护结构与外界空气的传热，实验舱和气候舱的外围护结构均采用 20mm 厚的聚氨酯板进行保温，中间隔墙采用普通彩钢板，其出厂传热系数为 1W/($m^2$ · K)。

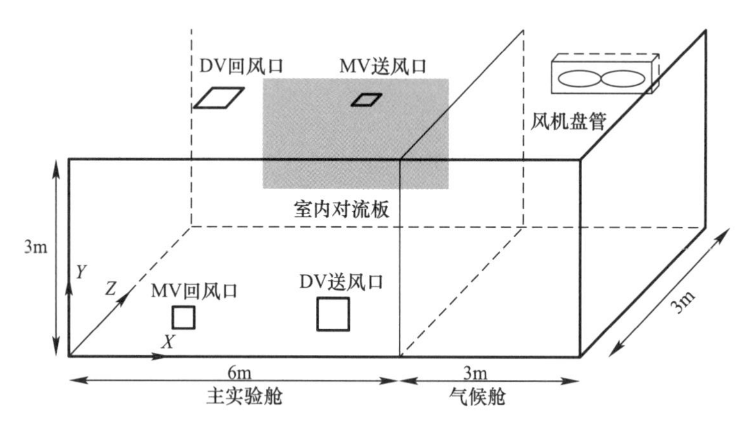


图 3-13　实验舱物理结构示意图

采用二氧化碳示踪气体法对实验舱的渗风量进行测试，实验台的气密性满足实验要求。通过多组工况测试，获得实验舱的传热系数及中间隔墙的传热系数。其中，实验舱的传热系数$K_{out}$为0.126 W/(m$^2$ • K)，邻室隔墙的传热系数$K_{in}$为1.3 W/(m$^2$ • K)。当不考虑室内对流板的影响时，共有4个独立的影响因素，即室外温度、送风温度、邻室温度和热源强度。通过大于等于4组的独立实验，即可获得各个热因素对室内温度分布的独立影响。本节共计构建了10组独立实验，其中每组实验的热边界设定如表3-3所示。

**邻室温度可及度实验工况　　表 3-3**

| 编号 | 室外温度（℃） | 送风温度（℃） | 邻室温度（℃） | 热源强度（W） |
|---|---|---|---|---|
| 1 | 28.1 | 18.4 | 20.4 | 786.5 |
| 2 | 27.7 | 18.8 | 25.8 | 786.5 |
| 3 | 28.2 | 18.3 | 31.4 | 786.5 |
| 4 | 27.4 | 18.4 | 34.3 | 786.5 |
| 5 | 27.4 | 18.5 | 37.6 | 786.5 |
| 6 | 27.4 | 18.6 | 40.5 | 786.5 |
| 7 | 27.5 | 18.4 | 43.7 | 786.5 |
| 8 | 29.1 | 23.7 | 25.6 | 786.5 |
| 9 | 28.6 | 30.6 | 25.9 | 0 |
| 10 | 30.1 | 36.9 | 27.4 | 0 |

不同测点处的可及度分布如表3-4所示。结果表明，房间任意点的温度分布与送风温度、邻室温度、室外温度和热源强度间存在着较强的线性关系，说明在室内空气流场基本不变时，可采用修正可及度描述各个热边界对室内温度分布的影响。各个热边界对房间各处的影响不同。以测点1为例，邻室温度可及度平均值为0.18，而房间整体平均值为0.15，表明邻室温度对该点影响较大；远离邻室时，邻室温度可及度较小。此外，在送风口附近区域送风可及度大于房间平均值，而远离送风口时送风的影响则较小。

邻室温度可及度实验测试结果　　表 3-4

| 测点编号 | 高度（m） | 送风可及度 | 邻室可及度 | 室外可及度 | 热源可及度 |
|---|---|---|---|---|---|
| 1（$X$=1.5，$Z$=1.5） | 2.5 | 0.76 | 0.19 | 0.09 | 0.47 |
| | 2.0 | 0.70 | 0.17 | 0.13 | 0.36 |
| | 1.5 | 0.68 | 0.18 | 0.08 | 0.42 |
| | 1.0 | 0.78 | 0.19 | 0.05 | 0.63 |
| | 0.5 | 0.79 | 0.19 | 0.03 | 0.59 |
| 2（$X$=3.0，$Z$=1.5） | 2.5 | 0.65 | 0.16 | 0.20 | 0.71 |
| | 2.0 | 0.51 | 0.18 | 0.22 | 0.41 |
| | 1.5 | 0.56 | 0.20 | 0.16 | 0.34 |
| | 1.0 | 0.49 | 0.19 | 0.26 | 0.68 |
| | 0.5 | 0.58 | 0.17 | 0.21 | 0.58 |
| 3（$X$=4.5，$Z$=1.5） | 2.5 | 0.62 | 0.17 | 0.25 | 0.66 |
| | 2.0 | 0.50 | 0.16 | 0.28 | 0.74 |
| | 1.5 | 0.56 | 0.13 | 0.29 | 0.35 |
| | 1.0 | 0.57 | 0.16 | 0.22 | 0.40 |
| | 0.5 | 0.49 | 0.16 | 0.23 | 0.65 |

当不考虑热源强度的影响，而考虑对流板的影响时，房间共有 4 个独立影响因素，即对流板水温、室外温度、送风温度和邻室温度。本节共计构建了 10 组独立工况，如表 3-5 所示。

对流板温度可及度实验工况　　表 3-5

| 编号 | 对流板平均水温（℃） | 室外温度（℃） | 送风温度（℃） | 邻室温度（℃） | 热源（W） |
|---|---|---|---|---|---|
| 1 | 15.7 | 30.2 | 18.7 | 28.3 | 0 |
| 2 | 20.2 | 31.8 | 18.8 | 28.3 | 0 |
| 3 | 25.4 | 29.9 | 18.6 | 28.5 | 0 |
| 4 | 30.9 | 30.1 | 18.7 | 28.1 | 0 |
| 5 | 34.7 | 31.8 | 19.0 | 28.4 | 0 |
| 6 | 40.3 | 31.0 | 18.9 | 28.5 | 0 |
| 7 | 45.2 | 31.7 | 19.1 | 28.1 | 0 |
| 8 | 28.5 | 32.4 | 16.7 | 28.6 | 0 |
| 9 | 28.9 | 32.7 | 25.5 | 28.5 | 0 |
| 10 | 27.6 | 31.6 | 30.1 | 28.5 | 0 |

不同测点处的可及度分布如表 3-6 所示。靠近对流板区域时，对流板水温可及度较大；远离对流板时，对流板水温可及度变小。此外，在送风口附近区域的送风可及度大

于房间平均值，而远离风口时送风的影响则较小。

对流板温度可及度实验测试结果　　表 3-6

| 测点编号 | 高度(m) | 送风可及度 | 辐射板水温可及度 | 邻室可及度 | 室外可及度 |
|---|---|---|---|---|---|
| 1 ($X$=3.0, $Z$=2.5) | 2.5 | 0.46 | 0.29 | 0.11 | 0.12 |
| | 2.0 | 0.43 | 0.29 | 0.14 | 0.10 |
| | 1.5 | 0.40 | 0.20 | 0.17 | 0.08 |
| | 1.0 | 0.40 | 0.16 | 0.20 | 0.16 |
| | 0.5 | 0.39 | 0.19 | 0.19 | 0.13 |
| 2 ($X$=3.0, $Z$=1.5) | 2.5 | 0.54 | 0.21 | 0.07 | 0.08 |
| | 2.0 | 0.56 | 0.18 | 0.14 | 0.09 |
| | 1.5 | 0.64 | 0.12 | 0.16 | 0.09 |
| | 1.0 | 0.42 | 0.20 | 0.13 | 0.14 |
| | 0.5 | 0.54 | 0.15 | 0.11 | 0.11 |
| 3 ($X$=3.0, $Z$=0.5) | 2.5 | 0.60 | 0.11 | 0.12 | 0.12 |
| | 2.0 | 0.61 | 0.13 | 0.11 | 0.08 |
| | 1.5 | 0.63 | 0.09 | 0.10 | 0.12 |
| | 1.0 | 0.59 | 0.09 | 0.15 | 0.07 |
| | 0.5 | 0.62 | 0.08 | 0.16 | 0.07 |

## 3.5 凝结边壁条件下室内湿度分布表达式

在室内空气中水蒸气的传播规律中，当在边壁没有凝结时，可利用第 2 章中的可及度概念描述室内非均匀湿环境中的各类边界、湿源等对室内任意点水蒸气浓度瞬时值的贡献程度，进而得出室内水蒸气浓度代数表达式，用于计算和评价在定边壁通量或绝质边界条件下的室内空气湿度分布。但在固体边界上，当湿空气与低于其露点温度的固体表面接触时，就会发生凝结现象，即结露。特别是在工程领域，壁面凝结通常作为一个重要的问题加以解决，如在进行冷辐射顶板系统或低温送风系统的设计时，必须能够预测并进行设计及校核计算。由于空气与边界有质交换的存在，不能完全按照绝质处理。

凝结边界条件是数值模拟计算中的难点之一。因为当凝结发生时，一方面空气与固体壁面的传热系数可能发生变化，另一方面水蒸气的凝结热如何分配也会影响壁面处的边界条件。对于水蒸气在边界凝结的传质过程，通常按照下述方法进行处理：当凝结发生时，可以认为固体表面的水蒸气分压力等于壁面温度对应的饱和水蒸气分压力。当壁面温度和与壁面相邻的空气节点的湿空气状态参数已知时，与壁面热流计算类似，采用壁面函数方法可以得到壁面水蒸气的传质量（即凝结量）；在凝结发生过程中，凝结放出的热量以及空气中水蒸气的变化对流场影响很小，可忽略不计，因而可以认为壁面凝结不会引起壁面温度的变化，壁面边界条件是等温边界。相应地，固体表面的水蒸气分压力以及露点温度对应的饱和含湿量也保持不变。

### 3.5.1　凝结边壁条件下的空气湿度分布显式表达式

（1）边壁凝结的计算判据及处理

为进行直观判断，采用饱和含湿量作为壁面的凝结条件。当某一边界 $n_{\mathrm{B}}$ 的壁面温度 $T^{n_{\mathrm{B}}}$ 等于空气露点温度 $T_{\mathrm{dew}}^{n_{\mathrm{B}}}$ 时，此时对应的空气饱和含湿量为 $d_{\mathrm{dew}}^{n_{\mathrm{B}}}$，如图 3-14 所示。

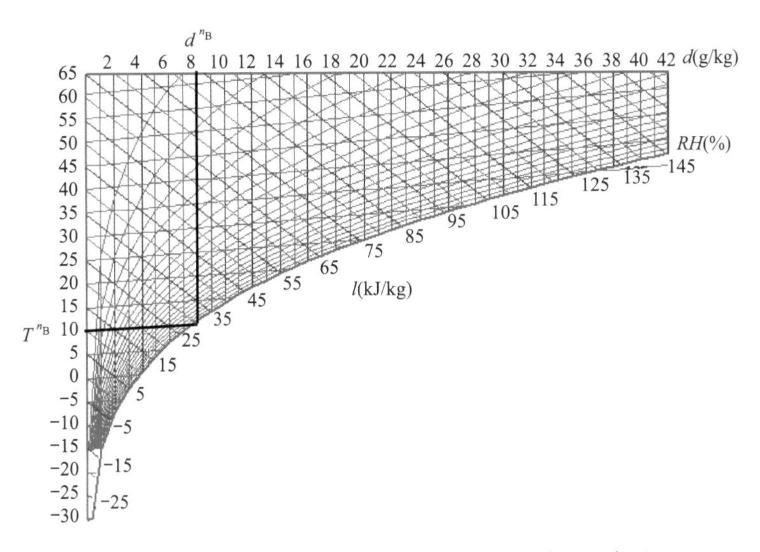


图 3-14　壁面饱和温度与饱和含湿量对应关系示意图

图 3-15 为当有结露发生时，与壁面相邻的空气节点与壁面的传质过程。设某一边界网格点 $n_{\mathrm{B}}$，该网格点的壁面温度为 $T^{n_{\mathrm{B}}}$，对应的饱和含湿量为 $d_{\mathrm{dew}}^{n_{\mathrm{B}}}$，与该壁面网格相邻的室内空气网格在时刻 $\tau$ 的含湿量为 $d^{n_{\mathrm{B}},\mathrm{p}}(\tau)$。通过该边界 $n_{\mathrm{B}}$ 水蒸气的散湿强度为 $J_{\mathrm{d}}^{n_{\mathrm{B}}}(\tau)$。

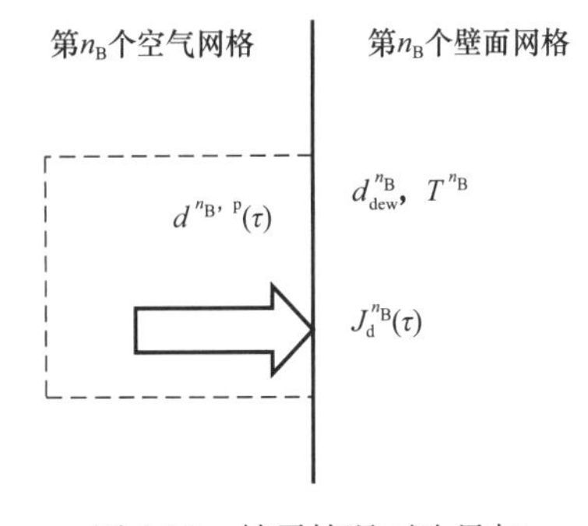


图 3-15　结露情况下边界与壁面传质示意图

1）当 $d^{n_{\mathrm{B}},\mathrm{p}}(\tau)\leqslant d_{\mathrm{dew}}^{n_{\mathrm{B}}}$ 时，壁面不会产生凝结，壁面与空气之间没有水蒸气的质交换，壁面边界条件为绝质边界，即：

$$J_{\mathrm{d}}^{n_{\mathrm{B}}}=0 \tag{3-28}$$

2）当 $d^{n_{\mathrm{B}},\mathrm{p}}(\tau)>d_{\mathrm{dew}}^{n_{\mathrm{B}}}$ 时，壁面即有凝结产生。当产生结露时，对于室内空气与边界的水蒸气传质而言，壁面与空气开始质交换，空气向壁面传质，此壁面即成为负源（汇）。假设壁面温度在凝结发生的过程中保持不变，相应地，由于边界温度唯一对应的空气露点温度的饱和含湿量也为定值，发生凝结处可按定浓度边界处理，此边界即成为第一类边界源，边界的含湿量的值固定为壁面温度所对应的饱和空气含湿量，即：

$$J_{\mathrm{d}}^{n_{\mathrm{B}}}\neq 0,\quad d^{n_{\mathrm{B}}}=d_{\mathrm{dew}}^{n_{\mathrm{B}}} \tag{3-29}$$

可以看出，恒定含湿量的第一类边界源，与恒定散发强度的第二类边界源相比，由于靠近壁面的空间节点的含湿量 $d^{n_B,p}(\tau)$ 未知，第一类边界条件下的边界散发强度 $J_d^{n_B}(\tau)$ 也是未知量，因而不能直接采用定边壁通量情况下的表达式进行计算。

（2）有凝结条件下的空气湿度分布计算方法

根据前文所述，当靠近某一边壁 $n_B$ 的空气网格的含湿量大于该边壁所对应的露点温度下的饱和含湿量时，即有结露产生。此时，该壁面即成为第一类边界，边界含湿量的值为壁面温度所对应的饱和空气含湿量，壁面温度和边壁的对流传质系数均为已知且固定不变，此类边壁条件则属本章所述的对流边界范畴。因此，根据本章提出的对流热边界条件下室内空气温度分布的显式求解方法，同样适用于存在对流传质边界的空气湿度分布的求解。

首先，可列出毗邻对流边界网格节点含湿量 $\overrightarrow{d_k}$ 的隐式表达式，如式（3-30）所示。其中，$d_{k,i}$ 为第 $i$ 个网格节点的含湿量（g/kg）；$d_{amb,j}$ 为第 $j$ 个对流边界处的含湿量（当凝结发生时，为该壁面温度所对应的饱和空气含湿量）（g/kg）。

可及度采用矩阵形式表达，矩阵中行向量为传质边界对各点的影响，即 $\boldsymbol{A}_S$、$\boldsymbol{A}_E$ 和 $\boldsymbol{A}_C$ 分别为送风可及度矩阵、湿源可及度矩阵及对流传质可及度矩阵［式（3-31）至式（3-33）］。当室内流场确定后，该可及度矩阵为常数，不随边界的变化而变化。

$$(\overrightarrow{d_k})_{\widehat{n_c}\times 1}=(\boldsymbol{A}_S)_{\widehat{n_c}\times n_s}\times(\overrightarrow{d})_{n_s\times 1}+\frac{1}{m_s}(\boldsymbol{A}_E)_{\widehat{n_c}\times n_e}\times(\overrightarrow{J})_{n_e\times 1}+\frac{1}{m_s}(\boldsymbol{A}_C)_{\widehat{n_c}\times\widehat{n_c}}\times(\overrightarrow{\widehat{d_{amb}}}-\overrightarrow{d_k})_{\widehat{n_c}\times 1} \tag{3-30}$$

$$(\boldsymbol{A}_S)_{i,b}=a_{S,i}^{b} \tag{3-31}$$

$$(\boldsymbol{A}_E)_{j,b}=a_{E,j}^{b} \tag{3-32}$$

$$(\boldsymbol{A}_C)_{k,b}=h_k F_k a_C^{b} \tag{3-33}$$

通过变量消去法求解该式，获得对流边壁含湿量分布，如式（3-34）所示。

$$\overrightarrow{d_k}=\left(\boldsymbol{E}+\frac{1}{m_s}\boldsymbol{A}_C\times D\right)^{-1}\times\left(\boldsymbol{A}_S\times\overrightarrow{d_S}+\frac{1}{m_s}\boldsymbol{A}_E\times\overrightarrow{J}+\frac{1}{m_s}\boldsymbol{A}_C\times D\times\overrightarrow{d_{amb}}\right) \tag{3-34}$$

式中，$\boldsymbol{E}$ 为单位矩阵。

由上式可知，$\overrightarrow{d_k}$ 受各送风含湿量（$\overrightarrow{d_S}$）、湿源强度（$\overrightarrow{J}$）和对流边界处含湿量（$\overrightarrow{d_{amb}}$）的共同影响。各个边界对 $\overrightarrow{d_k}$ 的影响大小仅与流场特性和对流边界传质特性相关。

式（3-34）为毗邻对流边界网格节点含湿量 $\overrightarrow{d_k}$ 的表达式。同理，可将室内含湿量分布表达式写为显式形式，如式（3-35）所示。

$$d^p=(\overrightarrow{\overrightarrow{a_S^p}})^T\times\overrightarrow{d_S}+(\overrightarrow{\overrightarrow{a_E^p}})^T\times\frac{\overrightarrow{J}}{m_s}+(\overrightarrow{\overrightarrow{a_C^p}})^T\times\overrightarrow{d_{amb}} \tag{3-35}$$

式（3-35）建立了室内任意点的含湿量 $d^p$ 与所有独立边界的直接关系。当对流边界存在时，室内任意点的含湿量为各个边界对其影响作用的叠加值。其中，修正送风可及度（$\overrightarrow{\overrightarrow{a_S^p}}$）、修正湿源可及度（$\overrightarrow{\overrightarrow{a_E^p}}$）和对流边界可及度（$\overrightarrow{\overrightarrow{a_C^p}}$）也可以通过针对湿度的数值计算或实验方法获得。其表达式如式（3-36）至式（3-38）所示。

$$\overrightarrow{\overrightarrow{a_S^p}}=\overrightarrow{a_S^p}-\frac{1}{m_s}\left[\left(\boldsymbol{E}+\frac{1}{m_s}\boldsymbol{A}_C\times D\right)^{-1}\times\boldsymbol{A}_s\right]^T\times\overrightarrow{hFa_C^p} \tag{3-36}$$

$$\overrightarrow{a_{\mathrm{E}}^{\mathrm{p}}}=\overrightarrow{a_{\mathrm{E}}^{\mathrm{p}}}-\frac{1}{m_{\mathrm{s}}}\times\boldsymbol{A}_{\mathrm{C}}\times D\times\left[\left(\boldsymbol{E}-\frac{1}{m_{\mathrm{s}}}\boldsymbol{A}_{\mathrm{C}}\times D\right)^{-1}\times\boldsymbol{A}_{\mathrm{E}}\right]^{\mathrm{T}}\times\overrightarrow{hFa_{\mathrm{C}}^{\mathrm{p}}} \tag{3-37}$$

$$\overrightarrow{a_{\mathrm{C}}^{\mathrm{p}}}=\frac{1}{m_{\mathrm{s}}}\times\boldsymbol{A}_{\mathrm{C}}\times D\times\left[\boldsymbol{E}-\frac{1}{m_{\mathrm{s}}}\left(\boldsymbol{E}-\frac{1}{m_{\mathrm{s}}}\boldsymbol{A}_{\mathrm{C}}\times D\right)^{-1}\times\boldsymbol{A}_{\mathrm{C}}\times D\right]\times\overrightarrow{hFa_{\mathrm{C}}^{\mathrm{p}}} \tag{3-38}$$

通过式（3-35）可见，在任意边界的通风空调房间内，室内湿度分布受送风含湿量、湿源强度及对流边界含湿量的独立影响。各处的影响权重仅与气流组织和对流边界传质特性相关。

与本章述及的温度分布规律类似，通风空调房间内某区域的平均湿度 $d_{\mathrm{av}}$ 同样受送风含湿量、湿源强度及对流边界含湿量叠加影响。由于修正送风可及度、修正湿源可及度及对流边界可及度仅与流场特性和对流边界特性相关，因此针对各类湿边界而言，$\overline{a_{\mathrm{S},i}^{\mathrm{av}}}$、$\overline{a_{\mathrm{E},j}^{\mathrm{av}}}$ 和 $\overline{a_{\mathrm{C},k}^{\mathrm{av}}}$ 仅取决于对流边界的流场和传质特性，不随工况的变化而改变。

以上即为在稳定流场条件下，当各类边界条件同时存在时，室内空气含湿量分布的通用代数表达式。在恒定流场条件下，求解当对流边界存在的情况下，室内任意位置湿度的计算步骤如下：

1）查湿空气焓湿图，得到该壁面 $n_{\mathrm{B}}$ 表面露点温度所对应的饱和含湿量 $d_{\mathrm{dew}}^{n_{\mathrm{B}}}$；

2）将壁面假设为绝质边界条件，利用式（2-35）计算稳态时室内湿度分布，得到与 $n_{\mathrm{B}}$ 相邻的空气节点的含湿量 $d^{n_{\mathrm{B}},\mathrm{p}}$；

3）比较 $d^{n_{\mathrm{B}},\mathrm{p}}$ 与 $d_{\mathrm{dew}}^{n_{\mathrm{B}}}$，若 $d^{n_{\mathrm{B}},\mathrm{p}}\leqslant d_{\mathrm{dew}}^{n_{\mathrm{B}}}$，则该边壁没有结露发生，计算结束；若 $d^{n_{\mathrm{B}},\mathrm{p}}>d_{\mathrm{dew}}^{n_{\mathrm{B}}}$，则该边壁有结露发生，将该边界转变为对流边界，按照对流边界条件计算稳态情况下空间各点的湿度分布；

4）返回 3）进行校核，若 $d^{n_{\mathrm{B}},\mathrm{p}}>d_{\mathrm{dew}}^{n_{\mathrm{B}}}$，表明边界条件没有变化，计算结束；若 $d^{n_{\mathrm{B}},\mathrm{p}}\leqslant d_{\mathrm{dew}}^{n_{\mathrm{B}}}$，表明该对流边界未发生凝结，则需要调整增加毗邻对流边界的网格节点数 $k$，返回 2）重新开始计算，直至计算结束。

上述计算过程，同样适用于存在多个对流边界的情况。

### 3.5.2　湿度分布表达式在防结露设计中的应用分析

采用本章提出的湿度分布计算表达式，可简便地计算出在各种场景下房间的空气湿度分布以及各壁面发生凝结的情况，对气流组织设计以及相应设计参数的确定具有指导作用。以一个采用辐射顶板供冷的空调房间为例，分析在不同场景（不同人员位置、数量）下辐射顶板发生凝结的情况，并依此给出适合的送风湿度和顶板温度，同时对不同设计条件（气流组织情况）下的辐射顶板结露情况进行分析。

（1）算例描述

示例房间尺寸为 $X$(长)×$Y$(宽)×$Z$(高)＝4m×3m×2.5m，如图 3-16 所示。采用冷辐射顶板加新风的方式进行空气调节，辐射顶板的表面温度为 21℃（饱和含湿量为 15.6g/kg)。在房间内有一个尺寸为 20cm×20cm 的送风口以及一个 20cm×20cm 的排风口。由送风口提供新风，新风量为 120m$^3$/h（0.04kg/s），送风温度为 25℃，相对湿度为 50%（含湿量为 9.85g/kg)。室内有 4 个人，每人的散湿量按成年男子轻度活动确定，为 184g/h（0.051g/s）[7]。为简化起见，假设除顶板以外的其他壁面均绝热、绝质，室内除人体外无其他热源、湿源和污染源。为突出研究重点，将人员简化为仅在躯干及头部散湿的空间体湿源，且假设湿度和温度的变化不影响流场，即流场固定。各典型断面的流场计算结果如图 3-17 至图 3-19 所示。

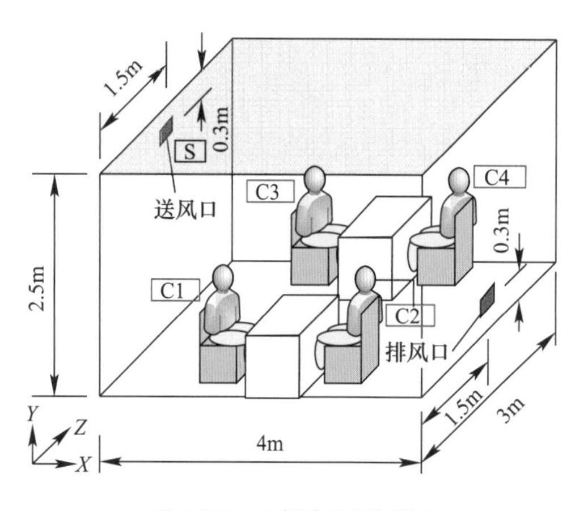


图 3-16　示例房间示意图

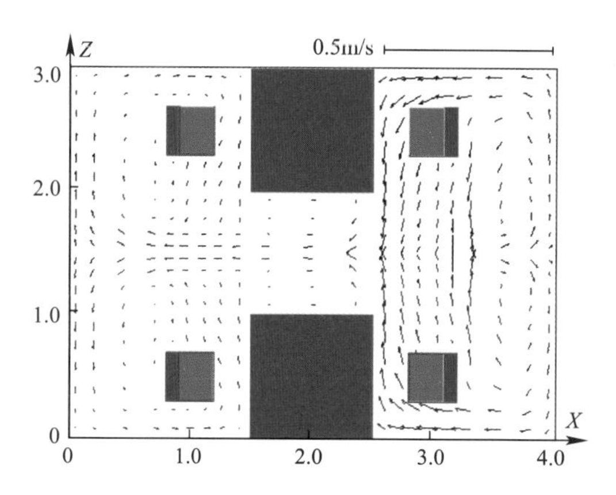


图 3-17　典型断面速度矢量图（Y=0.7m）

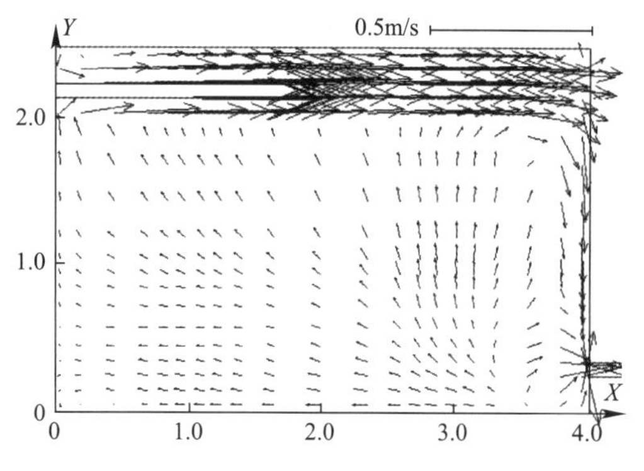


图 3-18　典型断面速度矢量图（Z=1.5m）

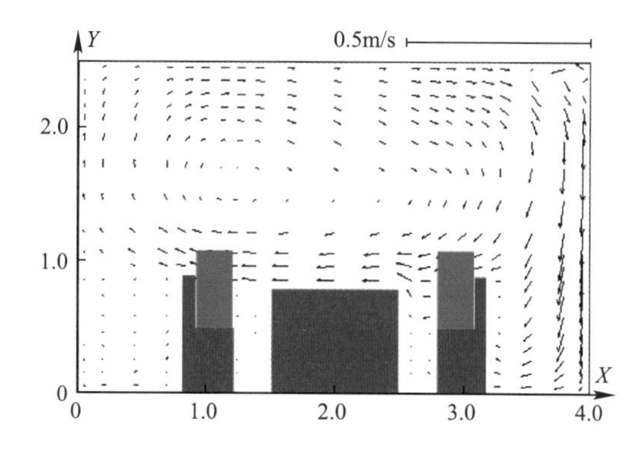


图 3-19　典型断面速度矢量图（Z=0.5m）

（2）防结露设计参数的确定

在送风参数设计过程中，需进行顶板防结露的校核计算，即：为保证辐射顶板不出现结露，需使室内空气的含湿量低于辐射顶板在露点温度下的饱和含湿量。一般设计计算方法采用集总参数法（为保证在各种方法下计算条件的统一，本算例忽略了实际工程计算中常采用的安全余量）：

$$\sum_{n_S=1}^{N_S} Q^{n_S} d^{n_S} + \sum_{n_C=1}^{N_C} J_d^{n_C} < Q d_{dew} \tag{3-39}$$

式中，$d^{n_S}$——第 $n_S$ 个送风口的送风含湿量（g/kg）；

$J_d^{n_C}$——第 $n_C$ 个湿源的散湿强度（g/s）；

$Q^{n_S}$ 和 $Q$——第 $n_S$ 个送风口的风量和房间总风量（kg/s）；

$d_{dew}$——辐射顶板在露点温度下的饱和含湿量（g/kg）。

在本算例中，送风温度为25℃，相对湿度为50%。查 $i$-$d$ 图可知，送风含湿量为9.85g/kg，顶板冷辐射壁面温度 $T^{wal}$ 为21℃，相应的壁面饱和含湿量 $d_{dew}$ 为15.6g/kg。经计算，室内空气的含湿量为14.96g/kg，小于壁面饱和含湿量。因此，如按集总参数法校核，则送风参数满足顶板防结露要求。但在实际中，由于房间的湿度存在非均匀分布，房间顶板有可能存在结露情况。采用提出的室内湿度分布计算表达式，可以很方便地计算出房间各点（包括边界各点）的湿度值，因此能够迅速判断出辐射顶板的结露状况。

首先计算出稳态时的送风可及度和湿源可及度，如图3-20所示。

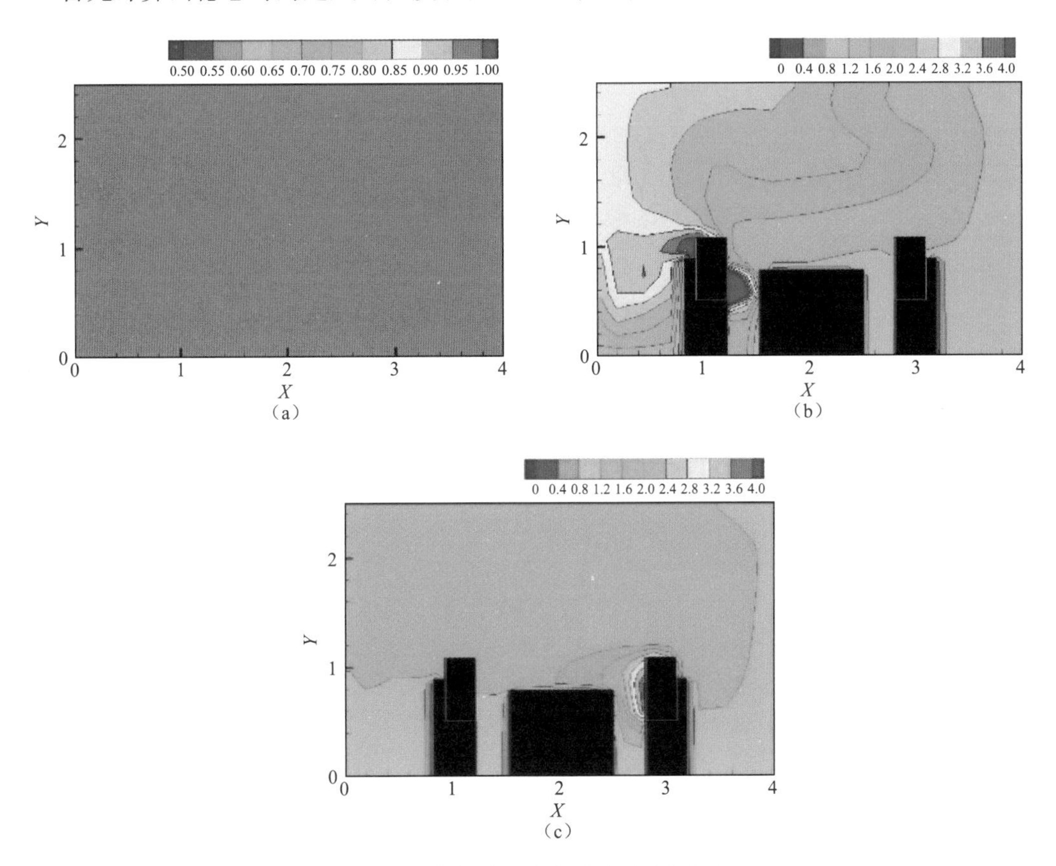


图3-20　稳态时送风及湿源可及度分布

(a) 送风可及度（$Z$=1.5m）；(b) 源1和源3可及度（$Z$=0.5/2.5m）；(c) 源2和源4可及度（$Z$=0.5/2.5m）

采用提出的空气含湿量分布表达式，计算结果如图3-21所示。可以看出，室内空间的湿度存在非均匀分布，含湿量最大值已经超过18g/kg，在靠近顶板处的壁面形成了“汇”，由空间向壁面进行传质，说明有结露发生。

靠近壁面的部分空气节点的含湿量超过饱和含湿量，顶板出现结露，此处边壁即为第一类边界条件，最终计算得到的结露位置分布如图3-22所示。

可见，尽管采用集总参数法进行了防结露校核计算，但由于室内湿度非均匀分布，辐射顶板仍存在结露的情况。因此，对于实际非均匀的室内环境，采用传统的集总参数法进行设计校核，将有可能无法满足防结露要求。

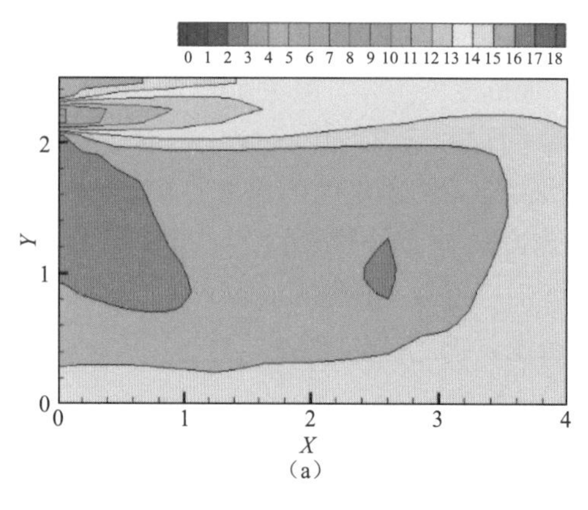


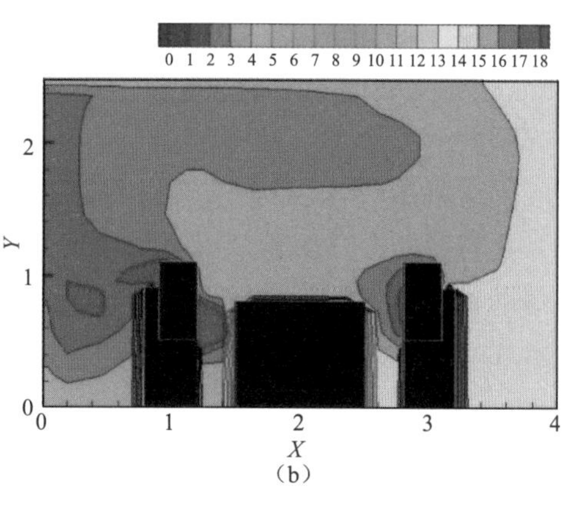


(a)　　　　(b)

图 3-21　稳态时室内空气湿度分布图（一）（单位：g/kg）

(a) $Z=1.5$m；(b) $Z=0.5$m/2.5m

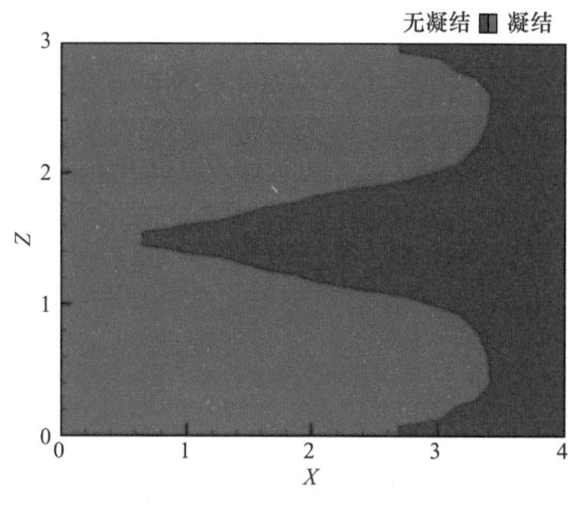


图 3-22　稳态时顶板结露情况

(3) 用于防结露的气流组织设计优化

在实际中，室内空气的含湿量是非均匀分布的，不同的气流组织会导致不同的湿空气分布，进而导致“某一壁面是否存在结露以及结露部位”的差异。所以，在实际工程的空调设计中，如果采用辐射供冷方式、新风除湿等方式，则会遇到下面的问题：在设计工况下（或某种特定的工况下），为防止冷辐射壁面结露，哪种气流组织更加优化，即送入的新风所需的除湿量最小或机组除湿所需投入的能量最少？

由于传统的集总参数法无法体现出在不同气流组织下的室内参数分布的差异，因而不能解决这个问题；CFD 模拟方法可以通过“遍历”的方法，计算出在不同气流组织的各种送风参数下室内空气含湿量的分布，分别找出满足冷壁面不结露条件下的计算结果，再通过对比来获得最佳送风参数，但这种方法需进行大量的计算工作。利用基于室内湿度分布表达式的防结露设计参数简便算法和流程，可以很方便地得到在各种气流组织形式下送入新风的最小除湿量，进而对不同的气流组织进行评价。

图 3-23 给出了侧下送侧上回的气流组织示例房间，与前一算例（图 3-16）为相同的设计工况，即冷辐射顶板的表面温度、室内湿源和送风量均相同，仅气流组织形式不同。图 3-24 至图 3-26 为该房间在典型断面的速度矢量分布情况。

根据流程，可以计算出下送下回形式下的屋顶冷辐射顶板的结露情况。首先计算出稳态时该气流组织下的送风和湿源可及度，计算结果如图 3-27 所示。

当送风参数与前一算例相同（即送风含湿量为 9.85g/kg）时，根据计算结果，靠近顶板冷壁的空气节点的含湿量均未超过饱和含湿量，冷辐射顶板不会结露。图 3-28 为稳态时室内空间典型断面的含湿量分布情况。

采用下送形式，靠近冷壁面的空气含湿量分布较均匀，且接近回风口的含湿量数值；

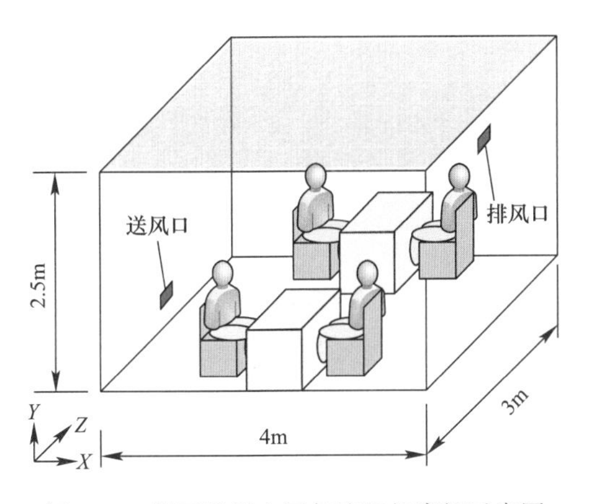

图 3-23　侧下送侧上回气流组织房间示意图

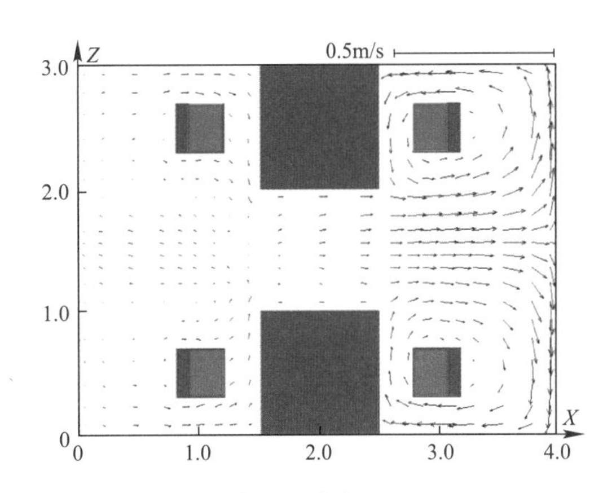


图 3-24　典型断面速度矢量图（$Y=0.7$m）

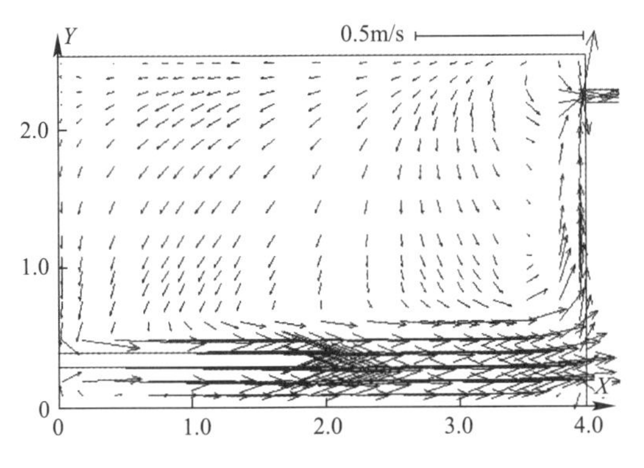


图 3-25　典型断面速度矢量图（$Z=1.5$m）

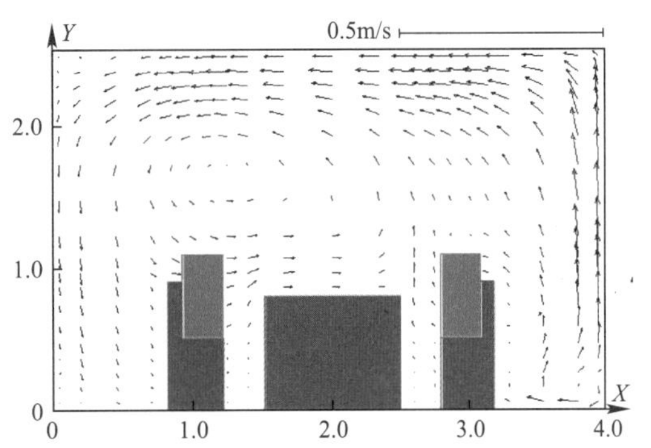


图 3-26　典型断面速度矢量图（$Z=0.5$m）

而上送形式，顶板附近的空气含湿量分布非常不均匀，相当多的区域的含湿量超过了回风口的湿度值。说明在送风口靠近辐射冷壁时，容易造成湿度分布的不均，而下送风形式，使冷壁面靠近回风口，可以获得更好的湿度控制效果。因而在本算例工况下，采用下送风形式可以获得更满意的防结露效果。

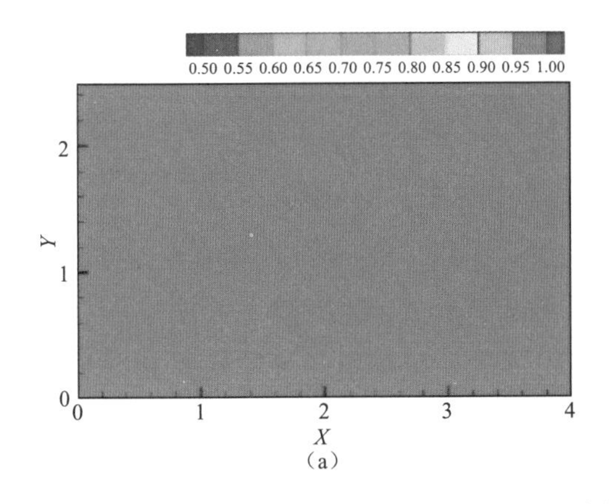


(a)

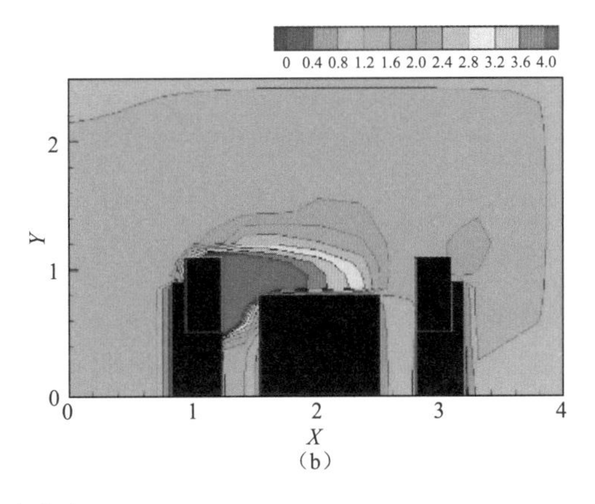


(b)

图 3-27　可及度分布（一）

(a) 送风可及度（$Z=1.5$m）；(b) 源 1 和源 3 可及度（$Z=0.5$m/2.5m）

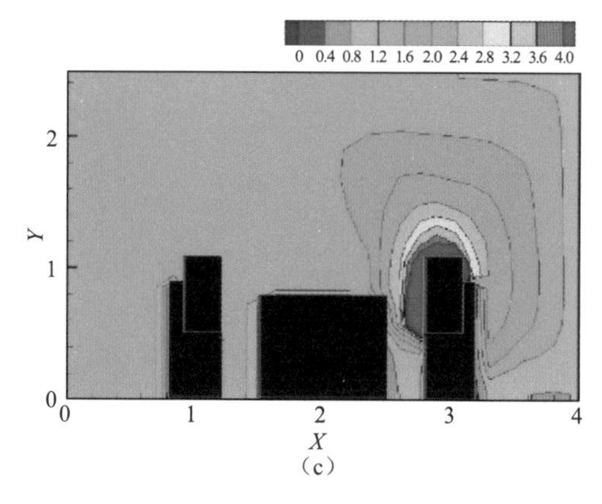

(c)

图 3-27 可及度分布（二）

(c) 源 2 和源 4 可及度（$Z$=0.5m/2.5m）

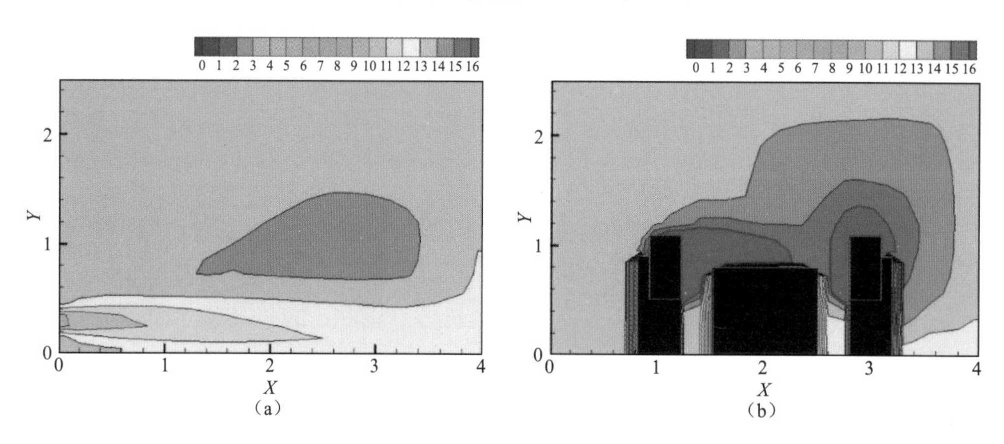

(a) (b)

图 3-28 稳态时侧下送侧上回室内空气湿度分布图（单位：g/kg）

(a) $Z$=1.5m；(b) $Z$=0.5m/2.5m

采用提出的湿度分布计算方法，还可以快速获得满足防结露条件下的最大送风含湿量，从而定量比较在满足相同要求时不同的气流组织形式系统除湿所投入能量的大小，从而为气流组织形式的优化设计提供指导。

求取满足防结露条件下的最大送风含湿量的计算过程如下：

1）根据辐射板表面温度查得其饱和含湿量 $d_{\text{dew}}$；

2）求出各个源以及送风对与冷壁面相邻的空气网格节点的可及度；

3）将 $J_{\text{d}}^{n_{\text{C}}}$ 和 $Q$ 代入稳态下湿度分布计算表达式，并以与冷壁面相邻的所有空气网格节点的含湿量均不大于饱和含湿量 $d_{\text{dew}}$ 为目标，得到满足顶板不结露的最大送风含湿量 $d^{n_{\text{S}}}$。

针对前述两个算例，分别求出两种气流组织下满足防结露条件的送风含湿量，如表 3-7 所示。

为满足辐射顶板的防结露要求，侧上送侧下回形式所需的最大送风含湿量为 8.04g/kg，侧下送侧上回形式所需的最大送风含湿量为 12.03g/kg。当送风温度同为 25℃时，上送风形式的情况需要将室外新风除湿至 40%以下，才能保证冷辐射顶板不结露；而下送风形式仅需将新风除湿至 60%以下。因而下送风形式送入的新风所需的除湿量更小，即机

不同气流组织下的最大送风含湿量　　表 3-7

| 气流组织 | 侧上送侧下回 | 侧下送侧上回 |
|---|---|---|
| 靠近壁面空气节点的含湿量最大值（g/kg） | 15.6 | 15.6 |
| 满足防结露要求的最大送风含湿量（g/kg） | 8.04 | 12.03 |
| 送风温度（℃） | 25 | 25 |
| 送风相对湿度（%） | 40.8 | 60.8 |

组除湿所需投入的能量更少，该气流组织形式更具有优势。

图 3-29 为按照表 3-7 中的送风参数，两种气流组织下室内典型断面的空气湿度分布。可以看出，两种情况下的冷辐射顶板均不会结露。

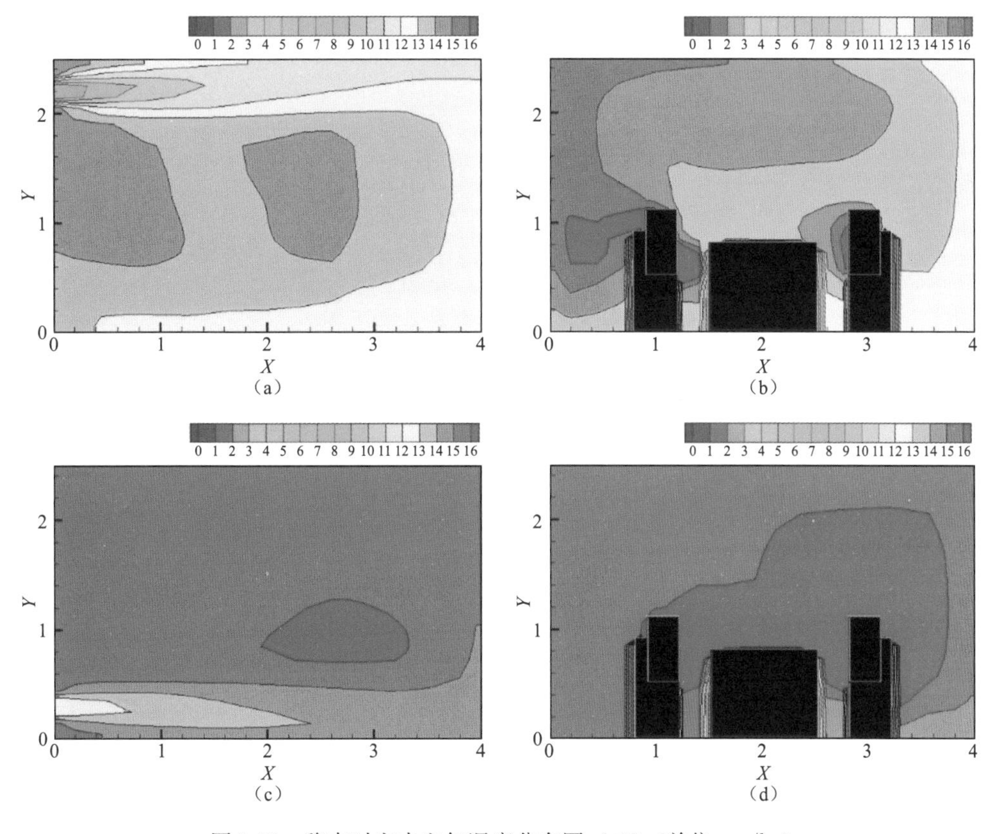


图 3-29　稳态时室内空气湿度分布图（二）（单位：g/kg）

(a) 上送下回形式（$Z$=1.5m）；(b) 上送下回形式（$Z$=0.5m/2.5m）；

(c) 下送上回形式（$Z$=1.5m）；(d) 下送上回形式（$Z$=0.5m/2.5m）

## 3.6　各类边壁条件下室内标量分布的通用表达式

本章给出了存在热对流边壁的情况下，通风空调房间温度分布的表达式，其显式形式不仅清晰地揭示了送风、热源以及对流边界对室内任意点温度的影响程度，同时也可更加方便地应用于实际通风空调工程的设计、控制及评价中。

由于修正送风可及度（$\overrightarrow{a_{\mathrm{S}}^{\mathrm{p}}}$）、修正热源可及度（$\overrightarrow{a_{\mathrm{E}}^{\mathrm{p}}}$）和对流边界可及度（$\overrightarrow{a_{\mathrm{C}}^{\mathrm{p}}}$）仅与流场特性和对流边界特性相关，因而也可适用于描述室内其他标量参数（如各种气态污染物浓度等）的分布规律。对于通风空调房间室内任意点 p 的空气标量参数 $\phi$，其分布规律表达式的显式形式如式（3-40）所示。

$$\phi^{\mathrm{p}}=(\overrightarrow{a_{\mathrm{S}}^{\mathrm{p}}})^{\mathrm{T}}\times\overrightarrow{\phi_{\mathrm{S}}}+(\overrightarrow{a_{\mathrm{E}}^{\mathrm{p}}})^{\mathrm{T}}\times\frac{\overrightarrow{J_{\phi}}}{m_{\mathrm{s}}}+(\overrightarrow{a_{\mathrm{C}}^{\mathrm{p}}})^{\mathrm{T}}\times\overrightarrow{\phi_{\mathrm{amb}}} \tag{3-40}$$

式中，$\overrightarrow{\phi_{\mathrm{S}}}$——标量的送风参数值；

$\overrightarrow{J_{\phi}}$——标量的散发强度；

$\overrightarrow{\phi_{\mathrm{amb}}}$——标量的对流边界处的参数值。

上式建立了室内任意点的标量参数与各类边界作用下的直接关系。$\overrightarrow{a_{\mathrm{S}}^{\mathrm{p}}}$、$\overrightarrow{a_{\mathrm{E}}^{\mathrm{p}}}$和$\overrightarrow{a_{\mathrm{C}}^{\mathrm{p}}}$分别为修正送风可及度、修正源可及度和对流边界可及度，其表达式如式（3-36）至式（3-38）所示。

在任意边界通风空调房间内，当室内流场稳定时，室内空气标量参数的分布规律具有一致性。室内参数分布受送风、源强度及对流边界参数的独立影响，各处的影响权重仅与气流组织和对流边界的传热传质特性相关。同样，通风空调房间内某区域的体平均标量参数，受送风、源强度及对流边界参数的叠加影响。由于修正送风可及度、修正源可及度及对流边界可及度仅与流场和对流边界特性相关，因此对于各类标量参数而言，上述可及度的平均值同样仅取决于对流边界的流场和传热传质特性，不随工况的变化而改变。

## 3.7 本章小结

对流边界广泛存在于建筑通风空调房间的热质传递过程中，且通过对流边界传入室内的热量在室内得热中占比通常较大，理解对流边界对室内的影响至关重要。本章针对各类边壁条件存在时的室内空气标量参数分布规律进行研究，主要结论如下：

（1）提出对流边界存在的情况下，室内温度分布的显式表达式，发现当流场固定时，室内任意点的温度与对流边壁的外温存在线性关系；进一步提出了在不同类型的边壁条件下室内空气标量参数分布的通用表达式，可用于各标量参数分布的计算，为通风空调工程的研究与设计提供理论依据；

（2）提出考虑对流边界影响的修正可及度指标，包括：修正送风可及度、修正热源可及度和对流边界可及度，可定量表征各类边界对室内温度分布的独立影响，该指标仅与流场和对流边界热特性相关，与各种工况热边界的设定无关；

（3）提出存在壁面凝结条件下的室内湿度分布表达式，建立了基于凝结判定和凝结条件下湿度计算与校核的非均匀湿度分布计算流程，对该计算方法用于指导防结露的设计校核和气流组织优化进行了应用展示。

# 第 3 章　参考文献


[1] Kato S，Murakami S，Kobayashi H. New scales for assessing contribution of heat sources and sinks to temperature distributions in room by means of numerical simulation [C]. ROOMVENT 94，1994，539-557.

[2] Shen C，Li X. Dynamic thermal performance of pipe-embedded building envelope utilizing evaporative cooling water in the cooling season [J]. Applied Thermal Engineering，2016，106：1103-1113.

[3] Cao G，Awbi H，Yao R，et al. A review of the performance of different ventilation and airflow distribution systems in buildings [J]. Building and Environment，2014，73：171-186.

[4] Liang C，Shao X，Melikov A K，et al. Cooling load for the design of air terminals in a general non-uniform indoor environment oriented to local requirements [J]. Energy and Buildings，2018，174：603-618.

[5] Shen C，Li X. Energy saving potential of pipe-embedded building envelope utilizing low-temperature hot water in the heating season [J]. Energy and Buildings，2017，138：318-331.

[6] Shao X，Ma X，Li X，et al. Fast prediction of non-uniform temperature distribution：A concise expression and reliability analysis [J]. Energy and Buildings，2017，141：295-307.

[7] 陆耀庆. 实用供热空调设计手册（下册）[M]. 北京：中国建筑工业出版社，2008.

# 第4章　变化边界条件下室内标量分布快速计算方法

## 4.1　概述

第2、3章建立的固定流场下室内标量分布表达式主要是面向恒定送风浓度和标量源强度的情况。当边界条件动态变化时，表达式将不再适用。另一方面，通风空调系统尤其是全空气系统往往带回风运行，回风的存在将引起室内污染物经由回风循环影响送风，进而使得送风污染物的浓度未知，房间污染物的分布也就难以预测；当房间污染源强度为时变源时，送风浓度也因回风的动态影响而呈现时变特征，送风浓度和房间浓度的分布求解更加复杂。此外，作为室内通风换气性能的重要评价指标，空气龄主要适用于送新风的情况，而在回风存在的情况下，也会因送风被回风污染而导致送风口的空气龄不为0，实际的送风空气龄待求解。本章针对通风房间变化边界条件的问题，引入“脉冲”响应系数指标，并建立相应的浓度预测关系式；针对通风房间回风循环影响送风的问题，建立带回风系统的未知送风浓度和房间浓度分布的快速预测方法。本章主要针对污染物浓度进行分析，在符合固定流场的假设条件下，温度、湿度等标量参数分布的计算方法与污染物一致。

## 4.2　变化边界条件下污染物分布计算方法

### 4.2.1　响应系数指标

（1）送风响应系数

1）送风响应系数概念

送风污染物浓度、室内污染源散发强度都是随时间连续变化的，将这些连续的变量在时间上离散，当时间步 $\Delta\tau$ 足够短时，可以近似地认为在 $\Delta\tau$ 内浓度恒定，连续的影响就可以通过单个时间步的台阶波脉冲影响的组合表达出来。假定房间有多个风口送风，房间内无污染物散发源，初始浓度为0，仅第 $n_{\mathrm{S}}$ 个风口按式（4-1）送入污染物：

$$C_{\mathrm{S}}^{n_{\mathrm{S}}}(\tau)=\begin{cases}C_{\mathrm{S}}^{n_{\mathrm{S}},0} & -\Delta\tau/2\leqslant\tau\leqslant\Delta\tau/2\\0 & \text{其他}\end{cases}\tag{4-1}$$

则在第 $j$ 个时间步内，房间内的任意一点 p 对第 $n_{\mathrm{S}}$ 个送风口的送风响应系数（Response Coefficient to Supply Air，RCSA）$Y_{\mathrm{S,p}}^{n_{\mathrm{S}}}$（$j\Delta\tau$）为：

$$Y_{S,p}^{n_S}(j\Delta\tau)=\frac{C_p(j\Delta\tau)}{C_S^{n_S,0}} \tag{4-2}$$

式中，$C_p(j\Delta\tau)$ ——房间内 p 点在第 $j$ 个时间步的污染物浓度；

$C_S^{n_S,0}$——第 $n_S$ 个送风口在第 0 个时间步内的污染物浓度。

当室内没有污染源，初始浓度为 0，且第 $n_S$ 个送风口在第 $i$ 个时间步的送风浓度为 $C_S^{n_S}(i\Delta\tau)$ 时，房间内任意一点 p 在第 $j$ 个时间步的浓度为：

$$C_p(j\Delta\tau)=\sum_{n_S=1}^{N_S}\sum_{i=0}^{j}\{C_S^{n_S}(i\Delta\tau)Y_{S,p}^{n_S}[(j-i)\Delta\tau]\} \tag{4-3}$$

式中，$N_S$ 为送风口个数。

送风响应系数 $Y_{S,p}^{n_S}$（$j\Delta\tau$）是一个无量纲数，反映了送风浓度在送风后的第 $j$ 个时间步内对房间内 p 点的影响程度，与送风浓度无关。

2）送风响应系数展示

通过数值模拟可计算出送风响应系数在空间中的分布。选取一个二维房间（图 4-1），房间长 4m、高 3m，边界条件如表 4-1 所示，对两种不同的通风模式下的送风响应系数进行计算。

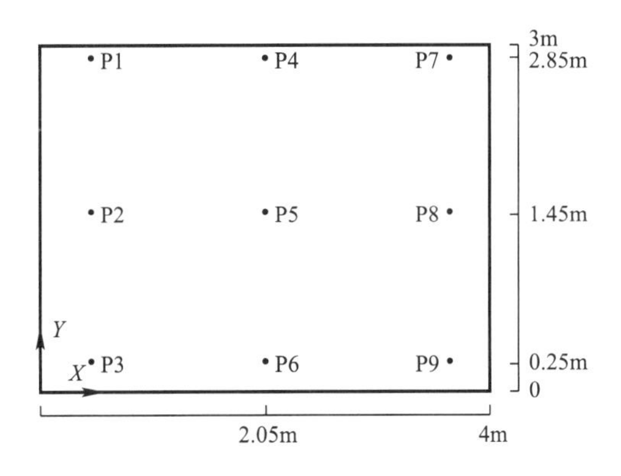


图 4-1　房间几何参数及观测点布置

**送风响应系数计算边界条件设定**　　**表 4-1**

| 参数 | 通风模式一 | 通风模式二 |
| --- | --- | --- |
| 送风速度（m/s） | 0.05 | 0.15 |
| 风量（$m^3$/s） | 0.03 | 0.006 |
| 送风污染物浓度（mg/$m^3$） | 0.01 | 0.01 |
| 污染源散发强度（mg/s） | 0 | 0 |

模式一为活塞流（图 4-2），送风口在房间的一侧，排风口在送风口的对侧，送风速度为 0.05m/s，房间的换气次数为 45 次/h，该模式下房间内的流场如图 4-4（a）所示。模式二为混合流（图 4-3），送风口在房间一侧墙的顶部，排风口在对面侧墙的底部，送风速度为 0.15m/s，房间的换气次数为 9 次/h，该模式下房间内的流场如图 4-4（b）所示。

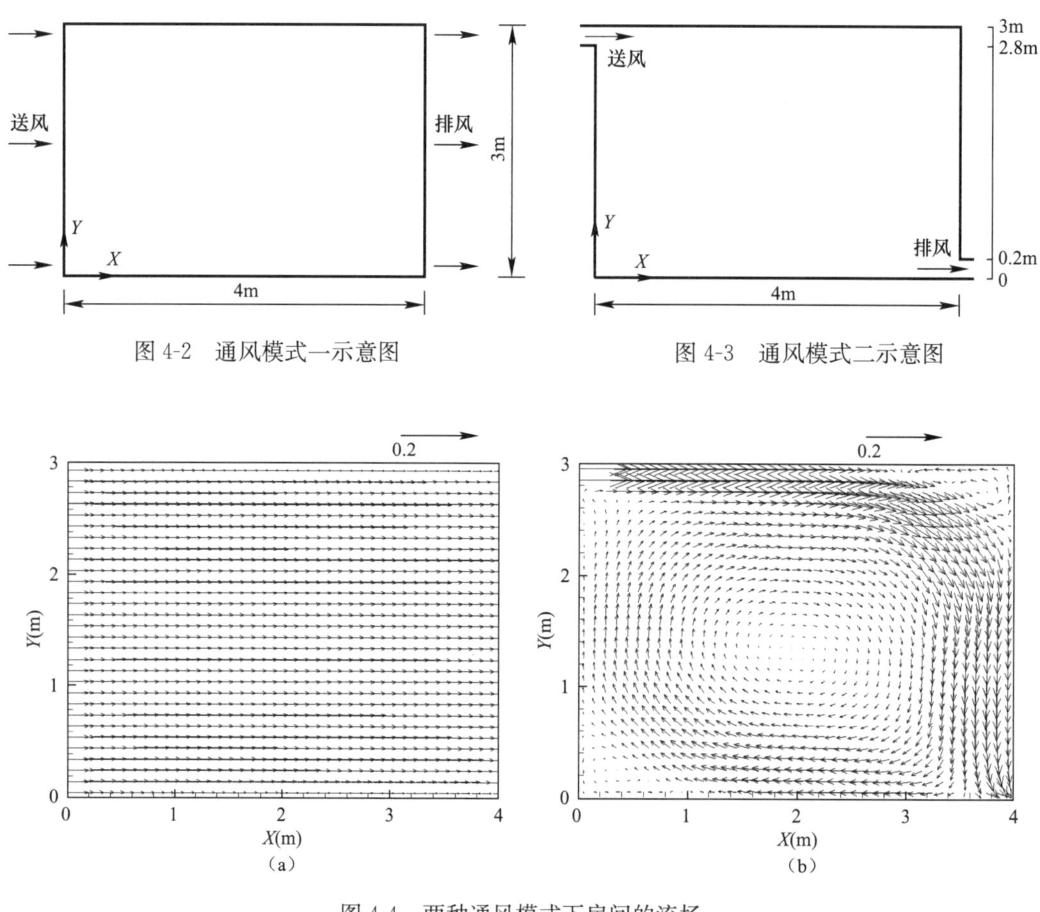


图 4-2　通风模式一示意图

图 4-3　通风模式二示意图

图 4-4　两种通风模式下房间的流场

(a) 通风模式一(活塞流)；(b) 通风模式二(混合流)

图 4-5 所示为通风模式一(活塞流)下各观测点的送风响应系数随时间的变化关系，图 4-6 所示为在不同时刻送风响应系数的分布情况。从中可以看出：①空间点(送风口

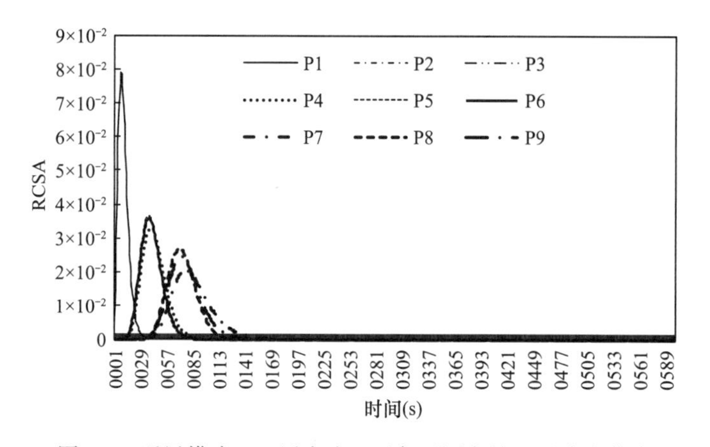


图 4-5　通风模式一(活塞流)下各观测点的送风响应曲线

所在点除外）的送风响应系数随时间先增加后减小，当时间足够长时，所有点的送风响应系数均趋于 0；②对于活塞流而言，送风响应系数只有一个极值点；③空间中不同点的送风响应系数的曲线不同，即某时间步的送风对空间不同点的影响是不同的，影响强度不同，持续时间也不同。

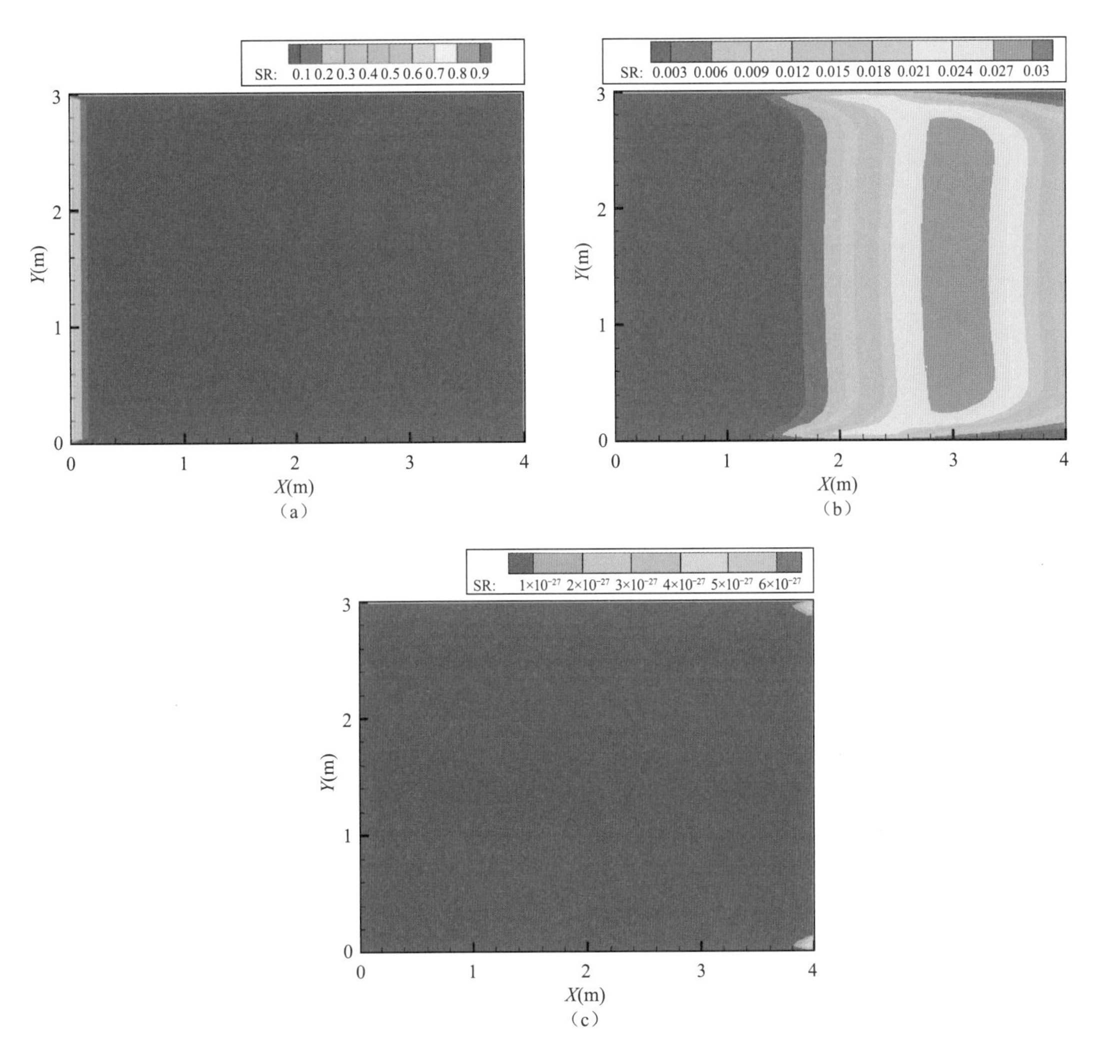


图 4-6　通风模式一（活塞流）下不同时刻的送风响应系数分布（时间步为 1s）

（a）第 1s；（b）第 60s；（c）第 600s

图 4-7 显示通风模式一（活塞流）下，各观测点的送风响应系数的时间累积值随时间单调增加，当时间足够长后，各点的值相等，且均为 1。

图 4-8 所示为通风模式二（混合流）下各观测点的送风响应曲线，图 4-9 所示为在不同时刻送风响应系数的分布情况。从图中可以看出：①空间所有点（送风口所在点除外）的送风响应系数在总体上随时间先增加后减小，当时间足够长时，所有点的响应系数均趋于 0；②对于存在回流的情况，送风响应系数可存在多个极值点。

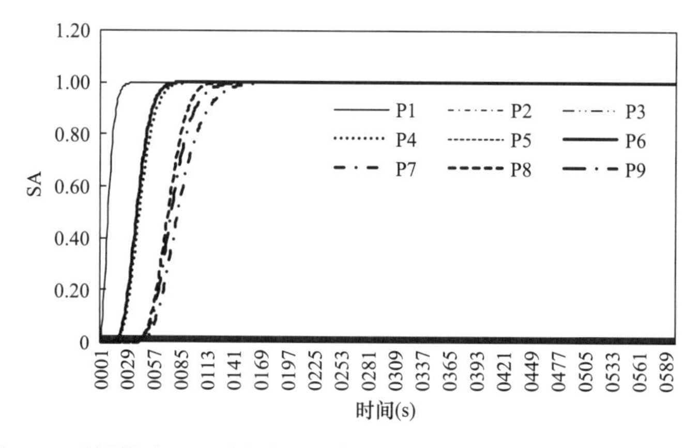


图 4-7　通风模式一（活塞流）下各观测点的送风响应系数时间累积值

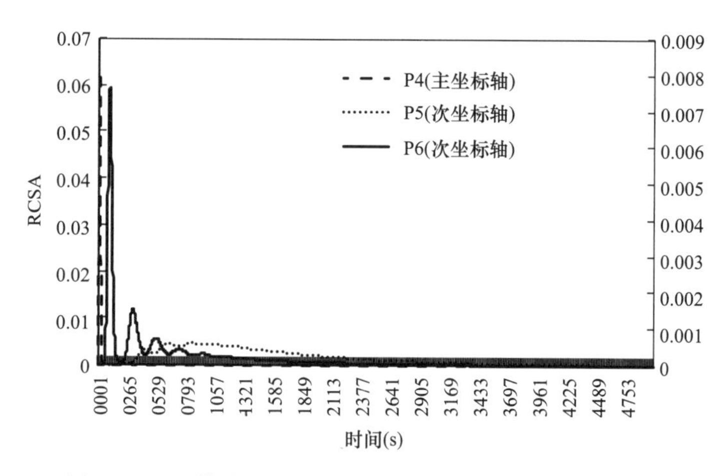


图 4-8　通风模式二（混合流）下各观测点的送风响应曲线

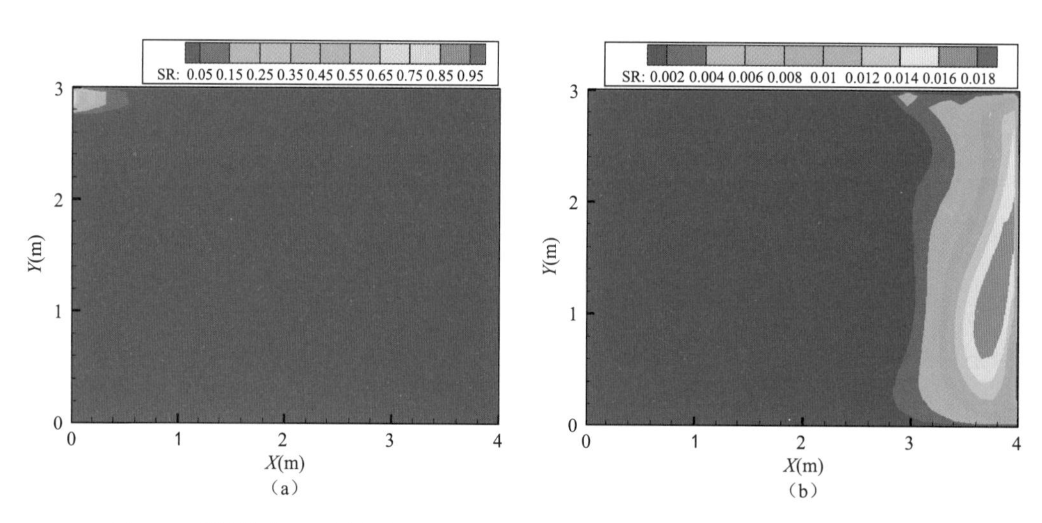


图 4-9　通风模式二（混合流）下不同时刻送风响应系数分布（时间步为 1s）（一）
(a) 第 1s；(b) 第 60s

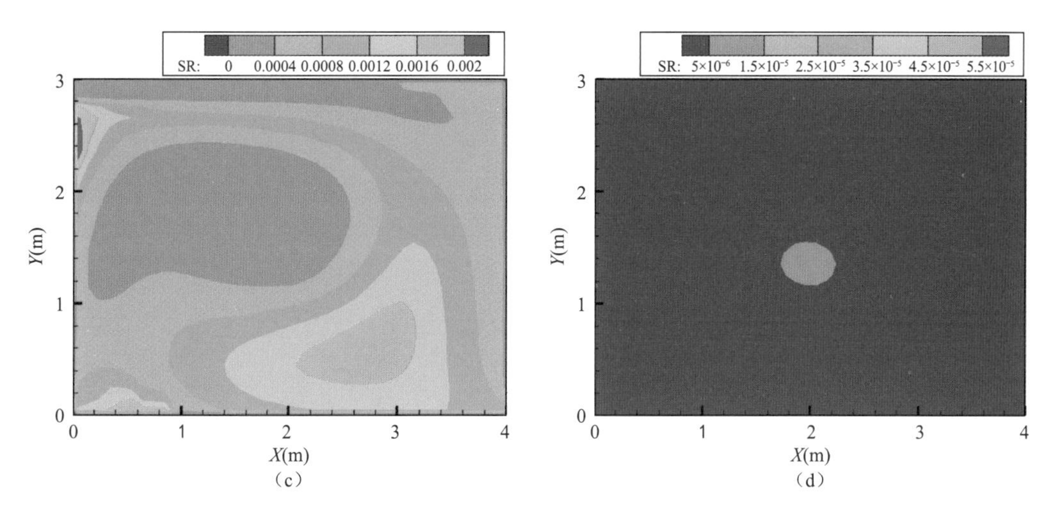


图 4-9　通风模式二（混合流）下不同时刻送风响应系数分布（时间步为 1s）（二）
（c）第 300s；（d）第 6000s

与活塞流的情况一样，通风模式二（混合流）下 P4、P5 和 P6 3 点的送风响应系数的时间累积值随时间单调增加，当时间足够长后，各点的值相等，且均为 1（房间内只有一个送风口）（图 4-10）。

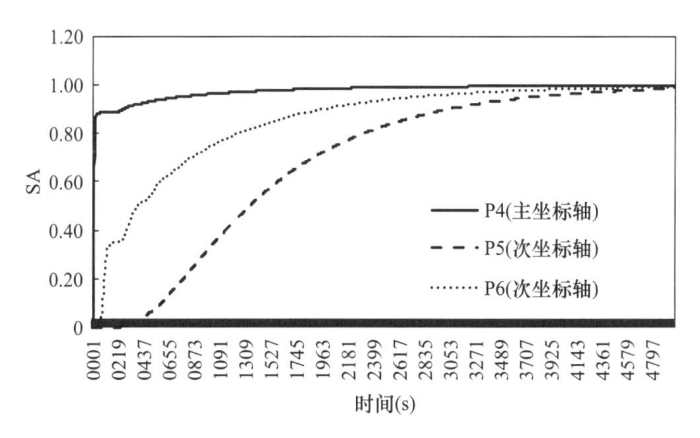


图 4-10　通风模式二（混合流）下部分点的送风响应系数时间累积值

对比图 4-5 和图 4-8，房间内相同的空间点在不同流场下的送风响应曲线是不同的。响应曲线中隐含了流场的信息，进一步探究送风响应曲线的关系，可为房间流场的初步判断提供一种简单而可行的办法。

（2）污染源响应系数

1）污染源响应系数概念

假定房间的初始污染物浓度为 0，且所有的送风浓度都为 0，室内有 $N_C$ 个污染源，其中只有第 $n_C$ 个污染源以如下规律散发：

$$S^{n_C}(\tau)=\begin{cases}S^{n_C,0} & -\Delta\tau/2\leqslant\tau\leqslant\Delta\tau/2\\0 & \text{其他}\end{cases}\tag{4-4}$$

则在第 $j$ 个时间步内，房间内任一点 p 对该污染源的响应系数（Response Coefficient to Contaminant Source，RCCS) $Y_{C,p}^{n_C}(j\Delta\tau)$ 为：

$$Y_{C,p}^{n_C}(j\Delta\tau)=\frac{C_p(j\Delta\tau)}{C_e^{n_C,0}} \tag{4-5}$$

式中，$C_e^{n_C,0}$ 为污染源从第 0 个时间步开始以 $S^{n_C,0}$ 的速率持续散发，直至稳态后的排风浓度：

$$C_e^{n_C,0}=\frac{S^{n_C,0}}{Q} \tag{4-6}$$

式中，$Q$ 为通风量。

当初始浓度为 0，所有送风浓度也为 0，室内第 $n_C$ 个污染源在任意时间步 $i$ 内的散发速率为 $S^{n_C}(i\Delta\tau)$ 时，房间内任意一点 p 在第 $j$ 个时间步的浓度为：

$$C_p(j\Delta\tau)=\sum_{n_C=1}^{N_C}\sum_{i=0}^{j}\{\frac{S^{n_C}(i\Delta\tau)}{Q}Y_{C,p}^{n_C}[(j-i)\Delta\tau]\} \tag{4-7}$$

污染源响应系数 $Y_{C,p}^{n_C}(j\Delta\tau)$ 同样是一个无量纲量，在送风量和气流组织确定之后，该响应系数和污染源的散发强度无关。当有同种类的两个或多个污染源共同作用时，其集总的污染源响应系数由每个污染源的自身散发强度加权得到。

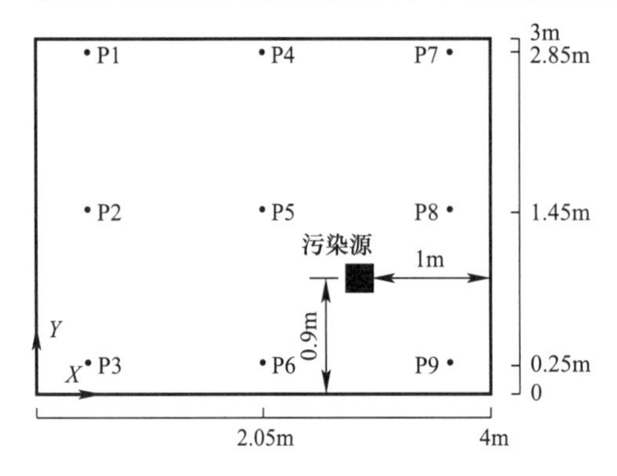


图 4-11 房间几何参数、观测点及污染源的位置

2）污染源响应系数展示

对于污染源响应系数的展示，同样选取如图 4-1 所示的二维房间为对象，污染源的位置如图 4-11 所示。

与送风响应系数类似，本部分同样展示了该房间在两种不同的通风模式下污染源响应系数的特性。两种通风模式分别与研究送风响应系数时的通风模式相同。

图 4-12 给出了通风模式一（活塞流）下各观测点的污染源响应系数随时间的变化关系，图 4-13 给出的是在不同时间步内污染源响应

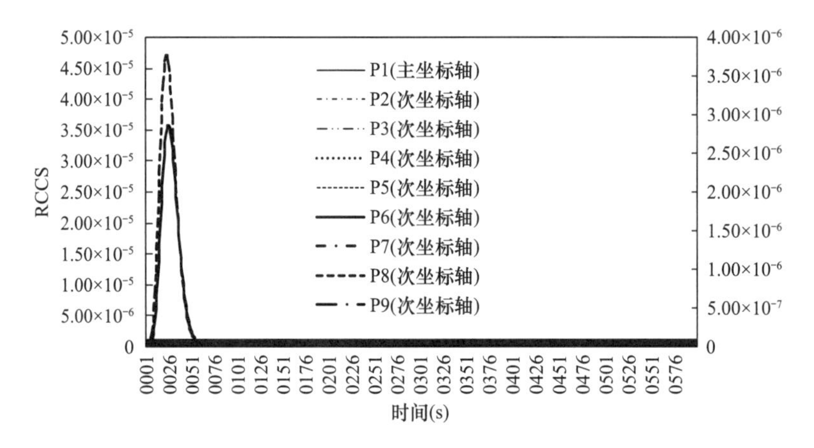


图 4-12 通风模式一（活塞流）下各观测点的污染源响应曲线

系数的分布情况。从中可以看出：不同区域空间点的污染源响应系数不同，部分位置（P1～P7）的污染源响应系数为 0，即不受污染源的影响；受影响的位置（P8 和 P9）的污染源响应系数随时间先增加后减小，当时间足够长时，所有点的污染源响应系数均趋于 0；对于活塞流而言，污染源响应系数只有一个极值点。

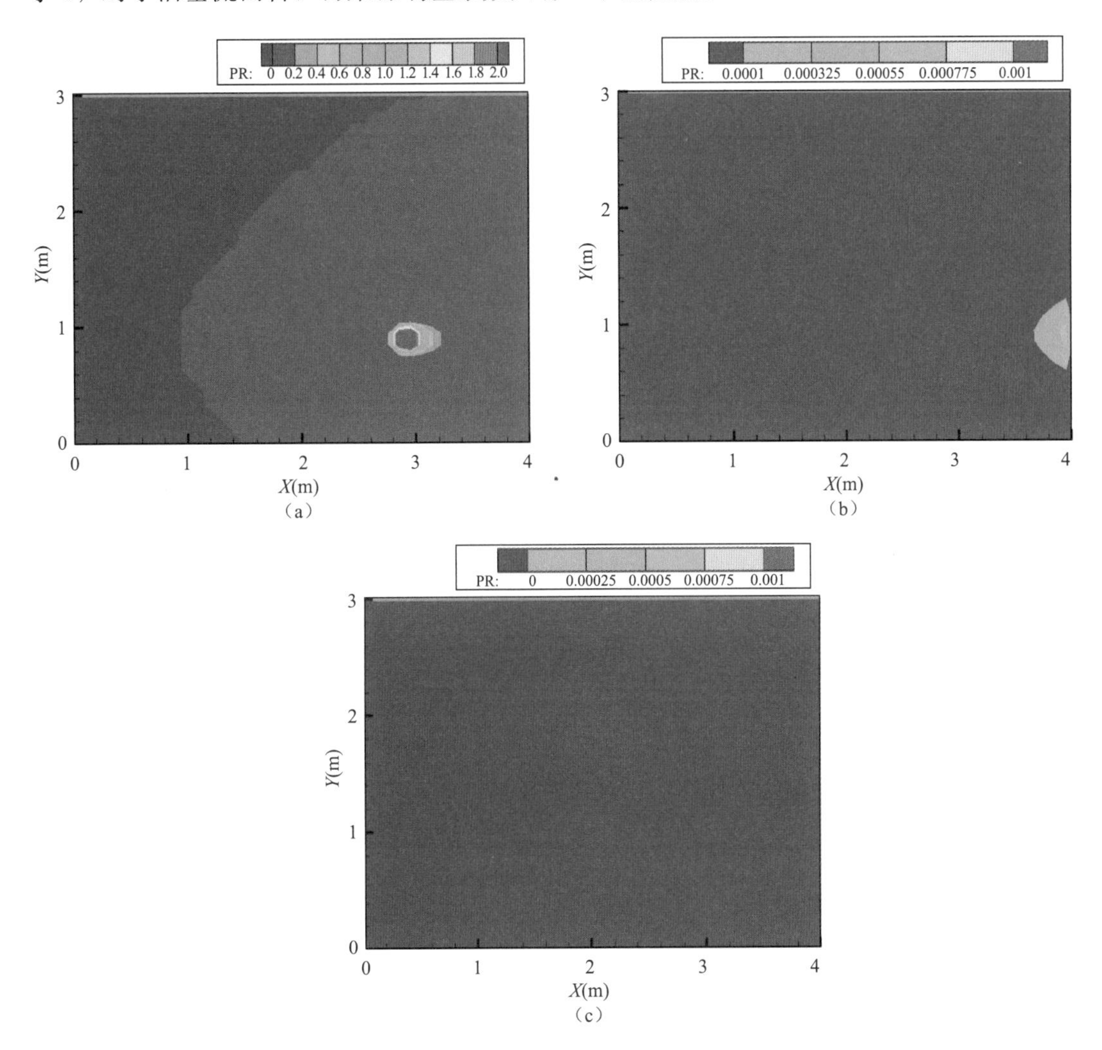


图 4-13　通风模式一（活塞流）下不同时刻的污染源响应系数分布（时间步为 1s）
（a）第 1s；（b）第 60s；（c）第 600s

图 4-14 显示，通风模式一（活塞流）下各观测点的污染源响应系数的时间累积值随时间单调增加，当时间足够长后，各点的值均趋于稳定但各不相同，空间点和污染源的相对位置决定了不同点污染源响应特性的不同。在污染源下风向位置（P8 和 P9）的污染源响应系数时间累积值大，表明该区域受污染源的累计影响大；其余位置（P1～P7）受污染源的影响很小。

图 4-15 给出了通风模式二（混合流）下各观测点的污染源响应曲线，图 4-16 给出的是在不同时刻污染源响应系数的分布情况。结果显示：①空间所有点（送风口和污染源所在点除外）的响应系数总体上随时间先增加后减小，当时间足够长时，所有点的响应

系数均趋于 0；②对于存在回流的情况，污染源响应系数可存在多个极值点。

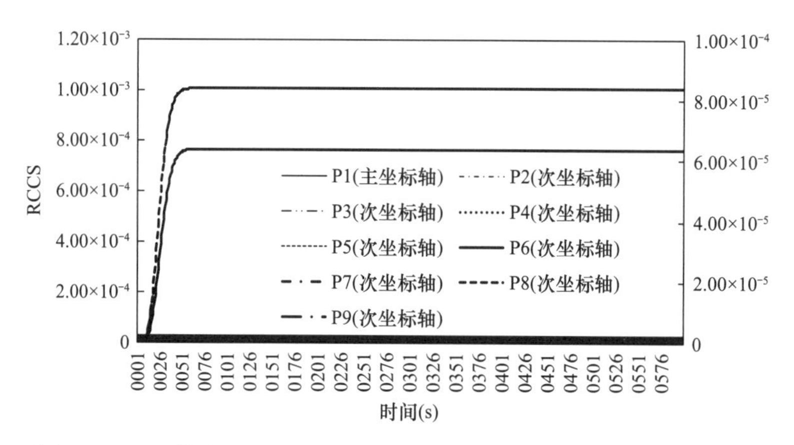


图 4-14　通风模式一（活塞流）下各观测点污染源响应系数时间累积值

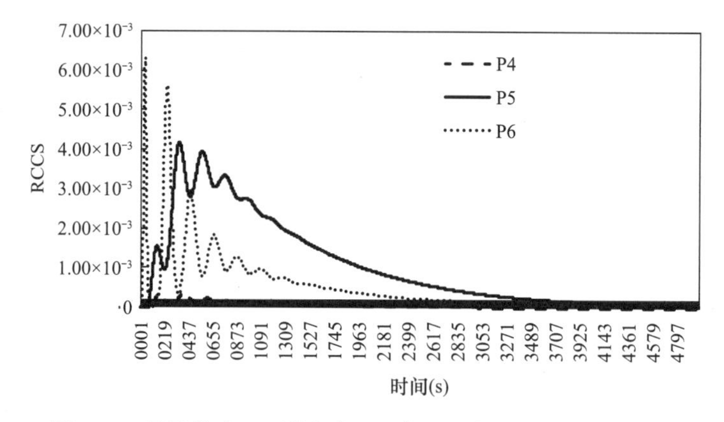


图 4-15　通风模式二（混合流）下各观测点的污染源响应曲线

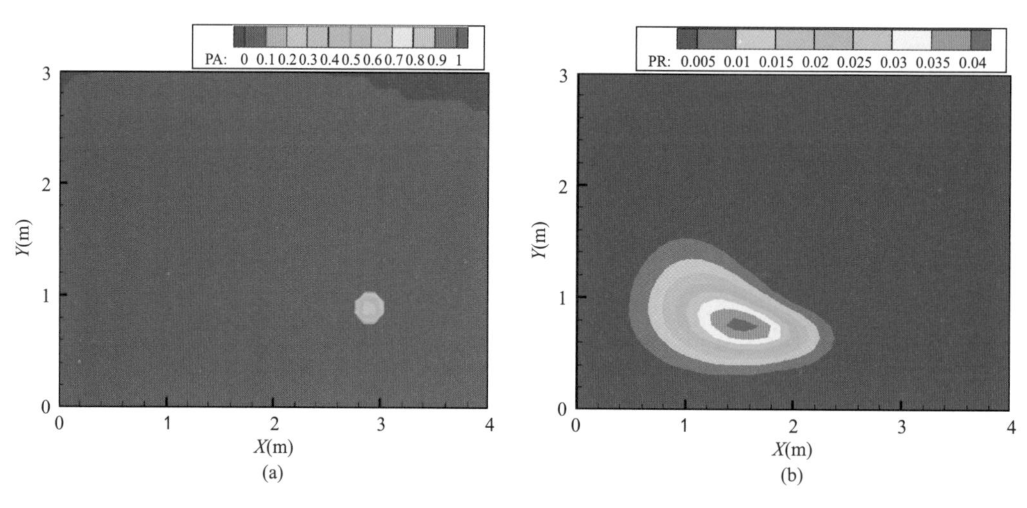


图 4-16　通风模式二（混合流）下不同时刻污染源响应系数的分布（时间步为 1s）（一）

（a）第 1s；（b）第 60s

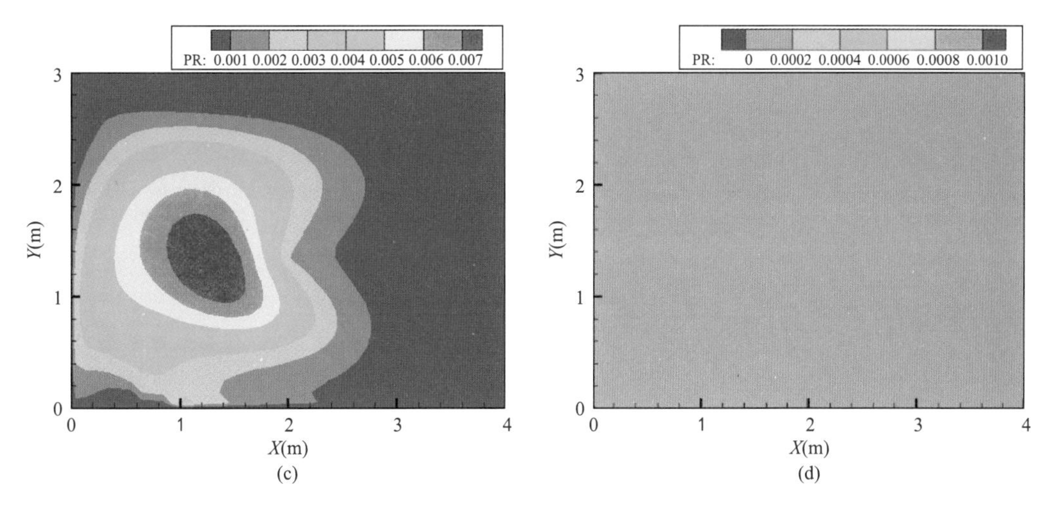


图 4-16　通风模式二（混合流）下不同时刻污染源响应系数的分布（时间步为 1s）（二）
（c）第 300s；（d）第 6000s

图 4-17 显示，污染源响应系数的时间累积值随时间单调增加。当时间足够长后，各点的值均趋于稳定，因受空间点和污染源的相对位置影响，稳定值并不相等。

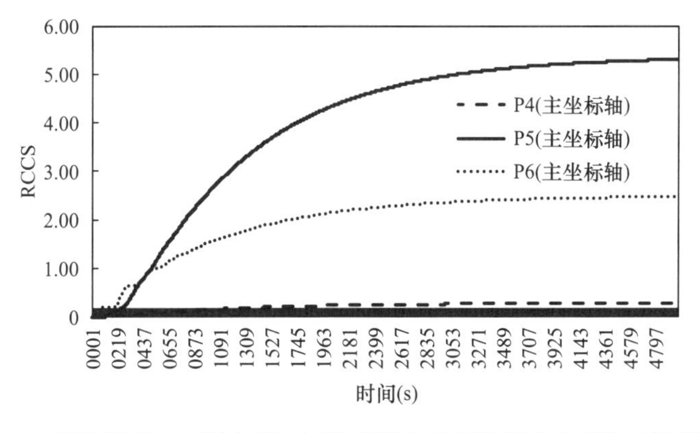


图 4-17　通风模式二（混合流）下各观测点的污染源响应系数时间累积值

### 4.2.2　变化边界下动态污染物浓度分布计算模型

借助 RCSA 和 RCCS 来描述送风和污染源的定量影响，同时采用第 2 章提出的描述初始条件影响的 TAIC 指标，可以建立受各种变化因素影响的室内被动污染物的动态分布计算表达式。初始条件可及度 TAIC 即为初始条件响应系数，为保持一致，在基于响应系数的关系式构建中，用 RCIC（Response Coefficient to Initial Condition）来表达，即 $Y_{\mathrm{I,p}}(j\Delta\tau)$。

当有送风、污染源和初始分布的共同作用时，其作用效果具有叠加性。假定室内空气流场稳定，室内有 $N_{\mathrm{S}}$ 个送风口和 $N_{\mathrm{C}}$ 个污染源，室内存在某初始污染物分布，其体平均浓度为$\overline{C^{0}}$，则房间内任一点 p 在第 $j$ 个时间步内的污染物浓度 $C_{\mathrm{p}}(j\Delta\tau)$ 表示为：

$$C_{\mathrm{p}}(j\Delta\tau)=\underbrace{\overline{C}^{0}Y_{\mathrm{I,p}}(j\Delta\tau)}_{\text{初始影响项}}+\underbrace{\sum_{n_{\mathrm{S}}=1}^{N_{\mathrm{S}}}\sum_{i=0}^{j}\{C_{\mathrm{S}}^{n_{\mathrm{S}}}(i\Delta\tau)Y_{\mathrm{S,p}}^{n_{\mathrm{S}}}[(j-i)\Delta\tau]\}}_{\text{送风影响项}}$$
$$+\underbrace{\sum_{n_{\mathrm{C}}=1}^{N_{\mathrm{C}}}\sum_{i=0}^{j}\{\frac{S^{n_{\mathrm{C}}}(i\Delta\tau)}{Q}Y_{\mathrm{C,p}}^{n_{\mathrm{C}}}[(j-i)\Delta\tau]\}}_{\text{室内污染源影响项}} \tag{4-8}$$

因为 $Y_{\mathrm{S,p}}^{n_{\mathrm{S}}}[(j-i)\Delta\tau]$、$Y_{\mathrm{C,p}}^{n_{\mathrm{C}}}[(j-i)\Delta\tau]$ 和 $Y_{\mathrm{I,p}}(j\Delta\tau)$ 是由流场、污染源位置和初始分布决定的，对于特定的通风房间，流场、污染源位置等参数将被确定，相关响应系数则可提前由计算获得。当送风污染物浓度、污染源散发强度及初始分布确定后，可以通过公式（4-8）快速计算出污染物时空分布，无须经过如 CFD 的迭代运算，从而大大减少求解时间。

以一普通通风房间为例，流场、RCSA、RCCS 和 RCIC 等相关信息都通过自主开发的软件 STACH-3 预先计算好。房间长 10m、宽 3m、高 3m，房顶中央部分有两个送风口，左右侧墙底部各有一个出风口，室内有 1 个污染源和 5 个传感器，如图 4-18 所示。房间内各部件的尺寸、位置及其他相关参数见表 4-2。

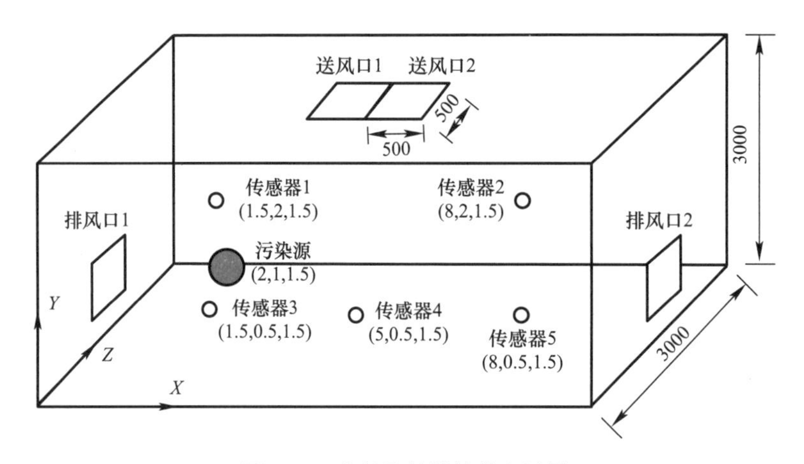


图 4-18　房间及其部件的布置图

**房间内各部件的尺寸、位置等参数表　　表 4-2**

| | 位置（$x$，$y$，$z$）(m) | 尺寸（$\Delta x$，$\Delta y$，$\Delta z$）(m) | 备注 |
|---|---|---|---|
| 房间 | （0，0，0） | （10，3，3） | |
| 进风口 1 | （4.5，3，1.25） | （0.5，0，0.5） | 进风风速（$V_y=-0.45$m/s） |
| 进风口 2 | （5，3，1.25） | （0.5，0，0.5） | 进风风速（$V_y=-0.45$m/s） |
| 出风口 1 | （0，0.2，0.75） | （0，0.2，1.5） | 出风风速（$V_x=-0.375$m/s） |
| 出风口 2 | （10，0.2，0.75） | （0，0.2，1.5） | 出风风速（$V_x=0.375$m/s） |
| 污染源 | （2，1，1.5） | （0.25，0.2，0.25） | 源散发强度（100mg/s） |

假定房间内有一初始分布如图 4-19 所示。房间进风口送入的污染物浓度持续变化(任意一逐时送风浓度皆可)，房间内有散发规律已知的污染源，通过本节介绍的模型，可以快速地计算出污染物在房间内的时空分布。

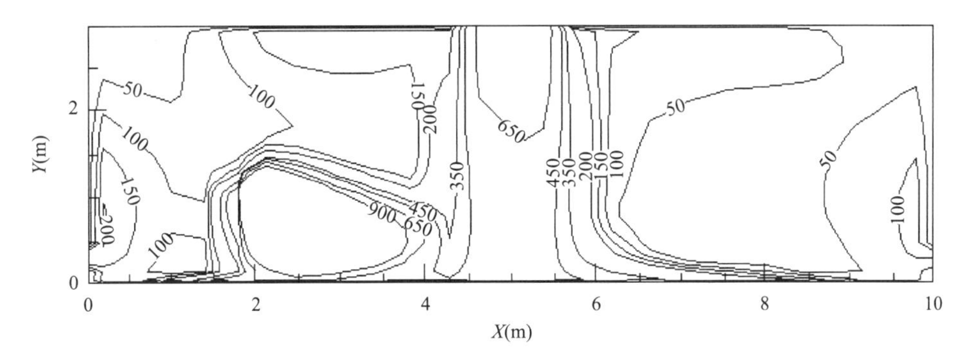


图 4-19　房间内污染物浓度的初始分布

同样采用 CFD 方法计算了上述工况下室内污染物的时空分布，并将新模型的计算时间与 CFD 工具的计算时间进行了比较。图 4-20 给出了在不同预测时长需求下两种方法计算耗时的比较。随着所要预测分布的时间的增长，新模型节省时间的优势变得越来越明显。

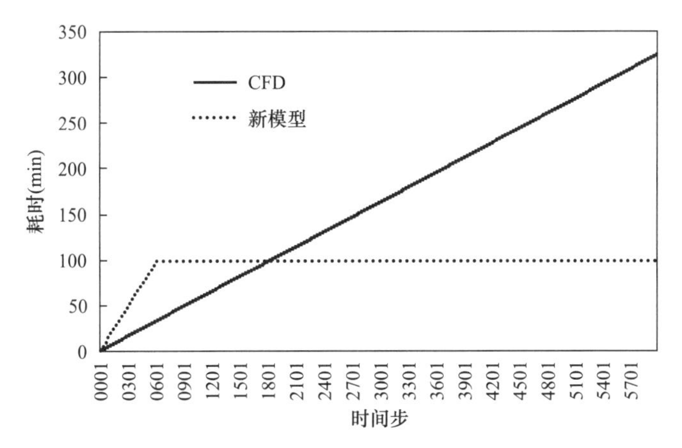


图 4-20　不同预测时长需求下新模型和 CFD 计算耗时的比较

CPU：Intel Pentium（R）Dual E2200，2.20GHz；计算软件：STACH-3；湍流模型：室内零方程模型；网格数：77×28×71；忽略人工操作耗时

当某问题需进行大量的重复计算，比如求解相同流场在不同的送风浓度或污染源强度下室内被动污染物的时空分布时，新模型在计算耗时上较 CFD 方法也有明显的优势，而且随着重复计算量的增大，优势愈发明显。图 4-21 对比了在所需预测时间长度相同、计算工况数量不同时两种方法所需的计算时间。当所需预测时间长度较短、工况数量较少时，新模型计算耗时较 CFD 方法稍长（主要是由于准备相关响应系数的耗时）；所需预测时间越长，计算工况数量越多，相比 CFD 方法，新模型计算耗时少的优势就越明显。

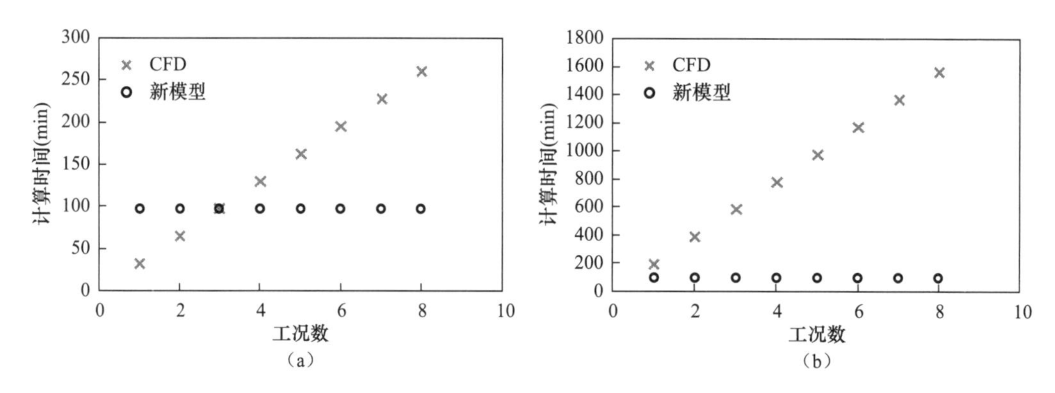


图 4-21　不同重复计算工况数量下新模型和 CFD 方法计算耗时的比较

(a) 预测需求 0～600s；(b) 预测需求 0～3600s

通过上述讨论可知，本节介绍的新模型适用于解决需要预测较长时间内的污染物浓度分布情况，且重复工况较多的问题。所需预测的时间越长，需要重复计算的工况越多，采用该模型就越能节省时间。

## 4.3　室内存在自循环气流时污染物分布计算方法

通风房间内往往存在空气自循环装置，如移动净化器、空调室内机、风机盘管、风扇等。为防控污染物传播，也可能增设自循环空气幕。当存在上述装置时，每个装置吸取的空气中的污染物会传递至装置的送风端，从而进一步影响室内污染物的传播过程。此外，装置本身还可能存在一定的净化功能，会对目标污染物进行一定程度的去除。此时，室内流场是否仍可作为固定流场对待，在自循环装置的影响下，独立的各送风口送风、各污染源的污染释放、初始存在的污染物分布在后续时刻的影响如何改变，是需要厘清的问题。带有自循环装置的通风房间示意图如图 4-22 所示。

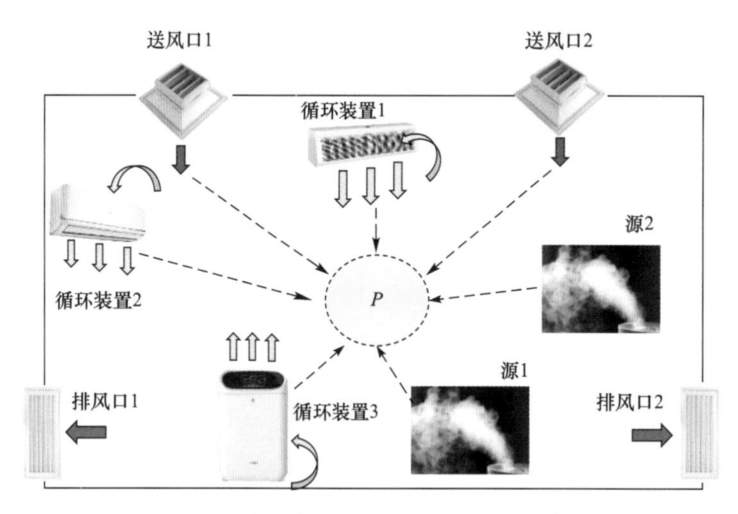


图 4-22　带有自循环装置的通风房间示意图

在固定流场下，如不存在自循环装置，则室内任意位置动态浓度的表达式为式（4-9）[即式（2-31）]：

$$C_{\mathrm{p}}(\tau)=\sum_{n_{\mathrm{S}}=1}^{N_{\mathrm{S}}}\left[C_{\mathrm{S}}^{n_{\mathrm{S}}} a_{\mathrm{S,p}}^{n_{\mathrm{S}}}(\tau)\right]+\sum_{n_{\mathrm{C}}=1}^{N_{\mathrm{C}}}\left[\frac{J^{n_{\mathrm{C}}}}{Q} a_{\mathrm{C,p}}^{n_{\mathrm{C}}}(\tau)\right]+\bar{C}_{0} a_{\mathrm{I,p}}(\tau) \tag{4-9}$$

假设室内存在 $N_{\mathrm{R}}$ 个自循环装置，包括自循环装置在内的所有出风口的总风量为 $Q_{\mathrm{t}}$，而其中独立送风口的总送风量为 $Q_{\mathrm{s}}$。对于瞬态预测而言，房间内任意位置的浓度是动态变化的，因此，各自循环装置的吸风口吸入的污染物浓度是动态变化的，进而引起装置送风口的送风污染物浓度动态变化。假定第 $n_{\mathrm{Sr}}$ 个自循环装置在第 $i$ 个时间步的送风浓度为 $C_{\mathrm{Sr}}^{n_{\mathrm{Sr}}}(i\Delta\tau)$，此时，室内任意位置 p 的瞬态浓度表示为式（4-10）：

$$\begin{aligned}C_{\mathrm{p}}(j\Delta\tau)=&\sum_{n_{\mathrm{S}}=1}^{N_{\mathrm{S}}}\left[C_{\mathrm{S}}^{n_{\mathrm{S}}} a_{\mathrm{S,p}}^{n_{\mathrm{S}}^{*}}(j\Delta\tau)\right]+\sum_{n_{\mathrm{C}}=1}^{N_{\mathrm{C}}}\left[\frac{J^{n_{\mathrm{C}}}}{Q_{\mathrm{t}}} a_{\mathrm{C,p}}^{n_{\mathrm{C}}^{*}}(j\Delta\tau)\right]+\\&\bar{C}_{0} a_{\mathrm{I,p}}^{*}(j\Delta\tau)+\sum_{n_{\mathrm{Sr}}=1}^{N_{\mathrm{R}}}\sum_{i=0}^{j}\left\{C_{\mathrm{Sr}}^{n_{\mathrm{Sr}}}(i\Delta\tau) Y_{\mathrm{Sr,p}}^{n_{\mathrm{Sr}}^{*}}[(j-i)\Delta\tau]\right\}\end{aligned} \tag{4-10}$$

式中，$a_{\mathrm{S,p}}^{n_{\mathrm{S}}^{*}}(j\Delta\tau)$、$a_{\mathrm{C,p}}^{n_{\mathrm{C}}^{*}}(j\Delta\tau)$、$a_{\mathrm{I,p}}^{*}(j\Delta\tau)$ ——第 $n_{\mathrm{S}}$ 个送风口、第 $n_{\mathrm{C}}$ 个污染源和初始条件在第 $j$ 个时间步的送风可及度、污染源可及度和初始条件可及度；

$Y_{\mathrm{Sr,p}}^{n_{\mathrm{Sr}}^{*}}[(j-i)\Delta\tau]$ ——第 $n_{\mathrm{Sr}}$ 个自循环装置在第（$j-i$）个时间步的送风响应系数。

基于式（4-10），第 $n_{\mathrm{Er}}$ 个自循环装置的吸风污染物浓度 $C_{\mathrm{E}}^{n_{\mathrm{Er}}}(j\Delta\tau)$ 表示为：

$$\begin{aligned}C_{\mathrm{E}}^{n_{\mathrm{Er}}}(j\Delta\tau)=&\sum_{n_{\mathrm{S}}=1}^{N_{\mathrm{S}}}\left[C_{\mathrm{S}}^{n_{\mathrm{S}}} a_{\mathrm{S},n_{\mathrm{Er}}}^{n_{\mathrm{S}}^{*}}(j\Delta\tau)\right]+\sum_{n_{\mathrm{C}}=1}^{N_{\mathrm{C}}}\left[\frac{J^{n_{\mathrm{C}}}}{Q_{\mathrm{t}}} a_{\mathrm{C},n_{\mathrm{Er}}}^{n_{\mathrm{C}}^{*}}(j\Delta\tau)\right]+\\&\bar{C}_{0} a_{\mathrm{I},n_{\mathrm{Er}}}^{*}(j\Delta\tau)+\sum_{n_{\mathrm{Sr}}=1}^{N_{\mathrm{R}}}\sum_{i=0}^{j}\left\{C_{\mathrm{Sr}}^{n_{\mathrm{Sr}}}(i\Delta\tau) Y_{\mathrm{Sr},n_{\mathrm{Er}}}^{n_{\mathrm{Sr}}^{*}}[(j-i)\Delta\tau]\right\}\end{aligned} \tag{4-11}$$

假定第 $n_{\mathrm{Er}}$ 个自循环装置的净化效率为 $\eta_{n_{\mathrm{Er}}}$，则吸风浓度与送风浓度的关系表达为式（4-12）：

$$C_{\mathrm{Sr}}^{n_{\mathrm{Er}}}(j\Delta\tau)=C_{\mathrm{E}}^{n_{\mathrm{Er}}}(j\Delta\tau)\cdot(1-\eta_{n_{\mathrm{Er}}}) \tag{4-12}$$

将式（4-12）代入式（4-11）中，得到：

$$\begin{aligned}C_{\mathrm{Sr}}^{n_{\mathrm{Er}}}(j\Delta\tau)=&\left\{\sum_{n_{\mathrm{S}}=1}^{N_{\mathrm{S}}}\left[C_{\mathrm{S}}^{n_{\mathrm{S}}} a_{\mathrm{S},n_{\mathrm{Er}}}^{n_{\mathrm{S}}^{*}}(j\Delta\tau)\right]+\sum_{n_{\mathrm{C}}=1}^{N_{\mathrm{C}}}\left[\frac{J^{n_{\mathrm{C}}}}{Q_{\mathrm{t}}} a_{\mathrm{C},n_{\mathrm{Er}}}^{n_{\mathrm{C}}^{*}}(j\Delta\tau)\right]+\bar{C}_{0} a_{\mathrm{I},n_{\mathrm{Er}}}^{*}(j\Delta\tau)\right.\\&\left.+\sum_{n_{\mathrm{Sr}}=1}^{N_{\mathrm{R}}}\sum_{i=0}^{j}\left\{C_{\mathrm{Sr}}^{n_{\mathrm{Sr}}}(i\Delta\tau) Y_{\mathrm{Sr},n_{\mathrm{Er}}}^{n_{\mathrm{Sr}}^{*}}[(j-i)\Delta\tau]\right\}\right\}\cdot(1-\eta_{n_{\mathrm{Er}}})\end{aligned} \tag{4-13}$$

当 $j=0$ 时，存在式（4-14）：

$$C_{\mathrm{Sr}}^{n_{\mathrm{Er}}}(0)=\bar{C}_{0} a_{\mathrm{I},n_{\mathrm{Er}}}^{*}(0)\cdot(1-\eta_{n_{\mathrm{Er}}}) \tag{4-14}$$

当 $j=1$ 时，$C_{\mathrm{p}}(\Delta\tau)$ 与 $C_{\mathrm{Sr}}^{n_{\mathrm{Er}}}(\Delta\tau)$ 表达为式（4-15）：

$$C_{\mathrm{p}}(\Delta\tau)=\sum_{n_{\mathrm{S}}=1}^{N_{\mathrm{S}}}\left[C_{\mathrm{S}}^{n_{\mathrm{S}}}a_{\mathrm{S,p}}^{n_{\mathrm{S}}^{*}}(\Delta\tau)\right]+\sum_{n_{\mathrm{C}}=1}^{N_{\mathrm{C}}}\left[\frac{J^{n_{\mathrm{C}}}}{Q_{\mathrm{t}}}a_{\mathrm{C,p}}^{n_{\mathrm{C}}^{*}}(\Delta\tau)\right]$$
$$+\overline{C}_{0}\left\{a_{\mathrm{I,p}}^{*}(\Delta\tau)+\sum_{n_{\mathrm{Er}}=1}^{N_{\mathrm{R}}}\left[a_{\mathrm{I},n_{\mathrm{Er}}}^{*}(0)(1-\eta_{n_{\mathrm{Er}}})Y_{\mathrm{Sr,p}}^{n_{\mathrm{Er}}^{*}}(\Delta\tau)\right]\right\}$$
$$C_{\mathrm{Sr}}^{n_{\mathrm{Er}}}(\Delta\tau)=\left\{\sum_{n_{\mathrm{S}}=1}^{N_{\mathrm{S}}}\left[C_{\mathrm{S}}^{n_{\mathrm{S}}}a_{\mathrm{S},n_{\mathrm{Er}}}^{n_{\mathrm{S}}^{*}}(\Delta\tau)\right]+\sum_{n_{\mathrm{C}}=1}^{N_{\mathrm{C}}}\left[\frac{J^{n_{\mathrm{C}}}}{Q_{\mathrm{t}}}a_{\mathrm{C},n_{\mathrm{Er}}}^{n_{\mathrm{C}}^{*}}(\Delta\tau)\right]\right.$$
$$\left.+\overline{C}_{0}\left\{a_{\mathrm{I},n_{\mathrm{Er}}}^{*}(\Delta\tau)+\sum_{n_{\mathrm{Sr}}=1}^{N_{\mathrm{R}}}\left[a_{\mathrm{I},n_{\mathrm{Sr}}}^{*}(0)(1-\eta_{n_{\mathrm{Sr}}})Y_{\mathrm{Sr},n_{\mathrm{Er}}}^{n_{\mathrm{Sr}}^{*}}(\Delta\tau)\right]\right\}\right\}\cdot(1-\eta_{n_{\mathrm{Er}}})$$

(4-15)

可以看出，在 $C_{\mathrm{p}}(\Delta\tau)$ 与 $C_{\mathrm{Sr}}^{n_{\mathrm{Er}}}(\Delta\tau)$ 的表达式中，除 $C_{\mathrm{S}}^{n_{\mathrm{S}}}$、$J^{n_{\mathrm{C}}}$ 和 $\overline{C}_{0}$ 外，其余量均为确定量，因此，上述两项实际表达了 $C_{\mathrm{S}}^{n_{\mathrm{S}}}$、$J^{n_{\mathrm{C}}}$ 和 $\overline{C}_{0}$ 各自影响的线性叠加。

当 $j=2$ 时，$C_{\mathrm{p}}(2\Delta\tau)$ 与 $C_{\mathrm{Sr}}^{n_{\mathrm{Er}}}(2\Delta\tau)$ 表达为式（4-16）：

$$C_{\mathrm{p}}(2\Delta\tau)=\sum_{n_{\mathrm{S}}=1}^{N_{\mathrm{S}}}\left[C_{\mathrm{S}}^{n_{\mathrm{S}}}a_{\mathrm{S,p}}^{n_{\mathrm{S}}^{*}}(2\Delta\tau)\right]+\sum_{n_{\mathrm{C}}=1}^{N_{\mathrm{C}}}\left[\frac{J^{n_{\mathrm{C}}}}{Q_{\mathrm{t}}}a_{\mathrm{C,p}}^{n_{\mathrm{C}}^{*}}(2\Delta\tau)\right]$$
$$+\overline{C}_{0}a_{\mathrm{I,p}}^{*}(2\Delta\tau)+\sum_{n_{\mathrm{Sr}}=1}^{N_{\mathrm{R}}}\sum_{i=0}^{2}\left\{C_{\mathrm{Sr}}^{n_{\mathrm{Sr}}}(i\Delta\tau)Y_{\mathrm{Sr,p}}^{n_{\mathrm{Sr}}^{*}}[(2-i)\Delta\tau]\right\}$$
$$C_{\mathrm{Sr}}^{n_{\mathrm{Er}}}(2\Delta\tau)=\left\{\sum_{n_{\mathrm{S}}=1}^{N_{\mathrm{S}}}\left[C_{\mathrm{S}}^{n_{\mathrm{S}}}a_{\mathrm{S},n_{\mathrm{Er}}}^{n_{\mathrm{S}}^{*}}(2\Delta\tau)\right]+\sum_{n_{\mathrm{C}}=1}^{N_{\mathrm{C}}}\left[\frac{J^{n_{\mathrm{C}}}}{Q_{\mathrm{t}}}a_{\mathrm{C},n_{\mathrm{Er}}}^{n_{\mathrm{C}}^{*}}(2\Delta\tau)\right]+\overline{C}_{0}a_{\mathrm{I},n_{\mathrm{Er}}}^{*}(2\Delta\tau)\right.$$
$$\left.+\sum_{n_{\mathrm{Sr}}=1}^{N_{\mathrm{R}}}\sum_{i=0}^{2}\left\{C_{\mathrm{Sr}}^{n_{\mathrm{Sr}}}(i\Delta\tau)Y_{\mathrm{Sr},n_{\mathrm{Er}}}^{n_{\mathrm{Sr}}^{*}}[(2-i)\Delta\tau]\right\}\right\}\cdot(1-\eta_{n_{\mathrm{Er}}})$$

(4-16)

$C_{\mathrm{p}}(2\Delta\tau)$ 与 $C_{\mathrm{Sr}}^{n_{\mathrm{Er}}}(2\Delta\tau)$ 表达为 $C_{\mathrm{S}}^{n_{\mathrm{S}}}$、$J^{n_{\mathrm{C}}}$、$\overline{C}_{0}$、$C_{\mathrm{Sr}}^{n_{\mathrm{Sr}}}(0)$ 和 $C_{\mathrm{Sr}}^{n_{\mathrm{Sr}}}(\Delta\tau)$ 的各自影响的线性叠加，而 $C_{\mathrm{Sr}}^{n_{\mathrm{Sr}}}(0)$ 与 $C_{\mathrm{Sr}}^{n_{\mathrm{Sr}}}(\Delta\tau)$ 可表达为 $C_{\mathrm{S}}^{n_{\mathrm{S}}}$、$J^{n_{\mathrm{C}}}$ 与 $\overline{C}_{0}$ 的各自影响的线性叠加。因此，$C_{\mathrm{p}}(2\Delta\tau)$ 与 $C_{\mathrm{Sr}}^{n_{\mathrm{Er}}}(2\Delta\tau)$ 仍可表示为 $C_{\mathrm{S}}^{n_{\mathrm{S}}}$、$J^{n_{\mathrm{C}}}$ 和 $\overline{C}_{0}$ 的各自影响的线性叠加。

当 $j=3$、4、5…时，依次类推，$C_{\mathrm{p}}(j\Delta\tau)$ 与 $C_{\mathrm{Sr}}^{n_{\mathrm{Er}}}(j\Delta\tau)$ 均可表示为 $C_{\mathrm{S}}^{n_{\mathrm{S}}}$、$J^{n_{\mathrm{C}}}$ 和 $\overline{C}_{0}$ 的各自影响的线性叠加。上述各项的推导过程有助于从原理上清晰地理解污染物在循环气流作用下的动态传播过程，但上述各项表达式较为复杂，式中有多项参数本质为室内流场特征的定量描述，因此，将流场特征的相关参数进行整合，$C_{\mathrm{p}}(j\Delta\tau)$ 可表达为式（4-17）：

$$C_{\mathrm{p}}(j\Delta\tau)=\sum_{n_{\mathrm{S}}=1}^{N_{\mathrm{S}}}\left[C_{\mathrm{S}}^{n_{\mathrm{S}}}\tilde{a}_{\mathrm{S,p}}^{n_{\mathrm{S}}}(j\Delta\tau)\right]+\sum_{n_{\mathrm{C}}=1}^{N_{\mathrm{C}}}\left[\frac{J^{n_{\mathrm{C}}}}{Q_{\mathrm{s}}}\tilde{a}_{\mathrm{C,p}}^{n_{\mathrm{C}}}(j\Delta\tau)\right]+\overline{C}_{0}\tilde{a}_{\mathrm{I,p}}(j\Delta\tau) \tag{4-17}$$

式中，$\tilde{a}_{\mathrm{S,p}}^{n_{\mathrm{S}}}(j\Delta\tau)$、$\tilde{a}_{\mathrm{C,p}}^{n_{\mathrm{C}}}(j\Delta\tau)$ 和 $\tilde{a}_{\mathrm{I,p}}(j\Delta\tau)(n_{\mathrm{S}}=1,\cdots,N_{\mathrm{S}},n_{\mathrm{C}}=1,\cdots,N_{\mathrm{C}})$ 是确定值，每一项中均包含了通过自循环装置对室内污染物分布的多次影响。从表达形式上看，

式（4-17）与式（4-9）相似，但 $\widetilde{a}_{\mathrm{S,p}}^{n_{\mathrm{S}}}(j\Delta\tau)$、$\widetilde{a}_{\mathrm{C,p}}^{n_{\mathrm{C}}}(j\Delta\tau)$、$\widetilde{a}_{\mathrm{I,p}}(j\Delta\tau)$ 与 $a_{\mathrm{S,p}}^{n_{\mathrm{S}}}(j\Delta\tau)$、$a_{\mathrm{C,p}}^{n_{\mathrm{C}}}(j\Delta\tau)$、$a_{\mathrm{I,p}}(j\Delta\tau)$ 却完全不同，因此，将 $\widetilde{a}_{\mathrm{S,p}}^{n_{\mathrm{S}}}(j\Delta\tau)$、$\widetilde{a}_{\mathrm{C,p}}^{n_{\mathrm{C}}}(j\Delta\tau)$ 和 $\widetilde{a}_{\mathrm{I,p}}(j\Delta\tau)$ 称为在机械通风房间自循环装置作用下的修正可及度指标，即修正送风可及度（Revised Transient Accessibility of Supply Air，RTASA）、修正污染源可及度（Transient Accessibility of Contaminant Source，RTACS）和修正初始条件可及度（Transient Accessibility of Initial Condition，RTAIC）。每个修正可及度的求解过程与之前提出的可及度基本相同，不同之处在于，循环装置的吸风浓度对送风浓度的影响以及净化效率需要在计算可及度时的污染物实验或模拟过程中考虑在内。如果不存在自循环装置，则修正可及度指标等于原始的可及度指标。

修正可及度计算步骤为：

① 根据已知的送风、热源和空气自循环装置边界条件，通过模拟或实验建立固定流场。

② 设置房间初始无污染物，之后在目标送风口或者污染源的位置处恒定释放污染物，模拟或测量之后时刻的污染物浓度分布。如果存在净化效率，则应在设置后进行污染物浓度模拟，利用计算公式求得可及度分布。如计算修正初始条件可及度，则给定某特征的初始污染物分布，模拟之后时刻的污染物浓度分布，从而获得。

以房间内安装内循环空气幕为例，进行修正可及度的展示。房间几何模型如图4-23所示。房间尺寸为 $4\mathrm{m}(X)\times2.5\mathrm{m}(Y)\times3\mathrm{m}(Z)$，分别有两个送风口和两个排风口，每个风口的尺寸为 $0.2\mathrm{m}\times0.2\mathrm{m}$，送风速度为1m/s。壁面绝质。空气幕的宽度为0.06m，循环风量为 $0.18\mathrm{m}^3/\mathrm{s}$，对应的出风速度为1m/s。

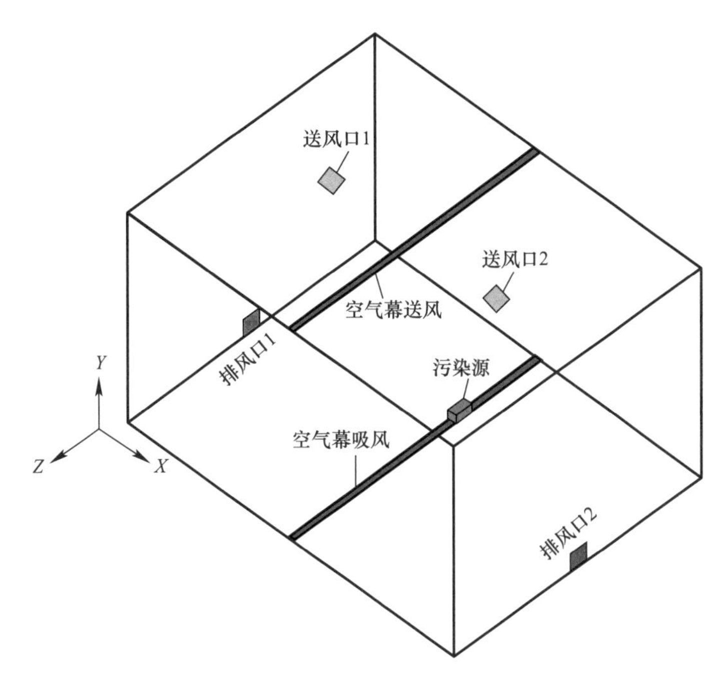


图4-23　带有自循环空气幕的通风房间示意图

当自循环空气幕存在时，引起的室内流场如图 4-24 所示。空气幕建立了房间中部垂直向下的气流屏障，空气幕射流卷吸周围的空气，诱导两个送风口的送风射流向空气幕方向弯曲，最终在左右两个子区域内形成了两个大的漩涡。

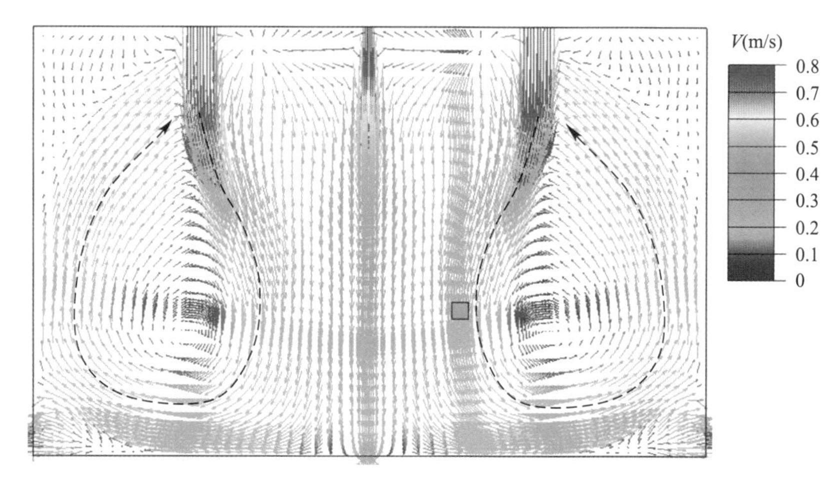


图 4-24　存在自循环空气幕的流场（$Z$=1.5m）

计算得到的不同时刻的修正可及度指标如图 4-25 所示。

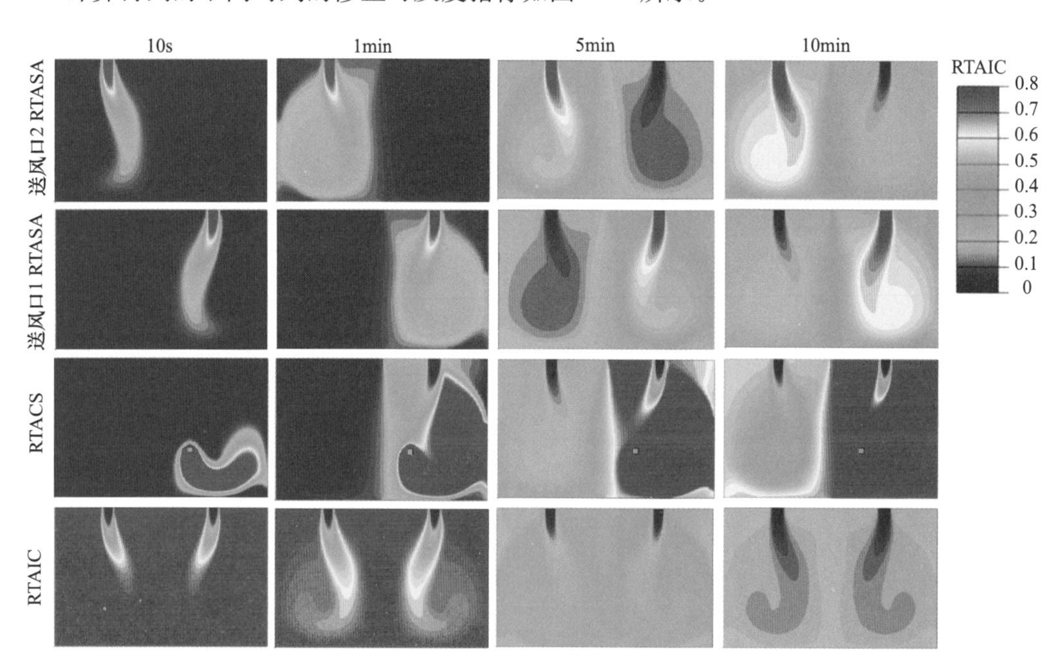


图 4-25　修正可及度分布（$Z$=1.5m）

循环空气幕的使用改变了送风射流的路径。在 10s 时，来自送风口 1 的送风优势影响范围向空气幕偏转；由于涡旋的掺混，在 1min 时，送风口 1 对射流扩展区域外的范围也产生了显著影响；在 5min 和 10min 时，右侧区域的修正送风可及度增加，这与空气幕的再循环气流将污染物从左侧区域输送到右侧区域有关。由于送风口 1 和送风口 2 空间对称，送风口 2 的修正送风可及度的演变过程与送风口 1 相似。来自污染源的污染物随着气流的传输，前10s内在附近的小区域内产生更大的影响；在1min时，空气幕的存在起到了很好的隔离效果，整个左侧区域受污染源的影响较小；在5min和10min时，左侧区域的修正污染源可及度有所上升，这与空气幕吸取的是室内空气而非室外新风有关，但仍显著低于右侧区域的污染源可及度值，表明左侧区域受到了保护。因此，安装在室内的再循环空气幕在整个时间过程中显著降低了保护区（左区）的污染物。虽然空气幕的送风来自再循环的室内空气，而不是新鲜的室外空气，仍可以在很大程度上隔离污染物。空气幕引起的流场变化（相对于无空气幕）导致修正初始条件可及度在不同时间发生变化。由于空气幕导致两个送风口的射流发生弯曲，所以沿新的射流路径的初始条件可及度下降速度比其他区域快。

## 4.4 带回风系统的稳态污染物分布计算方法

（1）通用通风空调系统

为了便于研究，引入通用通风空调系统的概念（图4-26），有如下特征：

① 具有 $M$ 个通用空气处理装置（Generalized Air Handling Unit，GAHU），每个空气处理装置均存在新风、回风、排风和送风。当新风量为0时，相当于风机盘管或房间空调器。

② 存在 $N$ 个房间，每个房间的送风均来自一个或多个通用空气处理装置，房间的回风送回至一个或多个通用空气处理装置，每个房间还可能存在直接的新风引入和排风。

③ 每个通用空气处理装置均通过送风道将处理后的空气送至各房间，各房间的回风汇集后再送回空气处理装置。每个空气处理装置在同一个房间内可以有多个送风口和多个回风口。直接引入的送风和排风也可以是多个风口。

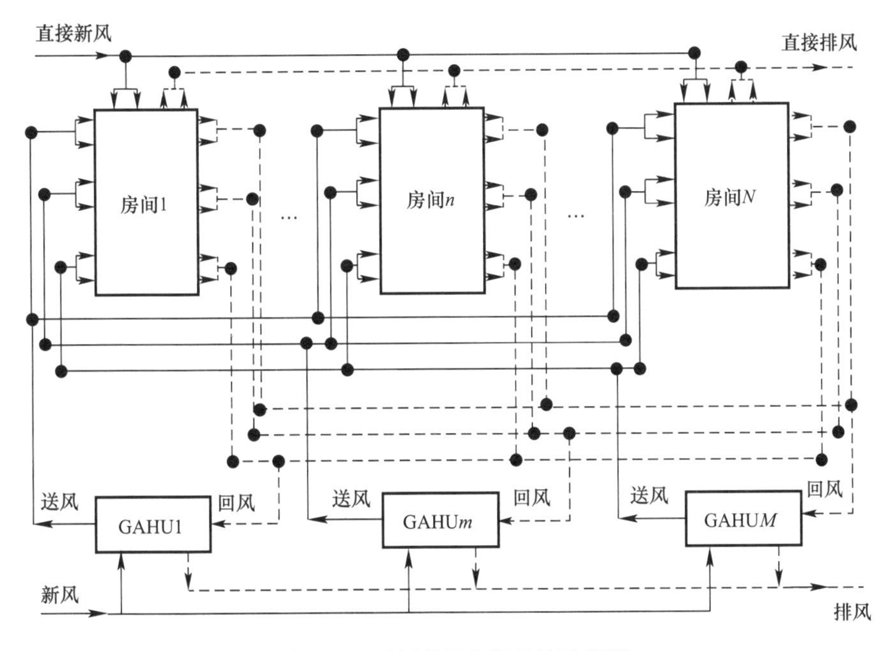


图4-26 通用通风空调系统示意图

带回风系统的污染物分布计算基于以下假设条件：

① 空气流动稳定，污染物为被动气体，对流动不产生影响；

② 污染物浓度达到稳定；

③ 仅存在一种污染物，当多种污染物存在时分别计算；

④ 每个空气处理装置的所有送风口的送风浓度相同；

⑤ 风道没有漏风，且风道中的空气为均匀混合；

⑥ 每个空气处理装置的污染物净化效率保持不变。

（2）通用通风空调系统的污染物分布计算方法

1）整体送风可及性概念

由于在通用通风空调系统中，每个房间都有多个 GAHU 为其送风，每个 GAHU 的送风口可能不止一个，存在多个送风口时，按照可及性定义方法计算可及性会过于复杂。由于每个 GAHU 的所有送风口的送风浓度都相同，可将一个 GAHU 在同一个房间中的所有送风口当作一个送风口看待，就可得到这几个送风口的整体可及性。

则第 $m$ 个 GAHU 在第 $n$ 个房间内任意一点 p 的送风可及性为：

$$A_{\mathrm{S}m,\mathrm{p}}^{n}(\tau)=\frac{\int_{0}^{\tau}C_{\mathrm{p}}^{n}(t)\mathrm{d}t}{C_{\mathrm{S},m}\cdot\tau} \tag{4-18}$$

式中，$C_{\mathrm{S},m}$——第 $m$ 个 GAHU 的送风污染物浓度；

$C_{\mathrm{p}}^{n}(t)$——房间 $n$ 中，当室内初始浓度为 0 且无污染源和汇时，与第 $m$ 个 GAHU 相连的各送风口的送风浓度为 $C_{\mathrm{S},m}$，且其他所有送风口的送风浓度均为 0 时，室内任意点 p 在时刻 $t$ 时的污染物浓度。

当到达稳态时，第 $m$ 个 GAHU 对 p 点的可及性为：

$$A_{\mathrm{S}m,\mathrm{p}}^{n}=\frac{C_{\mathrm{p}}^{n}}{C_{\mathrm{S},m}} \tag{4-19}$$

式中，$C_{\mathrm{p}}^{n}$ 为第 $n$ 个房间中 p 点的稳态污染物浓度。

当系统为全新风系统时，可及性的定义为：

$$A_{\mathrm{DF},\mathrm{p}}^{n}=\frac{C_{\mathrm{p}}^{n}}{C_{\mathrm{S0}}} \tag{4-20}$$

式中，$C_{\mathrm{S0}}$——所有直接新风入口的污染物浓度；

$C_{\mathrm{p}}^{n}$——当房间 $n$ 内除所有新风的送风浓度是 $C_{\mathrm{S0}}$ 外，其余送风浓度均为 0 时 p 点的污染物浓度。

将房间中所有污染源当作同一种考虑，则房间 $n$ 中 p 点的污染源可及性定义为：

$$A_{\mathrm{C},\mathrm{p}}^{n}(\tau)=\frac{\int_{0}^{\tau}C_{\mathrm{p}}^{n}(t)\mathrm{d}t}{C_{\mathrm{e}}^{n}\cdot\tau} \tag{4-21}$$

式中，$C_{\mathrm{p}}^{n}(t)$——当房间内有污染源，并且房间初始污染物的浓度为 0，所有送风浓度都为 0 时，房间 $n$ 内 p 点在 $t$ 时刻的污染物浓度；

$C_{\mathrm{e}}^{n}$——稳态下，当污染源存在时，房间 $n$ 的排风口污染物平均浓度。

$$C_{\mathrm{e}}^{n}=\frac{S^{n}}{Q^{n}} \tag{4-22}$$

式中，$S^n$——房间 $n$ 内污染源的总散发率；

$Q^n$——房间 $n$ 的总通风量。稳态下，房间 $n$ 内 p 点的污染源可及性为：

$$A_{\mathrm{C,p}}^{n}=\frac{C_{\mathrm{p}}^{n}}{C_{\mathrm{e}}^{n}} \tag{4-23}$$

式中，$C_{\mathrm{p}}^{n}$ 为在有污染源存在且所有送风浓度均为 0 时，房间 $n$ 内 p 点在稳态时的浓度。由此，在稳态下，初始浓度为 0 时，房间 $n$ 内任意一点 p 的污染物浓度可以写作：

$$C_{\mathrm{p}}^{n}=\sum_{m=1}^{M}(C_{\mathrm{S},m}A_{\mathrm{S}m,\mathrm{p}}^{n})+\frac{S^{n}}{Q^{n}}A_{\mathrm{C,p}}^{n}+C_{\mathrm{od}}(1-\eta_{\mathrm{DF}}^{n})A_{\mathrm{DF,p}}^{n} \tag{4-24}$$

式中，$C_{\mathrm{p}}^{n}$——房间 $n$ 内 p 点的污染物浓度；

$C_{\mathrm{S},m}$——房间 $n$ 的第 $m$ 个 GAHU 的送风浓度；

$S^n$——房间 $n$ 内污染源的总散发率；

$Q^n$——房间 $n$ 的总通风量；

$C_{\mathrm{od}}$——室外空气的污染物浓度；

$\eta_{\mathrm{DF}}^{n}$——房间 $n$ 内直接新风的污染物净化效率（$0\leqslant\eta_{\mathrm{DF}}^{n}<1$）。

2）送、回风浓度计算

当房间 $n$ 内存在多个来自第 $m$ 个 GAHU 的回风口时，每个回风口处的浓度可以由式（4-24）得到。假设第 $m$ 个 GAHU 有 $K_m^n$ 个回风口和第 $n$ 个房间相连，当每个风口的风量确定后（如总风量为 $Q_{\mathrm{R}m}^{n}$，第 $k$ 个回风口的风量占总风量的比例为 $r_{mk}^{n}$），房间 $n$ 内连接第 $m$ 个 GAHU 的回风浓度表示为：

$$C_{\mathrm{R}m}^{n}=\sum_{m=1}^{M}\left[C_{\mathrm{S},m}\sum_{k=1}^{K_m^n}(r_{mk}^{n}A_{\mathrm{S}m,k}^{n})\right]+\frac{S^{n}}{Q^{n}}\sum_{k=1}^{K_m^n}(r_{mk}^{n}A_{\mathrm{C},k}^{n})+C_{\mathrm{od}}(1-\eta_{\mathrm{DF}}^{n})\sum_{k=1}^{K_m^n}(r_{mk}^{n}A_{\mathrm{DF},k}^{n}) \tag{4-25}$$

式中，$A_{\mathrm{S}m,k}^{n}$——第 $m$ 个 GAHU 的所有送风口对第 $n$ 个房间中与第 $m$ 个 GAHU 相连的第 $k$ 个回风口的可及性；

$A_{\mathrm{C},k}^{n}$——污染源对第 $n$ 个房间中与第 $m$ 个 GAHU 相连的第 $k$ 个回风口的可及性。第 $m$ 个 GAHU 的总回风浓度为各房间回风浓度按风量的加权平均，表达式为：

$$\begin{aligned}C_{\mathrm{R}m}^{\mathrm{T}}=&\sum_{m=1}^{M}\left\{C_{\mathrm{S},m}\sum_{n=1}^{N}\left[R_{\mathrm{R}m}^{n}\sum_{k=1}^{K_m^n}(r_{mk}^{n}A_{\mathrm{S}m,k}^{n})\right]\right\}+\sum_{n=1}^{N}\left\{R_{\mathrm{R}m}^{n}\left[\frac{S^{n}}{Q^{n}}\sum_{k=1}^{K_m^n}(r_{mk}^{n}A_{\mathrm{C},k}^{n})\right]\right\}\\&+C_{\mathrm{od}}\sum_{n=1}^{N}\left[R_{\mathrm{R}m}^{n}(1-\eta_{\mathrm{DF}}^{n})\sum_{k=1}^{K_m^n}(r_{mk}^{n}A_{\mathrm{DF},k}^{n})\right]\end{aligned} \tag{4-26}$$

式中，$R_{\mathrm{R}m}^{n}$ 为第 $m$ 个 GAHU 从第 $n$ 个房间的回风占其总回风的比例：

$$R_{\mathrm{R}m}^{n}=\frac{Q_{\mathrm{R}m}^{n}}{Q_{\mathrm{R}m}} \tag{4-27}$$

第 $m$ 个 GAHU 的回风浓度可进一步整理为式（4-28）的简洁形式：

$$\begin{cases} C_{\mathrm{R}m}^{\mathrm{T}} = \sum_{m=1}^{M} (C_{\mathrm{S},m} \alpha_{m,m}) + \beta_m \\ \alpha_{m,m} = \sum_{n=1}^{N} \left[ R_{\mathrm{R}m}^{n} \sum_{k=1}^{K_m^n} (r_{mk}^{n} A_{\mathrm{S}m,k}^{n}) \right] \\ \beta_m = \sum_{n=1}^{N} \left[ R_{\mathrm{R}m}^{n} \frac{S^n}{Q^n} \sum_{k=1}^{K_m^n} (r_{mk}^{n} A_{\mathrm{C},k}^{n}) \right] + C_{\mathrm{od}} \sum_{n=1}^{N} \left[ R_{\mathrm{R}m}^{n} (1-\eta_{\mathrm{DF}}^{n}) \sum_{k=1}^{K_m^n} (r_{mk}^{n} A_{\mathrm{DF},k}^{n}) \right] \end{cases} \tag{4-28}$$

式中，系数 $\alpha_{m,m}$ 由流场决定；系数 $\beta_m$ 由流场和污染源共同决定。

污染物通过回风输运到达 GAHU，第 $m$ 个 GAHU 的新风比 $f_m$ 为：

$$f_m = \frac{Q_{\mathrm{F}m}}{Q_{\mathrm{S}m}} = 1 - \frac{Q_{\mathrm{R}m}}{Q_{\mathrm{S}m}} \tag{4-29}$$

式中，$Q_{\mathrm{F}m}$——第 $m$ 个 GAHU 的新风量；

$Q_{\mathrm{S}m}$——第 $m$ 个 GAHU 的送风量。

由质量平衡可以得到第 $m$ 个 GAHU 的送风浓度：

$$C_{\mathrm{s},m} = [C_{\mathrm{od}} f_m + (1-f_m) C_{\mathrm{R}m}^{\mathrm{T}}](1-\eta_m) \tag{4-30}$$

式中，$\eta_m$ 为第 $m$ 个 GAHU 的空气净化效率，$0 \leqslant \eta_m < 1$。

由式（4-28）与式（4-30）可以得到第 $m$ 个 GAHU 送风浓度的约束条件：

$$\begin{cases} C_{\mathrm{S},m} = (1-f_m)(1-\eta_m) \sum_{m=1}^{M} (C_{\mathrm{S},m} \alpha_{m,m}) + \delta_m \\ \delta_m = [C_{\mathrm{od}} f_m + (1-f_m) \beta_m](1-\eta_m) \end{cases} \tag{4-31}$$

其中，参数 $\delta_m$ 由流动特征、污染源和净化效果决定。对每一个 GAHU 列出方程，可以得到 $m$ 个关于送风浓度的方程，同时有 $m$ 个未知的送风浓度参数，因此所有 GAHU 的送风污染物浓度可以通过矩阵计算：

$$\begin{bmatrix} 1-(1-f_1)(1-\eta_1)\alpha_{1,1} & \cdots & -(1-f_1)(1-\eta_1)\alpha_{m,1} & \cdots & -(1-f_1)(1-\eta_1)\alpha_{M,1} \\ \vdots & \ddots & \vdots & \vdots & \vdots \\ -(1-f_m)(1-\eta_m)\alpha_{1,m} & \cdots & 1-(1-f_m)(1-\eta_m)\alpha_{m,m} & \cdots & -(1-f_m)(1-\eta_m)\alpha_{M,m} \\ \vdots & \vdots & \vdots & \ddots & \vdots \\ -(1-f_M)(1-\eta_M)\alpha_{1,M} & \cdots & -(1-f_M)(1-\eta_M)\alpha_{m,M} & \cdots & 1-(1-f_M)(1-\eta_M)\alpha_{M,M} \end{bmatrix} \begin{bmatrix} C_{\mathrm{S},1} \\ \vdots \\ C_{\mathrm{S},m} \\ \vdots \\ C_{\mathrm{S},M} \end{bmatrix} = \begin{bmatrix} \delta_1 \\ \vdots \\ \delta_m \\ \vdots \\ \delta_M \end{bmatrix} \tag{4-32}$$

当所有 GAHU 的送风浓度都已知后，通过式（4-24）计算各个房间的污染物分布。提出的带回风系统的污染物分布计算方法的优点是：仅需一次性模拟，可获得可及性数值，从而构建出送风浓度求解矩阵，而在之后的污染物浓度计算中即可快速完成计算，不需要进行大量繁琐的迭代计算，尤其在需要进行众多工况的大量计算时，优势更为突出。

通用通风系统的稳态污染物分布的计算过程为：

① 准备房间的信息，包括每个送风口、回风口和新风口的几何尺寸、位置和类型，污染源的位置和强度以及各种风量；

② 利用式（4-19）、式（4-20）和（4-23）计算每个房间内各GAHU、直接新风和污染源对任意一点的稳态可及性；

③ 利用式（4-32）计算每个GAHU的送风污染物浓度；

④ 利用式（4-24）计算房间的污染物浓度分布。

（3）计算方法展示

建立通风房间的尺寸为12m（长）×3m（高）×6m（宽），如图4-27所示。房间由3个AHU供应空气，总换气次数为5.33次/h，两个污染源的位置分别为（3，1，3）和（9，1，3），释放量均为5mg/s，AHU1、AHU2和AHU3的新风比分别为0.2、0.3和0.4，AHU的净化效率为0.4，新风净化效率为0.4，新风浓度为5mg/kg。

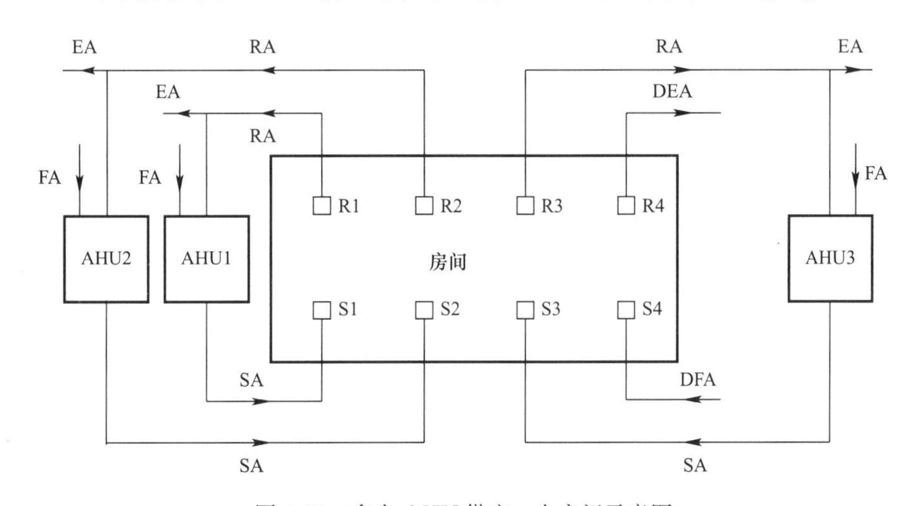


图4-27　多个AHU供应一个房间示意图

在配置为CPU Intel Pentium（R）Dual、3.00GHz的台式机上进行模拟计算，构建计算方法时，需模拟3个GAHU、新风和污染源的可及性，共需5次模拟，耗时48min。为计算未知的送风浓度，也可采用迭代方法，即假设各送风浓度初值，模拟得到各房间污染物的浓度分布，之后利用守恒关系，计算得到新的送风浓度；用新计算的送风浓度替换送风浓度初值，进行新的房间污染物的分布模拟，得到新的送风浓度；依次迭代计算，直到计算得到的送风浓度值不再发生改变。将提出的方法与所述送风浓度迭代求解的方法对比，后者耗时101min且需要进行12次模拟，用时长于基于可及性的计算方法。随着要计算的案例数的增加（如污染源散发强度、新风浓度、新风比变化等），提出的方法仍只需5次模拟得到可及性分布，计算每个GAHU送风浓度和进一步的房间污染物分布基本不需要时间，而迭代法的计算时间会随着案例数的增加成比例增长（图4-28）。由于在复杂建筑中研究污染物的扩散不可避免地要进行大量的案例计算，因此提出的计算方法更加高效。

在计算带回风的通风系统中的污染物分布时，常用集总参数模型建立回风浓度与送风浓度、污染源强度之间的关系。结合GAHU中回风、新风和送风的质量平衡，求解未

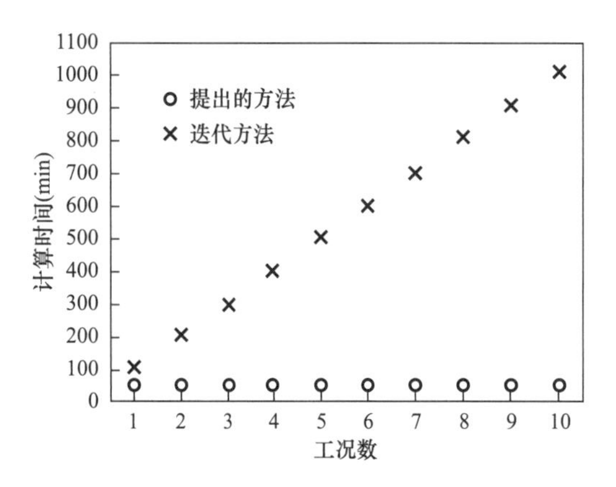

图 4-28　提出方法与迭代法的耗时比较

知的送风浓度。在得到所有 GAHU 的送风浓度后，已知每个房间的所有边界条件，从而可以模拟得到房间的污染物分布。但实际室内环境并不是均匀混合的，回风或排风的浓度与室内平均浓度不一致，导致计算出的送风浓度与实际值不一致，进而影响最终的模拟结果。建立 1 个 AHU 供应 3 个房间的模型（图 4-29），每个房间的参数均与图 4-27 相同。房间 2 有两个污染源，位置与上一个案例相同，而房间 1 中两个污染源的坐标分别为（10.5，2.85，4.5）和（9，1，3），释放量均为 5mg/s；房间 2 中两个污染源的释放量均为 2.5mg/s；AHU 的新风比为 0.3，AHU 的净化效率为 0.4，新风净化效率为 0.4，新风浓度为 5mg/kg；房间 3 无污染源。

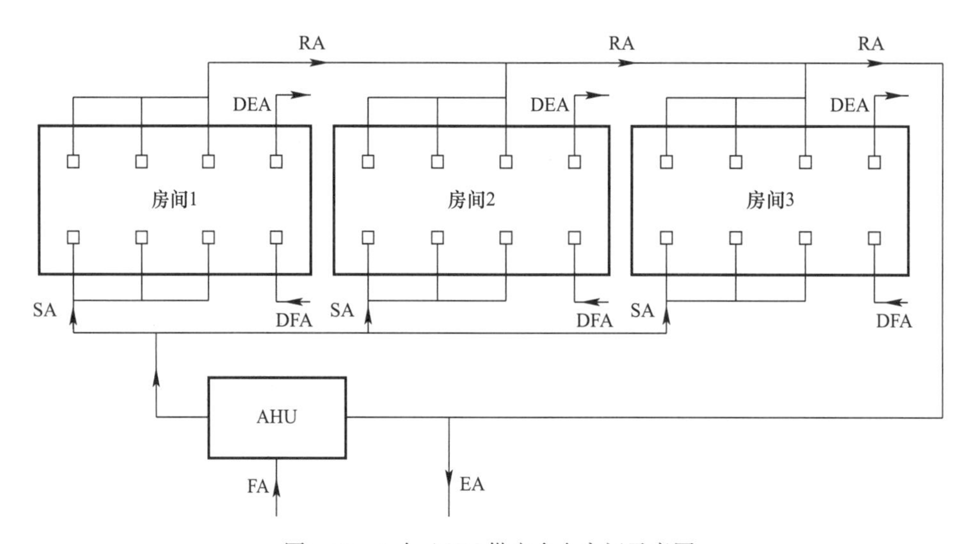

图 4-29　1 个 AHU 供应多个房间示意图

提出的计算方法与集总参数法得到的送风浓度分别为 9.97mg/kg 和 5.89mg/kg，污染物分布如图 4-30 所示。采用集总参数模型得到的污染物分布与采用该方法得到的污染

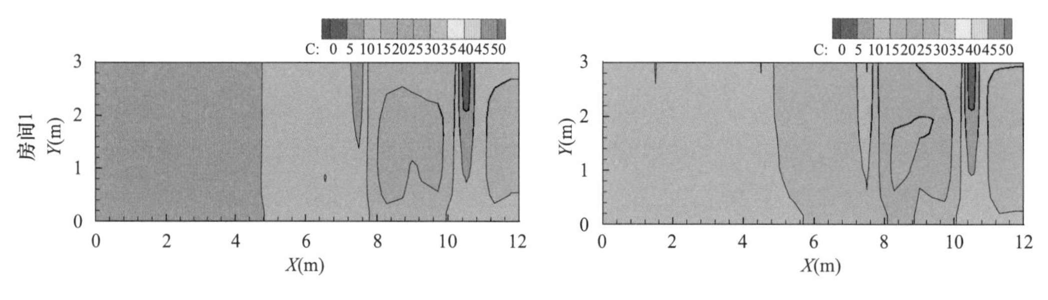

图 4-30　两种方法的污染物分布（$Z=1.5$m）（一）

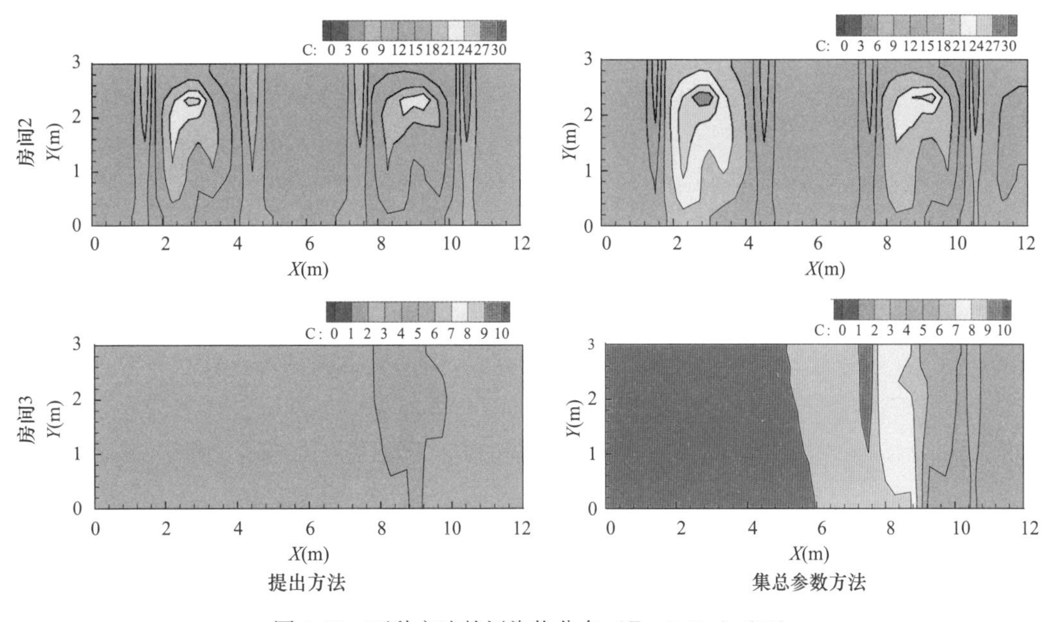


图4-30　两种方法的污染物分布（$Z=1.5$m）（二）

物分布不同，尤其是在房间1和房间3中。在房间1中，两个污染源都位于右侧区域，它们对左侧区域的影响较小，送风浓度对左侧区域浓度分布的影响较大；而房间3不存在污染源，唯一的污染因素是送风浓度。因此，房间1和房间3的不同结果表明，采用集总参数思路计算送风浓度和房间浓度分布有可能与真实情况存在较大偏差。

## 4.5　带回风系统的动态污染物分布计算方法

### 4.5.1　带回风瞬态污染物分布计算方法

（1）模型建立

由对通用通风空调系统的描述可知，欲得到带回风系统房间内的污染物动态分布计算表达式，就必须清晰地描述污染物从房间经管道汇集到空调箱中，经空调箱处理后再经管道送回房间的传播过程。

1）污染物在管道内的传播

① 污染物在管道中传播的基本模型

管道是空调系统的重要组成部分，在房间污染物的动态分布计算中，其影响不可忽略。常见的管段通常有一上游进口及一下游出口，在处理污染物在管道内的分布及传播时，可将管段类似房间处理，其上下游端分别当作进出口处理，管段内无相关污染源，管壁绝质，运用污染物在房间内的动态分布表达式（4-8），可得到管道内任一点在任意时刻的污染物浓度：

$$C_{\mathrm{p}}(j\Delta\tau)=\sum_{i=0}^{j}\{C_{\mathrm{S}}(i\Delta\tau)Y_{\mathrm{S,p}}[(j-i)\Delta\tau]\}+\overline{C}^{0}Y_{\mathrm{I,p}}(j\Delta\tau) \tag{4-33}$$

通常关注的是管道出口的污染物浓度，由式（4-33）可以得到管道出口处的污染物浓度：

$$C_{n_R}(j\Delta\tau)=\sum_{i=0}^{j}\{C_S(i\Delta\tau)Y_{S,n_R}[(j-i)\Delta\tau]\}+\overline{C}^0Y_{I,n_R}(j\Delta\tau) \tag{4-34}$$

式中，$Y_{S,n_R}[(j-i)\Delta\tau]$——管道出口在第 $j$ 个时间步对入口第 $i$ 个时间步送入污染物的响应系数；

$Y_{I,n_R}(j\Delta\tau)$——管道出口在第 $j$ 个时间步对管道内初始分布的响应系数。

② 管道内问题的相关简化

根据管道流动的特点，管道流动及污染物传播计算中可以作出如下简化：管道表面绝热绝质，管道内无源，流场稳定；由于管道多为细长的长方体或圆柱体，因此，将管道作一维处理；忽略管道中扩散的影响。表征输运方程中对流项和扩散项影响程度的无量纲数 $Pe=\rho u\delta x/\Gamma_{eff}=\rho u\delta x/(\mu_{eff}/S_{eff})$，其中：$Pe$ 为贝克列数；$u$ 为流速；$\delta x$ 为 CFD 计算中的网格尺寸，在本节中取 $\delta x=u\Delta\tau$，其中 $\Delta\tau$ 常取 0.5s 或 1s；$\Gamma_{eff}$ 为有效扩散系数；$\mu_{eff}$ 为有效黏度，$\mu_{eff}=\mu_t+\mu=0.03874\rho ul+\mu$，$l$ 为特征尺寸，此处为风管水力半径，一般为 0.2～1m，常温空气 $\mu=18.1\times10^{-6}(\mathrm{N\cdot s})/\mathrm{m}^2$。因此，贝克列数范围为 25～1800，表明对流影响大大高于扩散影响，故忽略扩散影响。

在满足上述假设的情况下，为了能有效地进行数值计算，对时间步 $\Delta\tau$ 作如下规定：室内（管道内）的浓度场按时间步 $\Delta\tau$ 为间隔计算，在 $\Delta\tau$ 内浓度取这段时间内的均值，若速度为 $u$ 的气流通过长度为 $l$ 的管道要经历 $I$ 个时间步，即 $l/u=I\Delta\tau$，则可将管道分作 $I$ 段（每段视为一个点），管道中任意一点的送风响应系数满足：

$$Y_S(i\Delta x,j\Delta\tau)=\begin{cases}1 & i=j\\ 0 & \text{其他}\end{cases} \tag{4-35}$$

当管道内的初始浓度均匀时，初始分布响应系数满足：

$$Y_I(i\Delta x,j\Delta\tau)=\begin{cases}1 & i\geqslant j\\ 0 & \text{其他}\end{cases} \tag{4-36}$$

③ 风道出口浓度与入口浓度的关系

认为管道长 $l$，入口处为坐标起点，管道中的轴向速度为 $u$，管道中各点的初始浓度为 $C(x,0)$，管道即时入口浓度为 $C(\mathrm{in},\tau)$，即时出口浓度为 $C(\mathrm{out},\tau)$。

管道中任意一点的浓度可以写成：

$$C(i\Delta x,j\Delta\tau)=\begin{cases}C[(i-j)\Delta x,0] & j<i,0\leqslant i\leqslant I\\ C[\mathrm{in},(j-i)\Delta\tau] & j\geqslant i,0\leqslant i\leqslant I\end{cases} \tag{4-37}$$

由此，管道出口的浓度表达式为：

$$C(\mathrm{out},j\Delta\tau)=\begin{cases}C[(I-j)\Delta x,0)] & j<I\\ C[\mathrm{in},(j-I)\Delta\tau] & j\geqslant I\end{cases} \tag{4-38}$$

由上述算法可知，在假设成立的情况下，管道实际上就是一个延时部件，在消除管道初值影响后，延迟 $I$ 个时间步。

2）从空调箱到房间的管道计算

从空调箱到房间的管道往往是逐级分支，如图 4-31 所示。

以管道 $L^{n_d1}-L^{n_db}-L^{n_dB}$ 为例，每段管道内的空气流速分别为 $u^{n_db}$，因此每段管道造成的时间延迟量为 $I^{n_d b}\Delta\tau$，即延迟 $I^{n_d b}$ 个时间步，则这一路管道的总时间延迟量为：

$$I^{n_d}\Delta\tau=\sum_{b=1}^{B}I^{n_d b}\Delta\tau \tag{4-39}$$

式中，$I^{n_d b}\Delta\tau=l^{n_d b}/u^{n_d b}$。因此，各支管的出口浓度为：

$$C^{n_d}(\text{out},j\Delta\tau)=\begin{cases}C\left[\sum_{b=1}^{B-m}I^{n_d b}\Delta x^{n_d b}+\left(\sum_{b=B-m+1}^{B}I^{n_d b}-j\right)\Delta x^{n_d(B-m+1)},0\right] \\ \sum_{b=B-m+2}^{B}I^{n_d b}\leqslant j<\sum_{b=B-m+1}^{B}I^{n_d b} \qquad (m=1,\cdots,B) \\ C[\text{in},(j-I^{n_d})\Delta\tau] \qquad (j\geqslant I^{n_d})\end{cases} \tag{4-40}$$

该表达式表示在出口计算时刻分别与不同级数的支路具有关联时，应如何用各支路对应位置的浓度来等于考察时刻的浓度。为简化计算，将管道中的初始浓度取作定值 0，则式（4-40）可以写作：

$$C^{n_d}(\text{out},j\Delta\tau)=\begin{cases}0 & (j<I^{n_d}) \\ C[\text{in},(j-I^{n_d})\Delta\tau] & (j\geqslant I^{n_d})\end{cases} \tag{4-41}$$

3）从房间回到空调箱的管道计算

从房间到空调箱的管道往往是逐级汇聚的，如图 4-32 所示。

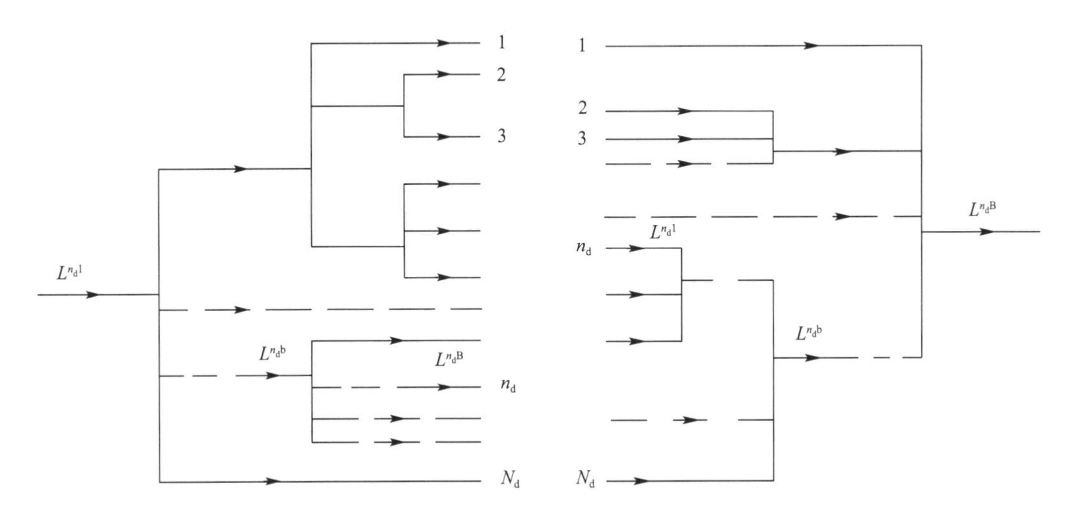


图 4-31　从空调箱到房间的空调管道连接示意图　　图 4-32　从房间到空调箱的空调管道连接示意图

从房间到空调箱连接管道的各支管的入口浓度是已知的，我们关注的是汇集到空调箱的管道的出口浓度。以管道 $L^{n_d 1}-L^{n_d b}-L^{n_d B}$ 为例，其中 $L^{n_d B}$ 管段长度为 $l^{n_d B}$，管道内速度为 $u^{n_d b}$，则当初值影响消除后（$\tau>\sum_{b=1}^{B}l^{n_d b}/u^{n_d b}$），其时间延迟量为 $I^{n_d}\Delta\tau$，即延迟 $I^{n_d}$ 个时间步。为了简化计算，假定管道内的初始浓度为定值 0。因此，出口的总浓度为：

$$C(\text{out},j\Delta\tau)=\sum_{n_d=1}^{N_d}C^{n_d}[\text{in},(j-I^{n_d})\Delta\tau]r^{n_d} \tag{4-42}$$

式中，$C^{n_d}[\text{in},(j-I^{n_d})\Delta\tau]$ ——第 $n_d$ 个支管的入口在第（$j-I^{n_d}$）个时间步的浓度（当 $j\geqslant I^{n_d}$ 时）；当 $j<I^{n_d}$ 时，$C^{n_d}[\text{in},(j-I^{n_d})\Delta\tau]=0$；

$r^{n_d}$ 为第 $n_d$ 个入口的风量占总风量的比值。

4）带回风系统的算法

① 从空调箱到房间送风口

假定第 $n_u$ 个 AHU 分别有 $N_S^{n_r,n_u}$ 个送风口和第 $n_r$ 个房间相连，从 AHU 中送出的空气中污染物浓度为 $C_S^{n_u}(i\Delta\tau)$，各管道中初始污染物的浓度为 0，在满足假设的条件下，房间 $n_r$ 内与第 $n_u$ 个 AHU 相连的第 $n_S^{n_r,n_u}$ 送风口在第 $j$ 个时间步的出风浓度 $C_S^{n_S^{n_r,n_u}}(j\Delta\tau)$ 为：

$$C_S^{n_S^{n_r,n_u}}(j\Delta\tau)=\begin{cases}0 & j<I^{n_S^{n_r,n_u}}\\ C_S^{n_u}[(j-I^{n_S^{n_r,n_u}})\Delta\tau] & j\geqslant I^{n_S^{n_r,n_u}}\end{cases}\tag{4-43}$$

式中，$C_S^{n_u}[(j-I^{n_s^{n_r,n_u}})\Delta\tau]$ ——第 $n_u$ 个 AHU 在第（$j-I^{n_S^{n_r,n_u}}$）个时间步的送风浓度；

$I^{n_S^{n_r,n_u}}$ ——污染物从第 $n_u$ 个 AHU 出口到第 $n_S^{n_r,n_u}$ 个送风口的时间延迟量。

同样，假定房间 $n_r$ 内有 $N_f^{n_r}$ 个新风入口，则第 $n_f^{n_r}$ 个新风口的送风浓度 $C_o^{n_f^{n_r}}(j\Delta\tau)$ 为：

$$C_o^{n_f^{n_r}}(j\Delta\tau)=\begin{cases}0 & j<I^{n_f^{n_r}}\\ (1-\eta_f^{n_r})C_{od}[(j-I^{n_f^{n_r}}\Delta\tau)] & j\geqslant I^{n_f^{n_r}}\end{cases}\tag{4-44}$$

式中，$C_{od}[(j-I^{n_f^{n_r}})\Delta\tau]$ ——第（$j-I^{n_f^{n_r}}$）个时间步的室外浓度；

$I^{n_f^{n_r}}$ ——新风从室外送至室内的时间延迟量；

$\eta_f^{n_r}$ ——新风净化效率。

② 从送风口出口到回风口入口

假定第 $n_u$ 个 AHU 有 $N_R^{n_r,n_u}$ 个回风口和第 $n_r$ 个房间相连，在固定的流场条件下，各个回风口的风量是定值，在任意时间步 $i$ 内，与第 $n_u$ 个 AHU 相连的第 $n_S^{n_r,n_u}$ 个送风口的出风浓度为 $C_S^{n_S^{n_r,n_u}}(i\Delta\tau)$，则根据式（4-8）可以得到房间 $n_r$ 内与第 $n_u$ 个 AHU 相连的第 $n_R^{n_r,n_u}$ 个出风口在第 $j$ 时间步（$j\geqslant i$）的入口浓度 $C_{R,\text{in}}^{n_R^{n_r,n_u}}(j\Delta\tau)$：

$$C_{R,\text{in}}^{n_R^{n_r,n_u}}(j\Delta\tau)=\underbrace{\sum_{n_u=1}^{N_u}\sum_{i=0}^{j}\sum_{n_S^{n_r,n_u}=1}^{N_S^{n_r,n_u}}\{C_S^{n_u}[(i-I^{n_S^{n_r,n_u}})\Delta\tau]Y_{S,n_R^{n_r,n_u}}^{n_S^{n_r,n_u}}[(j-i)\Delta\tau]\}}_{\text{送风项}}$$

$$+\underbrace{\sum_{n_C^{n_r}=1}^{N_C^{n_r}}\sum_{i=0}^{j}\left\{\frac{S^{n_C^{n_r}}(i\Delta\tau)}{Q^{n_r}}Y_{C,n_R^{n_r,n_u}}^{n_C^{n_r}}[(j-i)\Delta\tau]\right\}}_{\text{源项}}$$

$$+\underbrace{\sum_{n_f^{n_r}=1}^{N_f^{n_r}}\sum_{i=0}^{j}\{(1-\eta_f^{n_r})C_{od}[(i-I^{n_f^{n_r}})\Delta\tau]Y_{DF,n_R^{n_r,n_u}}^{n_f^{n_r}}[(j-i)\Delta\tau]\}}_{\text{直接新风项}} \tag{4-45}$$

式中，$Y_{S,n_R^{n_r,n_u}}^{n_S^{n_r,n_u}}[(j-i)\Delta\tau]$——与第 $n_u$ 个 AHU 相连的第 $n_R^{n_r,n_u}$ 个回风口在第 $j$ 个时间步对与第 $n_u$ 个 AHU 相连的第 $n_S^{n_r,n_u}$ 个送风口在第 $i$ 个时间步送风的响应系数；

$Y_{C,n_R^{n_r,n_u}}^{n_C^{n_r}}[(j-i)\Delta\tau]$——与第 $n_u$ 个 AHU 相连的第 $n_R^{n_r,n_u}$ 个回风口在第 $j$ 个时间步对房间 $n_r$ 内第 $n_C^{n_r}$ 个污染源在第 $i$ 个时间步散发的响应系数；

$\eta_f^{n_r}$——与房间 $n_r$ 所连接的直接新风口的污染物净化效率；

$Y_{DF,n_R^{n_r,n_u}}^{n_f^{n_r}}[(j-i)\Delta\tau]$——与第 $n_u$ 个 AHU 相连的第 $n_R^{n_r,n_u}$ 个回风口在第 $j$ 个时间步对房间 $n_r$ 内第 $n_f^{n_r}$ 个直接新风口在第 $i$ 个时间步送入污染物的响应系数。

③ 从回风口入口到空调箱

各个管路最后都汇集到空调箱，联系管道计算式，可以得到第 $n_u$ 个 AHU 在 $j$ 时间步来自第 $n_r$ 个房间的回风浓度 $C_R^{n_r,n_u}$（$j\Delta\tau$）：

$$C_R^{n_r,n_u}(j\Delta\tau)=\sum_{n_R^{n_r,n_u}=1}^{N_R^{n_r,n_u}}\{r^{n_R^{n_r,n_u}}C_{R,in}^{n_R^{n_r,n_u}}[(j-I^{n_R^{n_r,n_u}})\Delta\tau]\} \tag{4-46}$$

式中，$C_{R,in}^{n_R^{n_r,n_u}}[(j-I^{n_R^{n_r,n_u}})\Delta\tau]$——第 $n_R^{n_r,n_u}$ 个回风口在第（$j-I^{n_R^{n_r,n_u}}$）个时间步的污染物浓度（$j\geqslant I^{n_R^{n_r,n_u}}$）；当（$j<I^{n_R^{n_r,n_u}}$）时，$C_{R,in}^{n_R^{n_r,n_u}}[(j-I^{n_R^{n_r,n_u}})\Delta\tau]=0$；$I^{n_R^{n_r,n_u}}$ 为从第 $n_R^{n_r,n_u}$ 个回风口入口到空调箱的总时间延迟量；

$r^{n_R^{n_r,n_u}}$——第 $n_R^{n_r,n_u}$ 个回风口的风量 $Q_R^{n_R^{n_r,n_u}}$ 占第 $n_u$ 个 AHU 与第 $n_r$ 个房间相连的所有回风口的总回风量 $Q_R^{n_r,n_u}$ 的比例。

第 $n_u$ 个 AHU 的回风来自 $N_r$ 个房间，从第 $n_r$ 个房间的回风占其总回风的比例为 $R_R^{n_r,n_u}$，则第 $n_u$ 个 AHU 在 $j$ 时间步的总回风浓度为：

$$C_R^{n_u,T}(j\Delta\tau)=\sum_{n_r=1}^{N_r}\left\{R_R^{n_r,n_u}\sum_{n_R^{n_r,n_u}=1}^{N_R^{n_r,n_u}}\left\{r^{n_R^{n_r,n_u}}C_{R,in}^{n_R^{n_r,n_u}}\left[\left(j-I^{n_R^{n_r,n_u}}\right)\Delta\tau\right]\right\}\right\} \tag{4-47}$$

第 $n_u$ 个 AHU 的新风比 $f^{n_u}$ 为：

$$f^{n_u}=\frac{Q_F^{n_u}}{Q_S^{n_u}}=1-\frac{Q_R^{n_u}}{Q_S^{n_u}} \tag{4-48}$$

考虑到存在回风，有 $0 \leqslant f^{n_u} \leqslant 1$。

由质量守恒，可以得到第 $n_u$ 个 AHU 在 $j$ 时间步的送风浓度：

$$C_S^{n_u}(j\Delta\tau) = [C_{od}(j\Delta\tau)f^{n_u} + (1-f^{n_u})C_R^{n_u,T}(j\Delta\tau)](1-\eta^{n_u}) \tag{4-49}$$

式中，$\eta^{n_u}$ 为第 $n_u$ 个 GAHU 的污染物净化效率，有 $0 \leqslant \eta^{n_u} \leqslant 1$。

联合式（4-45）、式（4-47）和式（4-49），可以得到第 $n_u$ 个 GAHU 送风浓度的约束条件：

$$\begin{aligned} C_S^{n_u}(j\Delta\tau) = \Bigg[ & C_{od}(j\Delta\tau)f^{n_u} + (1-f^{n_u})\sum_{n_r=1}^{N_r} R_R^{n_r,n_u} \sum_{n_R^{n_r,n_u}=1}^{N_R^{n_r,n_u}} r^{n_R^{n_r,n_u}} \\ & \Bigg( \sum_{n_u=1}^{N_u} \sum_{i=0}^{j-I^{n_R^{n_r,n_u}}} \sum_{n_S^{n_r,n_u}=1}^{N_S^{n_r,n_u}} \left\{ C_S^{n_u}[(i-I^{n_S^{n_r,n_u}})\Delta\tau] Y_{S,n_R^{n_r,n_u}}^{n_S^{n_r,n_u}}[(j-I^{n_R^{n_r,n_u}}-i)\Delta\tau] \right\} \\ & + \sum_{n_C^{n_r}=1}^{N_C^{n_r}} \sum_{i=0}^{j-I^{n_R^{n_r,n_u}}} \left\{ \frac{S^{n_C^{n_r}}(i\Delta\tau)}{Q^{n_r}} Y_{C,n_R^{n_r,n_u}}^{n_C^{n_r}}[(j-I^{n_R^{n_r,n_u}}-i)\Delta\tau] \right\} + \sum_{n_f^{n_r}=1}^{N_f^{n_r}} \sum_{i=0}^{j-I^{n_R^{n_r,n_u}}} \\ & \left\{ (1-\eta_f^{n_r})C_{od}[(i-I^{n_f^{n_r}})\Delta\tau] Y_{DF,n_R^{n_r,n_u}}^{n_f^{n_r}}[(j-I^{n_R^{n_r,n_u}}-i)\Delta\tau] \right\} \Bigg) \Bigg] (1-\eta^{n_u}) \end{aligned} \tag{4-50}$$

得到空调箱的送风浓度后，代入式（4-43）得到各送风口的出风浓度，再代入式（4-8）得到房间内污染物的动态分布。

（2）模型展示

以一个常见的医院空调系统为例，其系统连接形式如图 4-33 所示，空调箱出口到各送风口、各回风口到空调箱入口的时间延迟量见表 4-3。病房的具体布置如图 4-34 所示，病房各物体布置参数见表 4-4。

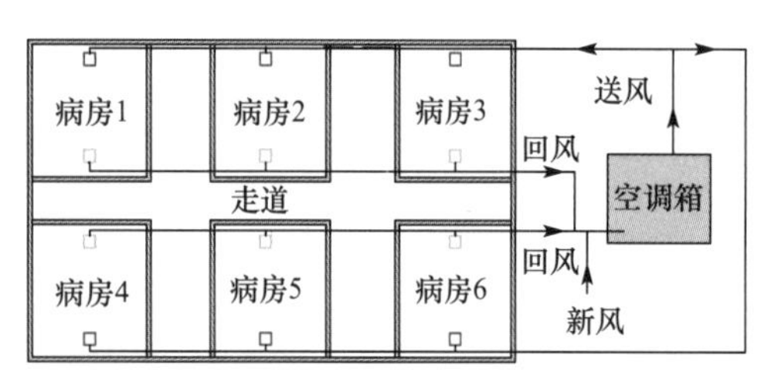


图 4-33　典型空调通风系统连接图

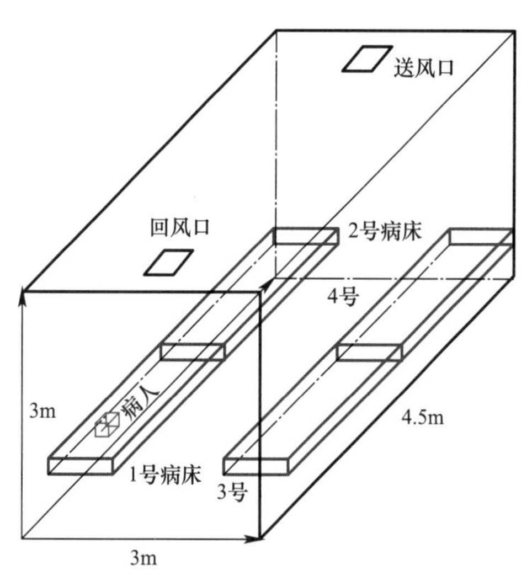


图 4-34　病房布置图

**各风口管路的时间延迟　　表 4-3**

| 管段 | 延迟（s） |
|---|---|
| 空调箱出风口—病房 1 送风口 | 30 |
| 空调箱出风口—病房 2 送风口 | 15 |
| 空调箱出风口—病房 3 送风口 | 5 |
| 空调箱出风口—病房 4 送风口 | 50 |
| 空调箱出风口—病房 5 送风口 | 20 |
| 空调箱出风口—病房 6 送风口 | 10 |
| 病房 1 出风口—空调箱进风口 | 30 |
| 病房 2 出风口—空调箱进风口 | 15 |
| 病房 3 出风口—空调箱进风口 | 5 |
| 病房 4 出风口—空调箱进风口 | 30 |
| 病房 5 出风口—空调箱进风口 | 15 |
| 病房 6 出风口—空调箱进风口 | 5 |

**病房布置参数　　表 4-4**

| 组件 | 位置（m） | 尺寸（m） | 备注 |
|---|---|---|---|
| 房间 | (0，0，0) | (3×3×4.5) | 边界绝质 |
| 病床 1 | (0，0.4，0.5) | (0.8×0.2×2) | |
| 病床 2 | (0，0.4，2.5) | (0.8×0.2×2) | |
| 病床 3 | (2.2，0.4，0.5) | (0.8×0.2×2) | |
| 病床 4 | (2.2，0.4，2.5) | (0.8×0.2×2) | |
| 进风口 | (1.3，3，3.8) | (0.4×0×0.4) | $V_y=-0.75$m/s |
| 出风口 | (1.3，3，0.3) | (0.4×0×0.4) | $V_y=0.75$m/s |
| 病人头部 | (0.32，0.6，0.88) | (0.16×0.16×0.88) | $S_C=288\mu$g/s |

病人进入房间 1，在病床 1 停留 5min，呼吸时病毒的散发强度为 288μg/s，病毒通过通风系统在各房间内动态传播。病房 1（源房间）、病房 2（离源最近的房间）和病房 6（离源最远的房间）在不同时刻的病毒浓度分布（距地 0.8m）如图 4-35 所示。

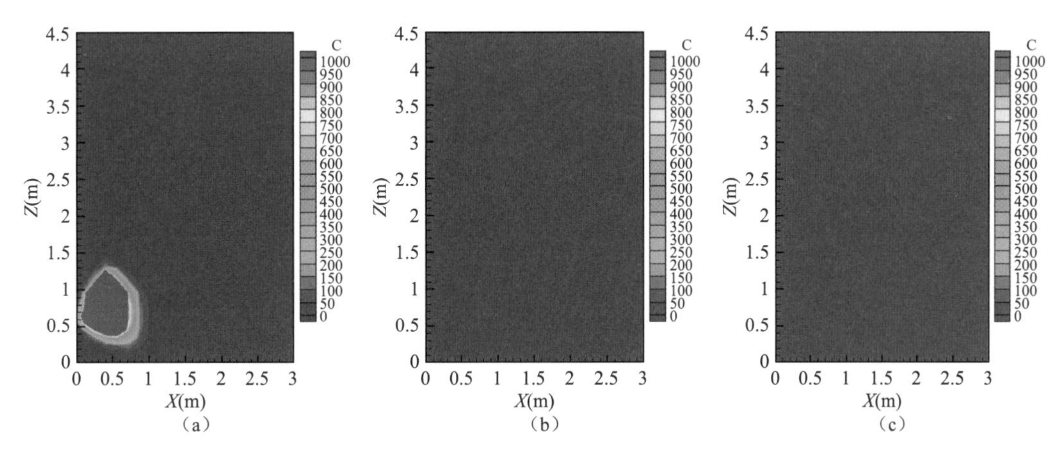


图 4-35　不同时刻各房间的病毒或污染物的分布图（距地 0.8m 高度，单位：μg/kg）（一）

(a) 房间 1（10s）；(b) 房间 2（10s）；(c) 房间 6（10s）

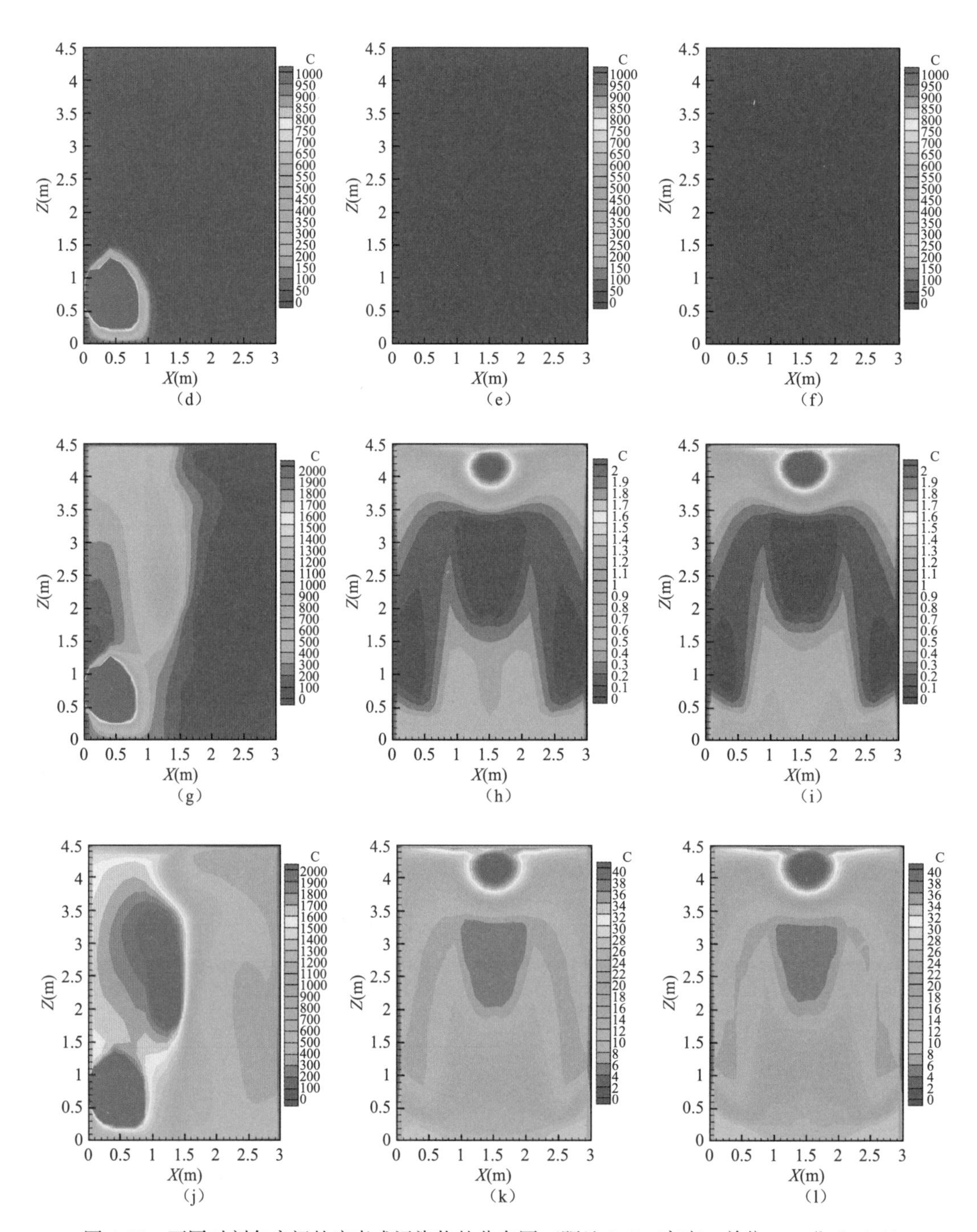


图 4-35　不同时刻各房间的病毒或污染物的分布图（距地 0.8m 高度，单位：$\mu$g/kg）（二）

(d) 房间 1 (60s)；(e) 房间 2 (60s)；(f) 房间 6 (60s)；(g) 房间 1 (120s)；(h) 房间 2 (120s)；(i) 房间 6 (120s)；(j) 房间 1 (300s)；(k) 房间 2 (300s)；(l) 房间 6 (300s)

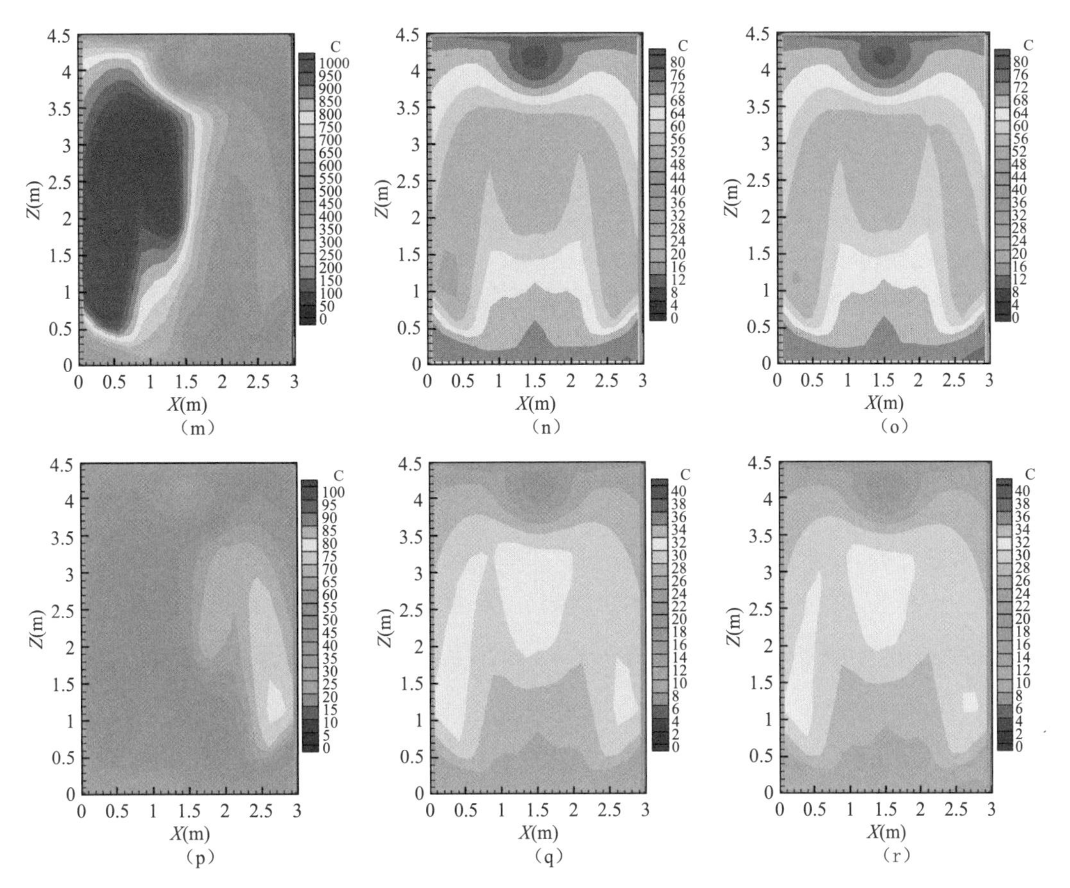


图 4-35　不同时刻各房间的病毒或污染物的分布图（距地 0.8m 高度，单位：μg/kg）（三）
（m）房间 1（600s）；（n）房间 2（600s）；（o）房间 6（600s）；（p）房间 1（1800s）；
（q）房间 2（1800s）；（r）房间 6（1800s）

通过彼此连接的通风空调系统，某房间的污染源可以影响到系统中的其他房间。系统各房间受影响的快慢和强度与该房间到源所在房间的相对位置无关，而与房间在通风空调系统连接中的相对位置有关。由于病人（源）直接进入病房 1，通风一直在稀释病房 1 内的病毒浓度。对于其他病房，在 0～120s 间，病毒尚未大量传播至空调系统，其他房间病毒浓度很低；在 120s 以后，随着病房 1 内病毒进入空调系统，并随通风进入其他病房，各房间浓度开始显著升高。而且在病人离开病房 1 后的一段时间里，通过通风空调系统，病房 1 内的病毒浓度有所下降，但其余房间内该病毒浓度却仍然上升。

### 4.5.2　带回风长期污染物分布计算方法

传统 CFD 模拟需要反复迭代，计算过程的耗时性决定了很难进行较长时间的三维动态模拟。如何快速预测长期三维动态分布存在挑战性，而预测存在回风的空调通风系统的长期三维浓度分布难度更大。第 4.5.1 节建立了带回风系统的污染物动态计算方法，采用的时间步长为秒级，由于时间步长太小，用于长期分布（如 1 年 8760h）的快速预测并不现实。与全年能耗模拟相似，适宜选取小时，或者为提高时间分辨率而以分钟作为时间步长。此时，污染物在通风管道中的传播耗时往往远小于时间步长，计算过程中管道污染物传播的时间延迟将被忽略。由此构成带回风系统的长期污染物三维分布的预测方法。

建立即使仅针对单个算例也能实现快速预测的方法，即：在计算各边界条件的响应系数时，仅计算起始一段时间内的系数值，从响应系数值减小至接近 0 的时间步开始，不再计算之后时间步的响应系数，而将之后所有时间步响应系数设置为 0。由于预测快速而可能取更小的时间步长，如分钟量级时，污染物在通风管道中的传播耗时将与计算时间步长量级相当，此时，对于污染物传播耗时短的通风管道段，可忽略时间延迟；而对于污染物传播耗时长的通风管道段，将可考虑时间延迟项，而这是以小时为时间步长的全年预测所无法考虑的。

本节综合考虑通风管道中同时存在可忽略污染物传播延迟与不可忽略污染物传播延迟（与选取时间步长相比）的不同管段的情况，介绍长期动态预测方法。

（1）模型建立

选取要计算的时间步长 $\Delta\tau$，按照四舍五入的原则计算污染物在各送风、新风、回风管段内传播导致的整数延迟时间步数。将第 $n_r$ 个房间中与第 $n_u$ 个空调箱连接的送风口编号，将延迟时间步数为 0 的编号为 1、…、$N_{S1}^{n_r,n_u}$；非 0 延迟时间步数的送风口编号为 $N_{S1}^{n_r,n_u}+1$、…、$N_S^{n_r,n_u}$。同理，回风口中，延迟时间步数为 0 的编号为 1、…、$N_{R1}^{n_r,n_u}$，非 0 延迟时间步数的编号为 $N_{R1}^{n_r,n_u}+1$、…、$N_R^{n_r,n_u}$。

根据上述编号，式（4-50）变为：

$$
\begin{aligned}
C_S^{n_u}(j\Delta\tau)=&C_{od}(j\Delta\tau)f^{n_u}(1-\eta^{n_u})+(1-f^{n_u})(1-\eta^{n_u})\sum_{n_r=1}^{N_r}R_R^{n_r,n_u}\sum_{n_R^{n_r,n_u}=1}^{N_{R1}^{n_r,n_u}}r^{n_R^{n_r,n_u}}\\
&\sum_{n_u=1}^{N_u}\sum_{n_S^{n_r,n_u}=1}^{N_{S1}^{n_r,n_u}}\sum_{i=0}^{j-I^{n_R^{n_r,n_u}}-1}\{C_S^{n_u}[(i-I^{n_S^{n_r,n_u}})\Delta\tau]Y_{S,n_R^{n_r,n_u}}^{n_S^{n_r,n_u}}[(j-I^{n_R^{n_r,n_u}}-i)\Delta\tau]\}\\
&+(1-f^{n_u})(1-\eta^{n_u})\sum_{n_r=1}^{N_r}R_R^{n_r,n_u}\sum_{n_R^{n_r,n_u}=1}^{N_{R1}^{n_r,n_u}}r^{n_R^{n_r,n_u}}\sum_{n_u=1}^{N_u}\sum_{n_S^{n_r,n_u}=N_{S1}^{n_r,n_u}+1}^{N_S^{n_r,n_u}}\sum_{i=0}^{j-I^{n_R^{n_r,n_u}}}\\
&\{C_S^{n_u}[(i-I^{n_S^{n_r,n_u}})\Delta\tau]Y_{S,n_R^{n_r,n_u}}^{n_S^{n_r,n_u}}[(j-I^{n_R^{n_r,n_u}}-i)\Delta\tau]\}+(1-f^{n_u})\\
&(1-\eta^{n_u})\sum_{n_r=1}^{N_r}R_R^{n_r,n_u}\sum_{n_R^{n_r,n_u}=N_{R1}^{n_r,n_u}+1}^{N_R^{n_r,n_u}}r^{n_R^{n_r,n_u}}\sum_{n_u=1}^{N_u}\sum_{n_S^{n_r,n_u}=1}^{N_S^{n_r,n_u}}\sum_{i=0}^{j-I^{n_R^{n_r,n_u}}}\\
&\{C_S^{n_u}[(i-I^{n_S^{n_r,n_u}})\Delta\tau]Y_{S,n_R^{n_r,n_u}}^{n_S^{n_r,n_u}}[(j-I^{n_R^{n_r,n_u}}-i)\Delta\tau]\}\\
&+(1-f^{n_u})(1-\eta^{n_u})\sum_{n_r=1}^{N_r}R_R^{n_r,n_u}\sum_{n_R^{n_r,n_u}=1}^{N_R^{n_r,n_u}}r^{n_R^{n_r,n_u}}\sum_{n_C^{n_r}=1}^{N_C^{n_r}}\sum_{i=0}^{j-I^{n_R^{n_r,n_u}}}
\end{aligned}
$$

$$\left\{\frac{S^{n_{\mathrm{C}}^{n_{\mathrm{r}}}}(i\Delta\tau)}{Q^{n_{\mathrm{r}}}}Y^{n_{\mathrm{C}}^{n_{\mathrm{r}}}}_{\mathrm{C},n_{\mathrm{R}}^{n_{\mathrm{r}},n_{\mathrm{u}}}}[(j-I^{n_{\mathrm{R}}^{n_{\mathrm{r}},n_{\mathrm{u}}}}-i)\Delta\tau]\right\}+(1-f^{n_{\mathrm{u}}})(1-\eta^{n_{\mathrm{u}}})$$

$$\sum_{n_{\mathrm{r}}=1}^{N_{\mathrm{r}}}R_{\mathrm{R}}^{n_{\mathrm{r}},n_{\mathrm{u}}}\sum_{n_{\mathrm{R}}^{n_{\mathrm{r}},n_{\mathrm{u}}}=1}^{N_{\mathrm{R}}^{n_{\mathrm{r}},n_{\mathrm{u}}}}r^{n_{\mathrm{R}}^{n_{\mathrm{r}},n_{\mathrm{u}}}}\sum_{n_{\mathrm{f}}^{n_{\mathrm{r}}}=1}^{N_{\mathrm{f}}^{n_{\mathrm{r}}}}\sum_{i=0}^{j-I^{n_{\mathrm{R}}^{n_{\mathrm{r}},n_{\mathrm{u}}}}}\{(1-\eta_{\mathrm{f}}^{n_{\mathrm{r}}})C_{\mathrm{od}}[(i-I^{n_{\mathrm{f}}^{n_{\mathrm{r}}}})\Delta\tau] \tag{4-51}$$

$$Y^{n_{\mathrm{f}}^{n_{\mathrm{r}}}}_{\mathrm{DF},n_{\mathrm{R}}^{n_{\mathrm{r}},n_{\mathrm{u}}}}[(j-I^{n_{\mathrm{R}}^{n_{\mathrm{r}},n_{\mathrm{u}}}}-i)\Delta\tau]\}+(1-f^{n_{\mathrm{u}}})(1-\eta^{n_{\mathrm{u}}})$$

$$\sum_{n_{\mathrm{r}}=1}^{N_{\mathrm{r}}}R_{\mathrm{R}}^{n_{\mathrm{r}},n_{\mathrm{u}}}\sum_{n_{\mathrm{R}}^{n_{\mathrm{r}},n_{\mathrm{u}}}=1}^{N_{\mathrm{R1}}^{n_{\mathrm{r}},n_{\mathrm{u}}}}r^{n_{\mathrm{R}}^{n_{\mathrm{r}},n_{\mathrm{u}}}}\sum_{n_{\mathrm{u}}=1}^{N_{\mathrm{u}}}\sum_{n_{\mathrm{S}}^{n_{\mathrm{r}},n_{\mathrm{u}}}=1}^{N_{\mathrm{S1}}^{n_{\mathrm{r}},n_{\mathrm{u}}}}\{C_{\mathrm{S}}^{n_{\mathrm{u}}}(j\Delta\tau)Y^{n_{\mathrm{S}}^{n_{\mathrm{r}},n_{\mathrm{u}}}}_{\mathrm{S},n_{\mathrm{R}}^{n_{\mathrm{r}},n_{\mathrm{u}}}}(0\Delta\tau)\}$$

令：

$$CON^{n_{\mathrm{u}}}(j\Delta\tau)=C_{\mathrm{od}}(j\Delta\tau)f^{n_{\mathrm{u}}}(1-\eta^{n_{\mathrm{u}}})+(1-f^{n_{\mathrm{u}}})(1-\eta^{n_{\mathrm{u}}})\sum_{n_{\mathrm{r}}=1}^{N_{\mathrm{r}}}R_{\mathrm{R}}^{n_{\mathrm{r}},n_{\mathrm{u}}}\sum_{n_{\mathrm{R}}^{n_{\mathrm{r}},n_{\mathrm{u}}}=1}^{N_{\mathrm{R1}}^{n_{\mathrm{r}},n_{\mathrm{u}}}}r^{n_{\mathrm{R}}^{n_{\mathrm{r}},n_{\mathrm{u}}}}$$

$$\sum_{n_{\mathrm{u}}=1}^{N_{\mathrm{u}}}\sum_{n_{\mathrm{S}}^{n_{\mathrm{r}},n_{\mathrm{u}}}=1}^{N_{\mathrm{S1}}^{n_{\mathrm{r}},n_{\mathrm{u}}}}\sum_{i=0}^{j-I^{n_{\mathrm{R}}^{n_{\mathrm{r}},n_{\mathrm{u}}}}-1}\{C_{\mathrm{S}}^{n_{\mathrm{u}}}[(i-I^{n_{\mathrm{S}}^{n_{\mathrm{r}},n_{\mathrm{u}}}})\Delta\tau]Y^{n_{\mathrm{S}}^{n_{\mathrm{r}},n_{\mathrm{u}}}}_{\mathrm{S},n_{\mathrm{R}}^{n_{\mathrm{r}},n_{\mathrm{u}}}}[(j-I^{n_{\mathrm{R}}^{n_{\mathrm{r}},n_{\mathrm{u}}}}-i)\Delta\tau]\}$$

$$+(1-f^{n_{\mathrm{u}}})(1-\eta^{n_{\mathrm{u}}})\sum_{n_{\mathrm{r}}=1}^{N_{\mathrm{r}}}R_{\mathrm{R}}^{n_{\mathrm{r}},n_{\mathrm{u}}}\sum_{n_{\mathrm{R}}^{n_{\mathrm{r}},n_{\mathrm{u}}}=1}^{N_{\mathrm{R1}}^{n_{\mathrm{r}},n_{\mathrm{u}}}}r^{n_{\mathrm{R}}^{n_{\mathrm{r}},n_{\mathrm{u}}}}\sum_{n_{\mathrm{u}}=1}^{N_{\mathrm{u}}}\sum_{n_{\mathrm{S}}^{n_{\mathrm{r}},n_{\mathrm{u}}}=N_{\mathrm{S1}}^{n_{\mathrm{r}},n_{\mathrm{u}}}+1}^{N_{\mathrm{S}}^{n_{\mathrm{r}},n_{\mathrm{u}}}}\sum_{i=0}^{j-I^{n_{\mathrm{R}}^{n_{\mathrm{r}},n_{\mathrm{u}}}}}$$

$$\{C_{\mathrm{S}}^{n_{\mathrm{u}}}[(i-I^{n_{\mathrm{S}}^{n_{\mathrm{r}},n_{\mathrm{u}}}})\Delta\tau]Y^{n_{\mathrm{S}}^{n_{\mathrm{r}},n_{\mathrm{u}}}}_{\mathrm{S},n_{\mathrm{R}}^{n_{\mathrm{r}},n_{\mathrm{u}}}}[(j-I^{n_{\mathrm{R}}^{n_{\mathrm{r}},n_{\mathrm{u}}}}-i)\Delta\tau]\}$$

$$+(1-f^{n_{\mathrm{u}}})(1-\eta^{n_{\mathrm{u}}})\sum_{n_{\mathrm{r}}=1}^{N_{\mathrm{r}}}R_{\mathrm{R}}^{n_{\mathrm{r}},n_{\mathrm{u}}}\sum_{n_{\mathrm{R}}^{n_{\mathrm{r}},n_{\mathrm{u}}}=N_{\mathrm{R1}}^{n_{\mathrm{r}},n_{\mathrm{u}}}+1}^{N_{\mathrm{R}}^{n_{\mathrm{r}},n_{\mathrm{u}}}}r^{n_{\mathrm{R}}^{n_{\mathrm{r}},n_{\mathrm{u}}}}\sum_{n_{\mathrm{u}}=1}^{N_{\mathrm{u}}}\sum_{n_{\mathrm{S}}^{n_{\mathrm{r}},n_{\mathrm{u}}}=1}^{N_{\mathrm{S}}^{n_{\mathrm{r}},n_{\mathrm{u}}}}\sum_{i=0}^{j-I^{n_{\mathrm{R}}^{n_{\mathrm{r}},n_{\mathrm{u}}}}}$$

$$\{C_{\mathrm{S}}^{n_{\mathrm{u}}}[(i-I^{n_{\mathrm{S}}^{n_{\mathrm{r}},n_{\mathrm{u}}}})\Delta\tau]Y^{n_{\mathrm{S}}^{n_{\mathrm{r}},n_{\mathrm{u}}}}_{\mathrm{S},n_{\mathrm{R}}^{n_{\mathrm{r}},n_{\mathrm{u}}}}[(j-I^{n_{\mathrm{R}}^{n_{\mathrm{r}},n_{\mathrm{u}}}}-i)\Delta\tau]\}+(1-f^{n_{\mathrm{u}}})(1-\eta^{n_{\mathrm{u}}})$$

$$\sum_{n_{\mathrm{r}}=1}^{N_{\mathrm{r}}}R_{\mathrm{R}}^{n_{\mathrm{r}},n_{\mathrm{u}}}\sum_{n_{\mathrm{R}}^{n_{\mathrm{r}},n_{\mathrm{u}}}=1}^{N_{\mathrm{R}}^{n_{\mathrm{r}},n_{\mathrm{u}}}}r^{n_{\mathrm{R}}^{n_{\mathrm{r}},n_{\mathrm{u}}}}\sum_{n_{\mathrm{C}}^{n_{\mathrm{r}}}=1}^{N_{\mathrm{C}}^{n_{\mathrm{r}}}}\sum_{i=0}^{j-I^{n_{\mathrm{R}}^{n_{\mathrm{r}},n_{\mathrm{u}}}}}\left\{\frac{S^{n_{\mathrm{C}}^{n_{\mathrm{r}}}}(i\Delta\tau)}{Q^{n_{\mathrm{r}}}}Y^{n_{\mathrm{C}}^{n_{\mathrm{r}}}}_{\mathrm{C},n_{\mathrm{R}}^{n_{\mathrm{r}},n_{\mathrm{u}}}}[(j-I^{n_{\mathrm{R}}^{n_{\mathrm{r}},n_{\mathrm{u}}}}-i)\Delta\tau]\right\}$$

$$+(1-f^{n_{\mathrm{u}}})(1-\eta^{n_{\mathrm{u}}})\sum_{n_{\mathrm{r}}=1}^{N_{\mathrm{r}}}R_{\mathrm{R}}^{n_{\mathrm{r}},n_{\mathrm{u}}}\sum_{n_{\mathrm{R}}^{n_{\mathrm{r}},n_{\mathrm{u}}}=1}^{N_{\mathrm{R}}^{n_{\mathrm{r}},n_{\mathrm{u}}}}r^{n_{\mathrm{R}}^{n_{\mathrm{r}},n_{\mathrm{u}}}}\sum_{n_{\mathrm{f}}^{n_{\mathrm{r}}}=1}^{N_{\mathrm{f}}^{n_{\mathrm{r}}}}\sum_{i=0}^{j-I^{n_{\mathrm{R}}^{n_{\mathrm{r}},n_{\mathrm{u}}}}}$$

$$\{(1-\eta_{\mathrm{f}}^{n_{\mathrm{r}}})C_{\mathrm{od}}[(i-I^{n_{\mathrm{f}}^{n_{\mathrm{r}}}})\Delta\tau]Y^{n_{\mathrm{f}}^{n_{\mathrm{r}}}}_{\mathrm{DF},n_{\mathrm{R}}^{n_{\mathrm{r}},n_{\mathrm{u}}}}[(j-I^{n_{\mathrm{R}}^{n_{\mathrm{r}},n_{\mathrm{u}}}}-i)\Delta\tau]\}$$

该项代表通过之前时间步的求解以及风道延迟影响而构成的已知项，式（4-51）变为：

$$C_S^{n_u}(j\Delta\tau)=(1-f^{n_u})(1-\eta^{n_u})\sum_{n_r=1}^{N_r}R_R^{n_r,n_u}\sum_{n_R^{n_r,n_u}=1}^{N_{R1}^{n_r,n_u}}r^{n_R^{n_r,n_u}}\sum_{n_u=1}^{N_u}\sum_{n_S^{n_r,n_u}=1}^{N_{S1}^{n_r,n_u}}\left[C_S^{n_u}(j\Delta\tau)Y_{S,n_R^{n_r,n_u}}^{n_S^{n_r,n_u}}(0\Delta\tau)\right]+CON^{n_u}(j\Delta\tau)$$

$$=(1-f^{n_u})(1-\eta^{n_u})\sum_{n_r=1}^{N_r}R_R^{n_r,n_u}\sum_{n_R^{n_r,n_u}=1}^{N_{R1}^{n_r,n_u}}r^{n_R^{n_r,n_u}}\sum_{n_u=1}^{N_u}C_S^{n_u}(j\Delta\tau)\sum_{n_S^{n_r,n_u}=1}^{N_{S1}^{n_r,n_u}}Y_{S,n_R^{n_r,n_u}}^{n_S^{n_r,n_u}}(0\Delta\tau)+CON^{n_u}(j\Delta\tau) \tag{4-52}$$

令：$\alpha_{i,n_u}=(1-f^{n_u})(1-\eta^{n_u})\sum_{n_r=1}^{N_r}R_R^{n_r,n_u}\sum_{n_R^{n_r,n_u}=1}^{N_{R1}^{n_r,n_u}}r^{n_R^{n_r,n_u}}\sum_{n_S^{n_r,i}=1}^{N_{S1}^{n_r,i}}Y_{S,n_R^{n_r,n_u}}^{n_S^{n_r,i}}(0\Delta\tau)$，式（4-52）变为：

$$C_S^{n_u}(j\Delta\tau)=C_S^1(j\Delta\tau)\alpha_{1,n_u}+\cdots+C_S^{n_u}(j\Delta\tau)\alpha_{n_u,n_u}+\cdots+C_S^{N_u}(j\Delta\tau)\alpha_{N_u,n_u}+CON^{n_u}(j\Delta\tau) \tag{4-53}$$

对于每个空调箱均存在如式（4-53）的形式，由此构成式（4-54）的矩阵形式：

$$\begin{bmatrix}1-\alpha_{1,1} & \cdots & -\alpha_{n_u,1} & \cdots & -\alpha_{N_u,1}\\ \vdots & \ddots & \vdots & & \vdots\\ -\alpha_{1,n_u} & \cdots & 1-\alpha_{n_u,n_u} & \cdots & -\alpha_{N_u,n_u}\\ \vdots & & \vdots & \ddots & \vdots\\ -\alpha_{1,N_u} & \cdots & -\alpha_{n_u,N_u} & \cdots & 1-\alpha_{N_u,N_u}\end{bmatrix}\begin{bmatrix}C_S^1(j\Delta\tau)\\ \vdots\\ C_S^{n_u}(j\Delta\tau)\\ \vdots\\ C_S^{N_u}(j\Delta\tau)\end{bmatrix}=\begin{bmatrix}CON^1(j\Delta\tau)\\ \vdots\\ CON^{n_u}(j\Delta\tau)\\ \vdots\\ CON^{N_u}(j\Delta\tau)\end{bmatrix} \tag{4-54}$$

式（4-54）中，仅在第 $j$ 个时间步各空调箱的送风浓度未知，求解矩阵即可获得第 $j$ 个时间步的空调箱送风浓度。当 $j$ 由第 1 个时间步开始，逐个时间步依次计算，即可求解逐时送风浓度。在获得各时间步的送风浓度之后，即可求得逐时的污染物分布。

（2）模型展示

利用连接两个房间的建筑通风系统进行展示，如图 4-36 所示。AHU1 和 AHU2 分别通过一个送风口和一个回风口与每个房间相连。两个房间的基本结构和参数相同，如图 4-37 所示。每个房间的尺寸为 4m($X$)×2.5m($Y$)×3m($Z$)，房间内有两个送风口（分别记为 S1 和 S2）和两个回风口（分别记为 R1 和 R2）。等温送风工况，送风温度为 20℃，送风速度为 1m/s，对应每个房间的换气次数为 9.6 次/h。房间 1 在位置（1，1.05，1.5）处存在某被动污染物的释放源，而房间 2 在位置（3，1.05，1.5）处存在该污染物的释放源。房间壁面绝热绝质。表 4-5 列出了每个房间各风口的具体位置。每个 AHU 的新风污染物浓度为 0。

对算例分析选取的考察位置如图 4-38 所示。

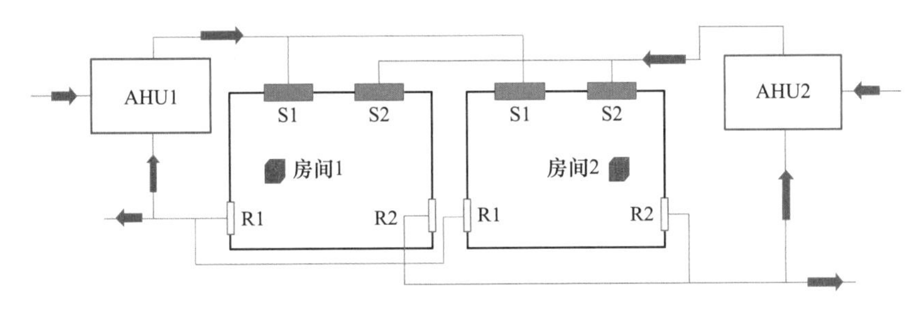


图 4-36　带回风的通风系统示意图

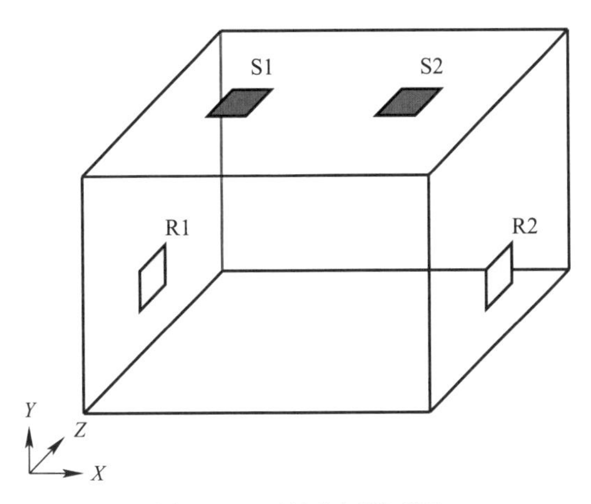


图 4-37　通风房间模型图

**风 口 位 置**　　**表 4-5**

| 风口 | 起点坐标 | | | 终点坐标 | | |
|---|---|---|---|---|---|---|
| | $X_S$ (m) | $Y_S$ (m) | $Z_S$ (m) | $X_E$ (m) | $Y_E$ (m) | $Z_E$ (m) |
| S1 | 0.90 | 2.50 | 1.40 | 1.10 | 2.50 | 1.60 |
| S2 | 2.90 | 2.50 | 1.40 | 3.10 | 2.50 | 1.60 |
| R1 | 0 | 0.20 | 1.40 | 0 | 0.40 | 1.60 |
| R2 | 4.00 | 0.20 | 1.40 | 4.00 | 0.40 | 1.60 |

采用 CFD 模拟并根据响应系数的计算公式，分别对每个送风口的响应系数和每个污染源的响应系数进行求解，其中送风口 S1 的逐时响应系数如图 4-39 所示（每个图所展示的内容均为基于不同模拟时间步长计算的小时时间步长响应系数）。可以看到，不同位置对送风口 S1 具有不同的响应系数值，位置 P1 离送风口最近，响应最快，第 1 小时的响应系数最大；对各位置而言，均在第 1 小时的响应系数最大，第 2 小时的响应系数显著下降至 0.1 以下，从第 3 个小时开始，响应系数约为 0。此外，采用不同的时间步长计算小时响应系数时，采用 1min 和 10min 步长的计算结果一致，采用 30min 步长的计算结果

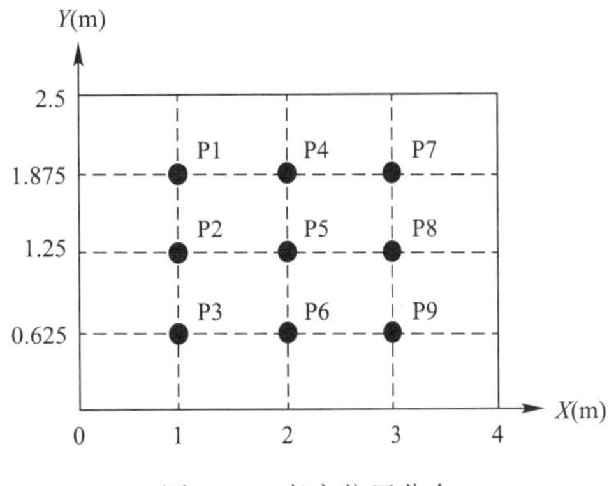


图 4-38　考察位置分布

与 1min 和 10min 步长的计算结果差别较小，而采用 1h 步长的计算结果与 1min、10min 和 30min 时间步长的计算结果存在一定的偏差。

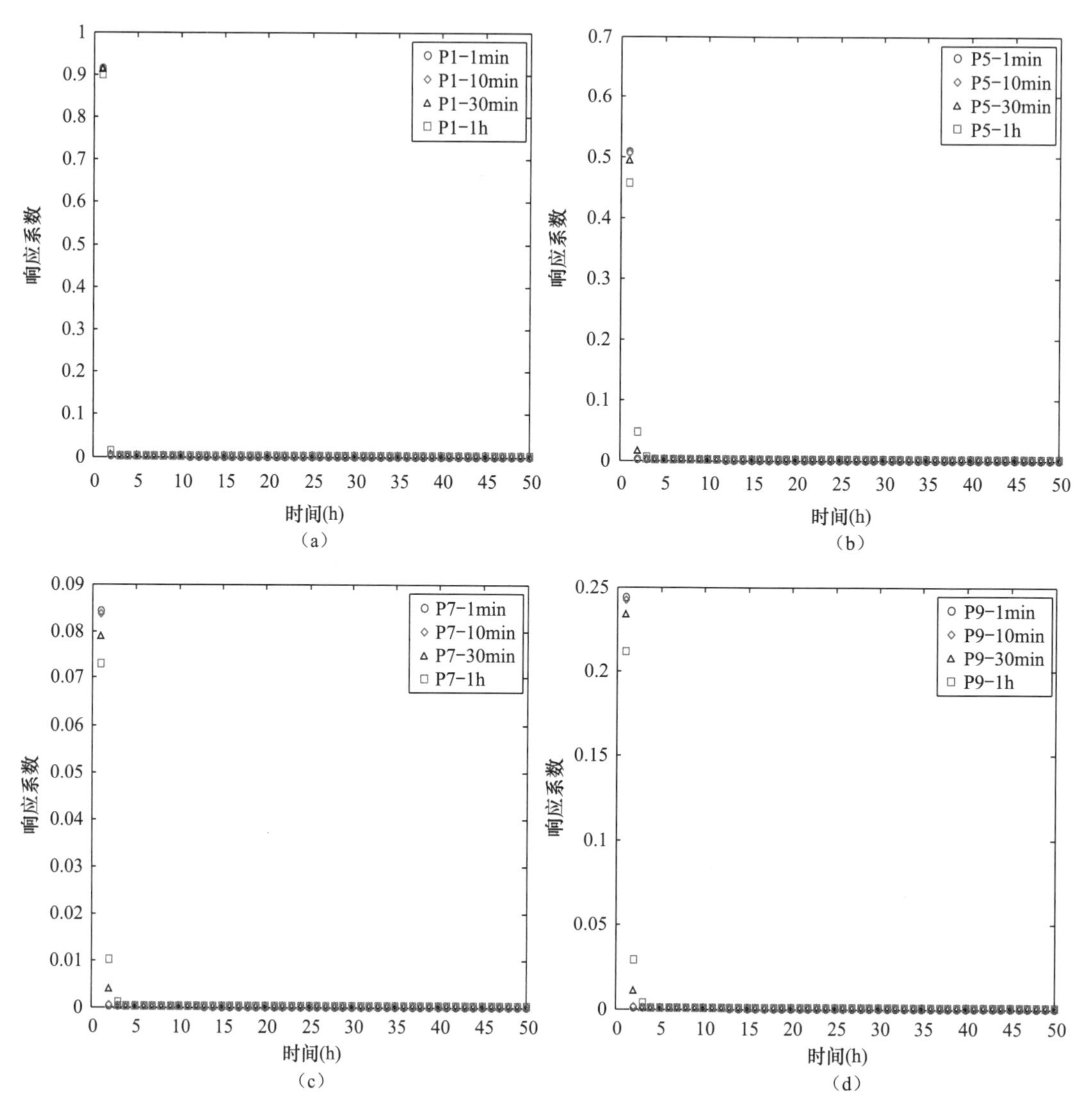


图 4-39　不同位置对送风口 S1 的响应系数（小时尺度）

（a）P1；（b）P5；（c）P7；（d）P9

给定图 4-36 中 AHU1 的新风比为 10%，AHU2 的新风比为 85%，以此来预测带回风系统中污染物的动态分布。设定房间 1 和房间 2 中污染源的释放曲线均为：$S(\tau)=1+\sin 0.2\tau$（$\tau$ 为时间，h；$S$ 为源强度，$10^{-6}\text{m}^3/\text{s}$）。在动态预测过程中，即使认为 1h 内污染源的边界条件为恒定，但受回风浓度变化的影响，1h 内的送风浓度也是不断变化的。为更好地反映送风浓度的变化，分别基于 10min、30min、1h 为响应系数单位，利用式（4-54）进行动态预测，其中以 10min、30min 为单位获取响应系数时，将能考虑送风浓度在 1h 内的变化。

设定无风管延迟的工况，对不同时间尺度的响应系数预测结果进行分析。假设各风管延迟时间为表 4-6 所示，各风管延迟时间均远小于上述响应系数的计算时间尺度，因此，可忽略风管延迟时间来进行预测。

**各风管时间延迟　　表 4-6**

| 部件编号 | 延迟时间（s） |
| --- | --- |
| AHU1-房间 1-S1 | 20 |
| AHU1-房间 2-S1 | 50 |
| AHU2-房间 1-S2 | 60 |
| AHU2-房间 2-S2 | 30 |
| AHU1-房间 1-R1 | 10 |
| AHU1-房间 2-R1 | 40 |
| AHU2-房间 1-R2 | 70 |
| AHU2-房间 2-R2 | 30 |

预测结果如图 4-40 所示。图例中各时间步长是指计算响应系数时采用的时间步长。

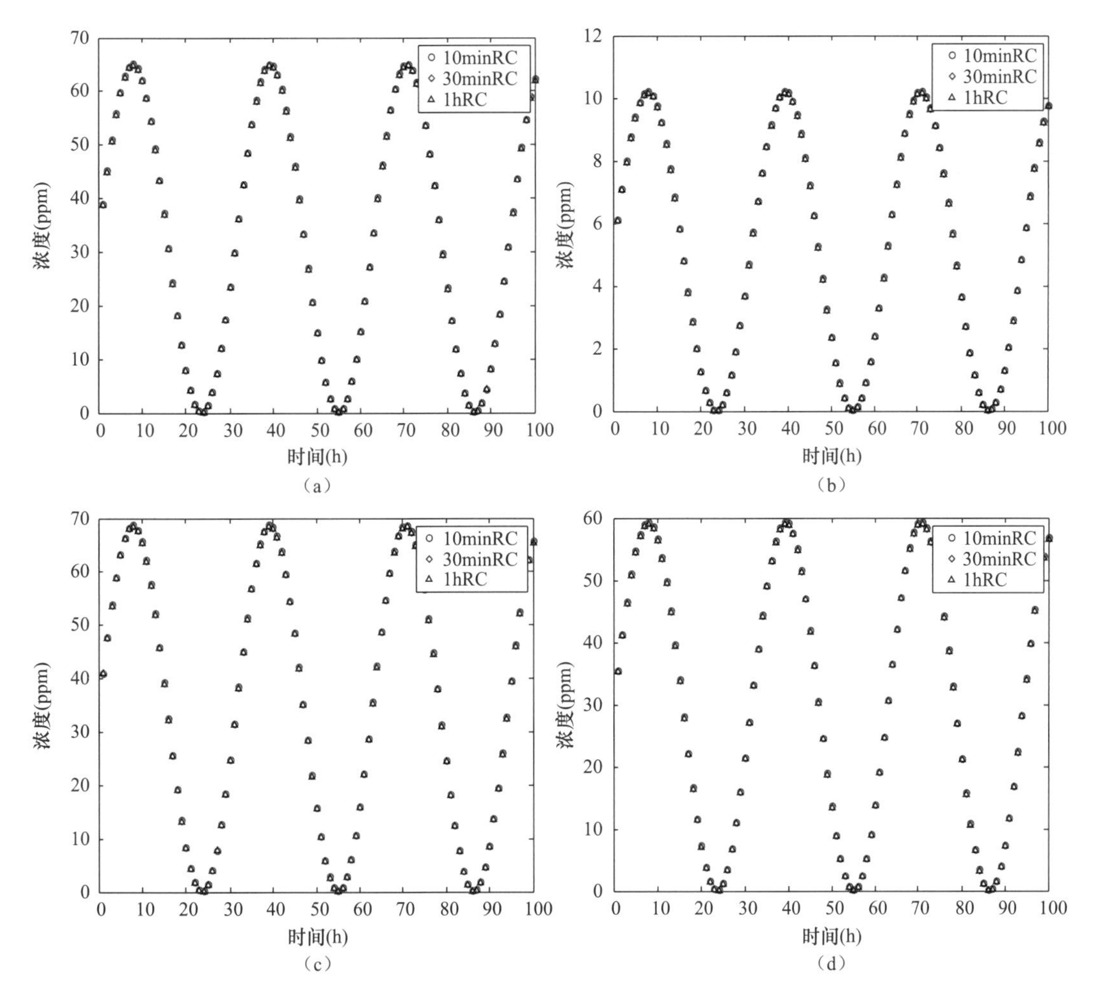


图 4-40　基于不同时间步长的响应系数的预测结果（不考虑延迟）（一）
（a）AHU1；（b）AHU2；（c）房间 1：P1；（d）房间 1：P5

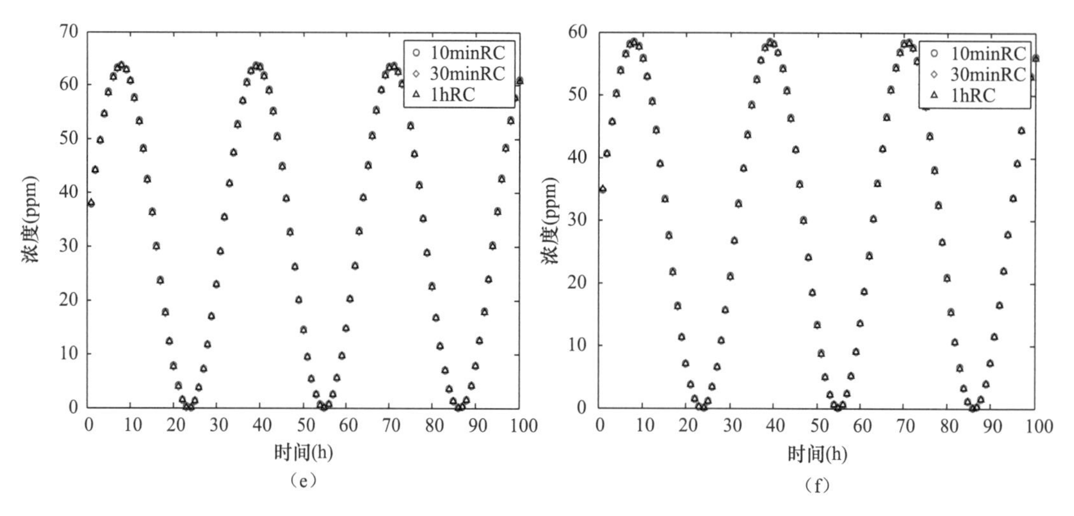


图 4-40　基于不同时间步长的响应系数的预测结果（不考虑延迟）（二）

（e）房间 2：P1；（f）房间 2：P5

可以看到，虽然受到回风污染物浓度变化的影响，即使在 1 小时内的送风浓度也会变化，但采用 10min、30min 和 1h 时间尺度的响应系数来预测的两个 AHU 的送风浓度一致，基本无偏差，两个房间内不同位置的逐时浓度预测结果也保持一致。由此说明，采用 1h 为时间尺度来模拟响应系数，可以保证预测带回风系统的逐时污染物分布的精度。

进一步考虑有部分风管延迟的工况，取 10min 时间尺度的响应系数进行以 h 为单位的动态预测，各风管延迟时间如表 4-7 所示。其中，相对于预测时间尺度 10min 而言，表中第 2～4 和第 6～8 项可考虑时间延迟，第 1、5 项由于时间相对较短，时间延迟将被忽略。

**各风管时间延迟**　　　　**表 4-7**

| 部件编号 | 延迟时间（s） |
|---|---|
| AHU1-房间 1-S1 | 200 |
| AHU1-房间 2-S1 | 500 |
| AHU2-房间 1-S2 | 600 |
| AHU2-房间 2-S2 | 300 |
| AHU1-房间 1-R1 | 100 |
| AHU1-房间 2-R1 | 400 |
| AHU2-房间 1-R2 | 700 |
| AHU2-房间 2-R2 | 300 |

预测结果如图 4-41 所示。可以看到，当部分管道存在 10min 左右的时间延迟时，忽略延迟来预测得到的逐时 AHU 送风浓度及室内不同位置的浓度与考虑延迟的预测结果存在一定的偏差。表明当进行以小时为单位的动态预测时，如部分管道延迟到达 10min 左右的量级，则风管的时间延迟将会对污染物的分布产生一定程度的影响；但考虑延迟时间与否引起的偏差，仅在第 1h 差别较大，而从第 2h 开始，偏差较小。从长时间预测尺度看，忽略时间延迟引起的预测偏差较小。此外，由于在一般建筑通风系统中，风管引起的时间延迟通常仅在几十秒至 1min、2min 的量级，显著小于 10min，可以推断，在

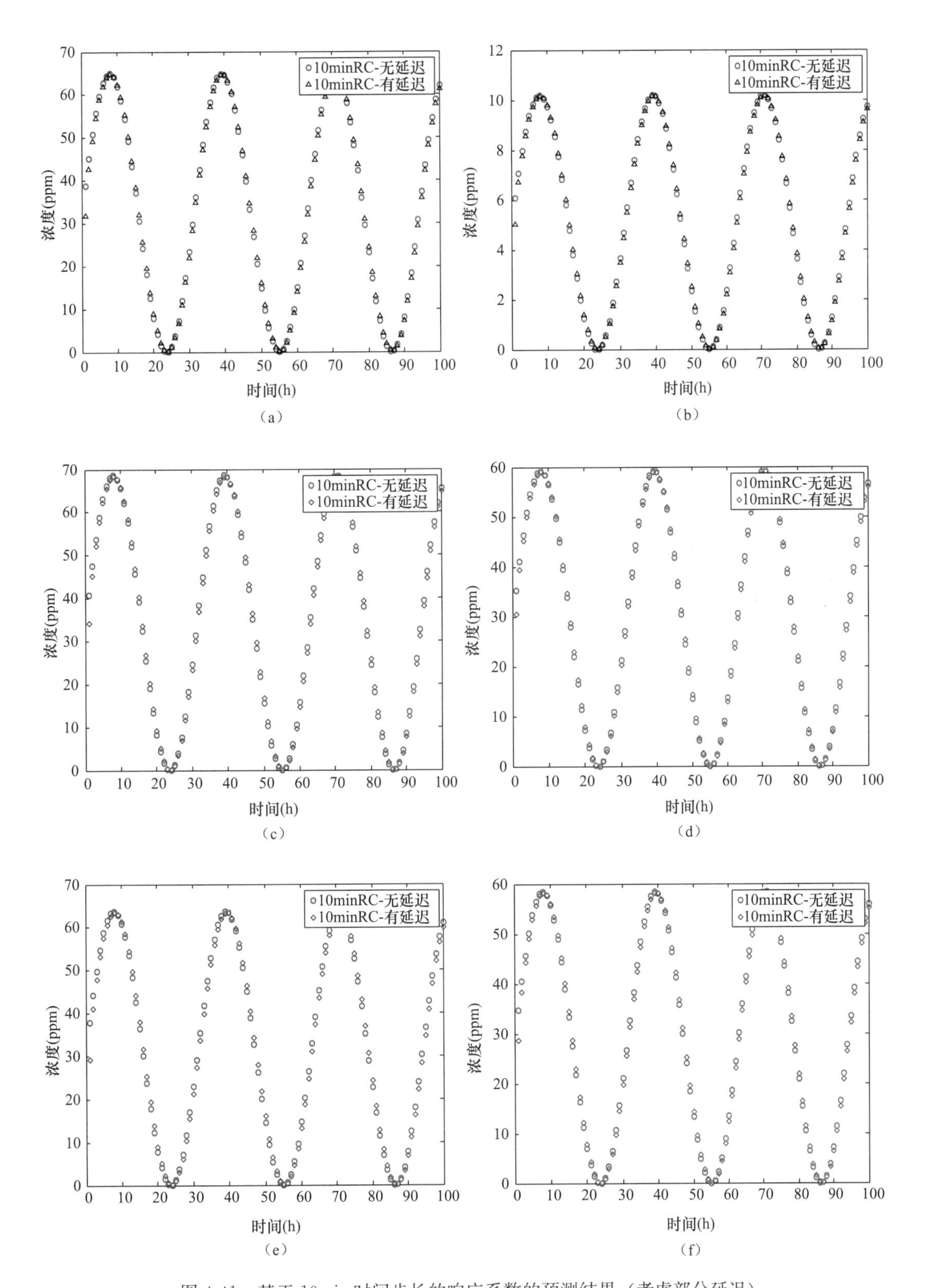


图 4-41　基于10min时间步长的响应系数的预测结果（考虑部分延迟）

(a) AHU1；(b) AHU2；(c) 房间1：P1；(d) 房间1：P5；(e) 房间2：P1；(f) 房间2：P5

计算以 1h 为单位的动态浓度时，忽略时间延迟引起的偏差将小于图 4-41 中的结果。因此，如实际预测时因整体建筑风管系统复杂，统计所有风管的时间延迟工作量大而难以实现时，可采用忽略各风管时间延迟项进行预测的方法，如此预测得到的以 1h 为单位的全年污染物分布的精度也可接受。

进一步考察仅计算部分响应系数的快速预测方法的可靠性，对取 1h 时间步长计算小时响应系数的情况进行动态预测，结果如图 4-42 所示。

对于带回风的系统，不同位置采用完整的逐时响应系数的预测结果与仅采用 1h 响应系数的预测结果一致，基本不存在偏差，由此说明可采用仅计算部分时间步的响应系数来快速预测带回风系统的全年污染物的三维分布。但在实际针对不同系统的预测时，需要计算多少时间步的响应系数与通风换气次数（或名义时间常数）密切相关，需要根据要预测建筑的实际情况来确定。

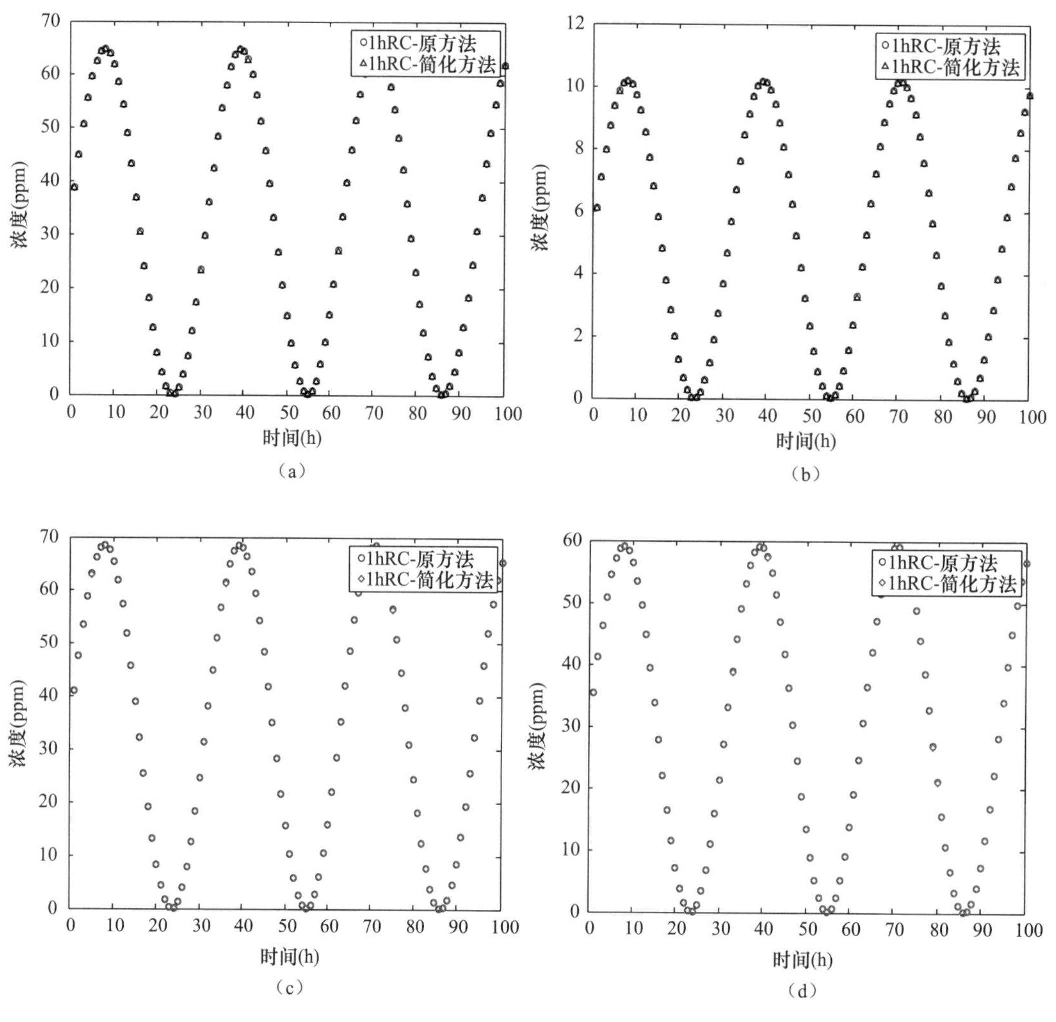


图 4-42 基于部分小时响应系数的快速方法预测结果（一）
(a) AHU1；(b) AHU2；(c) 房间 1：P1；(d) 房间 1：P5

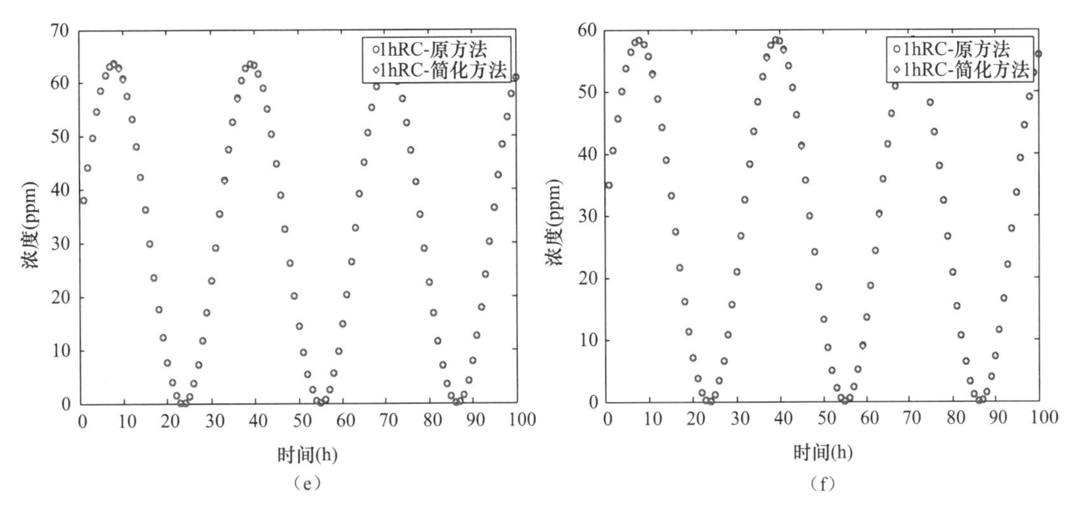


图 4-42　基于部分小时响应系数的快速方法预测结果（二）
（e）房间 2：P1；（f）房间 2：P5

## 4.6　带回风系统的全程空气龄分布计算方法

（1）全程空气龄概念

同污染物浓度分布的数值计算类似，目前对空气龄的数值计算局限在单个送风房间之内。而实际空调系统往往包含多个空调箱和多个房间。空气龄在整个系统中的分布（新风空气龄的零点值取在系统的新风入口处）能反映出整个通风系统的换气效果，比传统上把空气龄的零点取在房间送风口处的做法更合理。为客观评估整个通风系统中的空气新鲜程度，首先提出全程空气龄概念。

传统的空气龄测试方法理论上可用于实际通风空调系统中，如上升法，可在新风入口采用恒定速度释放示踪气体，测量各个房间的浓度变化过程。但由于实际通风空调系统存在回风，且系统很大，要让示踪气体变化达到基本稳定几乎是不可能的。而下降法在实际系统中则无法使用。传统采用数值计算时通常认为送风口的空气龄为 0，进而计算通风房间的空气龄分布。实际上，由于回风影响，各房间送风口的空气不等于室外新鲜空气，因此，不能认为空气龄为 0，传统测试方法和数值计算在求解实际系统时均存在障碍。为此，提出全程空气龄概念，定义为新风自进入通风空调系统（而非送风口）开始至到达房间各点的时间。

以送风口空气龄为 0 得到的空气龄称为房间空气龄。可以房间空气龄比较同一房间内部各点空气品质的好坏，当入口空气龄变化时，房间各点空气龄的变化相同；但不能用于不同房间的比较，因为各房间均是以自身的送风口浓度为 0 得到的（除非均为全新风系统）。传统示踪气体测试方法和数值计算方法得到的通常是房间空气龄。

全程空气龄以室外空气作为零点，所有通风空调系统都相同，因此，所有通风空调系统的全程空气龄是可进行比较的。换言之，房间空气龄是相对值，而全程空气龄则是绝对值，全程空气龄不仅与系统回风有关，还与室内空气的流动情况有关，而传统的新风量指标未考虑通风效率、污染等影响，因此，全程空气龄比传统的新风量指标可以更好地反映通风要求。

（2）全程空气龄计算方法

1）风管与空调箱的空气龄关系

由于风管中的流动可以被当作一维问题处理，在一段没有分支的风管中空气龄的增量为：

$$\Delta\tau=\frac{L}{u_{\text{duct}}} \tag{4-55}$$

混合气流的空气龄可以用式（4-56）计算：

$$\tau_{\text{mix}}=\frac{\sum_{i=1}^{n}Q_i\tau_i}{\sum_{i=1}^{n}Q_i} \tag{4-56}$$

式中，$\Delta\tau$——风管的空气龄增量；

$L$——风管长度；

$u_{\text{duct}}$——风管中的风速；

$\tau_{\text{mix}}$——多股气流混合后的空气龄；

$\tau_i$、$Q_i$——第 $i$ 股气流的空气龄、流量。

由于所有管道的长度和风速已知，空气龄在所有管段及 AHU 中的值可由式（4-55）和式（4-56）计算得到。下面以一个 AHU 为例来分析管道中的空气龄与 AHU 中的空气龄的关系，如图 4-43 所示。

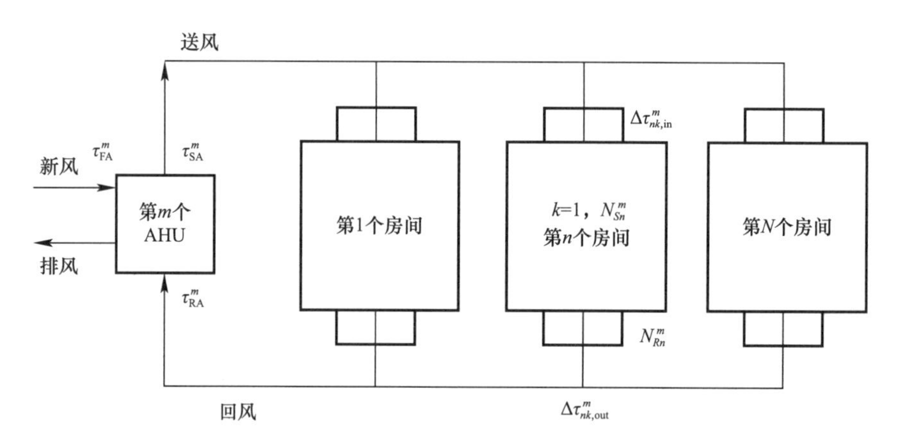


图 4-43　一个 AHU 与若干房间相连的关系示意图

房间送风口处的空气龄与 AHU 送风处的空气龄关系为：

$$\tau_{nk,\text{in}}^m=\tau_{\text{SA}}^m+\Delta\tau_{nk,\text{in}}^m \tag{4-57}$$

式中，$\tau_{nk,\text{in}}^m$——第 $n$ 个房间中与第 $m$ 个 AHU 相连的第 $k$ 个送风口处的空气龄；

$\tau_{\text{SA}}^m$——第 $m$ 个 AHU 中回风与新风混合后的送风空气龄；

$\Delta\tau_{nk,\text{in}}^m$——从第 $m$ 个 AHU 的送风段初始位置到第 $n$ 个房间中的第 $k$ 个送风口的空气龄增量。

每个房间回风口的空气龄与AHU中回风空气龄的关系为：

$$\tau_{\mathrm{RA}}^{m}=\sum_{n=1}^{N}\{\sum_{k=1}^{N_{\mathrm{R}n}^{m}}[\alpha_{nk}^{m}(\tau_{nk,\mathrm{out}}^{m}+\Delta\tau_{nk,\mathrm{out}}^{m})]\} \tag{4-58}$$

式中，$\tau_{\mathrm{RA}}^{m}$——第$m$个AHU中回风混合前的空气龄；

$\alpha_{nk}^{m}$——第$n$个房间中第$k$个回风口的风量占第$m$个AHU的回风量的比例；

$\tau_{nk,\mathrm{out}}^{m}$——第$n$个房间中与第$m$个AHU相连的第$k$个回风口处的空气龄；

$\Delta\tau_{nk,\mathrm{out}}^{m}$——从第$n$个房间中的第$k$个回风口到第$m$个AHU混风前的空气龄增量；

$N$——独立房间的数量；

$N_{\mathrm{R}n}^{m}$——第$n$个房间中与第$m$个AHU相连的回风口数量。

AHU中新风、回风及送风间的关系式如下：

$$\tau_{\mathrm{SA}}^{m}=f_{m}\tau_{\mathrm{FA}}^{m}+(1-f_{m})\tau_{\mathrm{RA}}^{m} \tag{4-59}$$

式中，$\tau_{\mathrm{SA}}^{m}$——第$m$个AHU中回风与新风混合后的送风空气龄；

$\tau_{\mathrm{FA}}^{m}$——第$m$个AHU中混风前新风的空气龄；

$\tau_{\mathrm{RA}}^{m}$——第$m$个AHU中混风前回风的空气龄；

$f_{m}$——第$m$个AHU的新风比。

2）房间全程空气龄与送风空气龄的关系

房间空气龄的输运方程为：

$$\frac{\partial\tau_{\mathrm{p}}}{\partial t}+\frac{\partial(U_{j}\tau_{\mathrm{p}})}{\partial x_{j}}=\frac{\partial}{\partial x_{j}}(\Gamma\frac{\partial\tau_{\mathrm{p}}}{\partial x_{j}})+1 \tag{4-60}$$

式中，$\tau_{\mathrm{p}}$——房间任意一点p的空气龄；

$U_{j}$——$j$方向上的速度分量；

$\Gamma$——空气龄的有效扩散系数。边界条件：

$$\begin{cases}\tau_{\mathrm{p}}=\tau_{\mathrm{in}}^{i} & \text{第}\,i\,\text{个送风口}\\ \dfrac{\partial\tau_{\mathrm{p}}}{\partial n}=0 & \text{回风口}\end{cases} \tag{4-61}$$

式中，$\tau_{\mathrm{in}}^{i}$——第$i$个送风口的空气龄；

$n$——回风口的法线方向。

当所有送风口的空气龄均为0时，任意一点的空气龄就等于房间空气龄，边界条件变为：

$$\begin{cases}\tau_{\mathrm{p}}=0 & \text{送风口}\\ \dfrac{\partial\tau_{\mathrm{p}}}{\partial n}=0 & \text{回风口}\end{cases} \tag{4-62}$$

在流场稳定的情况下，空气龄的输运方程为线性方程，应用叠加原理可得到第$n$个房间中任意点p的空气龄（图4-44）：

$$\tau_{n,\mathrm{p}}=\sum_{m=1}^{M}\left[\sum_{k=1}^{N_{\mathrm{S}n}^{m}}(\tau_{nk,\mathrm{in}}^{m}A_{nk,\mathrm{p}}^{m})\right]+\sum_{k=1}^{N_{\mathrm{DF}}^{n}}(\tau_{nk,\mathrm{in}}^{\mathrm{DF}}A_{nk,\mathrm{p}}^{\mathrm{DF}})+\tau_{n,\mathrm{p}}^{\mathrm{R}} \tag{4-63}$$

式中，$\tau_{n,\mathrm{p}}$——第 $n$ 个房间中任意点 p 的空气龄；

$A_{nk,\mathrm{p}}^{m}$——稳态状况下，第 $m$ 个 AHU 的第 $k$ 个送风口对房间 $n$ 中 p 点的可及性；

$\tau_{nk,\mathrm{in}}^{\mathrm{DF}}$——第 $n$ 个房间中第 $k$ 个直接新风口的空气龄；

$A_{nk,\mathrm{p}}^{\mathrm{DF}}$——稳态状况下，第 $n$ 个房间的第 $k$ 个直接新风口对房间 $n$ 中 p 点的可及性；

$\tau_{n,\mathrm{p}}^{\mathrm{R}}$——当所有送风口的空气龄为 0 时，第 $n$ 个房间中的任意点 p 的房间空气龄；

$M$——带回风 AHU 的数量；

$N_{\mathrm{S}n}^{m}$——第 $n$ 个房间中来自第 $m$ 个 AHU 的送风口数量；

$N_{\mathrm{DF}}^{n}$——第 $n$ 个房间中的直接新风送风口数量。

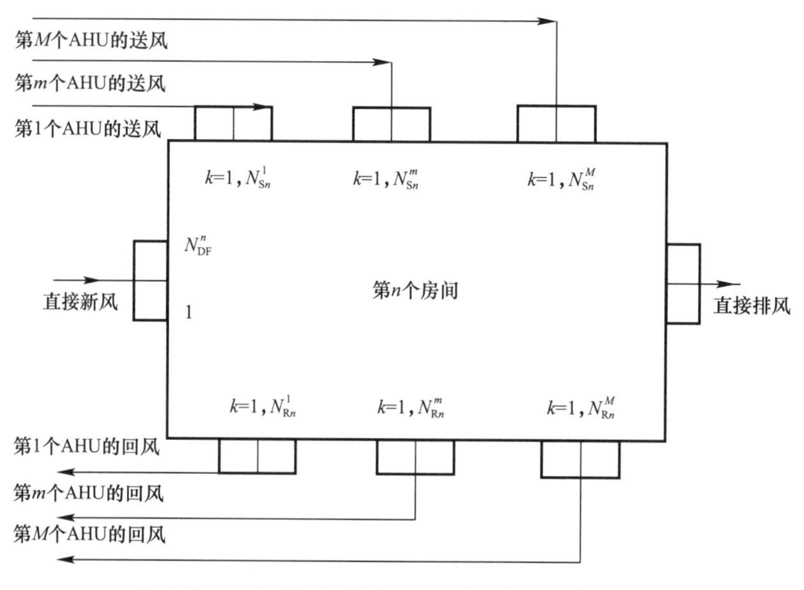


图 4-44　一个房间与所有 AHU 及新风相连的示意图

将式（4-57）代入式（4-63）可化为：

$$\tau_{n,\mathrm{p}}=\sum_{m=1}^{M}\left(\tau_{\mathrm{SA}}^{m}\sum_{k=1}^{N_{\mathrm{S}n}^{m}}A_{nk,\mathrm{p}}^{m}\right)+\sum_{m=1}^{M}\left[\sum_{k=1}^{N_{\mathrm{S}n}^{m}}\left(\Delta\tau_{nk,\mathrm{in}}^{m}A_{nk,\mathrm{p}}^{m}\right)\right]+\sum_{k=1}^{N_{\mathrm{DF}}^{n}}\left(\tau_{nk,\mathrm{in}}^{\mathrm{DF}}A_{nk,\mathrm{p}}^{\mathrm{DF}}\right)+\tau_{n,\mathrm{p}}^{\mathrm{R}}\quad(4\text{-}64)$$

如设定 AHU 的送风空气龄为 0，那么每个房间的所有送风口处的空气龄可以由管道的空气龄增量得到。在这种情况下，定义一个新房间的空气龄为 $\tau_{n,\mathrm{p}}^{\mathrm{R}'}$，表示为：

$$\tau_{n,\mathrm{p}}^{\mathrm{R}'}=\sum_{m=1}^{M}\left[\sum_{k=1}^{N_{\mathrm{S}n}^{m}}\left(\Delta\tau_{nk,\mathrm{in}}^{m}A_{nk,\mathrm{p}}^{m}\right)\right]+\sum_{k=1}^{N_{\mathrm{DF}}^{n}}\left(\tau_{nk,\mathrm{in}}^{\mathrm{DF}}A_{nk,\mathrm{p}}^{\mathrm{DF}}\right)+\tau_{n,\mathrm{p}}^{\mathrm{R}}\quad(4\text{-}65)$$

如果视所有来自同一个 AHU 的送风口为一个送风口，可以根据送风可及性定义这个送风口的“AHU 可及性”。AHU 可及性等于该机组在房间 $n$ 中所有送风口可及性的叠加：

$$A_{n,\mathrm{p}}^{m}=\sum_{k=1}^{N_{\mathrm{S}n}^{m}}A_{nk,\mathrm{p}}^{m}\quad(4\text{-}66)$$

式中，$A_{n,\mathrm{p}}^{m}$ 为稳态状况下，第 $m$ 个 AHU 的所有送风口对第 $n$ 个房间中 p 点的可及性。

在稳态条件下，AHU可及性量化了一个特定的空调箱对房间内任意一点的送风的比例。室内某一点的稳态AHU可及性越大，说明该空调箱对该点的送风比例就越高。由式（4-64）、式（4-65）和式（4-66）可以得到：

$$\tau_{n,\mathrm{p}}=\sum_{m=1}^{M}(\tau_{\mathrm{SA}}^{m}A_{n,\mathrm{p}}^{m})+\tau_{n,\mathrm{p}}^{\mathrm{R}'} \tag{4-67}$$

由此，每个房间回风口的空气龄可以写为：

$$\tau_{nk,\mathrm{out}}^{m}=\sum_{j=1}^{M}(\tau_{\mathrm{SA}}^{j}A_{nk,\mathrm{out}}^{jm})+\tau_{n,mk,\mathrm{out}}^{\mathrm{R}'} \tag{4-68}$$

式中，$\tau_{\mathrm{SA}}^{j}$——第$j$个AHU混合后的送风空气龄；

$A_{nk,\mathrm{out}}^{jm}$——第$j$个AHU对第$m$个AHU在房间$n$的第$k$个回风口的AHU可及性；

$\tau_{n,mk,\mathrm{out}}^{\mathrm{R}'}$——所有AHU的空气龄均为0时，第$m$个AHU在房间$n$的第$k$个回风口处的新房间空气龄。

3）通用通风系统全程空气龄分布计算

联立公式（4-58）、式（4-59）和式（4-68）可以得到第$m$个AHU的送风空气龄为：

$$\tau_{\mathrm{SA}}^{m}=(1-f_{m})\sum_{j=1}^{M}(\beta_{j}^{m}\tau_{\mathrm{SA}}^{j})+\gamma_{m} \tag{4-69}$$

式中，

$$\begin{cases}\beta_{j}^{m}=\sum_{n=1}^{N}\left[\sum_{k=1}^{N_{\mathrm{R}n}^{m}}\left(\alpha_{nk}^{m}A_{nk,\mathrm{out}}^{jm}\right)\right]\\ \gamma_{m}=\left(1-f_{m}\right)\sum_{n=1}^{N}\left\{\sum_{k=1}^{N_{\mathrm{R}n}^{m}}\left[\alpha_{nk}^{m}\left(\tau_{n,mk,\mathrm{out}}^{\mathrm{R}'}+\Delta\tau_{nk,\mathrm{out}}^{m}\right)\right]\right\}+f_{m}\tau_{\mathrm{FA}}^{m}\end{cases} \tag{4-70}$$

所有AHU的送风空气龄可由矩阵求得：

$$\begin{bmatrix}1-(1-f_{1})\beta_{1}^{1} & \cdots & -(1-f_{1})\beta_{j}^{1} & \cdots & -(1-f_{1})\beta_{M}^{1}\\ \vdots & \ddots & \vdots & \vdots & \vdots\\ -(1-f_{j})\beta_{1}^{j} & \cdots & 1-(1-f_{j})\beta_{j}^{j} & \cdots & -(1-f_{j})\beta_{M}^{j}\\ \vdots & \vdots & \vdots & \ddots & \vdots\\ -(1-f_{M})\beta_{1}^{M} & \cdots & -(1-f_{M})\beta_{j}^{M} & \cdots & 1-(1-f_{M})\beta_{M}^{M}\end{bmatrix}\begin{bmatrix}\tau_{\mathrm{SA}}^{1}\\ \vdots\\ \tau_{\mathrm{SA}}^{j}\\ \vdots\\ \tau_{\mathrm{SA}}^{M}\end{bmatrix}=\begin{bmatrix}\gamma_{1}\\ \vdots\\ \gamma_{j}\\ \vdots\\ \gamma_{M}\end{bmatrix} \tag{4-71}$$

将上式得到的结果带入式（4-67）中就可以得到每个房间的全程空气龄分布。全程空气龄计算步骤为：

① 收集基本信息，如房间尺寸、AHU与房间的连接形式、各风管的长度、风口尺寸、设计风量、新风比等；

② 应用式（4-55）分别计算从AHU送风处到房间送风口处的空气龄增量、从房间回风口处到AHU回风处的空气龄增量、AHU的新风空气龄、直接新风的空气龄；

③ 用CFD方法计算稳态状况下房间内的流场（在非等温工况时需耦合计算温度场）；

④ 在流场计算收敛的基础上，设定带回风的AHU的送风空气龄为0，用CFD方法

计算房间空气龄；

⑤ 计算房间中各个送风口的送风可及性（每次计算房间中的一个送风口，将该房间中与某 AHU 相连的送风口可及性进行叠加，即得到该 AHU 在这个房间内的送风可及性）；

⑥ 应用式（4-65）计算新房间空气龄；

⑦ 应用式（4-70）计算系数 $\beta_j^m$ 和 $\gamma^m$，应用式（4-71）计算各 AHU 的送风空气龄；

⑧ 应用式（4-67）计算房间中任意点 p 的全程空气龄。

（3）模型展示

展示当多个 GAHU 供应多个房间的情况时（图 4-45），房间的全程空气龄分布。为简化，3 个房间采用了完全相同的设置，包括：房间的尺寸，送、回、排风口的大小及位置等，每个房间都有一个共同的 AHU 和两个风机盘管供风。房间尺寸为：8m(长)×5m(宽)×3.2m(高)。采用房间内不设置任何家具与热源的等温工况。房间模型示意图如图 4-46 所示。房间四壁和天花板、地面均假设为绝热。房间的通风方式为上送上回的混合通风。房间的天花板上分别布置 4 个送风口（风口 1～4）、4 个回风口（风口 5～8）和 1 个直接排风口（风口 9），尺寸均为 0.4m($X$)×0.4m($Z$)。房间的通风换气次数为 7.2 次/h。表 4-8 详细列出了房间的基本配置信息。

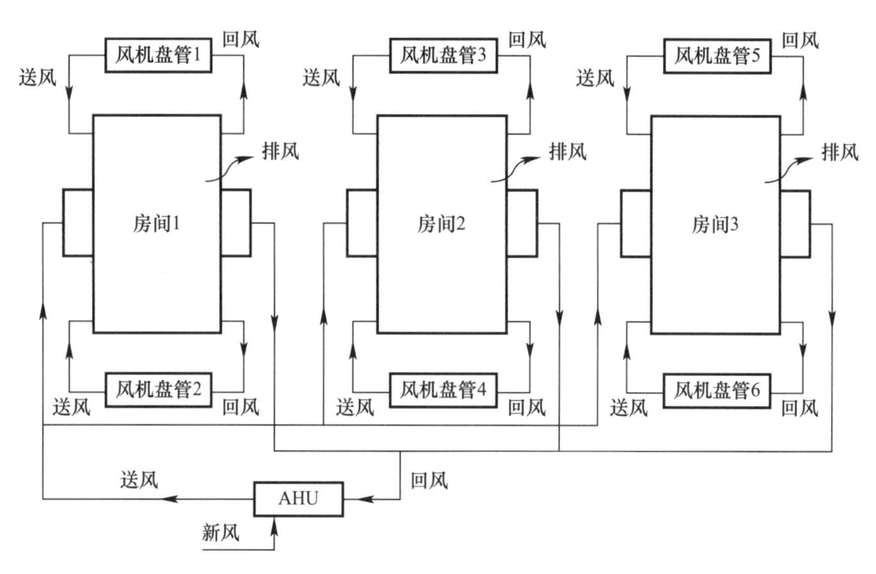


图 4-45　系统示意图

由 AHU 送至 3 个房间的送、回风管道长度均为 15m，AHU 的新风管道长度为 2m，每个风机盘管的送风管道和回风管道长度均为 2m。AHU 的新风比为 20%，每个风机盘管的新风比为 0。AHU 与风口 2、3、6、7 相连，风机盘管 1 与风口 1、5 相连，风机盘管 2 与风口 4、8 相连。表 4-9 详细列出了流动边界条件。

由于 3 个房间的内部设置完全相同，且与 3 个房间相连的 AHU 及风机盘管系统完全一样，因此只展示一个房间的计算结果。房间 1 的流场和空气龄分布如图 4-47 所示，全程空气龄分布如图 4-48 所示。

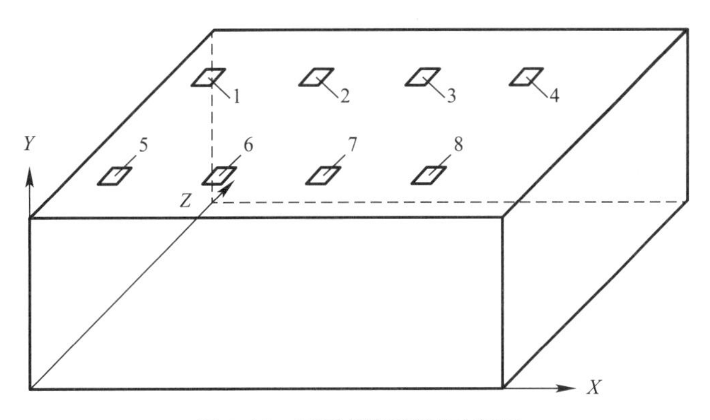


图 4-46　展示算例房间示意图

**每个房间的基本配置　　表 4-8**

| 项目 | 长度 $X$(m) | 宽度 $Z$(m) | 高度 $Y$(m) | 起始坐标 | | |
|---|---|---|---|---|---|---|
| | | | | $X$(m) | $Z$(m) | $Y$(m) |
| 房间 | 8 | 5 | 3.2 | 0 | 0 | 0 |
| 送风口 1 | 0.4 | 0.4 | 0 | 0.8 | 3.6 | 3.2 |
| 送风口 2 | 0.4 | 0.4 | 0 | 2.8 | 3.6 | 3.2 |
| 送风口 3 | 0.4 | 0.4 | 0 | 4.8 | 3.6 | 3.2 |
| 送风口 4 | 0.4 | 0.4 | 0 | 6.8 | 3.6 | 3.2 |
| 回风口 5 | 0.4 | 0.4 | 0 | 0.8 | 1 | 3.2 |
| 回风口 6 | 0.4 | 0.4 | 0 | 2.8 | 1 | 3.2 |
| 回风口 7 | 0.4 | 0.4 | 0 | 4.8 | 1 | 3.2 |
| 回风口 8 | 0.4 | 0.4 | 0 | 6.8 | 1 | 3.2 |
| 排风口 9 | 0.4 | 0.4 | 0 | 3.8 | 0.3 | 3.2 |

**流动边界条件　　表 4-9**

| 项目 | 数量 | 项目 | 垂直风速 |
|---|---|---|---|
| AHU 的总送风量 | 0.384$m^3$/s | 各个进风口 | 0.4m/s |
| 各个风机盘管的送风量 | 0.064$m^3$/s | AHU 的回风口 | 0.32m/s |
| AHU 的新风比 | 20% | 各个风机盘管的回风口 | 0.4m/s |
| 各个风机盘管的新风比 | 0 | 各个排风口 | 0.16m/s |

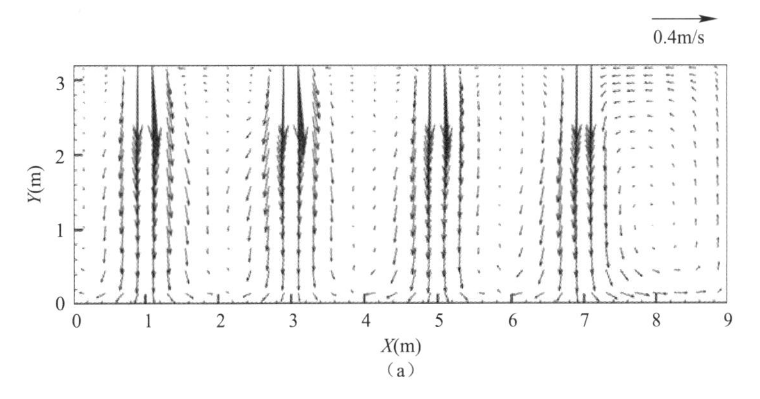


(a)

图 4-47　房间流场和空气龄分布（一）

(a) 流场

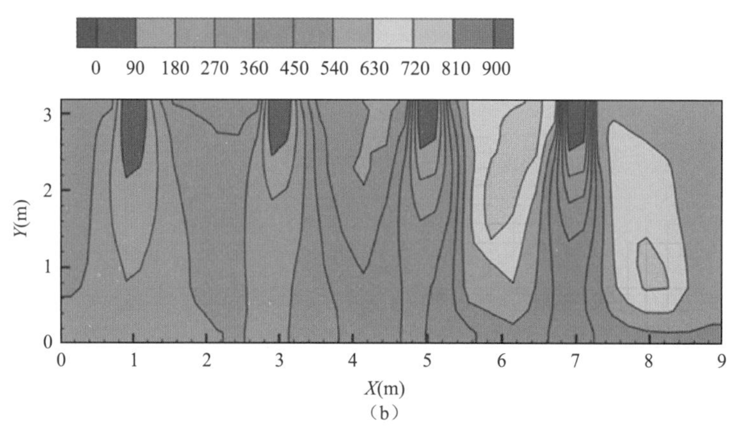


图 4-47 房间流场和空气龄分布（二）

(b) 空气龄

房间的全程空气龄和空气龄分布在量级和分布上存在很大的差异。如图 4-48 所示，全程空气龄分布从左到右存在 3 个不同的区域，分别对应风机盘管 1、风机盘管 2 和空调箱的送风口；且全程空气龄的体积平均值在数千秒的数量级，而空气龄的体积平均值仅

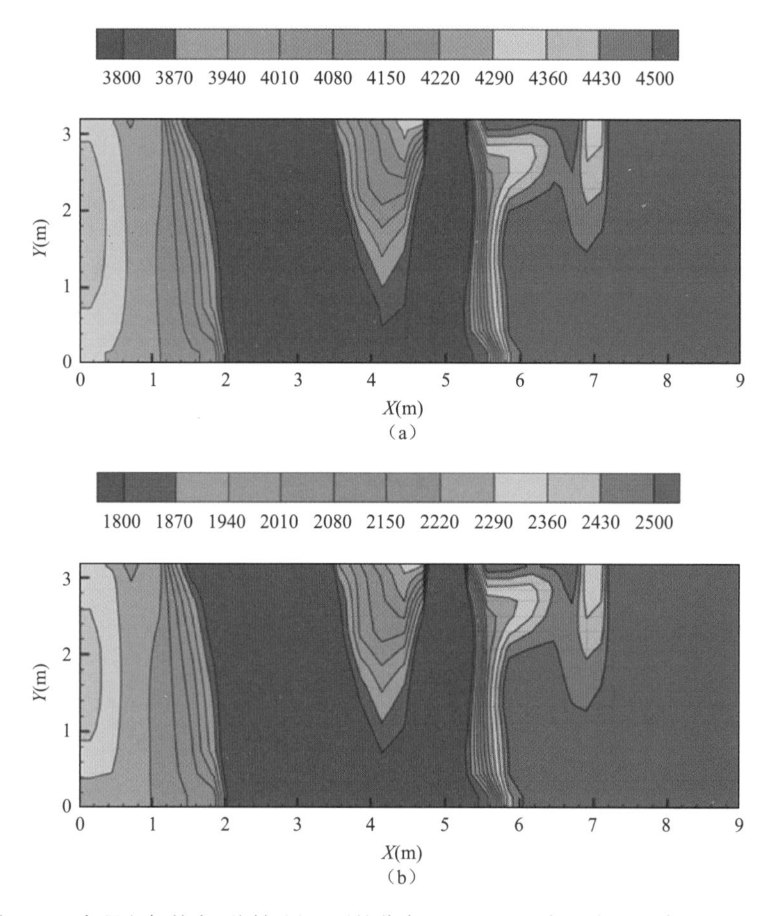


图 4-48 全程空气龄在不同新风比下的分布（过送风口中心线的垂直平面）（一）

(a) 新风比 30%；(b) 新风比 60%

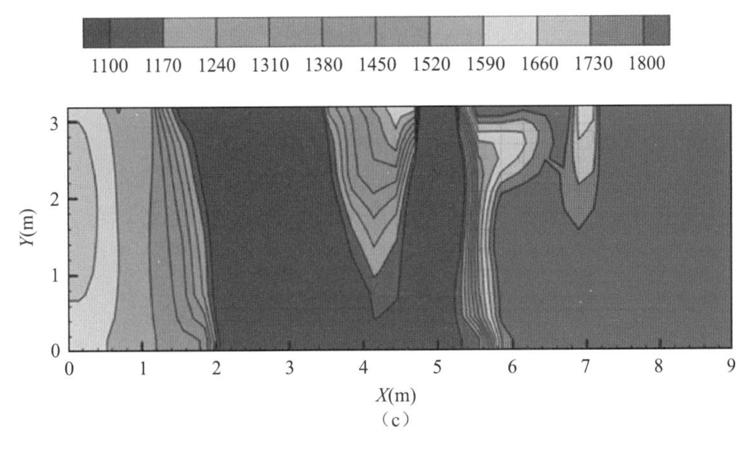


图4-48　全程空气龄在不同新风比下的分布（过送风口中心线的垂直平面）（二）
（c）新风比90%

为525s；随着新风比的增加，全程空气龄显著减小。结果表明，在评价带回风的通风系统的室内空气质量时，室内空气龄并不能很好地发挥作用，应使用全程空气龄评价，以包含回风和管道对空气新鲜程度的影响。

本节所介绍的计算全程空气龄的理论模型方法相比迭代法，在计算速度上有着明显的优势。在计算上述算例时，理论模型耗时47min（CPU：Intel Pentium（R）Dual，2.00GHz），包括对房间流场、空气龄分布和可及性分布的5次模拟，根据模拟结果获得房间全程空气龄分布耗时0.013s；而迭代法进行了15次模拟，耗时107min，得到了同样的结果。在计算更加复杂的工况时，迭代法可能需要更多次迭代才能得到结果。在模拟不同的新风比时，理论模型方法可以重复利用以上5次模拟结果，近乎实时得到全程空气龄分布；迭代法则需要对每个算例进行100min左右的模拟。

## 4.7　本章小结

本章以污染物为代表，对变化边界条件和带回风系统中室内空气标量参数的分布规律进行研究，主要结论如下：

（1）提出了反映脉冲送风浓度、污染源强度对室内任意位置瞬态浓度影响的送风响应系数和污染源响应系数指标，以此为基础建立了在固定流场和变化边界条件下，室内被动污染物瞬态分布的计算关系式，一旦通过模拟或实验获得响应系数指标，即可实现污染物浓度的快速预测；

（2）提出了考虑室内存在自循环气流的修正可及度指标，建立了基于修正可及度的室内瞬态污染物分布的计算关系式，可用于评价空调末端、净化器、风扇、空气幕等空气循环装置对室内污染物分布的定量影响；

（3）针对因回风影响送风而导致送风污染物浓度未知的问题，提出了带回风的复杂系统中稳态污染物分布、瞬态污染物分布、长期污染物分布和全程空气龄分布的快速预测方法，解决了传统CFD模拟方法针对带回风的复杂系统建模困难、模拟耗时的问题。

# 第 5 章　面向局部区域的风量需求

## 5.1　概述

新风量不仅关系到室内的空气质量和人员的健康，还会显著地影响空调的能耗，因此合理确定新风量是室内环境营造的重要环节。传统通风空调系统的新风量主要是根据室内的二氧化碳浓度控制或者人均最小新风量来确定[1]。目前常用的新风量（或通风量）实为室内均匀混合假设条件下的名义通风量，未考虑气流分布对新风有效稀释特性的影响，不适用于置换通风、地板送风和个性化送风等气流组织营造的非均匀室内环境。为有效考虑气流组织在新风保障方面的有效性，在通风领域陆续提出了多项指标，包括：空气龄、局部通风量、净逸出速度和局部纯净风量等[2-4]，但上述指标更多用于评价通风换气或排污的性能，不能直接获得面向局部区域保障所需的风量大小。由于室内污染源的位置和分布通常非均匀，使得局部保障区域污染物浓度的形成更加复杂而影响所需风量大小。本章基于第 2 章的固定流场室内污染物浓度的分布关系式，推导出面向局部区域的非均匀室内环境新风量（或通风量）表达式，分析气流组织、污染源分布和保障区域等因素对非均匀环境新风量（或通风量）的影响规律，并以洁净室为典型场景展示非均匀环境新风量（或通风量）的影响因素和降低方法。

## 5.2　面向局部需求的通风量公式

由第 2 章建立的固定流场条件下室内污染物分布表达式（2-31）和式（2-32）清晰地揭示了送风、污染源以及初始条件对室内污染物浓度形成的贡献。当仅保障室内某个局部区域的污染物浓度水平时，该局部区域 $V_{\mathrm{P}}$ 可认为由 $P_{\mathrm{local}}$ 个点（或者称为小控制体）构成，局部区域平均浓度等于 $P_{\mathrm{local}}$ 个点（或小控制体）的浓度的体积加权平均值。污染源对局部区域的平均可及度 $\overline{A}_{\mathrm{C,local}}^{n_{\mathrm{C}}}$ 等于污染源对局部区域内 $P_{\mathrm{local}}$ 个点（或小控制体）的可及度 $A_{\mathrm{C,p}}^{n_{\mathrm{C}}}$ 的体积加权平均值，送风对局部区域的平均可及度 $\overline{A}_{\mathrm{S,local}}^{n_{\mathrm{S}}}$ 等于送风对局部区域内 $P_{\mathrm{local}}$ 个点（或小控制体）的可及度 $A_{\mathrm{S,p}}^{n_{\mathrm{S}}}$ 的体积加权平均值：

$$
\begin{aligned}
\bar{C}_{\mathrm{local}} &= \frac{1}{P_{\mathrm{local}}}\sum_{p=1}^{P_{\mathrm{local}}} C_{\mathrm{p}} \\
\overline{A}_{\mathrm{S,local}}^{n_{\mathrm{S}}} &= \frac{1}{P_{\mathrm{local}}}\sum_{p=1}^{P_{\mathrm{local}}} A_{\mathrm{S,p}}^{n_{\mathrm{S}}} \\
\overline{A}_{\mathrm{C,local}}^{n_{\mathrm{C}}} &= \frac{1}{P_{\mathrm{local}}}\sum_{p=1}^{P_{\mathrm{local}}} A_{\mathrm{C,p}}^{n_{\mathrm{C}}}
\end{aligned}
\tag{5-1}
$$

稳定状态时局部区域的平均浓度可以表示为：

$$\overline{C}_{\mathrm{local}}=\sum_{n_{\mathrm{S}}=1}^{N_{\mathrm{S}}}(C_{\mathrm{S}}^{n_{\mathrm{S}}}\overline{A}_{\mathrm{S,local}}^{n_{\mathrm{S}}})+\sum_{n_{\mathrm{C}}=1}^{N_{\mathrm{C}}}\left(\frac{J^{n_{\mathrm{C}}}}{Q}\overline{A}_{\mathrm{C,local}}^{n_{\mathrm{C}}}\right) \tag{5-2}$$

当各送风口的浓度相同，局部区域污染物浓度标准设置为 $C_{\mathrm{set}}$ 时，所需通风量的计算公式为：

$$Q=\frac{\sum_{n_{\mathrm{C}}=1}^{N_{\mathrm{C}}}(J^{n_{\mathrm{C}}}\overline{A}_{\mathrm{C,local}}^{n_{\mathrm{C}}})}{C_{\mathrm{set}}-C_{\mathrm{S}}} \tag{5-3}$$

式（5-3）是计算非均匀室内环境局部通风量的通用公式。通常，局部保障区域设定污染物浓度和室内污染源散发强度都是已知的，如果已知送风浓度，由式（5-3）可知通风量仅与污染源可及度有关。当污染源可及度小于1时，非均匀室内环境下的局部通风量小于均匀室内环境下的通风量；当污染源可及度大于1时，非均匀室内环境的局部通风量大于均匀室内环境下的通风量；当污染源可及度等于1时，均匀和非均匀室内环境的通风量相同。

非均匀室内环境的局部区域通常需要对污染物浓度、温度、湿度等多参数进行控制。上述局部通风量主要是基于保障局部区域的污染物浓度满足设定要求的前提而获取的。但是，在面向温度、湿度、洁净度等多参数需求时，排热、除湿、排污等所需通风量可能存在较大差别，即针对某单一参数保障需要的通风量较小而针对另一参数保障需要的通风量较大。因此，有必要给出基于保障区域温度、湿度而需要的局部通风量。类似地，利用第2章在固定流场下室内温度、含湿量分布关系式，可推导出保障温度和湿度的局部通风量表达式：

$$Q_{\mathrm{t}}=\frac{\sum_{n_{\mathrm{H}}=1}^{N_{\mathrm{H}}}(q^{n_{\mathrm{H}}}\overline{A}_{\mathrm{H,local}}^{n_{\mathrm{H}}})}{\rho C_{\mathrm{p}}(T_{\mathrm{set}}-T_{\mathrm{S}})} \tag{5-4}$$

$$Q_{\mathrm{d}}=\frac{\sum_{n_{\mathrm{D}}=1}^{N_{\mathrm{D}}}(J_{\mathrm{d}}^{n_{\mathrm{D}}}\overline{A}_{\mathrm{D,local}}^{n_{\mathrm{D}}})}{d_{\mathrm{set}}-d_{\mathrm{S}}} \tag{5-5}$$

## 5.3　局部通风量影响因素分析

设计办公室通风模型，分析气流组织（包括气流短路、混合通风和置换通风等）、保障区域（大小和位置等）和污染源（强度、个数、位置和分布等）等对局部通风量的影响。房间尺寸为4.12m($X$)×2.89m($Y$)×4.2m($Z$)，如图5-1所示。气流组织形式为混合通风（MV）、气流短路（Short）和置换通风（DV）。

将室内1.5m以下区域均匀地划分为9个局部区域，如图5-2（a）所示。E区、B区和H区是目标保障区域，其区域内的平均 $CO_2$ 浓度需要保持在1000ppm。$CO_2$ 源的释放强度相同，均为70mg/s。但是，$CO_2$ 源的分布有3种不同方式，分别为均匀分布于整

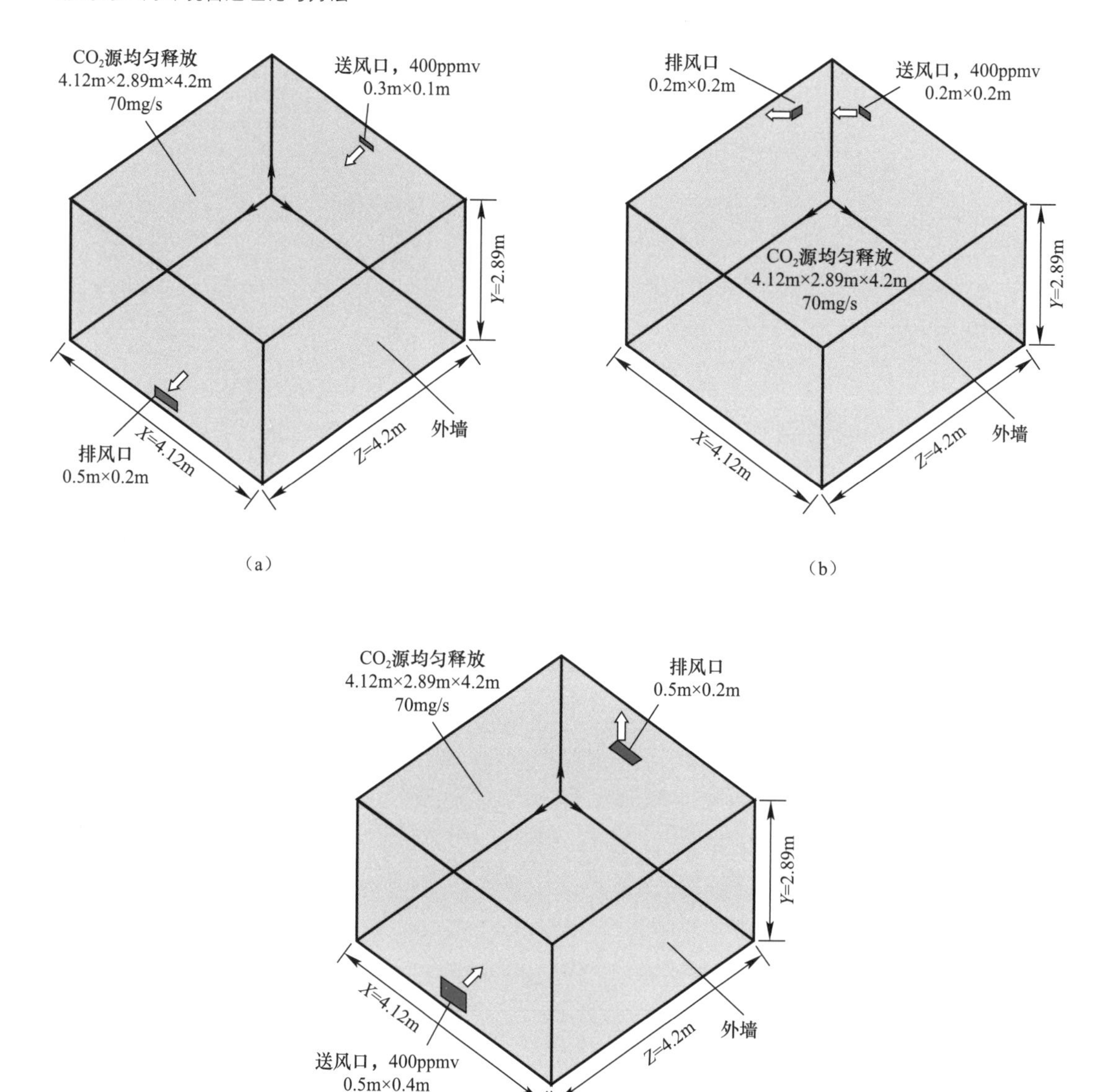


图 5-1　几何模型

(a) 混合通风（MV）；(b) 气流短路（Short）；(c) 置换通风（DV）

个房间 4.12m×2.89m×4.2m 的 $CO_2$ 源、位于 E 区内体积为 0.5m×1.2m×0.5m 的 $CO_2$ 源、位于 H 区内体积为 0.5m×1.2m×0.5m 的 $CO_2$ 源。

基于上述不同的气流组织形式、$CO_2$ 散发源和保障区域，总共设置了 7 种模拟工况，以分析各因素对非均匀环境新风量的影响规律，如表 5-1 所示。工况 MV-1-1 是基本工况，用于与其他工况进行比较。工况 MV-1-1、MV-1-2 和 MV-1-3 的对比旨在分析目标区域的影响，工况 MV-1-1、MV-2-1 和 MV-3-1 的对比是分析污染源分布的影响，工况 MV-1-1、Short-1-1 和 DV-1-1 的对比是分析气流组织的影响。

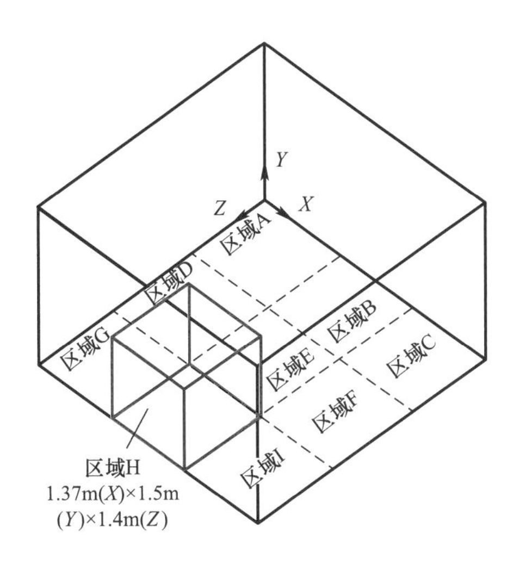


（a）

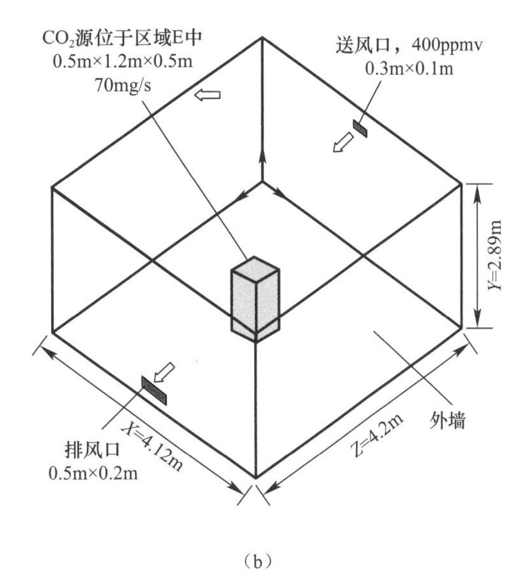


（b）

（c）

图 5-2　保障区域和 $CO_2$ 散发源

（a）保障区域；（b）E 区域散发源；（c）H 区域散发源

**工 况 设 计**　　　　**表 5-1**

| 编号 | 气流组织 | 源位置 | 保障区域 |
|---|---|---|---|
| MV-1-1 | 混合通风 | 均匀分布 | E |
| MV-1-2 | 混合通风 | 均匀分布 | B |
| MV-1-3 | 混合通风 | 均匀分布 | H |
| MV-2-1 | 混合通风 | H | E |
| MV-3-1 | 混合通风 | E | E |
| Short-1-1 | 气流短路 | 均匀分布 | E |
| DV-1-1 | 置换通风 | 均匀分布 | E |

固定室内流场不变，可获得各工况下的污染源可及度，如表 5-2 所示。根据污染源可及度计算出各工况下的通风量，如图 5-3 所示。

**各工况污染源可及度** **表 5-2**

| 工况 | MV-1-1 | MV-1-2 | MV-1-3 | MV-2-1 | MV-3-1 | Short-1-1 | DV-1-1 |
|---|---|---|---|---|---|---|---|
| 可及度 | 1.00 | 1.02 | 0.98 | 1.02 | 1.50 | 1.85 | 0.78 |

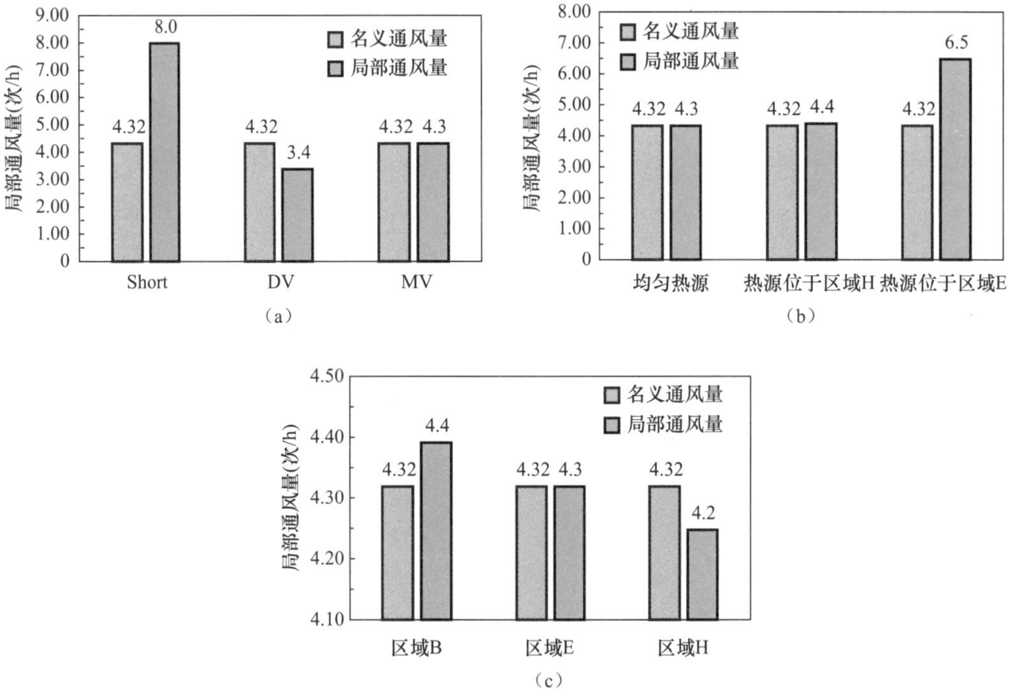

图 5-3 各因素对局部通风量的影响

(a) 气流组织；(b) 源位置；(c) 保障区域

气流组织对通风量影响较大，工况 DV-1-1 [图 5-3 (a)] 中送风口最靠近目标区（E区），使得目标区中的 $CO_2$ 最容易被去除，因此通风量最低（3.4 次/h，比名义风量低 21.3%）。工况 Short-1-1 存在气流短路，使得部分新风直接从排风口排出，导致其目标区域的 $CO_2$ 最难去除而所需通风量最高（8.0 次/h，比名义风量高 85.2%）。对比不同的 $CO_2$ 源分布结果，在具有均匀分布 $CO_2$ 源的工况 MV-1-1 中 [图 5-3 (b)]，通风量与理想均匀室内环境中的名义风量几乎相同。在工况 MV-3-1 中，$CO_2$ 源位于目标区（E区），导致目标区域最容易受到 $CO_2$ 源的污染，从而其所需通风量最高（6.5 次/h，比名义风量高 50.5%）。对比不同保障区域的结果，在工况 MV-1-3 中 [图 5-3 (c)]，保障区域 H 区靠近出口，因此其 $CO_2$ 相对容易去除。在工况 MV-1-2 中，保障区域 H 远离出口，因此所需通风量最高。

## 5.4 局部通风量在洁净室中的应用

洁净室的环境参数要求比民用建筑更加严格，洁净室空间较大，环境参数非均匀特征显著。相比普通民用建筑，除温、湿度保障外，颗粒物浓度（洁净度）的控制是洁净室的重要特点。厘清洁净室颗粒物浓度的分布规律，指导使用最少的能源消耗来保障洁净度需求，对于洁净室具有重要意义。

为保障洁净室的稳定运行，一旦调节到可靠的送风量水平后，通风情况将不再改变，可认为洁净室流场固定。洁净室中的颗粒物基本为小粒径，相关研究表明，这些小颗粒可被视为被动输运[5]。因此，本节应用局部通风量表达式，即式（5-3），分析非均匀洁净室所需风量的大小及影响因素，进行多个案例展示并探讨降低洁净室循环风量的途径。

### 5.4.1　洁净室局部通风量计算展示

以实际的电子洁净厂房为例，对提出的考虑非均匀特征的洁净送风量（局部通风量）结果与传统均匀混合的假设洁净送风量进行对比，揭示二者的差异。建立半导体工厂洁净室的数值模型，尺寸 9.6m×9.6m×4.5m（长×宽×高），如图 5-4 所示。颗粒物散发源为两名工作人员，每个工作人员释放颗粒物的速率为 $1\times10^{6}$ pc/min，产热量为 100W/人。在洁净区放置 3 台尺寸为 2.3m×1.4m×2.1m（长×宽×高）的辅助工艺设备和 2 台尺寸为 1.8m×1.4m×1.5m（长×宽×高）的关键工艺设备，热量产生简化为 0。需要保障的洁净区尺寸为 4.2m×2.2m×1.7m（长×宽×高）。一共有 16 个 FFU，分别命名为 FFU1 至 FFU16，FFU 的尺寸均为 1.2m×1.2m，安装在洁净室上方的吊顶上作为送风口，布置率为 25%。送风温度设置为 20℃。架空地板离地面 1m。

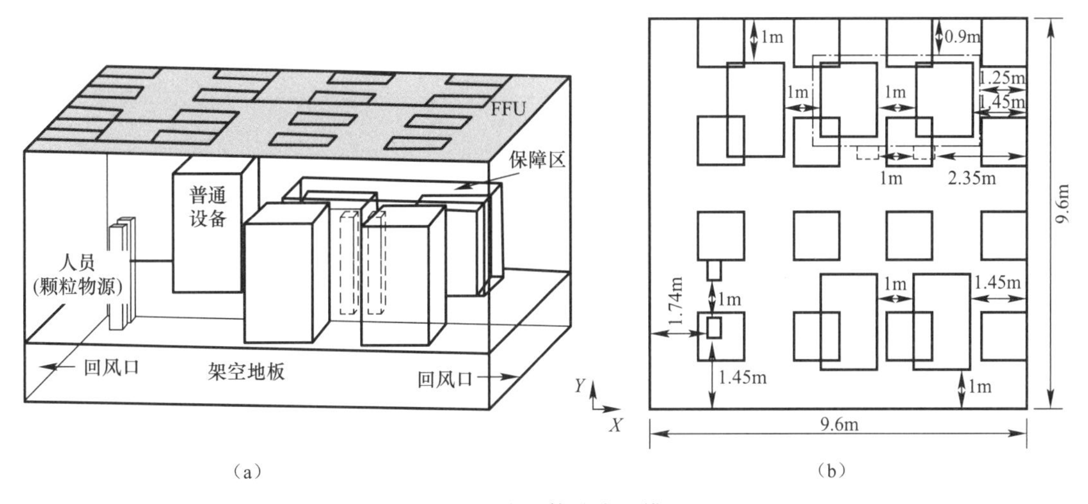


图 5-4　半导体洁净室模型

（a）半导体工厂布局；（b）人员及设备的位置

洁净室需风量与颗粒物源位置和气流组织有着密切的关系。考虑了两个颗粒物源场景，即人员远离洁净区（场景 1）和靠近洁净区（场景 2），如图 5-5 所示。当人员分别远离保障区和靠近保障区时，由于人员释放的颗粒物对于保障区的可及度不同，因此需求的风量并不相同。图 5-6 给出了两种典型场景下的需风量计算结果。可以看到，当人员远离保障区时，采用均匀混合计算方法的换气次数为 123 次/h（基本工况 F），而此时实际的保障区浓度约为 0，低于标准 $3520\text{pc/m}^3$，因此对所有 FFU 的风速进行同步调节，

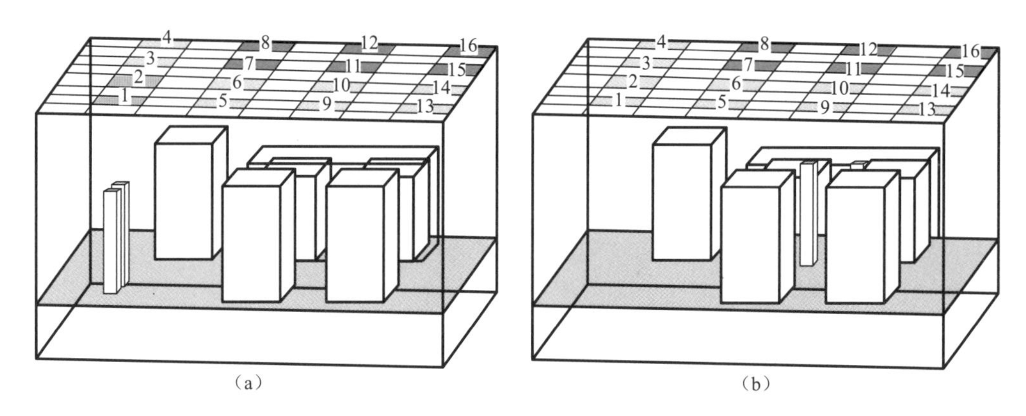


图 5-5 洁净室的两种典型场景

(a) 场景 1：人员远离保障区；(b) 场景 2：人员在保障区附近

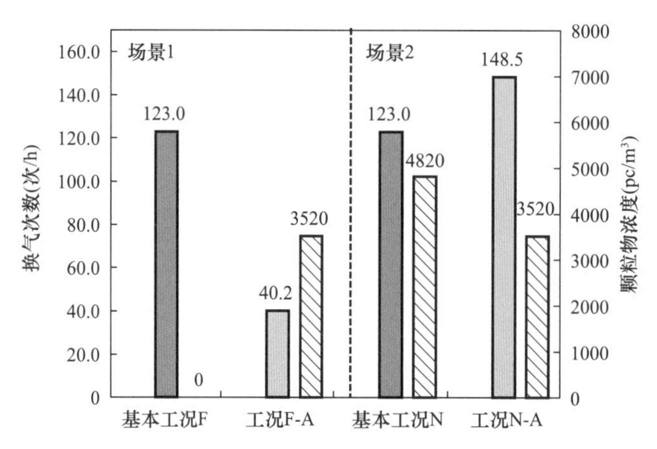


图 5-6 两种典型场景下的需风量计算结果

注：颜色填充柱代表换气次数；线条填充柱代表颗粒物浓度。

非均匀的计算结果仅需 40.2 次/h 的换气次数（工况 F-A）；当人员靠近保障区时，采用均匀混合计算方法的换气次数为 123 次/h（基本工况 N），而此时保障区浓度为 4820，高于标准 3520pc/m$^3$，因此对所有 FFU 的风速进行同步调节，非均匀的计算结果为 148.5 次/h（工况 N-A）。通过以上分析可以看出，非均匀的计算方法和传统均匀混合的计算方法有着显著差别，非均匀的计算方法可以得到满足保障区浓度水平的合理风量。

## 5.4.2 洁净室局部通风量降低途径

传统洁净室的风量设计基于均匀混合方法，认为颗粒物浓度在洁净室内均匀分布，颗粒物源的位置和强度等因素被忽略。根据式（5-3），除可通过降低颗粒物源排放速率或提高洁净区浓度标准来降低洁净风量，还可通过降低颗粒物源到洁净区的可及度而降低洁净风量。以图 5-5 的电子洁净厂房中场景 1 为例，考虑三种气流组织策略，即所有 FFU 送风速度相同、增加颗粒物源上方 FFU 送风量和增加洁净区上方 FFU 送风量。对所有工况下保障区的颗粒浓度进行严格控制，通过调节不同组 FFU 的送风量使得所有工况的保障区颗粒物浓度均保持在 3520pc/m$^3$。颗粒物源（工作人员）上方作为一组 FFU

(FFU 1 和 FFU 2)，保障区上方作为一组 FFU(FFU 7、FFU 8、FFU 11、FFU 12、FFU 15 和 FFU 16)，如图 5-5（a）所示，算例如表 5-3 所示。

**算例设置**　　**表 5-3**

| 策略 | 算例编号 | 送风策略 |
| --- | --- | --- |
| 基准工况 | F-A | 所有 FFU 送风相同（0.134m/s）* |
| 增加人员上方送风 | F-O-1 | 人员上方 FFU 送风速度（0.274m/s）<br>其余 FFU（0.114m/s）* |
| | F-O-2 | 人员上方 FFU 送风速度（0.344m/s）<br>其余 FFU（0.085m/s）* |
| 增加保障区上方送风 | F-C-1 | 保障区上方 FFU 送风速度（0.157m/s）<br>其余 FFU（0.104m/s）* |
| | F-C-2 | 保障区上方 FFU 送风速度（0.179m/s），<br>其余 FFU（0.074m/s）* |

注：括号中的数字为 FFU 的送风速度，其中带 * 的为满足计算结果。

图 5-7 为不同气流组织下通过非均匀计算方法获得的换气次数及对应的可及度。所有工况下保障区颗粒浓度均满足要求，大于等于 0.5μm 粒径的颗粒物浓度小于 3520pc/m³。

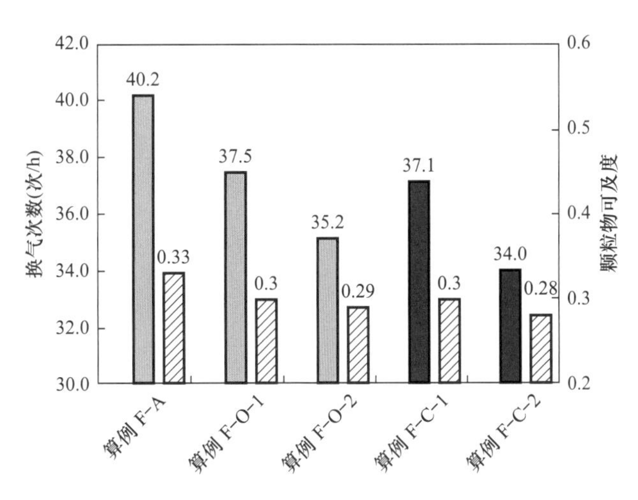


图 5-7　不同气流组织的换气次数及可及度

注：颜色填充柱代表换气次数；线条填充柱代表颗粒物可及度。

通过均匀的送风方式，在控制保障区浓度为标准值时，需要的换气次数为 40.2 次/h，此时所有 FFU 的送风速度均为 0.134m/s。通过提高人员上方送风速度的方式，可以更快地排除颗粒物，当人员上方 FFU 送风速度增加至 0.274m/s 时，其余区域的送风速度可以降低至 0.114m/s，换气次数为 37.5 次/h，对应的可及度为 0.3。如果进一步增加人员上方的送风速度至 0.344m/s，其余区域的送风速度可降低至 0.085m/s，换气次数为 35.2 次/h，对应的可及度为 0.29。通过提高保障区上方送风速度的方式，可以防止颗粒物扩散到保障区，增加保障区上方的送风速度至 0.157m/s，其余 FFU 的送风速度可降低至 0.104m/s，换气次数为 37.1 次/h，对应的可及度为 0.3。如果进一步增加保障区上方的送风速度至 0.179m/s，其余区域的送风速度可降低至 0.074m/s，换气次数为 34 次/h，对应的可及度为 0.28。

综上可知，通过不同的气流组织设计，可以实现颗粒源可及度的显著降低，进而实现风量的降低，非均匀计算方法为降低洁净室风量提供了有力的指导。

## 5.5 本章小结

本章针对面向室内局部区域保障的通风量需求问题，推导了局部通风量表达式，揭示了各因素对局部通风量的影响，并以洁净室为典型场景展示了局部通风量的降低方法，主要结论如下：

（1）基于污染源可及度推导了面向局部需求的非均匀室内环境通风量表达式，与均匀混合假设的通风量相比，局部通风量不仅与污染源强度、保障区浓度设定值有关，还与污染源可及度密切相关。若污染源可及度小于 1，非均匀室内环境下的通风量小于均匀室内环境下的通风量，反之亦然。气流组织、污染源分布和保障区域对污染源可及度产生影响，进而影响局部通风量。

（2）洁净室局部通风量与均匀混合假设的通风量差异显著，当颗粒物源远离保障区时，洁净室局部通风量显著低于均匀混合通风量，而当颗粒物源靠近保障区时，洁净室局部通风量可能高于均匀混合通风量。在洁净室多顶棚 FFU 布置的情况下，可通过提高人员上方或保障区上方的 FFU 送风量，而降低其余区域 FFU 送风量的通风气流组织策略，以保持较低的污染源可及度，进而实现较低的洁净室通风量。

## 第 5 章　参考文献


[1] ASHRAE Standard 62.1. Ventilation for acceptable indoor air quality [S]. ASHRAE. Atlanta, 2019.

[2] Sandberg M, Sjöberg M. The use of moment for assessing air quality in ventilated rooms [J]. Building and Environment, 1983, 18 (4): 181-197.

[3] Sandberg M. What is ventilation efficiency [J]. Building and Environment, 1981, 16 (2): 123-135.

[4] Lim E, Ito K, Sandberg M. Performance evaluation of contaminant removal and air quality control for local ventilation systems using the ventilation index net escape velocity [J]. Building and Environment, 2014, 79: 78-89.

[5] 赵彬，吴俊. 洁净室内颗粒物何时可被当作被动运输的气态污染物? [C]. 第十八届国际污染控制学术会议，2006.

# 第 6 章　面向局部区域的空调负荷

## 6.1　概述

建筑室内环境的负荷计算往往基于均匀混合假设，但通风空调房间环境具有显著的非均匀特征，由此不可避免地引起传统负荷计算的偏差。高大空间温度分层明显，成为非均匀环境负荷研究的重点建筑类型。目前已有的非均匀环境负荷概念与计算方法，主要是基于保障整个工作区进行的[1-3]。虽然工作区与非工作区的划分可算作非均匀室内环境的一种，但尚缺乏对保障区域大小和位置任意变化的广义非均匀室内环境营造的深入研究。只有对仅保障局部区域时非均匀室内环境空调负荷概念及其构成进行全面的认识，才能更好地营造出面向需求且高效的非均匀室内环境，指导非均匀室内环境的气流组织设计、空调系统设备选型、日常运行调控等。本章首先对传统均匀环境的室内负荷进行拓展和延伸，提出适用于非均匀室内环境的局部负荷概念、获取方法和影响因素，推导局部负荷解析表达式，并揭示局部负荷的形成机理和降低方法。

## 6.2　局部空调负荷定义

### 6.2.1　传统室内负荷定义

室内负荷，是指为了维持室内一定的温、湿度而向室内所供应的冷/热量，室内负荷的大小决定了送风参数，从而影响气流组织和室内末端的设计。传统来讲，室内负荷计算时通常将室内环境视为均匀混合，室内各点的空气参数一致。稳态时（比如夏季空调设计工况），室内负荷可由式（6-1）计算获得：

$$Q_{\text{space}}=m_{\text{s}}(h_{\text{space\_set}}-h_{\text{s}})=Q_{\text{gain}} \tag{6-1}$$

式中，$m_{\text{s}}$——送风质量流量（kg/s）；

$h_{\text{s}}$——送风的比焓（kJ/kg）；

$h_{\text{space\_set}}$——室内空气设定温度和相对湿度所对应的比焓（kJ/kg）；

$Q_{\text{space}}$——传统均匀室内环境下的室内负荷（kW）；此时，室内负荷 $Q_{\text{space}}$ 等于室内得热量 $Q_{\text{gain}}$。

式（6-1）成立的前提是室内空气均匀混合，此时保障整个空间的温湿度到单一值。随着各类气流组织形式的发展，营造的室内环境不再是均匀混合，且很多时候保障空间仅为局部区域，从而式（6-1）将不再成立。但是，对于这种保障局部区域（面向需求）的非均匀室内环境，究竟需要投入多少冷量到室内，该如何获取其室内负荷，以及稳态时室内负荷是否仍等于室内得热量，有待回答。假设有两个完全相同的房间，室内得热量均为 600W，其中一个房间采用传统的混合通风来营造均匀室内环境且保障整个房间为 26℃，另一个房间则采用下送风且仅保障局部区域为 26℃，营造出一典型的非均匀室内环境，如图 6-1 所示。对于混合通风营造的均匀室内环境，为保障房间为 26℃所需要的送风量为 180m³/h，送风温度为 16℃。而对于下送风营造的非均匀室内环境，为了保障局部区域为 26℃，假设其所需要的送风量也为 180m³/h，但从图中可直观地看到送风口离保障区域很近，此时送风温度若仍为 16℃，保障区域的温度势必将低于 26℃，因此，此时所需要的送风温度应该高于 16℃，不妨假设为 20℃。另外，上述非均匀室内环境的送风参数可能存在另一种情况，即假设其送风温度为 16℃，与混合通风的送风温度相同。同样地，由于送风口离保障区域很近，此时送风量若仍为 180m³/h，保障区域的温度势必将低于 26℃，因此，所需要的送风量应该低于 180m³/h，不妨假设为 120m³/h。可以看到，相比于传统均匀室内环境的送风参数，非均匀室内环境的送风参数与之不一样，表明非均匀环境与均匀环境的室内负荷不一样；即使都是保障局部区域为 26℃的非均匀环境，所需的送风参数也不一致，非均匀环境的室内负荷定义尚不明确。

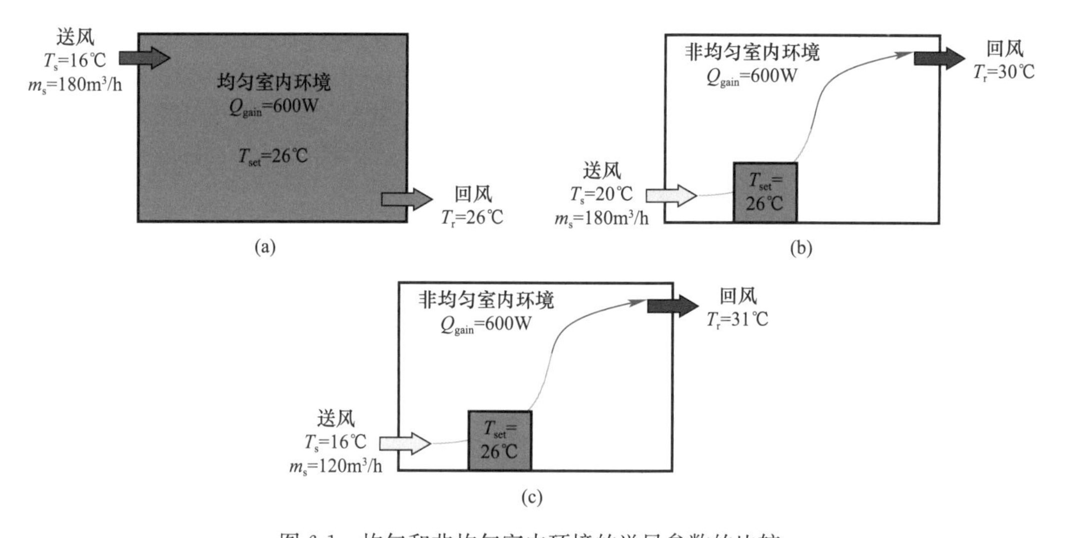


图 6-1　均匀和非均匀室内环境的送风参数的比较

(a) 均匀室内环境；(b) 非均匀室内环境送风参数 1；(c) 非均匀室内环境送风参数 2

### 6.2.2　局部负荷定义

若将保障区域从均匀室内环境的整个房间拓展到非均匀室内环境的局部区域，相应地将整个房间空气的设定温度和相对湿度所对应的比焓 $h_{space\_set}$ 拓展到局部区域空气的设定温度和相对湿度所对应的比焓 $h_{local\_set}$，如图 6-2 所示从而均匀环境室内负荷计算式（6-1）将拓展为非均匀环境室内负荷计算式（6-2）。

$$Q_{local}=m_s(h_{local\_set}-h_s) \tag{6-2}$$

式中，$h_{local\_set}$——局部区域空气设定温度和相对湿度所对应的比焓（kJ/kg）；

$Q_{local}$——非均匀室内环境的负荷，将其命名为局部负荷（kW）；式（6-2）即为非均匀室内环境的局部负荷的定义表达式。

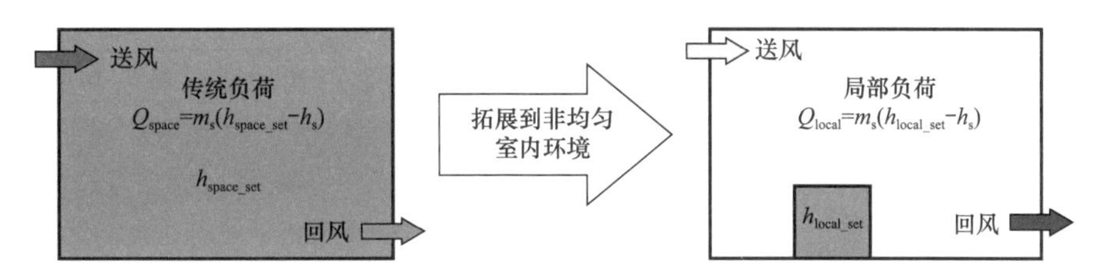


图 6-2　均匀室内环境向非均匀室内环境的拓展

如果室内仅发生显热交换，或者温度是主要关注参数，则式（6-2）可简化为式（6-3）：

$$Q_{local\_s}=c_p m_s(T_{local\_set}-T_s) \tag{6-3}$$

式中，$c_p$——空气定压比热容［kJ/(kg・℃)］；

$T_s$——送风温度（℃）；

$T_{local\_set}$——保障区域的设定温度（℃）；

$Q_{local\_s}$——非均匀室内环境的局部显热负荷（kW）。

由式（6-2）可知，当保障区域的设定参数 $h_{local\_set}$ 不变时，局部负荷的大小与送风参数（$m_s$ 和 $h_s$）直接相关。非均匀室内环境的送风参数与均匀室内环境的不一样（图 6-1），从而其局部负荷与传统室内负荷的大小也不一样。进一步对比式（6-1）和式（6-2）可发现，当室内为均匀混合时，整个房间的参数等于局部区域的参数，即 $h_{space\_set}=h_{local\_set}$，非均匀室内环境的局部负荷等于传统均匀环境的室内负荷，即 $Q_{space}=Q_{local}$。这表明局部负荷具有通用性，既可以适用于传统的均匀室内环境，又可以适用于任意的非均匀室内环境。

### 6.2.3　局部负荷的实验验证

在真实的通风实验小室开展局部负荷的实验。实验舱大小为 4.12m(长)×2.89m(高)×4.20m(宽)，室内布置如图 6-3 所示。实验舱的四面墙根据材料的不同在高度方向上划分为上、中、下 3 个部分，如图 6-3（a）所示。实验舱内在 2.45m 高处有 4 个荧光灯，每个灯的尺寸为 1.5m×0.06m×0.14m，散热量为 40W。为降低灯光对室内热环境的影响，本实验只开启了南侧的两盏灯，总散热量为 80W。利用 3 个灰色铁皮圆桶模拟室内热源（除灯光和围护结构），每个圆桶的散热量为 140W。在天花板处有 3 个送风散流器，为更容易操作与控制送风参数，实验只开启中间的送风散流器。送风散流器具有两个出口，分别朝两个方向贴着天花板送向室内。两个排风散流器位于靠近东墙的天花板，与排风机相连，排风直接被排向舱外。由于本实验的目的是分析面向局部需求的非均匀室内环境的局部负荷，实验时仅保障舱内的某个局部区域。如图 6-3（d）所示，实验舱内 1.5m 以下的空间被均分为 9 个区域并按顺序逐次命名，而本次实验要保障的局部区域为区域 D 且需保障的参数为 26℃。另外，实验舱的门位于东墙上，且靠近南墙的位置。

实验测量 4 种工况，具体如表 6-1 所示。工况 E-CAV 和工况 F-CAV，采用 CAV 流程来获取局部负荷，即先确定并固定送风量为 23.5L/s，然后不断调节送风温度以使保障区域 D 的平均温度为 26℃。两种工况的铁皮圆桶位置不同，前者位于区域 E，后者位于区域 F。通过对比两种工况，可初步分析热源位置对非均匀室内环境参数分布以及局

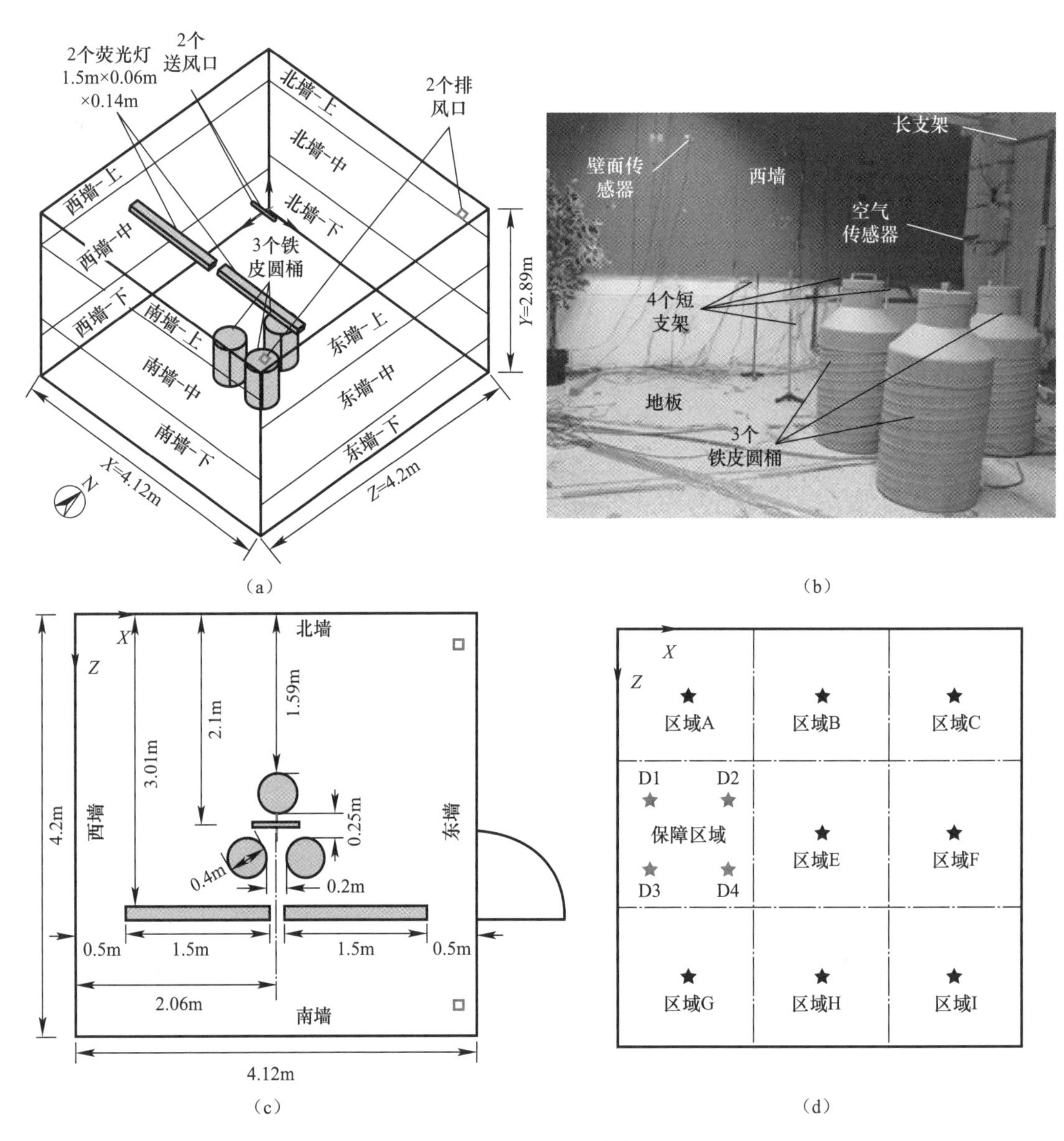


图 6-3　实验舱及其布置

(a) 三维示意图；(b) 实物图；(c) 俯视图；(d) 区域划分与保障区域

部负荷的影响。工况 E-VAV 和工况 F-VAV，采用 VAV 流程来获取局部负荷，即先确定并固定送风温度为 16℃，然后调节送风流量以使保障区域 D 的平均温度为 26℃。两种工况的铁皮圆桶位置不同，前者位于区域 E，后者位于区域 F。

**实 验 工 况**　　**表 6-1**

| 编号 | 3 个铁皮圆桶的位置 | 获取流程 | 送风参数 | 保障区域 |
|---|---|---|---|---|
| E-CAV | 区域 E | CAV 流程 | 23.5L/s | 区域 D |
| F-CAV | 区域 F | | | |
| E-VAV | 区域 E | VAV 流程 | 16℃ | |
| F-VAV | 区域 F | | | |

当各个实验工况中保障区域 D 的平均温度为 26℃时，可获得各工况的最终送风参数和局部负荷。与此同时，舱外的空气温度基本稳定在 22.5℃，且可测量出各工况下的围护结构内表面温度，从而可求出围护结构的散热量及各实验工况下的总得热量，具体如图 6-4 所示。

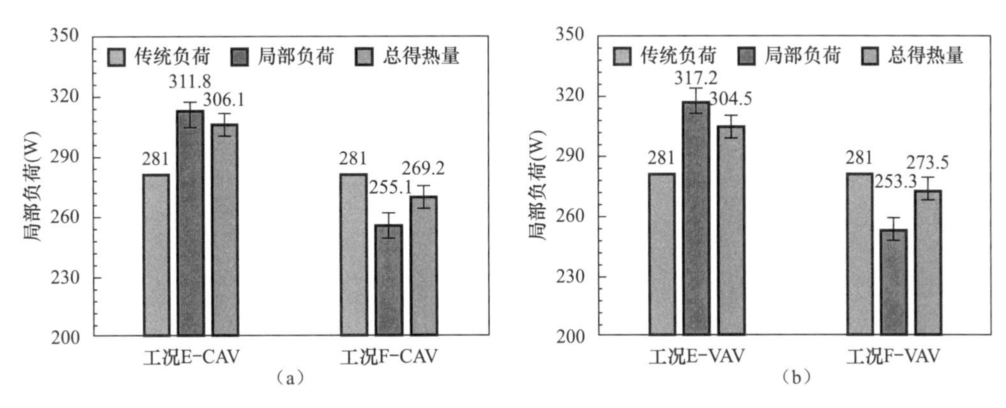


图 6-4　各实验工况下的局部负荷

(a) 工况 E-CAV 和工况 F-CAV；(b) 工况 E-VAV 和工况 F-VAV

非均匀室内环境的局部负荷不等于均匀室内环境的传统负荷。在工况 E-CAV（或 E-VAV）中，由于铁皮圆桶紧邻保障区域 D，导致其对保障区域 D 的温度影响较大从而形成的冷负荷较大（311.8W，大于传统负荷的 281W）。而在工况 F-CAV（或 F-VAV）中，由于铁皮圆桶远离保障区域 D 且离排风散流器较近，因此铁皮圆桶对保障区域 D 的影响较小从而形成的冷负荷较小（255.1W，小于传统负荷的 281W）。另外，从图 6-4 还可发现稳态时非均匀室内环境的局部负荷与总得热量也不一致，这是因为保障区域 D 的平均温度与排风的平均温度不一致导致的，如图 6-5 所示。

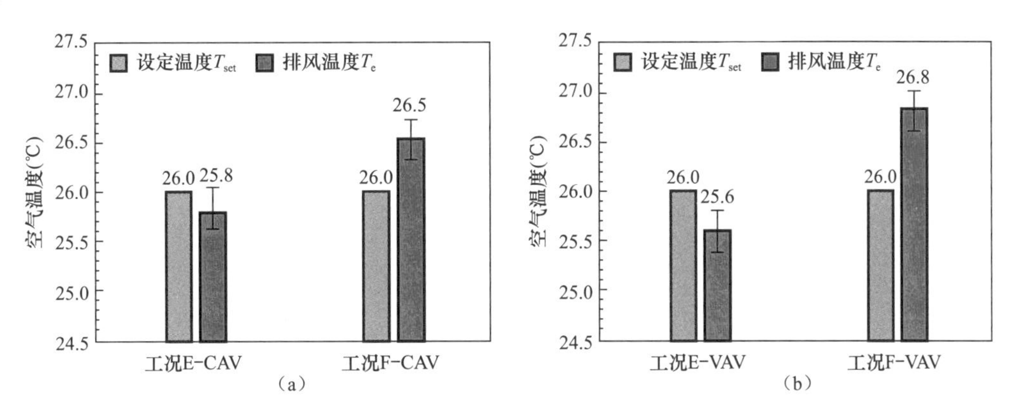


图 6-5　各实验工况下的排风温度

(a) 工况 E-CAV 和工况 F-CAV；(b) 工况 E-VAV 和工况 F-VAV

通过对比图 6-4 和图 6-5 可知，非均匀室内环境的排风温度与局部负荷呈负相关，排风温度越低则局部负荷越大，排风温度越高则局部负荷越小。排风温度低于 26℃，表明除了保障区域 D 外，其他很多区域的温度要低于 26℃，意味着投入到室内的冷负荷即局部负荷偏大，即此时的非均匀室内环境不如传统的均匀室内环境。排风温度高于 26℃，表明除了保障区域D外，其他很多区域的温度要高于26℃，意味着投入到室内的冷负荷即局部负荷偏小，即此时的非均匀室内环境优于传统的均匀室内环境。

本实验采用了CAV流程和VAV流程两种流程来获取局部负荷，因此可对比分析两种流程带来的区别，结果如图6-6和图6-7所示。

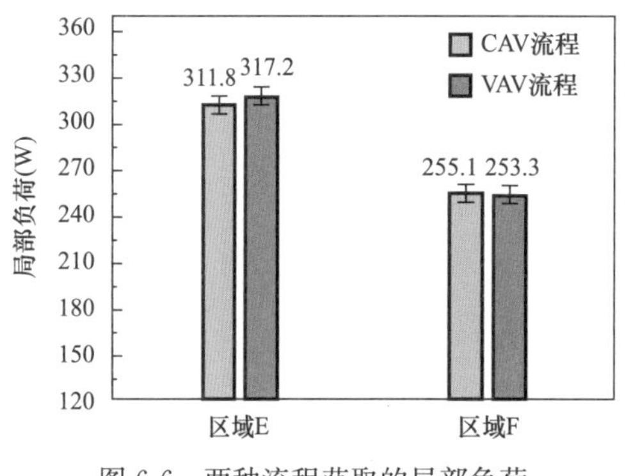


图6-6　两种流程获取的局部负荷

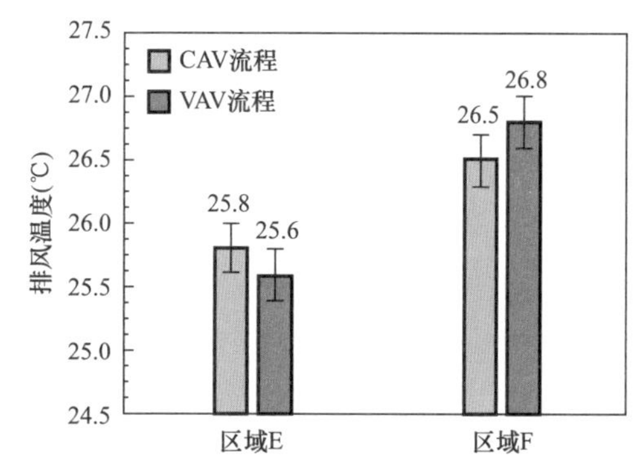


图6-7　两种流程获取的排风温度

由图6-6和图6-7可知，4个实验工况中两两分别采用了CAV流程和VAV流程，结果表明两者获取的局部负荷差别很小，最大偏差小于3%，均在误差允许范围内。因此，可初步认为两种流程获取的局部负荷基本等价。也就是说，非均匀室内环境的局部负荷虽然有两种获取流程，但是两者求出的局部负荷大小基本相等，即局部负荷相当于一个定值而与获取流程无关。

## 6.3　局部空调负荷影响因素分析

### 6.3.1　热源分布的影响

采用控制变量的思想设计实验，即保持另外两个影响因素（气流组织和保障区域）固定不变，以突出热源分布对局部负荷的影响。气流组织均为混合通风，保障区域均为局部区域D（图6-3），设计了13种不同的热源情况，尽可能多地覆盖各种热源分布形式，具体如表6-2所示。

**用于分析热源分布的实验工况　　表6-2**

| 编号 | 热源的构成 | 热源位置 | 送风量 | 保障区域 |
|---|---|---|---|---|
| 1-1 | 3个铁皮圆桶，3×140W | 区域A | 送风量固定为23.5L/s | 区域D，且平均温度需保障为26℃ |
| 1-2 | | 区域B | | |
| 1-3 | | 区域C | | |
| 1-4 | | 区域D | | |
| 1-5 | | 区域E | | |
| 1-6 | | 区域F | | |
| 1-7 | | 区域G | | |
| 1-8 | | 区域H | | |
| 1-9 | | 区域I | | |

续表

| 编号 | 热源的构成 | 热源位置 | 送风量 | 保障区域 |
|---|---|---|---|---|
| 2-1 | 1个油汀，1×840W | 区域E | 送风量固定为47L/s | 区域D，且平均温度需保障为29℃ |
| 2-2 | 5个铁皮圆桶，5×168W | 区域E | | |
| 2-3 | 5个铁皮圆桶，5×168W | 区域A、E和G | | |
| 2-4 | 5个铁皮圆桶，5×168W | 区域A、C、E、G和I | | |

（1）热源位置对局部负荷的影响

按照CAV流程进行实验测量，通过调节送风温度使得各个实验工况下的保障区域平均温度均达到设定值后，可获得各个实验工况下的最终送风温度，从而可计算出各个实验工况的局部负荷。通过对比工况1-1至工况1-9可分析热源位置对局部负荷的影响，其实验结果如图6-8所示。

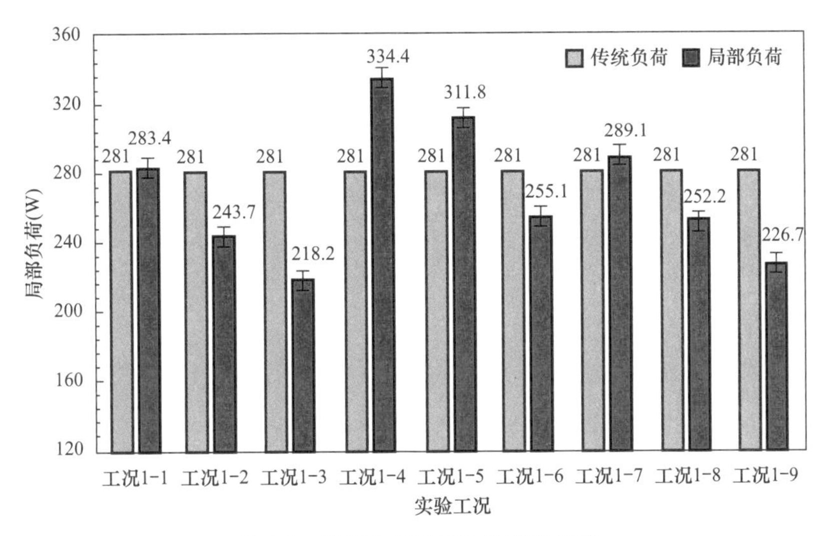


图6-8 热源位置对局部负荷的影响

热源位于不同区域时对局部负荷的影响很大，最大值为333.4W，最小值为218.2W。工况1-1、工况1-4、工况1-5和工况1-7的局部负荷大于传统负荷，这是因为这4种工况中热源离保障区域D比较近，导致热源对保障区域的影响较大。其中，工况1-4的热源正好位于保障区域D内，因此为了将保障区域的平均温度控制到26℃，所需要的送风温度最低（14.2℃），从而导致其局部负荷最大（333.4W）。工况1-2、工况1-3、工况1-6、工况1-8和工况1-9的局部负荷小于传统负荷，这是因为这5种工况中热源离保障区域D比较远，导致热源对保障区域D的影响较小。其中，工况1-3和工况1-9的热源离保障区域最远，使得其对保障区域的影响最小，且正好在排风口下面而使得其热量容易直接被排风带走，因此为了将保障区域的平均温度控制到26℃，所需要的送风温度最高（分别为18.3℃和18.0℃），从而导致其局部负荷最小（分别为218.2W和226.7W）。

（2）热源强度的影响

通过对比工况2-1和工况2-2可分析热源强度对局部负荷的影响，实验结果如图6-9所示。

采用油汀的工况2-1的局部负荷小于采用5个灰色铁皮圆桶的工况2-2，表明热源强度越高则其局部负荷越小。这是因为，油汀和 5 个灰色铁皮圆桶的发热量均为 840W，但是前者的体积远小于后者，使得油汀的散热强度更大从而表面温度较高。因此，相比于圆桶，油汀通过辐射换热的比例较大而对流换热的比例较小。辐射换热是根据角系数分配到室内各个表面（主要是围护结构内表面），最终再通过表面处的对流换热传给室内空气。这相当于油汀的部分热量分配给室内 6 个围护结构内表面，削弱了油汀的发热量，降低了油汀对保障区域的影响，从而使得其局部负荷更小。

(3) 热源集中与分散的影响

通过对比工况 2-2、工况 2-3 和工况 2-4 可分析热源的分散与集中对局部负荷的影响，实验结果如图 6-10 所示。

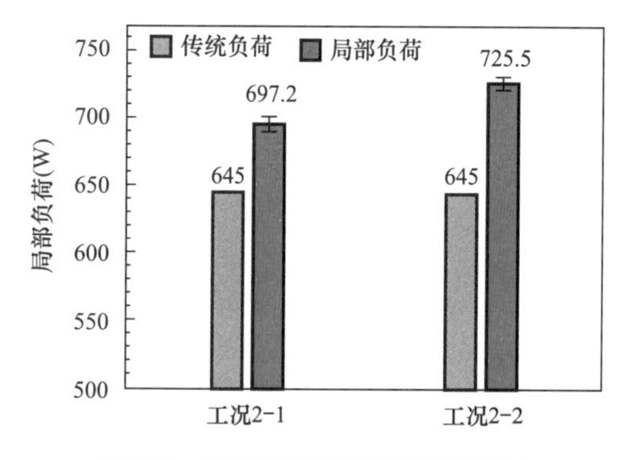


图 6-9　热源强度对局部负荷的影响

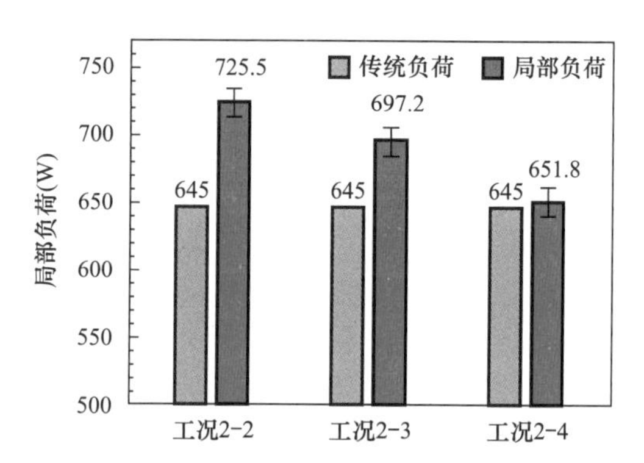


图 6-10　热源分散与集中对局部负荷的影响

铁皮圆桶分散位于区域 A、C、E、G 和 I 的工况 2-4 的局部负荷最小，铁皮圆桶集中位于区域 E 的工况 2-2 的局部负荷最大，而工况 2-3 则介于两者之间。这表明热源越分散则其局部负荷越小，热源越集中则其局部负荷越大。这是因为，当 5 个灰色铁皮圆桶集中于区域 E 时，其离保障区域 D 很近而使得圆桶对保障区域的影响很大，从而局部负荷大，且大于传统负荷。而当 5 个灰色铁皮圆桶分散于 5 个区域时，使得热源分布较均匀，且采用了混合通风，此时比较接近营造了均匀的室内环境，使得其局部负荷约等于传统负荷。

### 6.3.2　气流组织的影响

由于实验条件有限，实验舱内无法创造各种气流组织来分析其对局部负荷的影响。因此，利用 CFD 模拟来研究气流组织对局部负荷的影响。保持热源分布和保障区域固定不变，突出气流组织对局部负荷的影响。保障区域均为区域 H 且保障的参数均为 26℃，热源均采用均匀分布的热源，其体积大小均为 4.12m × 2.89m × 4.2m，散热量均为 520W。对围护结构进行了简化，仅保留东墙为外墙，设置传热系数为 1W/($m^2$·℃) 且室外空气温度为 30℃，其他墙面则均设为绝热边界。设计了 7 种不同的气流组织形式，其中，Uniform 指接近理想均匀混合的气流组织，通过在室内增加两个搅拌风机来实现，可视为一种极端的气流组织形式；Short 指短路气流，大部分送风直接被送到回风口，可视为另一种极端的气流组织形式；CF 指顶送底回，存在部分气流短路；SS 指侧送侧回，是常见的混合通风；CC 指顶送顶回，是另一种比较常见的混合通风；DV 指置换通风；

UFAD指地板送风。以上7种气流组织的送风量均为0.06m³/s，热源均匀分布在整个房间，大小为4.12m×2.89m×4.2m，热量为520W。保障区域为H，且平均温度需保障为26℃，依此设计了7种模拟工况，如表6-3所示。

**模拟工况　　表6-3**

| 编号 | 气流组织 |
|---|---|
| 0-Uniform | 理想均匀混合（Uniform） |
| 1-Short | 气流短路（Short） |
| 1-CF | 顶送底回（CF） |
| 1-SS | 侧送侧回（SS） |
| 1-CC | 顶送顶回（CC） |
| 1-DV | 置换通风（DV） |
| 1-UFAD | 地板送风（UFAD） |

在确保保障区域的平均温度为26℃后，可获得各种模拟工况最终的送风参数，进而可求出各种工况下的局部负荷，结果如图6-11所示。

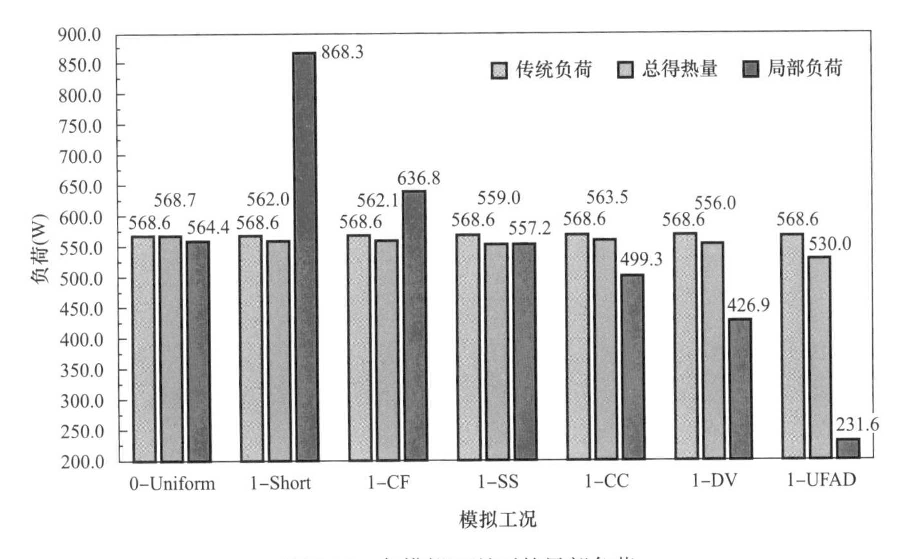


图6-11　各模拟工况下的局部负荷

不同气流组织下的局部负荷区别很大，最大为868.3W，最小仅为231.6W。对于工况0-Uniform，利用两个大风机对室内进行均匀搅拌，营造出了接近均匀混合的室内环境，其室内温度分布为均匀的26℃。该工况下的局部负荷为564.4W，几乎与传统负荷568.6W相等。因此工况0-Uniform可视为基础工况，作为其他工况的比较基准。

工况1-Short和工况1-CF的局部负荷分别为868.3W和636.8W，远大于基础工况0-Uniform。表明在这两种气流组织形式下，营造出了一个比均匀环境差很多的非均匀环境。这是因为，两种工况存在较明显的气流短路现象，导致大部分送风直接从回风口排出，从而送风对室内保障区域的影响很小即冷却效果很差，造成冷量的浪费。因此，通过这两种工况发现，气流短路将大大提高非均匀室内环境的局部负荷。所以，应当尽量避免出现气流短路。

工况 1-SS 和工况 1-CC 为常见的混合通风，其局部负荷分别为 557.2W 和 499.3W，与基础工况比较接近。表明在室内热源均匀分布的情况下，传统混合通风营造出的室内环境确实比较均匀。但实际中热源分布是非均匀的，因此并不一定能营造出比较均匀的室内环境。另外，工况 1-CC 的局部负荷比工况 1-SS 要稍微小一些，这是因为工况 1-CC 中的回风口位于顶部，相当于离热源比较近，从而使得热量容易排除。因此，通过这两种工况可发现，回风口离热源越近，局部负荷越小，反之亦然。

工况 1-DV 和 1-UFAD 的局部负荷分为 426.9W 和 231.6W，远低于基础工况。这表明在这两种气流组织形式下，营造出了一个比均匀环境好很多的非均匀环境。这两种工况下送风口离保障区域都很近，使得送风对保障区温度的影响很大而冷却效果很好，从而局部负荷小。因此，通过这两种工况发现，送风口离保障区域越近，局部负荷越小，反之亦然。

### 6.3.3 保障区域的影响

采用 CFD 模拟来分析保障区域对局部负荷的影响规律。保障区域对局部负荷的影响，可细分为保障区域的大小和保障区域的位置对局部负荷的影响。为了分析保障区域的位置对局部负荷的影响，设计了 6 个不同位置的保障区域，分别为区域 A、B、D、E、G 和 H（图 6-3）；为了分析保障区域的大小对局部负荷的影响，以区域 H 为基准设计了 6 个不同大小的保障区域，分别为区域 H 的中心点、小区域 H，中区域 H、区域 H、大区域 H 和整个房间。根据以上不同的保障区域的位置和大小，总共设计了 11 种模拟工况，以全面地分析保障区域对局部负荷的影响，具体如表 6-4 所示。

模拟工况　　表 6-4

| 工况编号 | 气流组织 | 热源分布 | 保障区域 |
| --- | --- | --- | --- |
| 工况 1-A | 置换送风<br>0.06$m^3/s$；<br>送风口大小<br>0.5m×0.48m；<br>送风速度<br>0.25m/s | 均匀热源<br>520W；<br>热源体积<br>4.12m×2.89m×4.2m | 区域 A，1.38m×1.5m×1.4m |
| 工况 1-B | | | 区域 B，1.38m×1.5m×1.4m |
| 工况 1-D | | | 区域 D，1.38m×1.5m×1.4m |
| 工况 1-E | | | 区域 E，1.38m×1.5m×1.4m |
| 工况 1-G | | | 区域 G，1.38m×1.5m×1.4m |
| 工况 1-H | | | 区域 H，1.38m×1.5m×1.4m |
| 工况 1-H-P | | | 区域 H 内一点，坐标为（2.06m，0.25m，3.5m） |
| 工况 1-H-S | | | 小区域 H，0.6m×1.2m×0.6m |
| 工况 1-H-M | | | 中区域 H，1m×1.5m×1m |
| 工况 1-H-L | | | 大区域 H，2m×2m×2m |
| 工况 1-Room | | | 整个房间，4.12m×2.89m×4.2m |

按照 CAV 流程进行 CFD 模拟，固定送风量不变，通过调节送风温度使得各个实验工况下的保障区域达到 26℃后，可获得其最终送风温度，可知各种模拟工况下的局部负荷也将区别很大，具体如图 6-12 所示。

各工况的传统负荷均为 568.6W。由图可知，各工况下的总得热量不同，这是因为室内温度分布不同而使得东墙的传热量不同。但由于围护结构传热量占总得热量的比例较小，其实各种工况下的总得热量相差并不大。由图 6-12（a）可知，不同保障区域位置的局部负荷区别较大，保障区域位于 A 时局部负荷最大为 484.8W，保障区域位于 H 时局部负荷最小为 426.9W。这是因为区域 A 离送风口远，使得送风对保障区温度的影响相对较小即冷却效果较差，从而局部负荷最大。而区域 H 正好在送风口旁边，保障区域离送风口最近，使得送风对保障区域温度的影响很大即冷却效果很好，从而局部负荷最小。因此，通过对以上 6 种工况研究可发现，当热源均匀分布时，保障区域送风口越近，局部负荷越小，反之亦然。由图 6-12（b）可知，不同大小的保障区域的局部负荷区别较大，保障区域的尺寸越小局部负荷越小。当保障区域仅为点 P 时，由于点 P 离送风口很近，此时送风对 P 点的影响很大即冷却效果很好，从而使得其局部负荷最小仅 275W。而当保障区域为整个房间时，送风对保障区域的影响力大大减弱，从而使得其局部负荷最大为 499.3W。因此，通过以上 6 种工况可发现，当热源均匀分布时，保障区域越小则局部负荷越小，反之亦然。

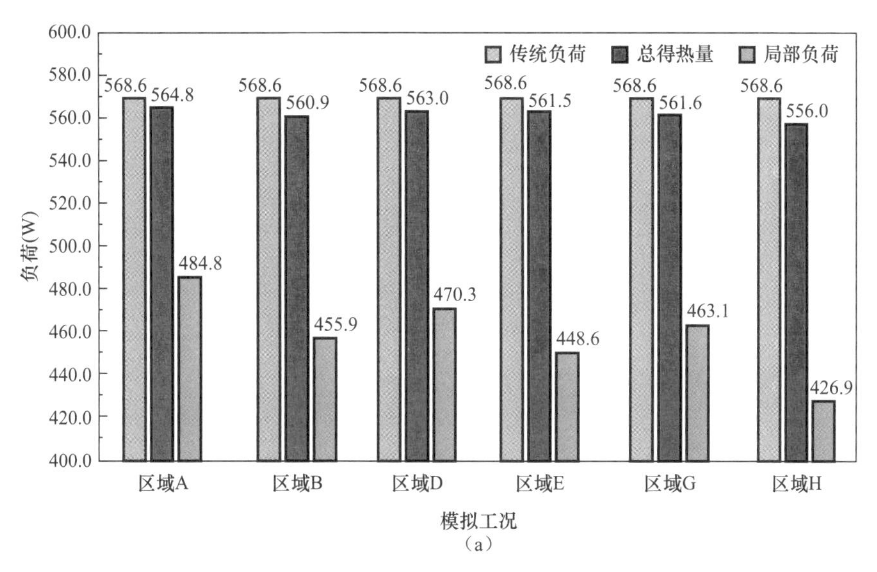

（a）

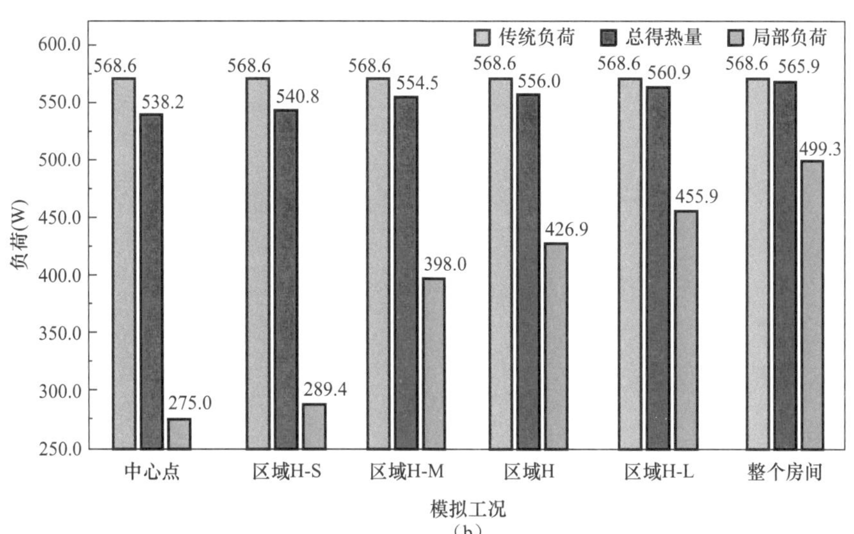

（b）

图 6-12　保障区域对局部负荷的影响

（a）保障区域位置；（b）保障区域大小

## 6.4 局部空调负荷解析表达式

### 6.4.1 隐式局部负荷表达式

第6.3节的因素分析是针对部分具体工况，并不能从本质上揭示各因素的影响规律，不清楚送风和热源等是如何对局部负荷进行作用的。利用第2章可及度指标不仅可以快速获得室内温度分布，而且可以揭示出送风和热源对室内温度分布的影响规律。而室内温度分布是获取非均匀室内环境局部负荷的关键所在。因此，可利用送风可及度、热源可及度及其代数表达式推导出局部负荷的解析表达式。

当仅保障室内某个局部区域的平均温度时，保障区域 $V$ 可认为由 $N_{\text{local}}$ 个点（或者小控制体）构成，那么保障区域 $V$ 的平均温度就等于 $N_{\text{local}}$ 个点（或小控制体）的温度的算术平均值。从而可得到保障区域 $V$ 的稳态过余温度表达式 $\bar{\theta}_{\text{local}}$：

$$
\begin{aligned}
\bar{\theta}_{\text{local}} &= \frac{1}{V}\int \theta_{\text{p}} \cdot \mathrm{d}v = \frac{1}{N_{\text{local}}}\sum_{n=1}^{N_{\text{local}}}\theta_{\text{p},n} \\
&= \frac{1}{N_{\text{local}}}\sum_{n=1}^{N_{\text{local}}}\left\{\sum_{i=1}^{N_{\text{S}}}(\theta_{\text{S}i}A_{\text{S}i,\text{p}}) + \sum_{j=1}^{N_{\text{C}}}\left(\frac{q_{\text{C}j}}{mc_{\text{p}}}A_{\text{C}j,\text{p}}\right) + \sum_{k=1}^{N_{\text{CW}}}\left[\frac{K_{\text{CW}k}F_{\text{CW}k}(T_{\text{out}} - T_{\text{in,CW}k})}{mc_{\text{p}}}A_{\text{CW}k,\text{p}}\right]\right\} \\
&= \sum_{i=1}^{N_{\text{S}}}\left\{\theta_{\text{S}i} \times \left[\frac{1}{N_{\text{local}}}\sum_{n=1}^{N_{\text{local}}}(A_{\text{S}i,\text{p}})\right]\right\} + \\
&\quad \sum_{j=1}^{N_{\text{C}}}\left\{\frac{q_{\text{C}j}}{mc_{\text{p}}} \times \left[\frac{1}{N_{\text{local}}}\sum_{n=1}^{N_{\text{local}}}(A_{\text{C}j,\text{p}})\right]\right\} + \\
&\quad \sum_{k=1}^{N_{\text{CW}}}\left\{\frac{K_{\text{CW}k}F_{\text{CW}k}(T_{\text{out}} - T_{\text{in,CW}k})}{mc_{\text{p}}} \times \left[\frac{1}{N_{\text{local}}}\sum_{n=1}^{N_{\text{local}}}(A_{\text{CW}k,\text{p}})\right]\right\}
\end{aligned} \tag{6-4}
$$

式中，$V$——保障区域；

$N_{\text{local}}$——保障区域内的点（或小控制体）的个数；

$\theta_{\text{p}}$——保障区域任意点 p（或小控制体 p）稳态时的过余温度；

$\bar{\theta}_{\text{local}}$——保障区域 $V$ 稳态时的过余温度。

将式（6-4）中的部分项作如下简化：

$$
\bar{A}_{\text{S}i,\text{local}} = \frac{1}{N_{\text{local}}}\sum_{n=1}^{N_{\text{local}}}(A_{\text{S}i,\text{p}}),\quad \bar{A}_{\text{C}j,\text{local}} = \frac{1}{N_{\text{local}}}\sum_{n=1}^{N_{\text{local}}}(A_{\text{C}j,\text{p}})
$$

$$
\bar{A}_{\text{CW}k,\text{local}} = \frac{1}{N_{\text{local}}}\sum_{n=1}^{N_{\text{local}}}(A_{\text{CW}k,\text{p}}) \tag{6-5}
$$

式中，$\bar{A}_{\text{S}i,\text{local}}$——稳态时第 $i$ 个送风口对保障区域 $V$ 的送风可及度；

$\bar{A}_{\text{C}j,\text{local}}$——稳态时第 $j$ 个热源 $q_{\text{C}j}$ 对保障区域 $V$ 的热源可及度；

$\bar{A}_{\text{CW}k,\text{local}}$——稳态时第 $k$ 个围护结构 $q_{\text{CW}k}$ 对保障区域 $V$ 的热源可及度。

将式（6-5）代入式（6-4），并假设各个送风口的送风温度均为 $T_S$，那么根据稳态时各个送风口的送风可及度之和恒为1，则可得：

$$\bar{\theta}_{local}=\sum_{i=1}^{N_S}(\theta_{Si}\overline{A}_{Si,local})+\sum_{j=1}^{N_C}\left(\frac{q_{Cj}}{mc_p}\overline{A}_{Cj,local}\right)+\sum_{k=1}^{N_{CW}}\left[\frac{K_{CWk}F_{CWk}(T_{out}-T_{in,CWk})}{mc_p}\overline{A}_{CWk,local}\right]$$
$$=\theta_S+\sum_{j=1}^{N_C}\left(\frac{q_{Cj}}{mc_p}\overline{A}_{Cj,local}\right)+\sum_{k=1}^{N_{CW}}\left[\frac{K_{CWk}F_{CWk}(T_{out}-T_{in,CWk})}{mc_p}\overline{A}_{CWk,local}\right] \quad (6\text{-}6)$$

将式（6-6）中的基准温度 $T_0$ 设为非均匀室内环境保障区域的设定温度 $T_{set}$，那么当保障区域平均温度满足设定值时，即 $\overline{T}_{local}=T_{set}$，式（6-6）中等号左边项为0，从而可得到：

$$\theta_S=-\sum_{j=1}^{N_C}\left(\frac{q_{Cj}}{mc_p}\overline{A}_{Cj,local}\right)-\sum_{k=1}^{N_{CW}}\left[\frac{K_{CWk}F_{CWk}(T_{out}-T_{in,CWk})}{mc_p}\overline{A}_{CWk,local}\right] \quad (6\text{-}7)$$

在式（6-7）两边都乘以 $mc_p$，可得：

$$Q_{local}=-mc_p\theta_S=\sum_{j=1}^{N_C}(q_{Cj}\overline{A}_{Cj,local})+\sum_{k=1}^{N_{CW}}[K_{CWk}F_{CWk}(T_{out}-T_{in,CWk})\overline{A}_{CWk,local}] \quad (6\text{-}8)$$

式中 $Q_{local}$ 即为非均匀室内环境下的局部负荷，式（6-8）即为非均匀环境局部负荷的解析表达式。

若将 $N_C$ 个室内热源和 $N_{CW}$ 个围护结构传热视为一个大热源 $q$，稳态时该大热源 $q$ 对保障区域的热源可及度为 $\overline{A}_{C,local}$，那么式（6-8）可以简化为：

$$Q_{local}=-mc_p\theta_S=q\overline{A}_{C,local} \quad (6\text{-}9)$$

通过式（6-8）或式（6-9）可清楚地发现，局部负荷主要受热源可及度的影响，热源可及度的大小直接决定了局部负荷的大小。而根据热源可及度的定义可知，热源可及度主要由气流组织和热源分布决定。另外，式（6-9）中的热源可及度 $\overline{A}_{C,local}$ 是大热源对整个保障区域的平均热源可及度。所以，保障区域的大小和位置也将决定热源可及度的大小，从而影响局部负荷的大小。综上所述，式（6-8）或式（6-9）可定量地分析出热源分布、气流组织和保障区域对局部负荷的影响，而影响大小可用热源可及度来评价。

### 6.4.2　显式局部负荷表达式

在6.4.1节中的隐式局部负荷主要针对已知热强度，而在非均匀环境中对流边界得热量对局部负荷的独立影响是未知的。对流边界在非均匀环境中广泛存在，如非均匀环境中墙体、辐射板的传热等。由于室内的非均匀特性，该类边界对局部负荷的构成与气流组织形式、边壁特性等因素相关。为获得对流边界传热量的显式表达，需采用第3.3节建立的非均匀环境室内温度分布的显式表达式。为此，选用第三类边界内表面温度向量 $\vec{t}_{en}$ 为中间变量，可获得基于该变量的室内任意点的温度分布表达式，如式（6-10）所示。

$$t^p=\tilde{a}_S^p\times t_S+[(\vec{\tilde{a}}_E^p)_{n_e\times1}]^T\times\frac{(\vec{Q}_E)_{n_e\times1}}{m_SC_P}+[(\vec{\tilde{a}}_C^p)_{n_e\times1}]^T\times(\vec{t}_{en})_{n_C\times1} \quad (6\text{-}10)$$

针对局部保障区域，可获得其与送风温度的线性表达式，进而反推得到送风温度，如式（6-11）所示。

$$t_{\mathrm{S}}=\frac{1}{\tilde{a}_{\mathrm{S}}^{\mathrm{loc}}}\times\left\{t^{\mathrm{loc}}-\left[\left(\vec{\tilde{a}}_{\mathrm{E}}^{\mathrm{loc}}\right)_{n_{\mathrm{e}}\times1}\right]^{\mathrm{T}}\times\frac{\left(\vec{Q}_{\mathrm{E}}\right)_{n_{\mathrm{e}}\times1}}{m_{\mathrm{S}}C_{\mathrm{P}}}-\left[\left(\vec{\tilde{a}}_{\mathrm{C}}^{\mathrm{loc}}\right)_{n_{\mathrm{C}}\times1}\right]^{\mathrm{T}}\times\left(\vec{t}_{\mathrm{en}}\right)_{n_{\mathrm{C}}\times1}\right\} \tag{6-11}$$

获得送风温度后，可建立房间任意点的温度分布表达式。为探究对流边壁处的传热量，选择毗邻对流边界处的空气网格进行分析，如图 6-13 所示。

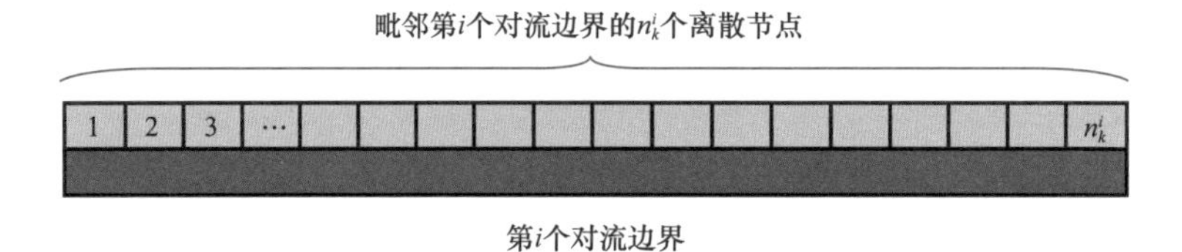


图 6-13 毗邻对流边界处的空气网格

对流边界处第 $j$ 个毗邻网格节点的温度表达式如式（6-12）所示。

$$t_{\mathrm{adj}}^{j}=\tilde{a}_{\mathrm{S}}^{\mathrm{adj},j}\times t_{\mathrm{S}}+\left[\left(\vec{\tilde{a}}_{\mathrm{E}}^{\mathrm{adj},j}\right)_{n_{\mathrm{e}}\times1}\right]^{\mathrm{T}}\times\frac{\left(\vec{Q}_{\mathrm{E}}\right)_{n_{\mathrm{e}}\times1}}{m_{\mathrm{s}}C_{\mathrm{p}}}+\left[\left(\vec{\tilde{a}}_{\mathrm{C}}^{\mathrm{adj},j}\right)_{n_{\mathrm{C}}\times1}\right]^{\mathrm{T}}\times\left(\vec{t}_{\mathrm{en}}\right)_{n_{\mathrm{C}}} \tag{6-12}$$

基于毗邻对流边界处网格的温度分布表达式，可获得对流边界的传热显式表达式，如式（6-13）所示。为获得整个对流边界的传热量，需对式（6-13）的结果进行积分。其中，对流边界处的传热量如式（6-14）所示。可以看出，对流边界处的传热量与三类热因素相关，即对流边界处的外温、保障区域的设定温度及室内的热源强度，各热因素对其影响只与流场及对流边界特性相关。

$$q_{\mathrm{c},i}^{j}=\overline{h}_{i,j}^{\mathrm{loc}}\times(t_{\mathrm{en}}^{i}-t^{\mathrm{loc}})+\sum_{k=1,k\neq i}^{n_{\mathrm{C}}}\overline{h}_{i,j}^{k}\times(t_{\mathrm{en}}^{i}-t_{\mathrm{en}}^{k})+\sum_{l=1}^{n_{\mathrm{e}}}\overline{k}_{i,j}^{l}\times Q_{\mathrm{E}}^{l} \tag{6-13}$$

$$Q_{\mathrm{C}}^{i}=\sum_{j=1}^{n_k}q_{\mathrm{c},i}^{j}\times S_i^j=\left[\overline{h}_{i}^{\mathrm{loc}}\times(t_{\mathrm{en}}^{i}-t^{\mathrm{loc}})+\sum_{k=1,k\neq i}^{n_{\mathrm{C}}}\overline{h}_{i}^{k}\times(t_{\mathrm{en}}^{i}-t_{\mathrm{en}}^{k})+\sum_{l=1}^{n_{\mathrm{e}}}\overline{k}_{i}^{l}\times Q_{\mathrm{E}}^{l}\right]\times S_i \tag{6-14}$$

上述对流传热量表达式指出，对流热与各类热边界存在线性关系。为此，提出非均匀环境等效传热系数等系列指标，用于描述非均匀环境中对流边界的传热量与各个热因素间的影响关系。其中，$\overline{h}_i^{\mathrm{loc}}$ 可反映对流热与工作区设定温度间的关系，如式（6-15）所示；$\overline{h}_i^k$ 可反映对流热与其他对流边界处对流温度间的关系，如式（6-16）所示；$\overline{k}_i^l$ 可反映对流热与其他热源间的关系，如式（6-17）所示。

$$\overline{h}_i^{\mathrm{loc}}=\frac{\sum_{j=1}^{n_K}(\overline{h}_{i,j}^{\mathrm{loc}}\times S_i^j)}{S_i} \tag{6-15}$$

$$\overline{h}_i^{k}=\frac{\sum_{j=1}^{n_K}(\overline{h}_{i,j}^{k}\times S_i^j)}{S_i} \tag{6-16}$$

$$\overline{k}_i^{l}=\frac{\sum_{j=1}^{n_K}(\overline{h}_{i,j}^{l}\times S_i^j)}{S_i} \tag{6-17}$$

在均匀环境中，对流热量仅受室内设定点与对流边界内表面温度之间的温差影响；而在非均匀环境的情况下，对流热量不仅受局部保障区设定温度的影响，还受其他对流边界和室内热源温度的影响，这是因为其他对流边界和室内热源的温度对室内的温度分布有影响，进而影响非均匀环境的对流得热量。

## 6.5　局部空调负荷降低方法

### 6.5.1　降低局部负荷的理论分析

根据局部负荷的解析表达式，可得出降低局部负荷的方法，主要可以将其分为 $\overline{A}_{C,local}>1$ 和 $\overline{A}_{C,local}\leqslant1$ 两类：

（1）当 $\overline{A}_{C,local}>1$ 时，热源对保障区域温度的影响大于送风的影响，营造的非均匀室内环境不如均匀室内环境。为了减小局部负荷，可通过优化气流组织、热源分布和保障区域等因素来降低热源可及度。但很多时候，保障区域和热源分布是固定不变或仅存在多种场景，此时较为可行的是通过改善气流组织形式来降低热源可及度。通常的做法是加大室内循环风量使得室内均匀混合，以使热源可及度降低并趋近于 1。

（2）当 $\overline{A}_{C,local}\leqslant1$ 时，热源对保障区域的影响小于送风的影响，营造的非均匀室内环境优于均匀室内环境。为了降低局部负荷，可通过优化气流组织、热源分布和保障区域等因素来降低热源可及度，并趋于极小值 0。

### 6.5.2　热源边界时降低局部负荷的案例展示

通过模拟算例分析降低局部负荷的方法，模型如图 6-14 所示，所有工况的保障区域均为区域 H，且保障的参数为 26℃。

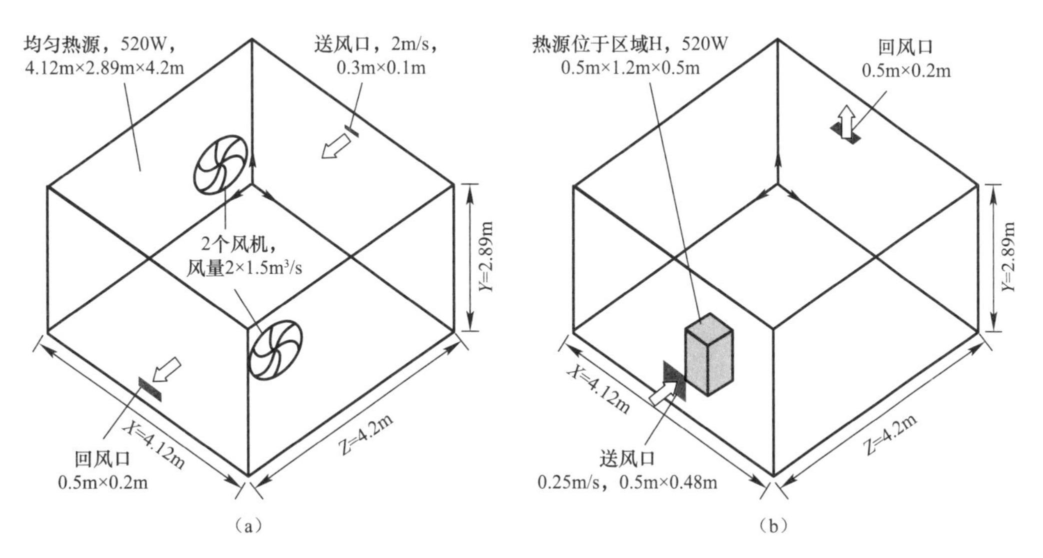


图 6-14　各工况下的几何模型（一）

（a）工况 0；（b）工况 1-1

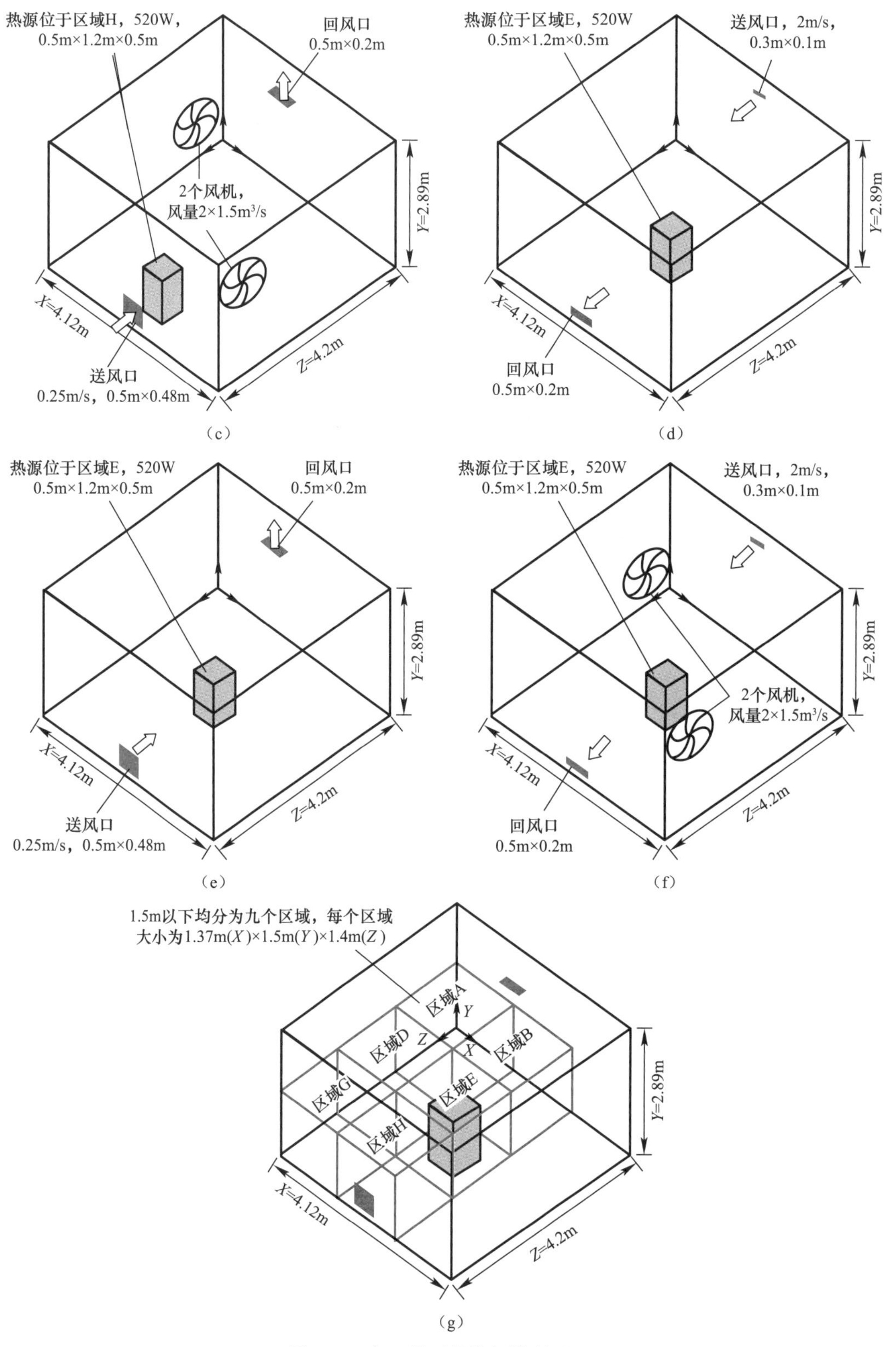


图 6-14 各工况下的几何模型（二）

(c) 工况 1-2；(d) 工况 2-1；(e) 工况 2-2；(f) 工况 2-3；(g) 区域划分及保障区域 H

设计了6种模拟工况，如表6-5所示。工况0为理想工况，利用均匀分布的体热源和两个室内循环风机来营造接近理想均匀混合的室内环境；工况1-1是热源可及度大于1的基础工况；工况2-1是热源可及度小于1的基础工况；对两个基础工况气流组织进行改进，设计工况1-2、工况2-2和工况2-3。

**模拟工况**　　**表6-5**

| 工况编号 | 热源分布 | 保障区域 | 气流组织 |
| --- | --- | --- | --- |
| 工况0 | 均匀热源，体积4.12m×2.89m×4.2m，散热量520W | 区域H，26℃ | MV+fan（混合通风+室内风机搅拌） |
| 工况1-1 | 热源位于区域E，体积0.5m×1.0m×0.5m，散热量520W | | DV（置换通风） |
| 工况1-2 | | | DV+fan（风机） |
| 工况2-1 | | | MV（混合通风） |
| 工况2-2 | | | DV |
| 工况2-3 | | | MV+fan |

首先，利用CFD获取各模拟工况的典型流场，具体如图6-15所示。

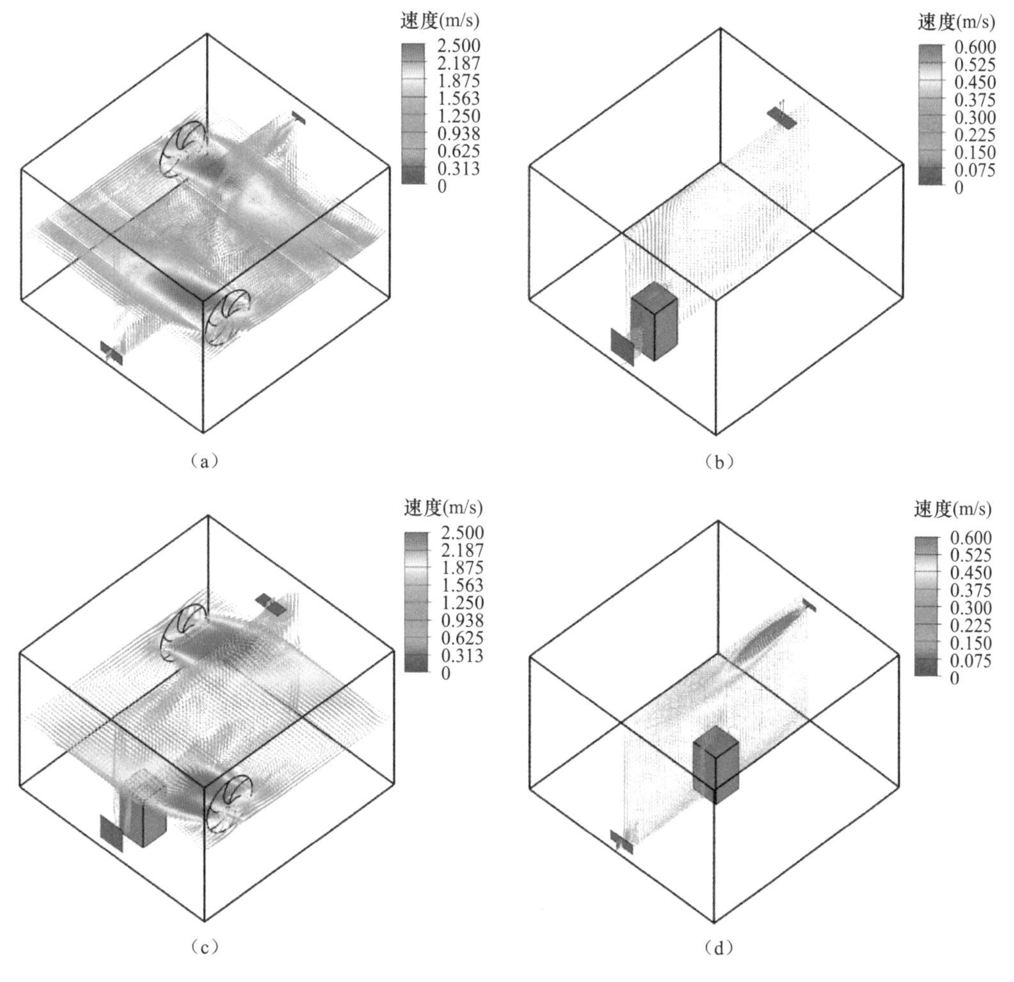


图6-15　各模拟工况的典型流场（一）

（a）工况0；（b）工况1-1；（c）工况1-2；（d）工况2-1

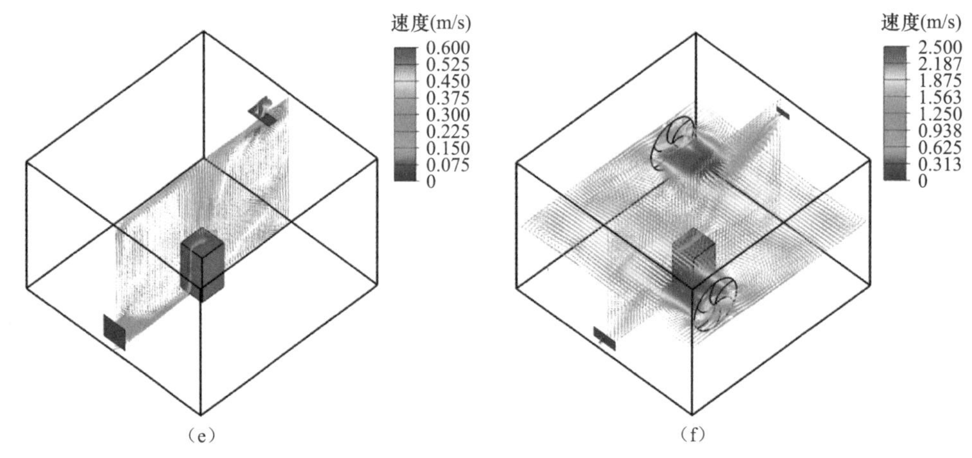


图 6-15 各模拟工况的典型流场（二）

(e) 工况 2-2；(f) 工况 2-3

由于所有工况均只有一个送风口，因此其送风可及度均为 1。固定典型流场，通过 CFD 模拟求出各种工况的热源可及度，可快速求出各种工况所需要的送风温度，结果如表 6-6 所示。

**热源可及度与送风温度** **表 6-6**

| 参数 | 工况 | | | | | |
|---|---|---|---|---|---|---|
| | 工况 0 | 工况 1-1 | 工况 1-2 | 工况 2-1 | 工况 2-2 | 工况 2-3 |
| 热源可及度 | 1.00 | 1.46 | 1.11 | 0.97 | 0.63 | 0.99 |
| 送风温度（℃） | 17.8 | 14.5 | 17.0 | 18.0 | 20.5 | 17.9 |

不同工况下的热源可及度相差很大，最大为 1.46，最小为 0.63。因此，各工况为使保障区域的平均温度为 26℃所要的送风温度也相差很大，最高为 20.5℃，最低为 14.5℃。获取各种工况的热源可及度后，可直接求出各种工况的局部负荷，结果如图 6-16 所示。

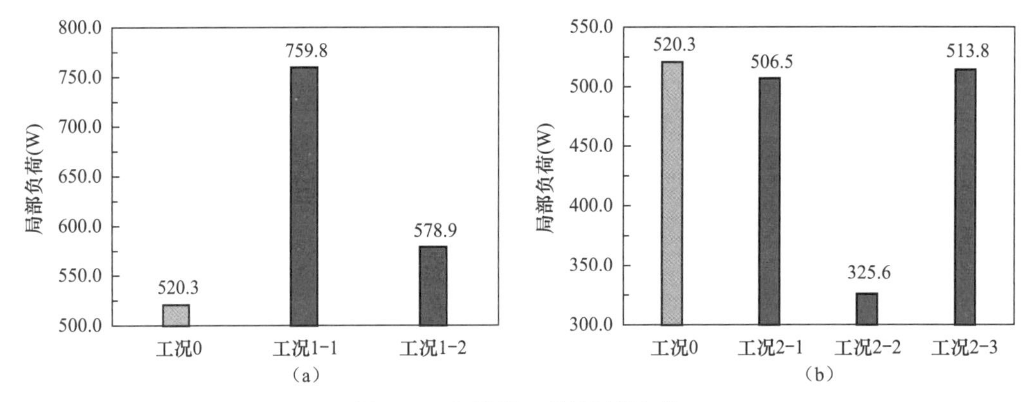


图 6-16 各模拟工况的局部负荷

(a) 工况 1 系列；(b) 工况 2 系列

各种工况的局部负荷的大小与其热源可及度正相关，热源可及度越大则局部负荷越大，热源可及度越小则局部负荷越小。工况 0 营造了接近理想的均匀室内环境，其局部负荷为 520.3W，几乎等于均匀环境的室内负荷 520W。基础工况 1-1 的热源可及度很大，从而局部负荷为759.8W，远大于均匀环境的520W，即营造出了比传统均匀环境更差的非均匀环境；而通过在室内增加循环风机（即工况1-2），局部负荷得到了较大的降低，仅为578.9W。这表明，当热源可及度大于1时，增加室内循环风量可有效降低局部负荷。基础工况2-1的热源可及度略小于1，局部负荷为506.5W，略小于均匀环境的520W。此时，若继续在室内增加循环风机（即工况2-3），其局部负荷提高为513.8W。这表明，当热源可及度小于1时，增加室内循环风量不能有效降低局部负荷。然而，将原来的侧送侧回改为置换送风（即工况2-2），局部负荷得到了较大地降低，仅为325.6W。这表明，当热源可及度小于1时，通过优化气流组织，能有效地降低局部负荷。

### 6.5.3　对流边界时降低局部负荷的案例展示

通风房间尺寸为7m(长)×3.5m(高)×4m(宽)，房间里有一个书架，桌上有一台计算机。在该房间中，选取了两种不同的气流模式，即混合通风及置换通风，如图6-17所示。该房间具有两个局部保障区域，分别为A区和B区。

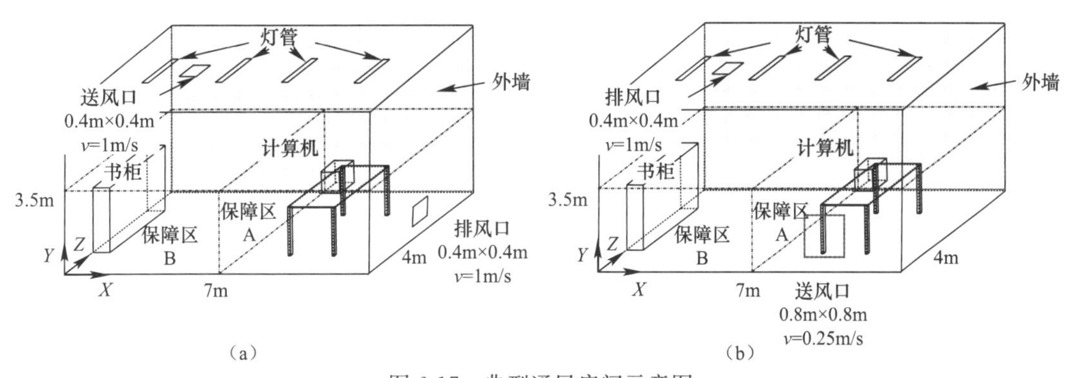


图6-17　典型通风房间示意图

(a) 混合通风；(b) 置换通风

不同的气流组织形式和目标保障区域的对流边界等效传热系数如图6-18所示（图中

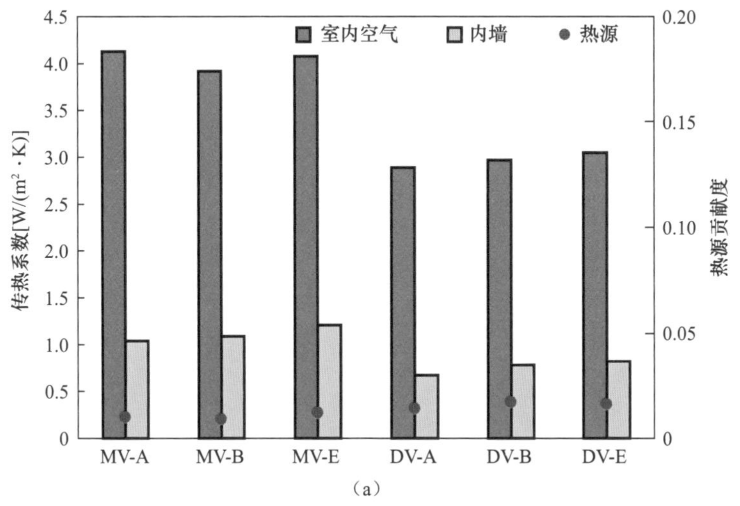


图6-18　等效传热系数计算结果（一）

(a) 外墙结果

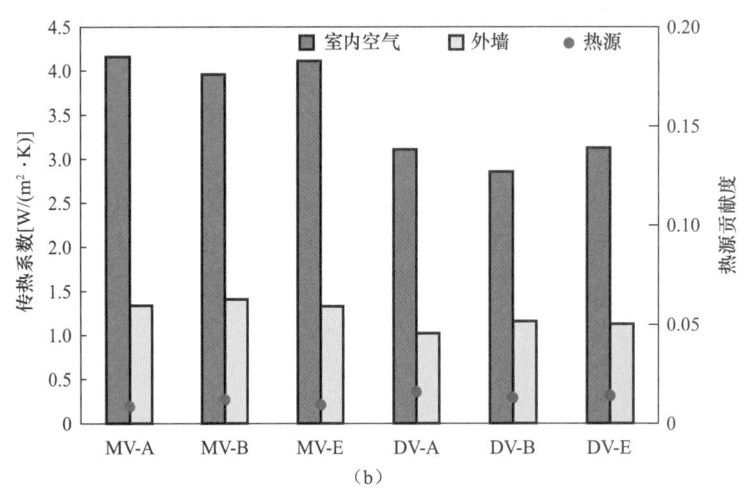


图 6-18　等效传热系数计算结果（二）

（b）内墙结果

E 为整个空间）。从外墙和内墙的等效传热系数结果可以看出，混合通风下的等效传热系数高于置换通风，例如算例 MV-A 的外墙等效传热系数为 4.2W/($m^2$・K)，而算例 DV-A 为 2.9W/($m^2$・K)。尽管不同气流组织下的目标区域保障温度需求相同，但由于分布参数的差异，靠近对流边界处的传热系数与气流组织形式密切相关。此外，可以发现，热源的贡献度指标很小（<0.02），表明室内热源对对流得热量的影响很小。

为反映均匀环境与非均匀环境对流热量的差异，构建 S1～S3 3 个典型算例，计算不同热场景下围护结构的对流热量，边界条件设定如表 6-7 所示，结果如图 6-19 所示。

**不同热场景的边界条件设定**　　　　**表 6-7**

| 编号 | 内壁面温度 | | 热源强度（W） | 室内设定温度（℃） |
|---|---|---|---|---|
| | 外墙（℃） | 内墙（℃） | | |
| S1 | 28 | 25 | 0 | 25 |
| S2 | 25 | 28 | 0 | |
| S3 | 25 | 25 | 300 | |

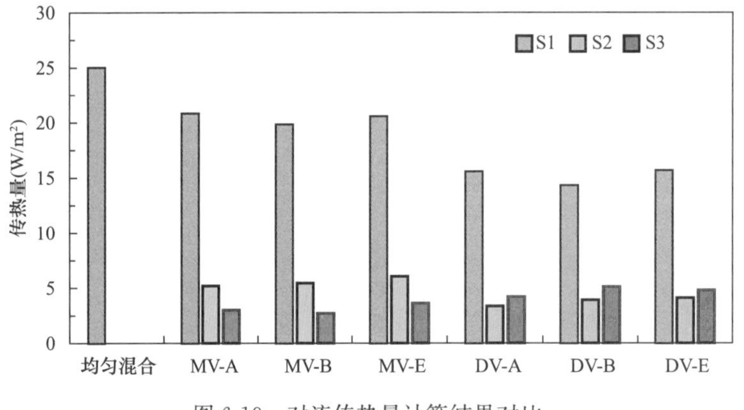


图 6-19　对流传热量计算结果对比

在均匀环境中，如果内表面温度与室内设定点的温度相同，则对流传热量为0；但在非均匀环境中，尽管在S2和S3中的局部保障区域温度和对流边界内表面温度相同，但其对流传热量不为0，这表明内壁和热源的内表面会影响非靠近对流边界处的温度分布，进而产生对流热。此外，保障不同区域时，对流热量存在较大差异，如保障区域S1时，混合通风与置换通风下的对流热差异较大，这是由于面向不同的保障区域时等效传热系数的差异导致的。

## 6.6 本章小结

本章研究了仅保障局部区域时非均匀室内环境负荷的构成与获取方法，构建了非均匀室内环境负荷的解析表达式，揭示了其形成机理和影响规律，探讨了对流边界对局部负荷的影响规律，主要结论如下：

（1）对传统均匀环境的室内负荷进行拓展，提出适用于局部保障区域的非均匀室内环境局部负荷概念，给出了定风量和变风量两种局部负荷获取流程，通过实验和模拟发现两种流程基本等价，表明在给定条件下稳态时非均匀室内环境的局部负荷是一个定值，从而可利用其评价非均匀室内环境的负荷，指导气流组织设计。

（2）研究了热源分布、气流组织和保障区域对局部负荷的影响。热源离保障区域越远、离回风口越近、越分散，则局部负荷越小。气流组织要防止气流短路，送风口离保障区域越近则局部负荷越小。当保障区域不包含热源在内时，保障区域越小则局部负荷越小，当保障区域包含热源在内时，保障区域越大则局部负荷越小。

（3）基于可及度系列指标推导了给定强度热源边界时非均匀室内环境局部负荷的隐式解析表达式。基于等效传热系数指标，构建了对流边界条件下非均匀环境局部负荷的显式解析表达式。在非均匀环境下，对流热量不仅受局部保障区设定温度的影响，还受其他对流边界和室内热源的影响。

（4）根据非均匀环境局部负荷的解析表达式可知，热源可及度的大小直接决定了局部负荷的大小。当热源可及度大于1时，可通过加大室内循环风量以降低热源可及度使其趋近于1，从而降低局部负荷；当热源可及度小于1时，可通过优化气流组织、热源分布和保障区域大小与位置等来降低热源可及度使其趋于极小值0，从而降低局部负荷，但此时若加大室内循环风量，反而将增大热源可及度使其趋近于1，从而增大局部负荷。

## 第6章 参考文献

[1] Yuan X, Chen Q, Glicksman L R. Models for prediction of temperature difference and ventilation effectiveness with displacement ventilation [J]. ASHRAE Transaction, 1999, 105: 353-367.

[2] Loudermilk K J. Underfloor air distribution solutions for open office applications [J]. ASHRAE Transactions, 1999, 105: 605.

[3] 邹月琴，王师白，彭荣，等. 高大厂房分层空调负荷计算问题 [J]. 制冷学报，1983 (04): 49-56.

# 第 7 章　保障局部区域的室内动态空调负荷

## 7.1　概述

室内环境的营造过程存在间歇特性[1,2]。以冬季采暖为例，我国北方大部分公共建筑和部分住宅以及南方大部分建筑的供暖系统越来越多地采用“人在供暖、人走停暖”的间歇供暖方式。相关实测结果与数值模拟结果表明，间歇供暖运行方式因供暖时长减少，在运行期间负荷波动较大[3]。此外，采暖系统间歇运行导致供暖能耗较北方地区显著降低。为此，空调系统的间歇运行对于系统节能至关重要。现有的负荷计算方法多假设室内环境为均匀混合，但事实上，室内环境具有显著的非均匀分布特征，非均匀环境下的准确动态负荷计算较为复杂。非均匀环境下动态负荷的一种计算思路为基于准稳态假设，即将非均匀环境的动态负荷近似为若干准稳态过程[4,5]，该方法可用于估计时间尺度较大的动态负荷，但对于小时级的负荷计算会存在较大误差。为了考虑非均匀特性及房间热惯性，一些学者提出 CFD 耦合能耗模拟的方案，即用 CFD 软件对室内分布参数进行预测，而在负荷计算过程中采用能耗模拟软件（如 EnergyPlus、TRNSYS）[6-8]。这类方法可同时考虑非均匀环境分布及房间热惯性，在非均匀环境的负荷预测过程中具有较高的准确性。以相变材料在建筑中的应用效果模拟研究为例，该模拟方法的数据传输方式如图 7-1[7] 所示。但该类方法在不同时刻的计算中，需要对室内分布参数规律进行反复迭代计算，耗时较长。此外，采用 CFD＋能耗耦合模拟方法需在两类建筑模拟软件间进行数据传输，计算流程较为复杂，难以在工程中应用。

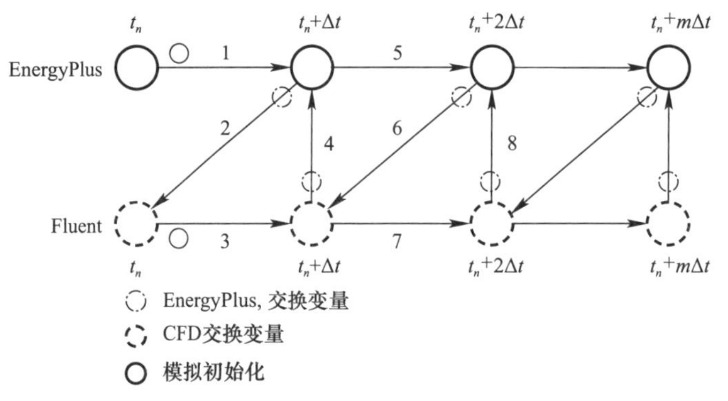


图 7-1　EnergyPlus 与 Fluent 软件耦合计算思路[9]

事实上，通风空调房间的流场受送风主导，热边界变化的影响较小，因此可认为室内流场在风量不变阶段基本稳定。为了降低非均匀环境动态负荷数值计算的复杂度，Kato 等[9] 利用所提 CRI 指标耦合 TRNSYS 软件对非均匀环境动态负荷进行了计算研究（图7-2）。其中，CRI指标可反映在固定流场下各热因素对室内任意位置温度的影响。与CFD+能耗模拟方案相比，利用CRI指标耦合TRNSYS的计算方法具有较高的准确度，且计算时间及计算资源可大幅缩减。但相比之下，CRI在计算对流热的过程中仍然需要迭代，虽然该方法可用于非均匀环境动态负荷求解，但仍难以从理论层面获得非均匀环境动态负荷的构成规律。只有建立非均匀环境动态负荷的理论解，才能更好地指导非均匀环境空调系统的间歇运行，实现系统节能。

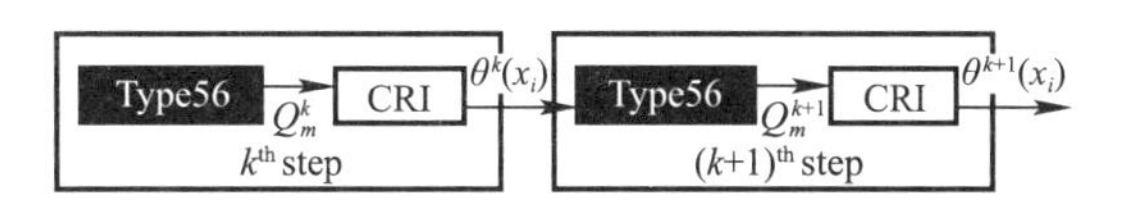

图7-2　TRNSYS与CRI耦合计算非均匀环境动态传热思路[9]

## 7.2　非均匀环境动态负荷计算方法

第6章得到了包含对流边界的非均匀环境稳态局部负荷，可建立非均匀环境中对流边壁传热量与保障区温度的直接关系。但在动态传热过程中，对流边壁处通常存在热惯性，由于非稳态传热的影响，对流热与对流边界温度间存在非线性关系。在对流边壁的动态传热过程中，由于室内空气热惯性与围护结构热惯性相比较小，且空调系统动态负荷多以小时为量级，因此可忽略室内空气热惯性，认为空气侧的传热为稳态传热。此外，当对流边壁存在热惯性时，通常将对流边壁进行一维离散，即假设对流边壁传热为一维传热，通过求解离散单元热平衡方程，可考虑对流边界热惯性。在固定流场假设下，可引入毗邻对流边界处网格节点温度作为中间变量，构建室内空气热平衡方程与考虑热惯性时对流边壁传热平衡方程。联立上述两个方程，可获得当对流边壁变化时其动态传热量的显式表达式。

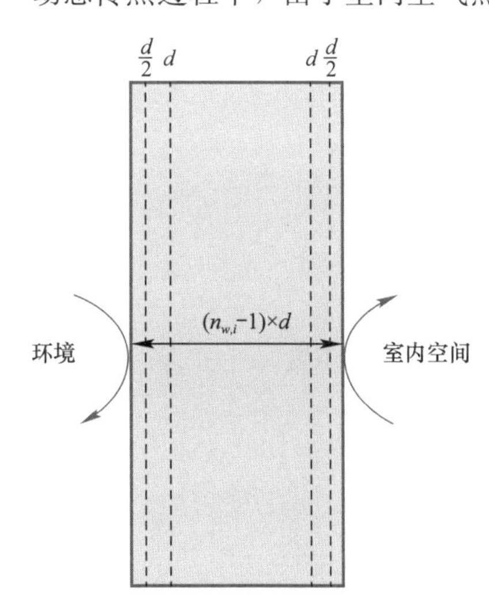

图7-3　非均匀环境对流边壁数值离散

选取非均匀环境围护结构处的动态对流热进行说明。由前文分析可知，可基于室内空气准稳态传热假设和对流边壁一维非稳态传热假设获得对流边壁动态传热量。计算围护结构动态对流热时，需对围护结构进行离散，如图7-3所示。

首先，引入对流边界内壁面温度$t_{n_{w,i}}$作为中间变量，当$t_{n_{w,i}}$已知时，面向局部保障需求的对流边壁传热量可通过$t_{n_{w,i}}$和局部保障区的温差及等效传热系数获得。其次，为考虑对流边壁热惯性，可对对流边壁传热进行数值离散。以单一材料墙体为例，可将其传热简化为一维传热。采用差分法，可将其划分为厚度为$d$的$n_{w,i}$个微元。内部每个微元与附近微元发生热量传递，可对每个微元建立能量平衡方程，见式（7-1）至式（7-4）。通过联立对流边界能量平衡方程及对流热方程，可获得非稳态对流边界传热量的表达式。

$$\overrightarrow{t_u}=[t_1, t_2, \cdots, t_{n_{w,i}}] \tag{7-1}$$

$$\frac{d}{2}\rho_{\mathrm{w}}C_{\mathrm{p,w}}\times\dot{t}_{\mathrm{u}}=-h_{\mathrm{out}}\times t_{\mathrm{u}}+\frac{\lambda}{d}\times(t_{\mathrm{u+1}}-t_{\mathrm{u}})+h_{\mathrm{out}}\times t_{\mathrm{out}}\quad u=1 \tag{7-2}$$

$$d\rho_{\mathrm{w}}C_{\mathrm{p,w}}\times\dot{t}_{\mathrm{u}}=\frac{\lambda}{d}\times t_{\mathrm{u-1}}-2\frac{\lambda}{d}\times t_{\mathrm{u}}+\frac{\lambda}{d}\times t_{\mathrm{u+1}}\quad u=2,\cdots,n_{\mathrm{w},i}-1 \tag{7-3}$$

$$\begin{aligned}\frac{d}{2}\rho_{\mathrm{w}}C_{\mathrm{p,w}}\times\dot{t}_{\mathrm{u}}=&-\left(\overline{h_{\mathrm{i}}^{\mathrm{loc}}}+\sum_{k=1,k\neq i}^{n_{\mathrm{c}}}h_{i,k}^{j}\right)\times t_{\mathrm{u}}+\frac{\lambda}{d}\times(t_{\mathrm{u-1}}-t_{\mathrm{u}})+\overline{h_{i}^{\mathrm{loc}}}\times t^{\mathrm{loc}}\\&+\sum_{k=1,k\neq i}^{n_{\mathrm{c}}}\left[(\overline{h_{\mathrm{i}}^{k}}+h_{\mathrm{r},i}^{k})\times t_{\mathrm{en}}^{k}\right]+\sum_{l=1}^{n_{\mathrm{e}}}(\overline{k_{i}^{l}}\times Q_{\mathrm{E}}^{l})\quad u=n_{\mathrm{w},i}\end{aligned} \tag{7-4}$$

式中，$\dot{t}_{\mathrm{u}}$ 为温度变化率。

具体而言，针对含对流边界的非均匀环境，可采用以下流程获得其动态负荷。首先，构建典型热场景，对空气流场进行计算。其次，基于典型空气流场和对流边界特征，可获得对流边界等效传热系数指标，基于该指标可获得对流边界传热量的显式表达式。在对流边界传热量显式表达式的基础上，引入对流边界和非稳态传热边界内壁面温度作为中间变量，建立房间非稳态传热的热平衡方程。通过求解该方程，即可获得通过对流边壁的非稳态传热量，在此基础上可获得非均匀环境动态局部负荷。

最终获得的非稳态负荷表达式如式（7-5）所示。

$$LCL(\tau)=\sum_{i=1}^{n_{\mathrm{c}}}Q_{\mathrm{C}}^{i}(\tau)\times A_{\mathrm{CE},i}^{\mathrm{loc}}+\sum_{k=1}^{n_{e}}Q_{\mathrm{E}}^{k}(\tau)\times A_{\mathrm{E},k}^{\mathrm{loc}} \tag{7-5}$$

## 7.3 非均匀环境动态负荷的影响因素分析

构建典型的通风房间，对非均匀环境下的非稳态传热进行分析，对动态负荷进行计算。房间尺寸为 7m($X$)×3.5m($Y$)×4m($Z$)，如图 7-4 所示。房间里有一个书架，桌上有一台计算机。选取了两种不同的气流模式，即混合通风（MV）与置换通风（DV），以分析不同气流组织对对流边界传热量的影响。房间具有两个局部保障区域，即 A 区和 B 区。房间位于北京，室外空气综合温度逐时变化如图 7-5 所示，所有建筑围护结构均按照《公共建筑节能设计标准》GB 50189—2015 中建筑围护结构热工设计标准进行设计。其中，围护结构的热物性参数如表 7-1 所示。选取供冷季从 6 月 15 日至 8 月 31 日期间运行。在此期间，目标区域的设定温度为 25℃，假设邻室温度恒定为 28℃。室内热源开启时间为 8：00 至 18：00，热源强度为 300W。

利用式（7-1）至式（7-4）计算不同气流组织和不同保障区域下外壁和内壁的动态对流热结果，如图 7-6 所示（图中 E 为整个房间）。对比外墙得热和内墙得热可见，由于内墙面积较大，内墙的累计动态得热要大于外墙。MV 累计动态得热高于 DV。其中，在算例 MV-A 中，外墙累计得热量为 105.7kWh，而算例 DV-A 仅为 97.3kWh，分析原因在于，虽然保障区设定参数相同，但在高效气流组织下对流边界等效传热系数较低。面向不同的局部保障区域时，动态得热结果会有所差异。

对比算例 DV-A 和算例 MV-A 的建筑外围护结构在不同时刻的得热，结果如图 7-7 所示。由于室外空气综合温度不断变化而邻室温度相对稳定，外墙得热曲线波动比内墙

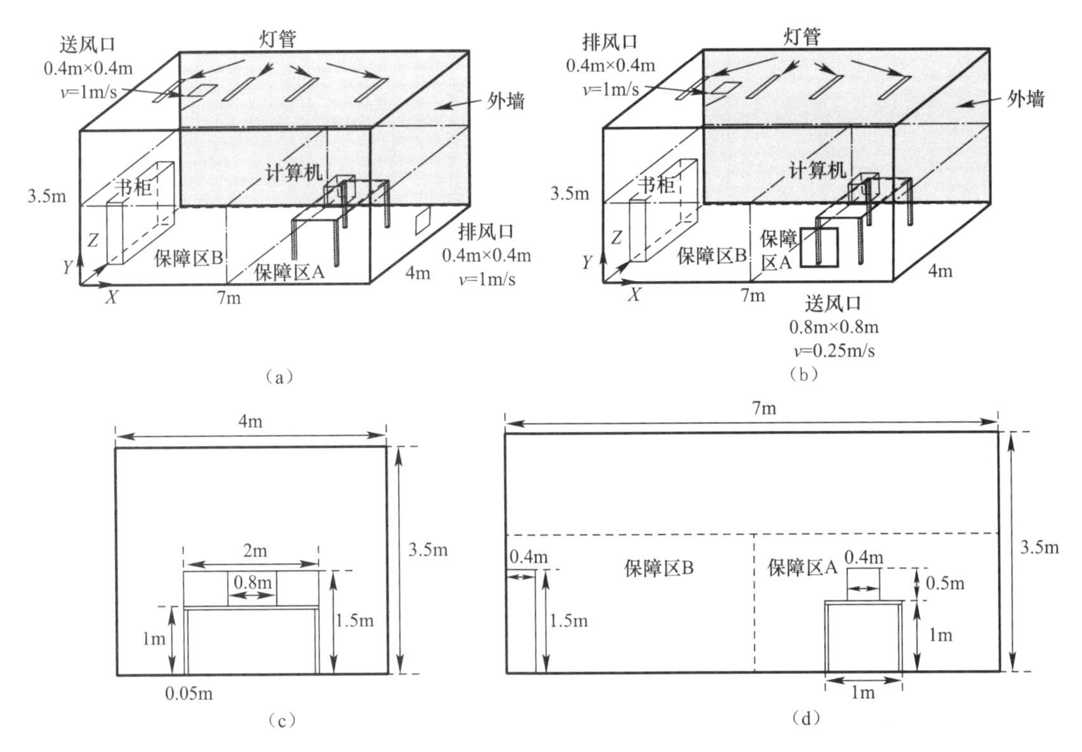


图 7-4　通风空调房间示意图

(a) 混合通风；(b) 置换通风；(c) 侧视图；(d) 正视图

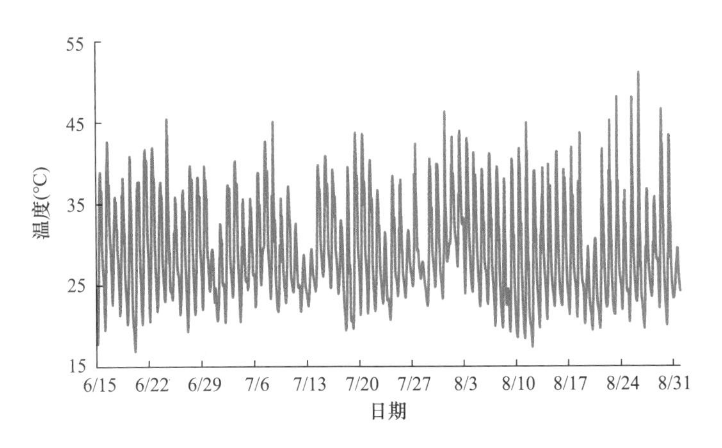


图 7-5　室外空气综合温度

**围护结构热物性参数表**　　　　**表 7-1**

| 围护结构 | 导热系数 [W/(m·K)] | 厚度 (m) | 传热系数 [W/(m²·K)] | 密度 (kg/m³) | 热容 [J/(kg·K)] |
|---|---|---|---|---|---|
| 外墙 | 0.14 | 0.24 | 0.5 | 880 | 1000 |
| 内墙 | 0.34 | 0.09 | 1.5 | 880 | 1000 |

明显。当面向相同保障区时，DV 等效换热系数相比 MV 较低，可降低动态得热总量及其峰值。MV 与 DV 的外墙得热量峰值分别为 120W 和 105W。

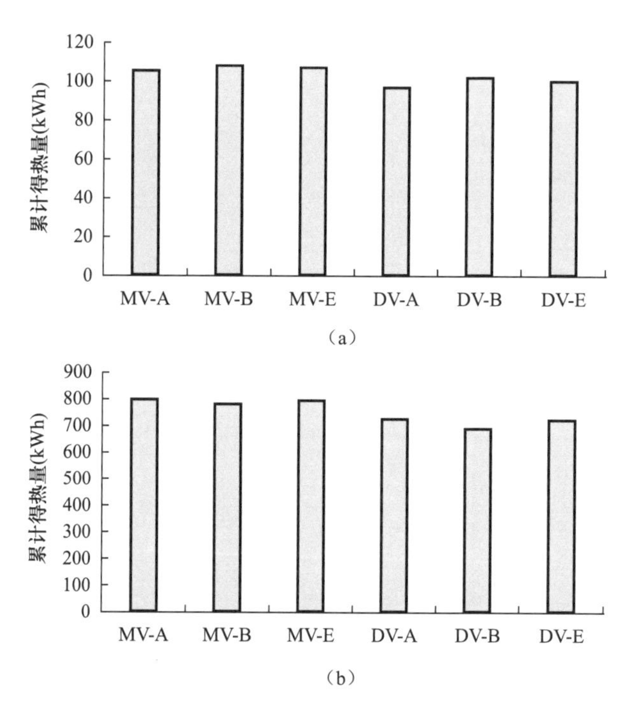


图 7-6　不同气流组织与保障区域的累积对流热结果

（a）外墙；（b）内墙

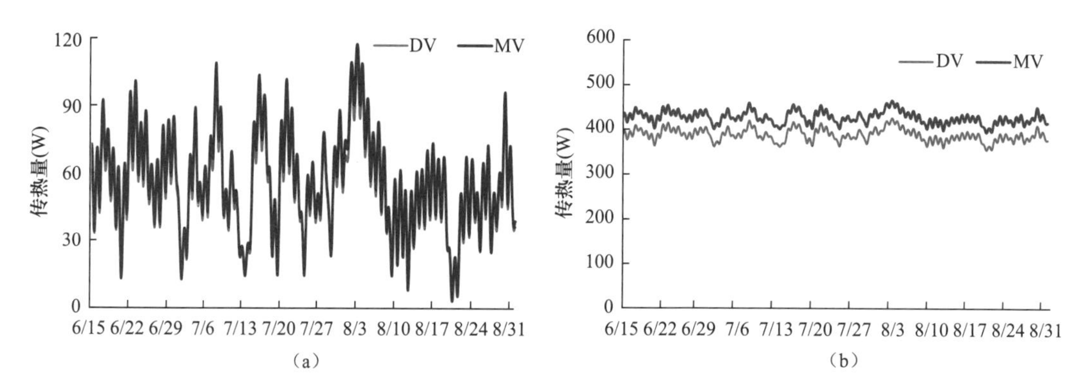


图 7-7　围护结构动态传热量

（a）外墙；（b）内墙

在混合通风工况下，针对局部区域 A 区保障的整个供冷季的局部负荷如图 7-8 所示。采用均匀环境负荷计算方法对其局部负荷进行近似计算依然有较高精度，这是由于在混合通风下，室内分布参数差异较小，可基于集总参数假设对动态负荷进行计算。从 7 月 25 日至 7 月 27 日的典型日计算结果可以发现，如采用准稳态假设对动态负荷进行计算，则会放大非稳态负荷的波动，进而高估负荷峰值及动态变化。

与混合通风结果相比，置换通风房间面向保障区 A 区的动态负荷结果有较大差异，如图 7-9 所示。在置换通风下，如采用均匀环境负荷计算方法，则会产生较大误差。这是由于置换通风对房间各处的影响不同，因而保障不同区域时，等效传热系数会存在较大差异，采用集总参数法计算局部负荷会忽略房间的非均匀特性，从而导致计算误差。

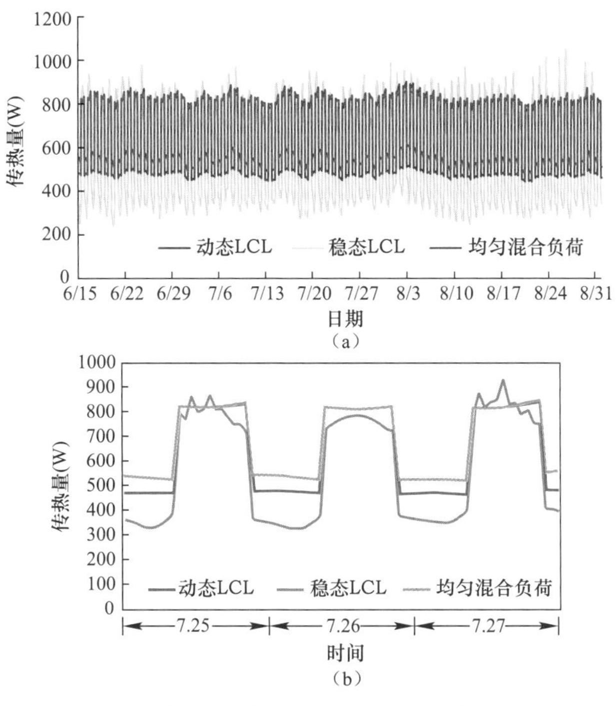


图 7-8　混合通风工况动态负荷

(a) 供冷季；(b) 典型日

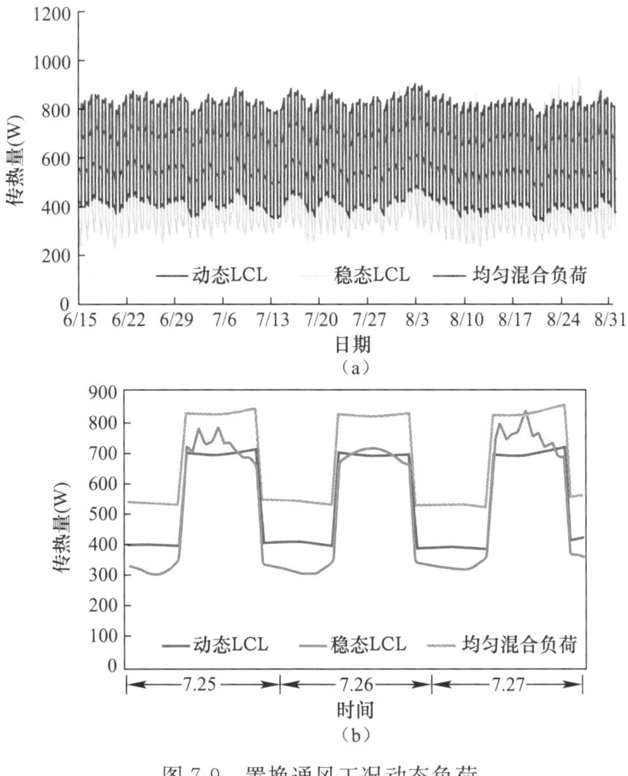


图 7-9　置换通风工况动态负荷

(a) 供冷季；(b) 典型日

比较7月25日至7月27日的典型日计算结果发现，如果采用准稳态假设对动态负荷进行计算，则会放大非稳态负荷的波动，其中，动态LCL峰值仅为均匀混合负荷的76.8%。

上述案例表明，如果忽略建筑热惯性则会高估动态负荷峰值。此外，如果忽略房间非均匀特性，即假设各类边界对房间各处的影响相同，则同样会给计算结果造成较大误差。只有同时考虑房间热惯性及室内参数的非均匀特性，才能对非均匀环境动态负荷进行准确预估。

## 7.4 利用低品位末端间歇采暖案例分析

建立了非均匀环境动态负荷计算方法，即可确定针对目标保障区域的真实逐时负荷，进而指导动态热环境营造方式的构建。以冬季间歇采暖为例，进行基于动态负荷的多种品位供暖技术的分析。在冬季采暖过程中，围护结构的温度显著低于室内设定温度，为低温热水的应用提供可能。此外，在空调系统的动态运行过程中，围护结构在供暖末端启动阶段的温度较低，也存在利用低品位自然能源的潜力。为此，本小节构建算例，分析长江流域嵌管式围护结构耦合热风采暖末端对于室内环境的保障效果。

### 7.4.1 间歇采暖下传统负荷的构成

为探究上述问题，本小节选取长江流域间歇采暖案例进行分析。首先构建典型办公室房间，其尺寸为6m($X$)×3m($Y$)×3m($Z$)。房间内散热包括外墙、内墙和渗风热量损失。房间风口尺寸为0.8m×0.8m，送风速度为0.25m/s，如图7-10所示。在供暖情况下，忽略热源对室温的影响[10]。办公室作息为8:00至19:00。

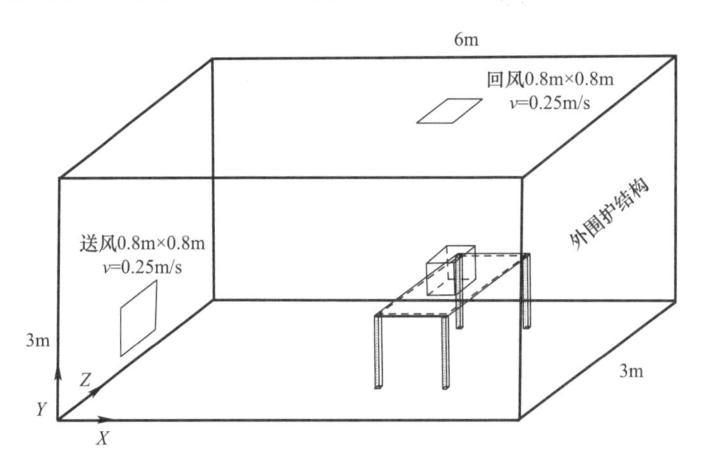


图7-10　间歇采暖房间示意图

上海地区冬季不同月份的室外空气温度如图7-11所示。可以看出，最冷月份的平均温度约为4℃。此外，供热月内室外空气的温度波动通常超过15℃，为此，长江流域采暖方式多为间歇采暖。总体而言，上海地区1～3月和11～12月的平均温度在10℃以下，为此选取11月至次年3月进行分析。

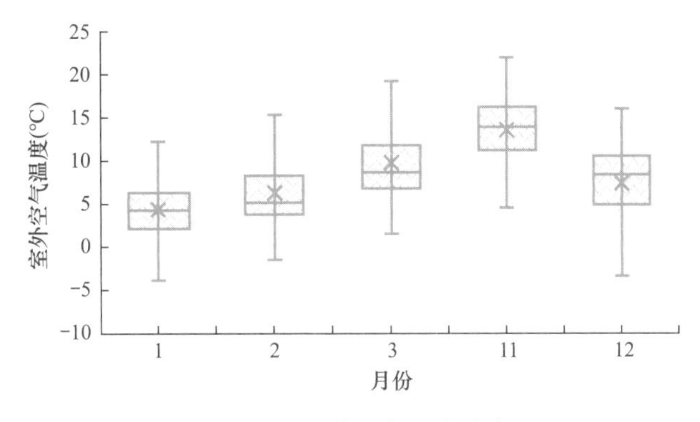


图 7-11　室外空气温度分布

为了使负荷品位匹配实际需求，应当首先对房间的传热过程进行分析，以明确自然能源的应用潜力。传统方案采用单一送风末端，通过启停方式实现间歇，供暖季负荷数量及温度品位如图 7-12 所示。该图基于文献［10］绘制，由于有些负荷需要高温度品位处理，有些负荷可采用低温度品位处理，与传统负荷表现形式不同，此处采用了负荷温度品位和数量同时描述的方式，以柱状图的形式体现，详见文献［10］。可见，温度品位为 30℃和 35℃的负荷占总负荷的 49%。而房间的设计保障温度为 18℃，负荷温度品位与房间实际温度间存在较大差异，这表明传统处理方案中存在品位不匹配现象。

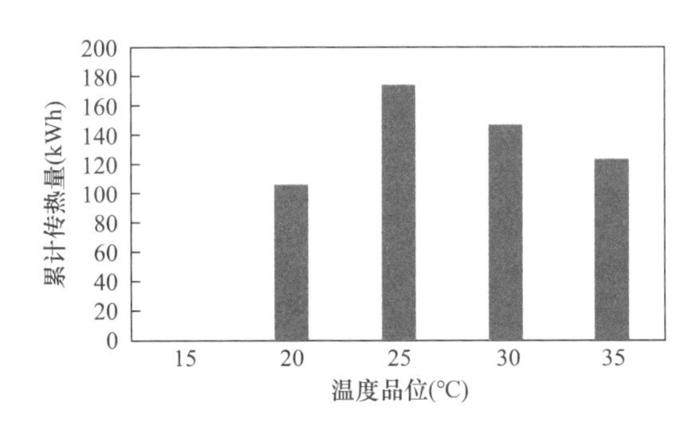


图 7-12　传统方案负荷数量及温度品位

由于围护结构向室外空间散热是冬季热负荷的主要来源，如能降低围护结构的传热或提高供给热风的热水制取效率，将会实现节能。目前长江流域建筑围护结构保温已达到合理范围，进一步增加保温会妨碍建筑在过渡季向室外排热。建筑墙体壁面温度显著低于室温。在传统热风采暖中热负荷越大，送风温度越高，则其与围护结构的壁面温差越大。如果能够加热墙体围护结构，则能降低送风侧的热负荷，同时降低其所需品位及热水温度。

### 7.4.2　仅运行嵌管墙维持的室温

在传统的单一送风末端负荷基础上，首先分析多末端系统对房间室温的保障效果。当房间风末端不开启，仅开启嵌管墙末端时，采用不同水温下的室温及运行能耗，如图 7-13 所示。当房间不开启任何采暖末端时，供暖季房间平均室温为 10℃。此时，房间室温受室外气温的影响，存在明显波动。当嵌管内通入低温热水后，房间室温明显提升。

当通入地埋管热水时，房间平均温度可达13℃。此外，采用嵌管墙后，房间温度受室外气象波动的影响显著降低，房间室温波动在2℃以内。当分别采用20℃的热水和25℃的热水通入嵌管墙后，房间平均室温可进一步提升。当采用25℃的热水通入嵌管墙时，房间平均自然室温可达17℃。上述分析表明嵌管墙可改善室温，降低室外波动对其的影响，改善热舒适性。当房间热舒适性要求较低时，仅开启嵌管墙即可满足要求。当房间热舒适性要求较高时，可通过嵌管墙与热风采暖末端共同营造室内环境。

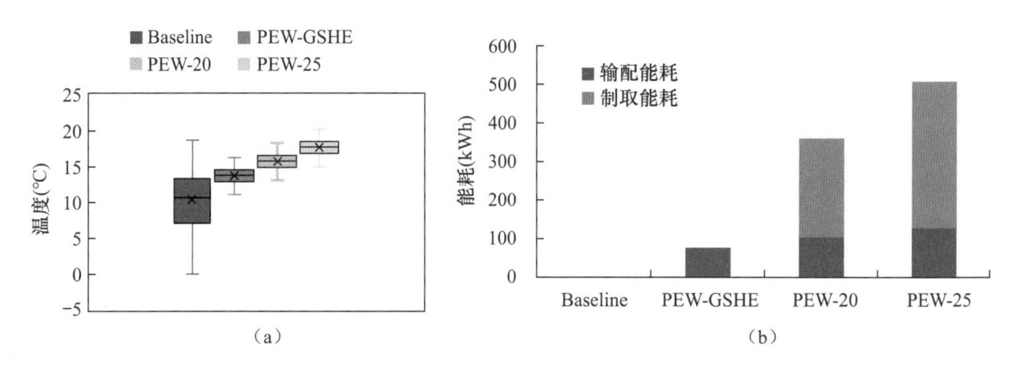


图7-13　不同温度品位热水作用下的房间室温及能耗对比

(a) 房间室温；(b) 运行能耗

嵌管墙在运行中会消耗水泵能耗，而大多数房间并不需要全天保障。为兼顾经济性和保障效果，对比两种策略下房间的自然室温。策略1为房间使用期间前2h开启预热，无人时关闭；策略2为全天开启。对比办公建筑中两种策略下的负荷数量与温度品位结果，如图7-14所示。两种策略都可将房间的平均自然室温提高至15℃以上。相比之下，当嵌管围护结构一直运行时，房间的自然室温保障效果更好：策略2下房间的平均室温更高，且温度波动多在3℃以内。此时，嵌管围护结构显著降低了房间散热，因此风末端高品位负荷需求更低。

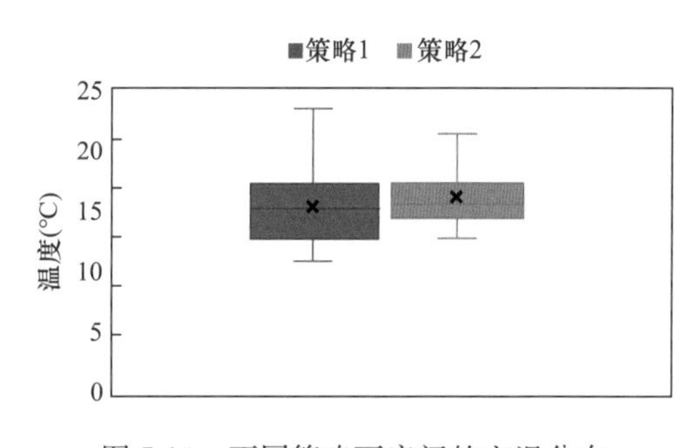


图7-14　不同策略下房间的室温分布

### 7.4.3　嵌管墙与热风采暖结合的负荷构成

当房间设定温度为20℃时，仅靠嵌管墙无法满足采暖需求。当房间保障需求较高时，需使用热风采暖与嵌管墙结合的方案实现间歇采暖。假设嵌管墙在房间有人时所用低温热水的温度为20℃，而在房间无人时及预热阶段采用15℃的低温热水。据此，可获得在嵌管墙的两种运行策略下风末端供暖季负荷数量及温度品位的构成结果，如图 7-15 所示。对比传统方案的负荷构成（图 7-12）可以看出，在采用嵌管墙耦合送风末端后，低品位负荷数量较传统方案增加，高品位负荷数量减少。在传统的单一末端处理方案中，25℃及以上部分的负荷数量接近 450kWh（图 7-12），而在多末端的处理方案中，该部分负荷数量降低至 300kWh 以下（图 7-15）。采用嵌管墙耦合送风末端后，低温热水可降低围护结构的散热，进而减少风末端处理负荷的数量。同时，当风末端负荷数量减少时，热风送风温度及加热送风所需的热水温度可有所降低。因此，当采用嵌管式围护结构后，原本需送风处理的高品位负荷大量转移至可用低温热水处理的低品位负荷。换言之，使用热风采暖＋嵌管墙方案后，尽管负荷总量较传统的单一送风末端有所增加，但由于高品位负荷数量显著降低，因此依然可实现节能。

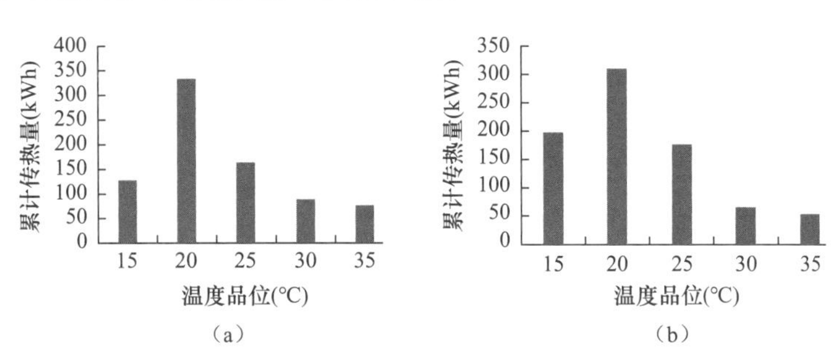


图 7-15　不同策略下的负荷对比

（a）策略 1 负荷；（b）策略 2 负荷

传统的热风采暖方案与热风采暖＋嵌管墙方案在策略 1 下的负荷及能耗对比如图 7-16 所示。从负荷数量的角度来看，多末端方案所处理的负荷总量较传统单一末端方案有所上升，其中，传统方案总热量为 551kWh，采用多末端处理方案后，总热量有所增加，嵌管墙和风末端处理的总热量达到 791kWh。这是由于嵌管墙的运行时间更长，且会向室外环境漏热。从负荷品位角度来看，相比传统处理方案，多末端方案处理时低品位负荷数量增加显著，高品位负荷数量则大幅减少。在传统处理方案中，35℃时的负荷占总负荷的 22%；在多末端处理方案中，35℃时的负荷仅占总负荷的 8%，表明嵌管围护结构虽然会使总负荷的数量增加，但其可将更多原本风末端的高品位负荷转移至嵌管墙来承担。事实上，嵌管墙热水品位低，所以可实现将负荷从高品位转移至低品位。

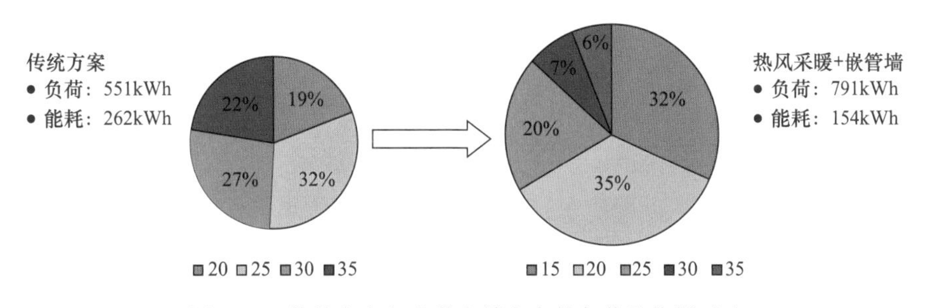


图 7-16　传统方案与多种末端方案的负荷及能耗对比

## 7.5 本章小结

由于非均匀环境分布参数的差异，难以直接对非均匀环境动态负荷进行求解。本章基于前文建立的对流边壁传热量表达式，对室内非稳态传热部件进行离散，进而获得非均匀环境动态负荷表达式，主要结论如下：

（1）引入对流边壁内节点温度，获得非均匀环境非稳态传热计算表达式，内节点温度通过求解对流边壁离散方程获得，避免了传统计算中的迭代过程。

（2）由于各类边界对房间各处的影响不同，非均匀环境动态负荷与均匀环境存在较大差异，如果采用均匀环境对非均匀环境负荷进行估计，则可能带来超过20%的误差。

（3）基于非均匀环境动态负荷对间歇供暖下采用不同品位热源联合供暖的效果进行分析。仅采用外墙嵌管通低温热水可改善热舒适；采用嵌管墙与热风采暖联合方式，相比于传统仅采用热风采暖可实现高品位负荷大量转移至低品位负荷，从而大幅度降低能耗。

## 第7章 参考文献

[1] Budaiwi I, Abdou A. HVAC system operational strategies for reduced energy consumption in buildings with intermittent occupancy: The case of mosques [J]. Energy Conversion and Management, 2013, 73: 37-50.

[2] Wang H, Wang S. A hierarchical optimal control strategy for continuous demand response of building HVAC systems to provide frequency regulation service to smart power grids [J]. Energy, 2021, 230: 120741.

[3] 潘黎. 长江流域典型城市居住建筑负荷特征研究 [J]. 智能建筑与智慧城市, 2020, 5: 53-56.

[4] Shen C, Li X, Yan S. Numerical study on energy efficiency and economy of a pipe-embedded glass envelope directly utilizing ground-source water for heating in diverse climates [J]. Energy Conversion and Management, 2017, 150: 878-889.

[5] Lyu W, Li X, Wang B, et al. Energy saving potential of fresh air pre-handling system using shallow geothermal energy [J]. Energy and Buildings, 2019, 185: 39-48.

[6] Zhang H, Sayyar A, Wang Y, et al. Generality of the CFD-PBM coupled model for bubble column simulation [J]. Chemical Engineering Science, 2020, 219: 115514.

[7] Pandey B, Banerjee R, Sharma A. Coupled EnergyPlus and CFD analysis of PCM for thermal management of buildings [J]. Energy and Buildings, 2021, 231: 110598.

[8] Wang L, Wong N H. Coupled simulations for naturally ventilated rooms between building simulation (BS) and computational fluid dynamics (CFD) for better prediction of indoor thermal environment [J]. Building and Environment, 2009, 44 (1): 95-112.

[9] Zhang W, Hiyama K, Kato S, et al. Building energy simulation considering spatial temperature distribution for nonuniform indoor environment [J]. Building and Environment, 2013, 63: 89-96.

[10] Zheng G, Li X. Dividing air handling loads into different grades and handling air with different grade energies [J]. Indoor and Built Environment, 2020, 30 (10): 1725-1738.

# 第8章　面向需求的非均匀环境评价方法

## 8.1　概述

建筑空间中往往在不同的区域存在不同的对象需求，比如，体育场馆内部空间存在观众席和比赛区两个不同的使用功能空间，且人员几乎不会到达体育馆的上部空间。因此，需要针对不同区域的功能需求营造不同的空气参数，相应地需要对不同区域的不同需求的保障程度进行准确评价。目前已有众多通风气流组织评价指标，按照所反映的特征可分为满足舒适性、送风有效性、污染物排除有效性和能量利用有效性四个方面。任何一种气流组织形式，其效果都会表现为这四个方面。但是，在没有特殊的使用要求的前提下，使用任何一个方面的指标来评价某一种气流组织形式都是片面的，甚至使用不同方面的评价指标会得出截然相反的评价结果。例如，A、B两种气流组织形式，A送风有效性较B好，而满足舒适性较B差，此时，设计者难以做出选择。不同的气流组织形式达到相同的气流组织效果所耗费的能源不同，因此在满足不同需求的基础上要尽可能保证高效、节能。本章介绍面向需求的非均匀环境评价方法，考虑人员分布密度的因素，对于任一种气流组织形式，评价同时兼顾通风换气、空气品质、热舒适和能效的综合作用效果。

## 8.2　反映空间非均匀需求的人员分布密度指标

对于在房间内生活和工作的人员来说，在空间不同位置停留的时间是不同的，而对于不同的人员，在同一位置停留的时间也不同。对于办公房间，不同性质的工作人员对空间不同位置的占有频率不同，例如，文案人员多停留在办公桌附近，而从事商务谈判等人员则在不同位置间流动。而且，这种对空间的占有率还会随时间而变化。

定义人员分布密度OD（Occupied Density）指标描述室内空间的使用状况，定义如下：假设房间内有 $N$ 个人、每人在房间中停留的总时间为 $M$ 小时（假设所有人员停留的总时间相同），第 $i$ 个人在某区域P停留时间为 $P_i$ 小时，则第 $i$ 个人在区域P的空间占有率为：

$$OD_{\mathrm{P}i}=\frac{P_i}{M} \tag{8-1}$$

而区域P的人员分布密度计算方法为：

$$OD_{\mathrm{P}}=\frac{\sum_{i=1}^{N}OD_{\mathrm{P}i}}{N} \tag{8-2}$$

式中，$OD_P$ 为无量纲数。人员分布密度和温度、风速等指标一样，可以在空间各点都有值，将 $OD_P$ 均匀分布到区域 P 的各微元体积，设 OD 在空间各点的函数为 $D$，则 $D(x,y,z)$为分布指标，它在空间各点的积分值为 1，即：

$$\int D(x,y,z)\mathrm{d}v=1 \tag{8-3}$$

由上式可知，对于空间的某点$(x,y,z)$来说，$D$ 的量纲为 $m^{-3}$。

人员分布密度给空间各点赋予了不同的重要性，它可以反映两个方面的物理意义：①在相同时刻空间各点人数多少的比例大小；②相同人员在空间各点停留时间的多少，它的取值可以根据式（8-1）和式（8-2）确定，也可以由使用者根据空间各个部分的重要性的不同来直接确定，但必须满足式（8-3）。总之，使人们对各点指标给予不同程度的关注，这种关注的程度即可用人员分布密度来表示。按照这种思路，可以把人员分布密度和其他分布指标相结合，形成一个加权的总指标。

## 8.3 面向需求的通风环境评价指标

众多的评价指标在表现形式上可以分为分布指标和总指标两种。所谓分布指标，是指指标是空间各点的函数，可以通过 CFD 模拟或实验测量获得指标在空间场的分布，例如气温、相对湿度、空气龄等指标。所谓总指标，是指对于所限定的空间来说，只有一个统一的参数作为评价房间整体气流组织效果的指标，例如房间通风效率等指标。分布指标和总指标各有利弊：分布指标可以反映出空间各点的情况，通过结果的可视化处理可以得出清晰的分布图，但结果为多个断面图，不方便查看；另外即使在某个断面某一处发现问题，不好从总体上解决。总指标评价目标明确，方便比较，但不能反映各点的情况。

人员分布密度和评价指标结合起来的加权总指标可以综合上述两种指标的优点，既反映了各点的参数值，又是一个目标明确的单一值，可更方便、更直观地评价气流组织，在人员分布密度空间差异性较大的房间里有较大的应用价值。

### 8.3.1 面向需求的评价指标

（1）修正换气效率

传统换气效率的特点是将整个房间的空气龄纳入考虑，然而由于对房间不同部位的需求状况不一致，用统一的空气龄平均计算所得的结果并未能反映送风的效果。修正的换气效率，用以对送风的效果进行综合评价。换气效率的计算基础是空气龄，为此在修正换气效率时，即使房间由多个风口送风，均假定每个风口送入的都是新鲜空气，从而计算房间内的空气龄。

修正换气效率的定义为时间常数和两倍的修正平均空气龄的比值，此平均空气龄以房间各处的人员分布密度作为权重来平均。修正的换气效率 $\eta'_a$ 见式（8-4）：

$$\eta'_a=\frac{\tau_n}{2<\tau>_D} \tag{8-4}$$

加权空气龄可根据各点的人员分布密度值以及计算所得的空气龄进行加和获得。

$$<\tau>_{\mathrm{D}}=\int \tau(x,y,z)D(x,y,z)\mathrm{d}v \tag{8-5}$$

（2）修正能量利用系数

能量利用系数的原始定义式中，关注的是工作区的平均温度和出口温度的差异，这里把能量利用系数与OD的房间加权平均温度相结合，修正的能量利用系数$\eta'_{\mathrm{t}}$定义为：

$$\eta'_{\mathrm{t}}=\frac{t_{\mathrm{e}}-t_{\mathrm{s}}}{<t>_{\mathrm{D}}-t_{\mathrm{s}}} \tag{8-6}$$

式中，$t_{\mathrm{e}}$、$t_{\mathrm{s}}$分别为排风温度和送风温度；$< t >_{\mathrm{D}}$为结合了OD的房间加权平均温度：

$$<t>_{\mathrm{D}}=\int t(x,y,z)D(x,y,z)\mathrm{d}v \tag{8-7}$$

由于排风温度和房间加权平均温度没有恒定的大小关系，因此$\eta'_{\mathrm{t}}$可能大于1，也可能小于1。一般来说，修正的能量利用系数$\eta'_{\mathrm{t}}$越大，说明排风温度越高于房间加权平均温度，能量利用越有效。

（3）修正排污效率

当考虑人员分布评价污染物排除效果时，将传统的排污效率指标与OD相结合，建立修正排污效率$\eta'_{\mathrm{c}}$，定义为：

$$\eta'_{\mathrm{c}}=\frac{C_{\mathrm{e}}-C_{\mathrm{s}}}{<C>_{\mathrm{D}}-C_{\mathrm{s}}} \tag{8-8}$$

式中，$C_{\mathrm{e}}$、$C_{\mathrm{s}}$分别为排风污染物浓度和送风污染物浓度；$< C >_{\mathrm{D}}$为结合了OD的房间加权平均污染物浓度：

$$<C>_{\mathrm{D}}=\int C(x,y,z)D(x,y,z)\mathrm{d}v \tag{8-9}$$

同修正能量利用系数一样，修正排污效率$\eta'_{\mathrm{c}}$也可能大于1或小于1。修正排污效率越高，表明人员主要分布区域的污染物排除效果越好。

（4）修正 *PMV*

在热舒适性评价指标中，*PMV* 综合了环境因素和人员状况，是最全面的反映人员舒适性效果的指标。选择将 *PMV* 与OD相结合，建立修正 *PMV* 指标，定义为：

$$IPMV=\int |PMV(x,y,z)|D(x,y,z)\mathrm{d}v \tag{8-10}$$

由于 *PMV* 的范围在－3～3之间，定义式中的 *PMV* 取绝对值，可以避免正负相抵，从而使 *IPMV* 等于或接近0的舒适性很好的混淆情况。*IPMV* 没有正负，不反映冷热感觉，只反映人员的感觉距离舒适的差距。*IPMV* 值越小，说明感觉越舒适；值越大，说明越不舒适。在感觉过冷或感觉过热的程度相同时，*IPMV* 的值相同。

### 8.3.2　评价指标示例

（1）修正换气效率展示

1）高大空间

如图8-1所示，高大空间高10m、宽5m，分别采用侧上送风和侧下送风两种不同的送风方式，房间的换气次数为9次/h。将房间分为2个区域，2m以下为人员密集区A

区，OD 为 0.95；其他区域为人员很少到达的 B 区，OD 为 0.05。

两种送风形式的流场如图 8-2 所示，换气效率修正前后的对比可见表 8-1。由计算结果可知，在传统换气效率下，两种送风形式无差别。但侧下送风的方式更容易使得新风到达人员活动所在的工作区，因此在修正换气效率下，侧下送形式明显要比顶送好，说明在考虑了人员分布的情况下，修正换气效率更能有效的比较多种送风形式。

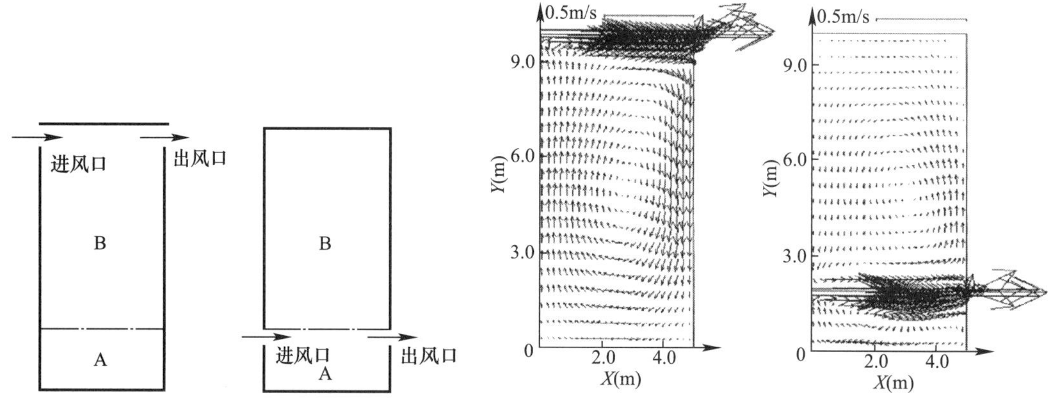


图 8-1 二维通风房间和分区示意

图 8-2 高大空间流场分布图

**高大空间两种混合通风形式的换气效率** **表 8-1**

| 气流组织 | 换气次数（次/h） | OD | | 传统换气效率 | 修正换气效率 |
|---|---|---|---|---|---|
| | | A 区 | B 区 | | |
| 侧上送 | 9 | 0.95 | 0.05 | 0.17 | 0.19 |
| 侧下送 | 9 | 0.95 | 0.05 | 0.15 | 0.63 |

2）个性化送风

个性化送风对人员所在区域和其他区域有不同的要求，因此在应用修正换气效率这一概念时，是一种非常典型的送风方式。图 8-3 所示为个性化送风房间的模型，长、宽、高分别为 3m、5m 和 2.7m，送风口位于人员正前方 30cm 处，回风口设置在地板上。送风温度为 25℃，内部热源包括人体（80W）、计算机（50W）和显示器（150W）。换气次数为 1 次/h。人员占据区 A 区的范围为 0.55m×1.3m×0.6m。对称面流场如图 8-4 所示，

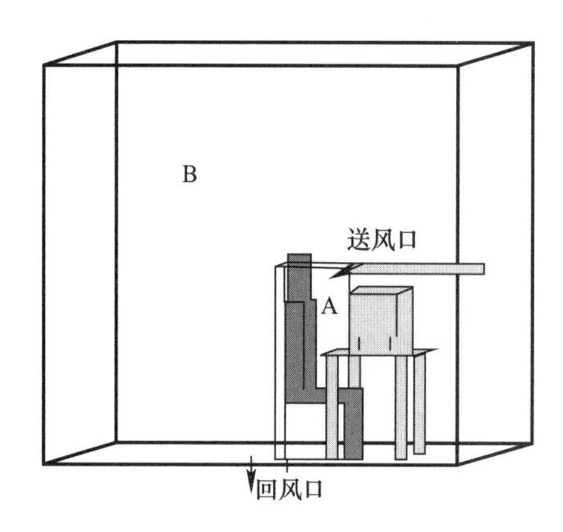


图 8-3 个性化送风房间及分区

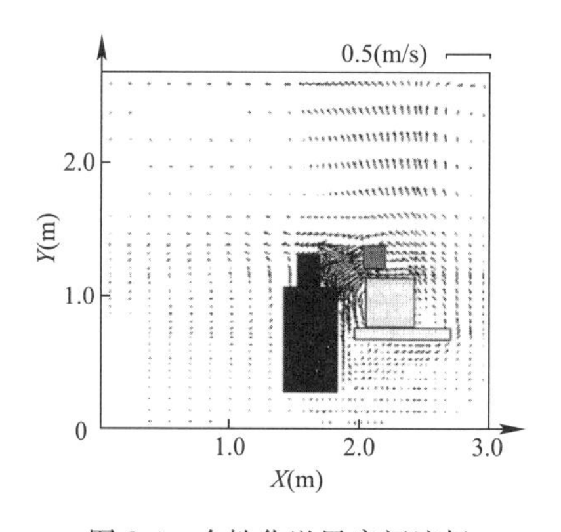


图 8-4 个性化送风房间流场

计算得到的传统换气效率和修正换气效率列于表 8-2 中。可见，考虑了人员占据区的权重之后，修正换气效率明显高于传统换气效率。

**个性化送风换气效率**　　**表 8-2**

| 换气次数（次/h） | OD | | 传统换气效率 | 修正换气效率 |
|---|---|---|---|---|
| | A 区 | B 区 | | |
| 1 | 0.75 | 0.25 | 0.70 | 0.87 |

3）置换通风

修正换气效率同样适用于评价置换通风的效果。图 8-5 所示为一个采用置换通风的办公室，尺寸为 5.2m×3.6m×2.4m，送风温度为 13℃，换气次数为 5 次/h。A 区定义为离地 1.1m 以下的区域，A 区和 B 区的 *OD* 值分别为 0.9 和 0.1。对称面流场如图 8-6 所示，计算得到的传统换气效率和修正换气效率列于表 8-3 中。

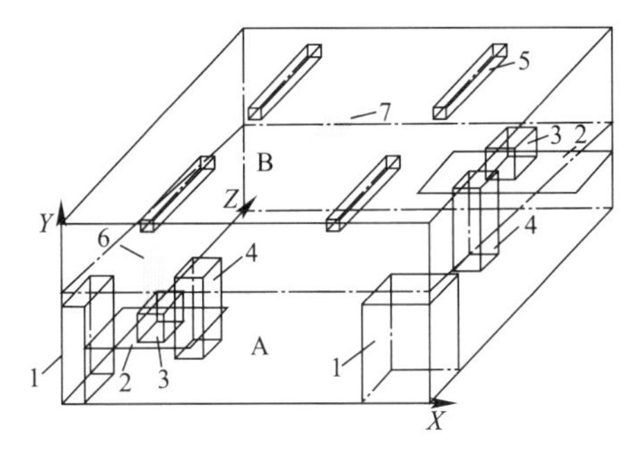


图 8-5　置换通风房间及分区示意

1—壁橱；2—桌子；3—计算机；4—人员；5—灯具；6—送风口；7—回风口

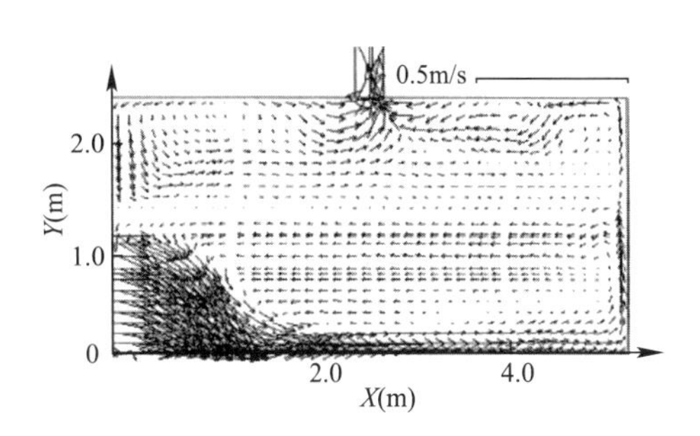


图 8-6　置换通风房间流场

与个性化送风类似，由于考虑了空间中不同区域的差异，修正换气效率的值远远大于传统换气效率。对于置换通风而言，人员所在区域的空气质量优于其他区域，修正换气效率正好反映了这个特点。

**置换通风换气效率**　　**表 8-3**

| 换气次数（次/h） | OD | | 传统换气效率 | 修正换气效率 |
|---|---|---|---|---|
| | A 区 | B 区 | | |
| 5 | 0.9 | 0.1 | 0.68 | 0.91 |

（2）修正能量利用系数展示

图 8-7 展示了示例房间及温度场计算结果，为二维计算工况，房间长 4m、高 3m；热源高度为 2m，在横轴正中；房间换气次数为 15 次/h，送风温度为 20℃，风速为 0.8m/s。房间分为 A、B 两区，A 区为 3m × 2m，B 区为 1m × 2m，出口风温为 24.07℃。表 8-4 为计算结果。可以看到，由于 A、B 两区赋予了不同的重要性，而 OD 值高的 B 区处于热源的下风向，温度较高，因此加权平均温度比工作区的平均温度高，造成修正能量利用系数比原始的能量利用系数低。进而可以考虑把送风口移至 OD 值高的 B 区域附近，可以提高修正能量利用系数值，即提高能量利用的效率。

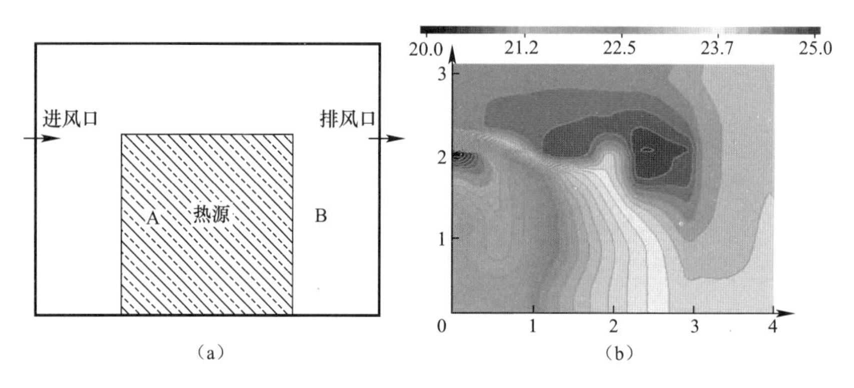


图 8-7 修正能量利用系数计算示例

(a) 房间平面示意；(b) 温度场计算结果

能量利用系数计算结果 表 8-4

| 换气次数（次/h） | OD | | 传统能量利用系数 | 修正能量利用系数 |
|---|---|---|---|---|
| | A 区 | B 区 | | |
| 15 | 0.1 | 0.9 | 1.14 | 0.98 |

## 8.4 面向需求的气流组织综合评价体系

在获得面向人员分布的各项评价指标之后，可建立合理的打分标准，计算每一项评价方面的分值。在此基础上，根据对每个评价方面的关注程度，赋予不同的权重系数，计算综合考虑多个保障方面的总体评估分数，实现面向需求的综合评价。在各类建筑类型中，体育馆类建筑功能更为复杂，体育馆内分为比赛区和观众席，不同区域不仅关注通风换气、热舒适、能效等参数，尤其在比赛区内，根据具体运动项目的特点，对区域风速、温度等参数还存在严格的要求，因此，需要评估的方面更多、难度更大。本节以体育场馆为例，建立气流组织综合评价体系，包括观众区满意度、比赛区风速满意度、权重向量 A 等。对办公室使用该评价体系时，可以不考虑风速满意度等内容。

### 8.4.1 气流组织综合评价方法

(1) 观众席满意度

对于体育场馆的观众而言，气流组织设计主要是保证观众席的舒适性要求。如果观众席的热舒适性指标优秀，表示气流组织设计满足了舒适性要求。反之，则不满足或没有完全满足舒适性要求。因此，观众席满意度和舒适性指标相关，选择 *IPMV* 指标来确定观众席满意度，借鉴 *PMV* 和 *PPD* 的关系，建立 *IPMV* 和观众席满意度之间的关系，观众席舒适性满意度为：

$$S_{\mathrm{IPMV}}=95\times \mathrm{e}^{-(0.03353\times IPMV^4+0.2179\times IPMV^2)} \tag{8-11}$$

即观众席舒适性满意度为 100 减 *IPMV* 对应的 *PPD*，它是一个百分制的得分。在 *IPMV*=0 时为最高值 95 分。观众席满意度得分和观众席的 *IPMV* 之间的关系如图 8-8 所示。

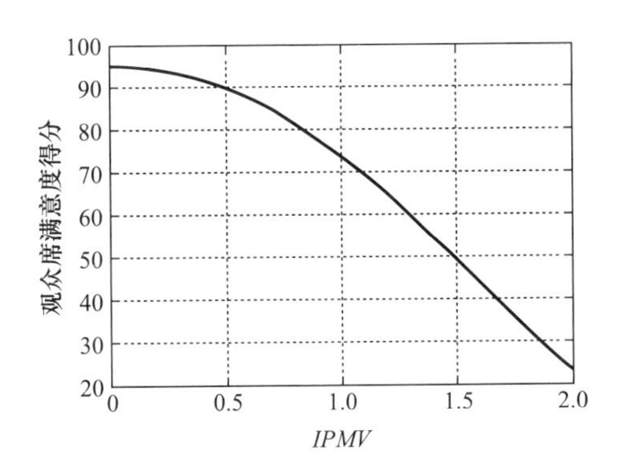


图 8-8　观众席满意度得分和 $IPMV$ 的关系

（2）比赛区满意度

1）风速满意度

比赛区的空气流速控制是体育馆气流组织的重点问题之一。无论是大球比赛（如篮球比赛），还是小球比赛（如羽毛球、乒乓球比赛等），因为空气流速过大，会对空间运动的物体产生影响，甚至造成对比赛公正性的质疑。因此，体育馆中对空气流速的设计有严格的规定，越是级别高的体育场，对风速的要求越严格。一般来说，大球比赛时风速不能超过 0.5m/s，小球比赛时不能超过 0.2m/s。

但是风速在空间形成分布，有时只有少数点的风速超过了规定的要求，而大多数的点在规定风速之下，在这种情况下，一般认为流场基本满足要求。因此，必须考虑在规定风速之上的点的相对多少。

综合以上的考虑，用比赛区的平均风速 $\overline{v}$ 和超过规定风速的空间百分比 $pav$ 两个指标来确定比赛区的风速满意度。

$$\overline{v} = \frac{\sum v_i \Delta V_i}{V_g} \tag{8-12}$$

式中，$v_i$、$\Delta V_i$——速度场中第 $i$ 个微元体积处的速度大小和第 $i$ 个微元处的体积；

$V_g$——比赛区的体积。

定义 $pav$（percentage above standard velocity）：

$$pav = \frac{\sum \Delta V_j}{V_g} \tag{8-13}$$

式中，$\Delta V_j$ 为第 $j$ 个超出规定风速的网格所在的微元体积。

风速满意度由平均风速 $\overline{v}$ 和 $pav$ 共同决定。如果平均风速过大，超过规定风速，则规定风速满意度为 0；若 $pav$ 过大，说明超过规定风速的部分过多，同样规定风速满意度为 0；因此，如图 8-9 所示，在横坐标为 $pav$、纵坐标为比赛区平均风速构成的平面内，风速满意度只有在风速上限和 $pav$ 上限组成的矩形范围内有值；若比赛区的流速场指标点落到矩形之外，则风速满意度为 0。由图可见，A 区的平均风速低、$pav$ 小，因此风速满意度高；D 区的平均风速高、$pav$ 大，因此风速满意度低；B 区的平均风速高，而 $pav$ 小；C 区的平均风速低，而 $pav$ 大，规定 B 区和 C 区具有相同的风速满意度。所以，图中的斜虚线代表风速满意度的等值线。

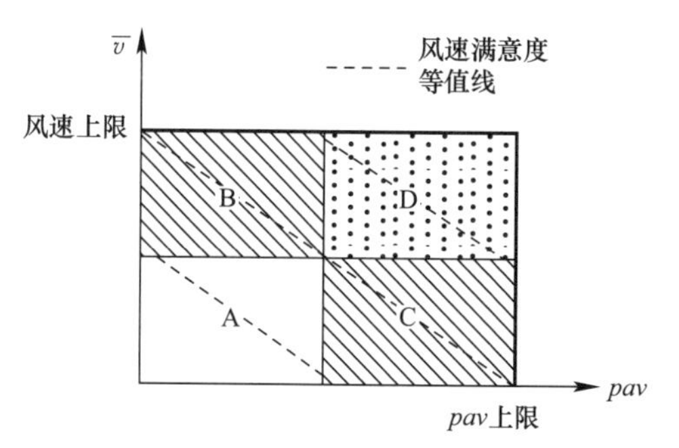


图 8-9 平均风速 $\overline{v}$ 和 $pav$ 的大小决定风速满意度

根据使用情况和实际参数的要求，确定平均风速上限和 $pav$ 上限，则可以绘制出风速满意度的等值线。

对于小球比赛，风速要求严格，一般设计风速小于 0.2m/s，规定 $pav$ 上限为 10%，则计算出比赛区平均风速和 $pav$ 之后，可以由这两个参数查图 8-10 得到风速满意度。例如，对于平均风速 0.2m/s，$pav$=10%的情况，风速满意度及格，为 60%；而平均风速为 0.2m/s，$pav$=0 时，风速满意度为 100%。

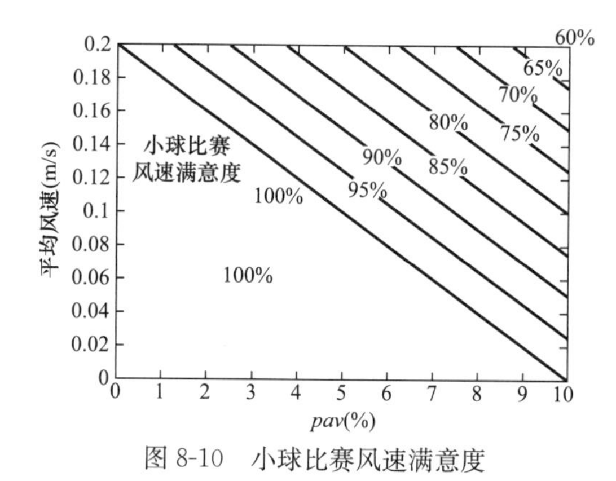


图 8-10 小球比赛风速满意度

对于大球比赛，风速较小球比赛宽松一些，一般实际风速小于 0.5m/s，规定 $pav$ 上限为 20%。和小球比赛类似，计算出比赛区平均风速和 $pav$ 之后，可以查图 8-11 得到风速满意度。

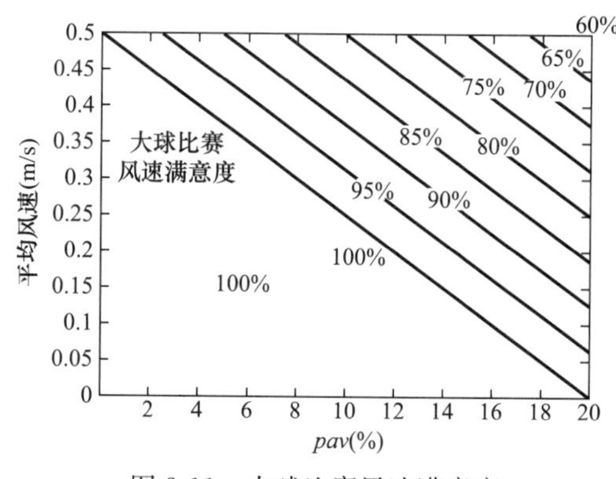


图 8-11 大球比赛风速满意度

2）温度满意度

温度也是比赛区需要重点关注的参数。在设计参数中，比赛区的温度规定在一定范围之内，或者设计参数表示成 $t=t_{设}+\Delta t$ 的形式，归根结底还是要求温度在一定范围之内。

定义 *pat*（percentage above standard temperature）：

$$pat=\frac{\sum \Delta V_j}{V_g} \tag{8-14}$$

式中，$\Delta V_j$ 为第 $j$ 个温度在设计温度之外的微元所在的体积。

*pat* 可以唯一决定温度满意度。*pat* 越高，温度满意度越低；*pat* 越低，温度满意度越高；*pat* 低到下限，温度满意度达到 100%；在 *pat* 小于一定值的范围内，温度满意度随 *pat* 升高逐渐下降，大于此值后，温度满意度急剧下降。可以构造如图 8-12 所示的温度满意度随 *pat* 变化的函数。在 $pat\leqslant5\%$时，温度满意度为 100%；在 $pat>5\%$时，温度满意度的得分和 *pat* 满足下列的函数关系：

$$S_t=100\times e^{-\{0.03353\times[2\times(pat-0.05)]^4+0.2179\times[2\times(pat-0.05)]^2\}} \tag{8-15}$$

其中，常数借鉴 *PMV* 和 *PPD* 关系式中的常数。

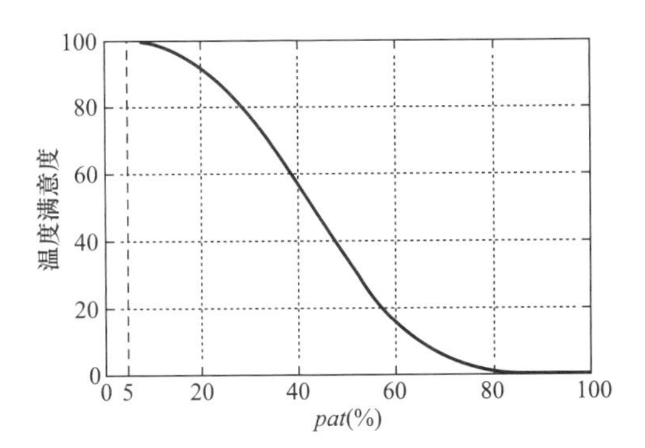


图 8-12　温度满意度随 *pat* 变化的函数曲线

3）湿度满意度

对于综合体育馆和单项运动体育馆，使用温度满意度和风速满意度就可以基本评价比赛区的气流组织满意度。但是对于游泳馆或跳水馆，必须考虑湿度情况，因为这类体育馆的水蒸气散发量大，导致房间内湿度相对较高。在这类体育馆的比赛区，要控制相对湿度在一定范围之内。如果相对湿度过高，可能造成水蒸气在围护结构和其他表面结露，而且湿度高会加大人们的冷热感觉，使人员感到更不舒适；如果相对湿度过低，运动员身体表面和空气的水蒸气压力差大，使身体表面蒸发量加大，造成人员不舒适。一般情况下，游泳馆的相对湿度都较高，但是要把相对湿度降低到很低，空调系统所花费的代价很高。

定义 *parh*（percentage above standard relative humility）：

$$parh=\frac{\sum \Delta V_j}{V_g} \tag{8-16}$$

式中，$\Delta V_j$ 为第 $j$ 个相对湿度在设计相对湿度之外的微元所在的体积。

与温度相似，可以构造 *parh* 和相对湿度满意度的函数关系。同样选取 5%为相对湿度满意度 100%的上限。当 $parh\leqslant5\%$时，相对湿度满意度为 100%；当 $parh>5\%$时，相对湿度满意度如式（8-17）所示，图形与图 8-12 的函数曲线相同。

$$S_h = 100 \times e^{-\{0.03353\times[2\times(parh-0.05)]^4+0.2179\times[2\times(parh-0.05)]^2\}} \tag{8-17}$$

4）比赛区满意度

根据比赛区的风速满意度、温度满意度、湿度满意度以及它们分别的权重，可以得出整个比赛区的满意度：

$$S_g = a_v S_v + a_t S_t + a_h S_h \tag{8-18}$$

式中，　$S_g$——整个比赛区气流组织的满意度；

$S_v$、$S_t$、$S_h$——风速、温度、湿度的满意度；

$a_v$、$a_t$、$a_h$——风速、温度、湿度在比赛区气流组织评价中的权重。

根据体育馆的使用功能和实际情况，取合理的权重。表 8-5 给出了不同功能体育馆比赛区各指标的权重的参考关系。

**不同功能体育馆比赛区各指标的权重　　表 8-5**

| 体育馆 | $a_v$ | $a_t$ | $a_h$ |
|---|---|---|---|
| 大球比赛 | 中 | 中 | 0 |
| 小球比赛 | 高 | 低 | 0 |
| 游泳馆类 | 中 | 低 | 高 |

（3）修正换气效率与修正能量利用系数的评分

为了和观众席满意度、比赛区满意度的评分量纲一致，以便进行多个因素的综合评分，规定修正换气效率 $\eta'_a$的得分 $S_{\eta'_a}$ 和修正能量利用系数 $\eta'_t$的得分 $S_{\eta'_t}$ 取值满足图 8-13，曲线方程为：

$$y = 100 \times [1 - e^{-2(x-0.2)}] \tag{8-19}$$

活塞流时，换气效率最大为 1，但修正换气效率因加权空气龄可能小于房间名义时间常数的一半而可能大于 1。能量利用系数本身可能大于 1，修正后的指标理论上也没有上限。修正换气效率和修正能量利用系数和各自满意度的得分还需要进一步研究，但是可以通过计算的算例来说明分数取值的合理性。根据第 8.3.2 节的计算结果，个性化送风的例子修正换气效率为 0.87，置换通风的例子修正换气效率为 0.91，根据图 8-13 得分分别为 73 和 75。一般来说，个性化送风和置换通风修正换气效率比较高，人员分布密度 OD 值高的空间空气龄小，因此修正换气效率较优。

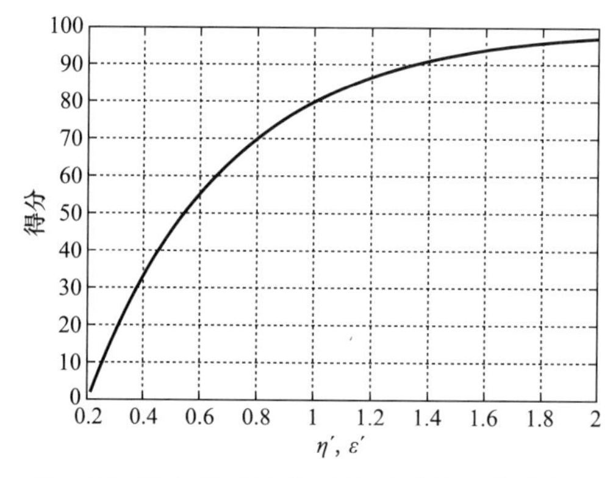


图 8-13　修正换气效率和修正能量利用系数满意度得分

（4）气流组织综合评分

对于不同的气流组织形式，首先要考虑这种形式下形成的气流组织是否分别满足了不同需求，同时还要考虑这种气流组织形式是否保证一定的新鲜空气，另外要看它消耗能源的情况。因此，对气流组织进行评价应该兼顾各个方面，必须对以上相关因素进行综合分析和研究，以获得对气流组织的总评价。

以四个评价指标用于评价气流组织为例，对于每种评价指标，关注的程度不同。根据不同指标的重要程度，赋予一定的权重，令 $a_i$ 表示的第 $i$ 个指标的权重，则 $A=\{a_1, a_2, a_3, a_4\}$ 构成了权重向量。并规定：

$$\sum_{i=1}^{4} a_i = 1 \tag{8-20}$$

权重向量 $A=\{a_1, a_2, a_3, a_4\}$ 在评价体系中起着重要作用，它的取值直接影响甚至改变气流组织形式的最后选择。根据模糊数学的理论，确定权重向量的方法有专家法、经验分析法、统计法、层次分析法、矩阵分析法和综合法等几种。

对于每种气流组织形式，如果能够综合多种评价指标，给出评价结果目标函数是满分为100%的得分值，就可以对气流组织形式的效果进行量化，实现在固定权重向量 $A$ 下的比较。

用权重向量乘以各项指标的得分，即可得到该种气流组织形式最后的得分：

$$S = a_1 S_{\mathrm{IPMV}} + a_2 S_{\mathrm{g}} + a_3 S_{\eta'_{\mathrm{a}}} + a_4 S_{\eta'_{\mathrm{t}}} \tag{8-21}$$

这样，对于任何一种气流组织，都可以给出综合多个方面的综合评分，分数在形式上是百分制的得分。通过评分，可以得出任意一种气流组织效果的绝对值和相对值。可以比较单个建筑的多种气流组织形式，评价已建成建筑的气流组织形式，比较不同建筑气流组织形式的设计效果。

## 8.4.2 评价方法的应用展示

建立小球比赛馆二维模型（图8-14），设计气流组织形式分别为下送风（风量为720m³/h）、上送风1（风量为720m³/h）和上送风2（风量为1246m³/h），室内的热源、湿源均相同。

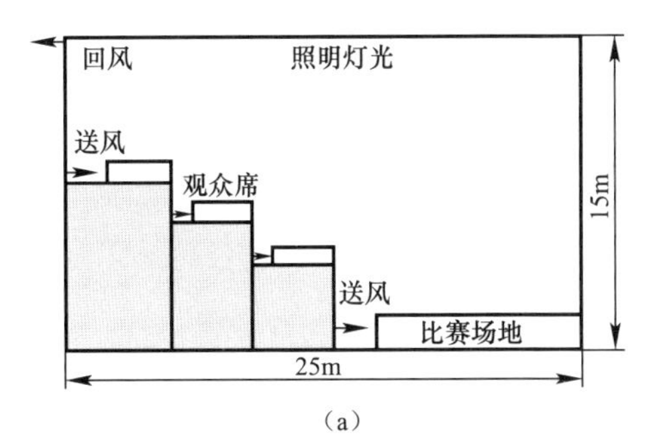


（a）

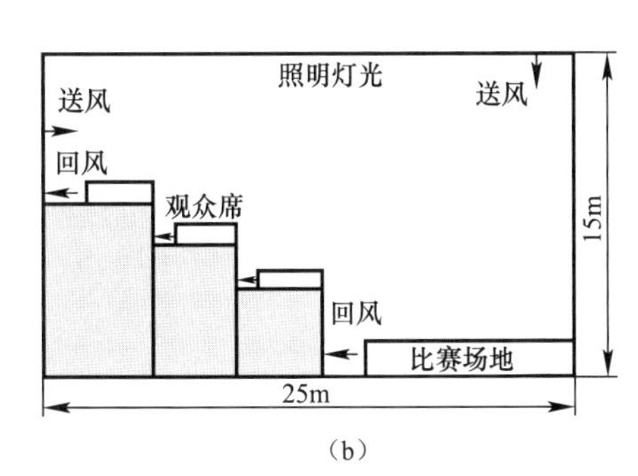


（b）

图8-14　小球比赛馆二维模型图

（a）下送风形式；（b）上送风形式

计算工具采用清华大学开发的STACH-3软件，图8-15给出了下送风和上送风2形式流场的比较。可以看到，下送风形式观众席和比赛区的风速较上部无人停留的大空间要大，上部空间风速很小，为空气的滞留区；而上送风形式除小部分地区外，风速大小比较均匀。

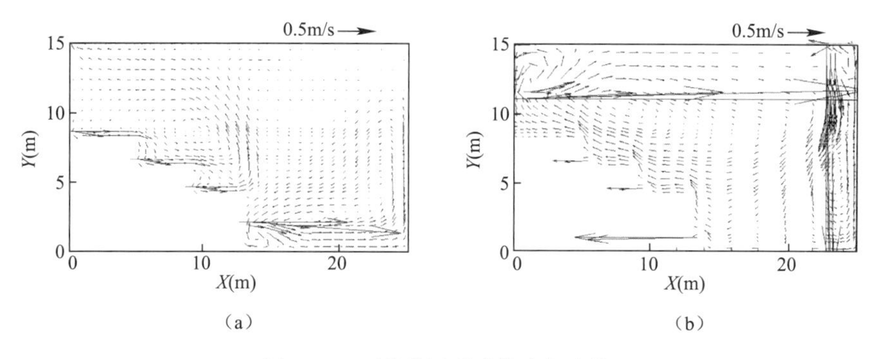


图 8-15　两种送风形式的流场比较

(a) 下送风形式；(b) 上送风 2 形式

两种气流组织形式最后的评价结果和各评价因素的权重紧密相关，根据表 8-6 给出的不同情况下的权重，可以得出最后的评价结果，如表 8-7 所示。可以看到，对于算例中的体育馆，在要求保证比赛区要求、满足观众席舒适性时，下送风形式和上送风 2 形式的分数相差不多，上送风 2 形式更好一些。但是，如果需要重点考虑节约能源、保证空气新鲜度的要求，下送风形式有明显的优势。设计者可以根据评分结果作出气流组织的选择。

**评价因素的权重**　　**表 8-6**

| 序号 | 目标 | 比赛区满意度 | 观众席满意度 | 有效能耗 | 修正换气效率 |
|---|---|---|---|---|---|
| 权重 1 | 保证比赛区要求 | 0.5 | 0.3 | 0.1 | 0.1 |
| 权重 2 | 满足观众舒适性 | 0.3 | 0.5 | 0.1 | 0.1 |
| 权重 3 | 节能 | 0.2 | 0.2 | 0.5 | 0.1 |
| 权重 4 | 保证空气新鲜度 | 0.3 | 0.2 | 0.1 | 0.4 |

**各权重下两种气流组织形式的得分**　　**表 8-7**

| 送风形式 | 权重 1 | 权重 2 | 权重 3 | 权重 4 |
|---|---|---|---|---|
| | 保证比赛区要求 | 保证观众舒适性 | 节能 | 保证空气新鲜度 |
| 下送风形式 | 89.5 | 89.3 | 92.3 | 89 |
| 上送风形式 1 | 77 | 82.1 | 80 | 77 |
| 上送风形式 2 | 93.3 | 92.2 | 85 | 85 |

以上是在体育场馆气流组织评价方面进行的尝试，所建立的评价体系可以方便地应用于其他高大空间。但对于各种不同类型的高大空间，需要进一步完善气流组织评价体系，针对性地提出合理的权重向量 $A$，并进行推广应用，使所建立的评价体系应用于更多实际场馆的多种气流组织的评价，以在理论上指导气流组织设计改进的方向。

## 8.5　本章小结

面向对象的真实需求进行更加精准、高效的室内环境保障已经成为先进通风空调技术发展的方向。本章针对人员需求进行量化评价，以此建立面向需求的评价指标和体系，主要结论如下：

（1）提出了人员分布密度（OD）指标，根据人员在空间不同区域出现的时间比例，赋予各区域不同的重要性，为通风气流组织应重点保障的区域提供清晰的目标。将人员分布密度与通风评价指标相结合，提出了修正通风评价指标，包括修正换气效率、修正能量利用系数、修正排污效率和修正 *PMV* 指标。修正指标兼顾了分布评价指标和总体评价指标，在人员分布密度空间差异较大的房间评价中有较大价值。

（2）提出了面向需求的通风气流组织综合评价体系，通过修正指标体现人员空间分布，建立了不同评价指标的满意度得分，各评价方面加权平均获得综合得分。综合评价体系实现了针对真实人员分布的空气品质、热舒适、能效等多维度综合评价，对于室内环境的综合保障具有指导意义。

# 第 9 章　面向不同应用场景的多模式通风

## 9.1　概述

传统混合通风旨在为整个空间提供均匀一致的空气参数，但通常人员主要占据房间下部的工作空间，全空间保障能耗较大。采用置换通风[1,2]、地板送风等[3] 下部送风气流组织形式，可使处理后的新鲜空气首先进入工作区，减少新鲜空气与房间上部区域空气的混合，更加节能。但很多情况下，人们只占用整个空间的局部区域，而且人员对空气参数有个人偏好，为此，Fanger[4]、Melikov 等[5] 提出个性化通风概念，通过在每个工位附近安装独立可调节的个性化通风末端，实现每个工位区域的微环境个性化保障。气流组织的技术发展过程表明，综合考虑保障对象的位置和偏好，可在营造舒适性和能源效率之间找到平衡。实际上，在通风空调系统日常运行中，保障对象的数量、位置和空气参数要求，以及室内源（热、湿和污染源）的数量、位置和强度不可避免地会经常发生变化，呈现出多种需求场景特征。常规通风气流组织模式单一，对于设计工况工作高效，但当需求场景变化时，难以始终针对每一种需求场景均保持高效保障。面向多变的需求场景，本章提出了室内源辨识方法和人员定位方法，用于获得房间应用场景，以及具有多种可调节气流组织方式的多模式通风方法，解决了多变场景下的室内环境综合保障难题。

## 9.2　多模式通风系统概念

多模通风（Multi-mode Ventilation，MMV），是通过对建筑内典型场景分析获得实际中出现概率较高的典型需求场景，针对每种典型场景确定一组具有较高保障能力的单一气流组织模式，再以一定的配置原则组合设计成的一套通风系统；当源场景（热源、湿源、污染源）或需求场景发生变化时，能够识别并快速决策出能够实现高效保障的气流组织模式，进而进行气流组织切换和送风参数调节，以使在大部分时段内均可以更节能的方式实现室内需求参数的保障。图 9-1 为多模通风示意图。

多模通风的核心思想为多种气流组织联合共同保障室内多种场景，该通风方式并非某种单一的新型气流组织形式，而是若干种单一气流组织形式的有机结合。在实际应用中，多模通风可以有多种构成方式，例如：具有不同送、回风口的若干种单一气流组织的组合；具有不同送风口、共同回风口的若干种单一气流组织的组合；具有不同回风口、共同送风口的若干种单一气流组织的组合；如送风口（或回风口）自身也可作为回风口（或送风口）使用，则单一气流组织通过连接风管上的风阀调控，也可以实现多模通风系统；风扇具有灵活调节气流和传送冷热量的特性，通过风扇参数调节，也可实现多种模

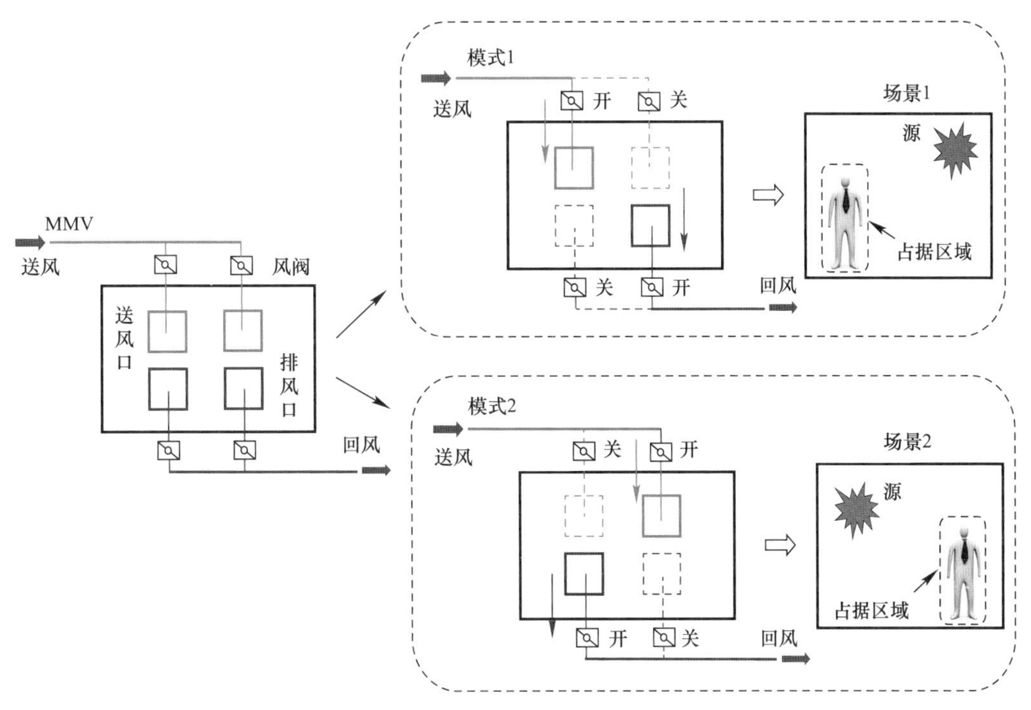


图 9-1　多模通风示意图

式组合；在相同的送、回风口下，不同送风参数（速度、方向、温度、湿度等）的组合也可实现多种模式组合。实际面向非均匀环境设计多模通风系统时，应充分考虑各种典型实际情况，选择合理的气流组织模式组合，解决单一气流组织形式遇到的保障难题。

多模通风的设计具体涉及5个关键方面：

（1）典型需求场景的描述方法。典型场景的确定是多模通风实现的前提。传统通风保障整个空间，设计时仅需已知室内设定参数和总冷（或热）负荷；但对于多模通风系统，保障区域很多时候为局部空间，需要掌握局部需求和热、湿源分布及变化信息。因此，首先需对教室、办公室等代表性建筑空间进行多变场景调研，分析提炼出现概率较高的若干种人员分布场景和热、湿源分布场景；在提炼典型场景的基础上，建立描述需求分布和源分布特征的量化指标，构建多变场景的描述方法。典型场景的描述，将为多模通风提供明确的设计目标。

（2）多模通风的末端设计方法。作为多模通风设计的基础，首先需研究评价单一气流组织对保障区域（单一区域或多个区域）温、湿度保障能力的量化指标和室内热、湿源（单一源或多个源）对局部保障区域影响程度的量化指标；初步选取若干种单一气流组织模式，采用提出的指标对各种典型场景下不同气流组织模式的保障能力进行评价和分析，针对每种典型场景均筛选出对其保障能力较强的1～2种单一气流组织模式；综合研究气流组织模式组合数量、冗余度、阀门设置、末端系统技术经济性等因素对多模通风系统保障能力的影响，在此基础上建立多模通风系统设计的指导原则和方法。

（3）室内热、湿源位置与强度的辨识方法。多模通风关注不断变化的热、湿源对局部需保障区域的影响，即使总源强度相同，室内源处于不同位置时也会对保障区域产生不同程度的影响，这与均匀混合的保障思路差异较大，因此，每个热、湿源的位置与强度的辨识，在多模通风的控制策略制定中至关重要，需要对室内多个热、湿源的位置与强度进行辨识。

（4）人员定位方法。人员是建筑室内环境保障的主要目标，同时也是影响室内环境的主要因素。室内人员的数量、位置以及活动方式的变化形成了多种室内环境应用场景，获知人员的准确位置信息将能够在室内空间营造非均匀的环境并根据人员的位置进行调整，从而大幅度节约能耗。因此，人员的识别和定位，在多模通风的控制策略制定中至关重要。

（5）面向室内多个局部区域不同空气参数需求的送风参数优化决策。室内源分布和需求保障是多模通风在控制层面的两个关键问题，在获得源分布场景的基础上，进一步研究面向室内局部区域需求（甚至不同局部区域个性化需求）的送风温、湿度的优化调节方法，对室内任意局部区域温、湿度需求及几个区域之间不同的温、湿度需求均可实现送风参数的优化调控。

（6）面向需求的多模通风末端控制策略。以现场监测的实时温、湿度传感器数据为基本信息，首先辨识出热、湿源和人员的位置及强度信息，进而进行室内源对各需求区域定量影响的快速预测；在此基础上，根据人员实时提出的温、湿度需求，进行不同气流组织模式下送风参数的优化计算，以能耗低、模式切换容易等为优化目标，优化出合适的气流组织模式，据此进行模式切换和送风温、湿度调节，从而实现送风末端的前馈调节，在快速满足人员需求的同时，减少控制系统产生的振荡。

## 9.3 基于传感器的室内源辨识方法

### 9.3.1 源辨识模型

室内散发源的参数辨识，对于快速预测其对室内不同位置的定量影响至关重要，尤其是在真实的非均匀环境下，仅获得室内源的总散发强度，而忽略位置信息，将难以准确获取各位置的受影响程度。因此，本节介绍一种基于有限传感器在一段时间内的采样数据而进行污染源数量、位置、强度辨识的方法。

通风房间中污染源和传感器分布示意图如图 9-2 所示。由若干个送风口（S1 和 S2）、排风口（E1 和 E2）和特定通风量构成室内气流组织。从某时刻开始，不同位置的污染源（CS1 和 CS2）以某恒定速率释放污染物，随后室内布置的传感器（SR1 和 SR2）以一定的时间间隔采集浓度数据。

源辨识方法的提出基于以下基本假设：①流场固定；②多个污染源同时释放且释放时间已知，即各传感器数据对应的采样时刻已知；③污染源可能出现的位置已知。虽然理论上污染源可在房间内任意位置出现，但很多时候污染源出现概率较高的位置数是有限的且可预先知道，例如：办公室中每位工作人员的位置固定且已知，当需要辨识哪位工作人员正在释放某种病菌时，每个工位就是可能的释放位置。将污染源可能出现的位置称为潜在位置，而将潜在位置上可能出现的污染源称为潜在源。

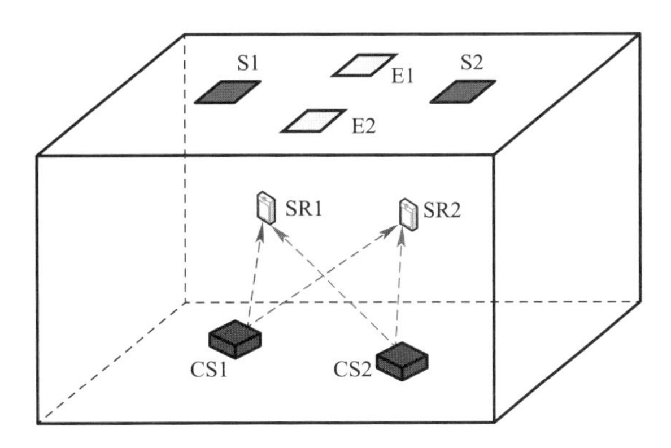


图 9-2　室内污染源和传感器分布示意图

在固定流场下，假设房间初始无污染物分布，各送风口的送风浓度为 0，根据式（9-1），室内任意位置 p 处的瞬态污染物浓度可表示为：

$$C_{\mathrm{p}}(\tau)=\sum_{n_{\mathrm{C}}=1}^{N_{\mathrm{C}}}\left[\frac{J^{n_{\mathrm{C}}}}{Q}a_{\mathrm{C,p}}^{n_{\mathrm{C}}}(\tau)\right] \tag{9-1}$$

假设室内潜在源数量为 $N$，传感器数量为 $M$。从某时刻开始，部分潜在源开始释放污染物，此后，传感器以时间间隔 $\Delta\tau$ 采集数据。在采样时刻 $\tau$ 时，第 $m$ 个传感器位置（$1\leqslant m\leqslant M$）处的浓度预测值表示为：

$$C_{m}^{*}(\tau)=\sum_{i=1}^{N}\left[\frac{J^{i}}{Q}a_{\mathrm{C},m}^{i}(\tau)\right] \tag{9-2}$$

式（9-2）中，污染源可及度 $a_{\mathrm{C},m}^{i}(\tau)$ 可通过数值模拟或实验的方法获得，通风量 $Q$ 可通过测量得到。假设在采样时刻 $\tau$ 时，第 $m$ 个传感器采集的浓度为 $C_{m}(\tau)$，则传感器读数与预测浓度的关系为：

$$C_{m}(\tau)=\sum_{i=1}^{N}\left[\frac{J^{i}}{Q}a_{\mathrm{C},m}^{i}(\tau)\right]+e_{m}(\tau) \tag{9-3}$$

式中，$e_{m}(\tau)$ 为 $\tau$ 时刻传感器读数与预测浓度的偏差，由传感器读数误差、污染源可及度测量误差与风量测量误差共同导致。理想情况下，$J^{i}$ 等于真实源强，$e_{m}(\tau)=0$。

假设在一段时间内，各传感器以时间间隔 $\Delta\tau$ 共采集 $L$ 个数据，则对第 $j$ 个数据有：

$$C_{j}=\sum_{i=1}^{N}\left[J^{i}\frac{a_{\mathrm{C},j}^{i}}{Q}\right]+e_{j} \tag{9-4}$$

式中，$C_{j}$——第 $j$ 个传感器的污染物浓度读数；

$a_{\mathrm{C},j}^{i}$——第 $i$ 个污染源对第 $j$ 个传感器读数的污染源可及度；

$e_{j}$——第 $j$ 个传感器读数与预测浓度的偏差。

令：$a_{j,i}=a_{\mathrm{C},j}^{i}/Q$，$b_{j}=C_{j}$，$x_{i}=J^{i}$，则根据式（9-4）可构成约束条件的方程组（9-5）：

$$\begin{cases}a_{1,1}x_{1}+a_{1,2}x_{2}+\cdots+a_{1,N}x_{N}+e_{1}=b_{1}\\a_{2,1}x_{1}+a_{2,2}x_{2}+\cdots+a_{2,N}x_{N}+e_{2}=b_{2}\\\cdots\\a_{L,1}x_{1}+a_{L,2}x_{2}+\cdots+a_{L,N}x_{N}+e_{L}=b_{L}\end{cases} \tag{9-5}$$

基于式（9-5）的约束条件方程组，建立源辨识最优化模型：

$$\begin{aligned} \min \quad & f(\boldsymbol{x})=\sum_{j=1}^{L} \mid x_{N+j} \mid \\ \text{s.t.} \quad & \boldsymbol{Ax}=\boldsymbol{b} \\ & x_i \geqslant 0, \quad i=1,\cdots,N \end{aligned} \tag{9-6}$$

式中，

$$\boldsymbol{x}=(x_1,\cdots,x_N,x_{N+1},\cdots x_{N+L})^{\mathrm{T}};$$

$$\boldsymbol{b}=(b_1,b_2,\cdots,b_L)^{\mathrm{T}};$$

$$\boldsymbol{A}=(a_{j,i})_{L,N+L};$$

$$x_{N+j}=e_j, \quad j=1,\cdots,L;$$

$$(a_{j,N+i})_{L,L}=\begin{pmatrix} 1 & 0 & \cdots & 0 \\ 0 & 1 & \cdots & 0 \\ \cdots & \cdots & \cdots & \cdots \\ 0 & 0 & \cdots & 1 \end{pmatrix}$$

辨识模型（9-6）为非线性模型，可转化为线性规划模型，进行优化求解。

令：$\mid x_{N+j} \mid = x_{N+j}^1 + x_{N+j}^2$，$x_{N+j}=x_{N+j}^1 - x_{N+j}^2$，则有：

$$x_{N+j}^1=\begin{cases} x_{N+j}, & x_{N+j} \geqslant 0 \\ 0, & x_{N+j} < 0 \end{cases}, \quad x_{N+j}^2=\begin{cases} 0, & x_{N+j} \geqslant 0 \\ -x_{N+j}, & x_{N+j} < 0 \end{cases} \tag{9-7}$$

根据式（9-7）可建立线性规划模型（9-8）：

$$\begin{aligned} \min \quad & f(\boldsymbol{x})=\sum_{j=1}^{L} (x_{N+j}+x_{N+L+j}) \\ \text{s.t.} \quad & \boldsymbol{Ax}=\boldsymbol{b} \\ & x_i \geqslant 0, \quad i=1,\cdots,N+2L \end{aligned} \tag{9-8}$$

式中，

$$\boldsymbol{x}=(x_1,\cdots,x_N,x_{N+1},\cdots x_{N+L},x_{N+L+1},\cdots x_{N+2L})^{\mathrm{T}};$$

$$\boldsymbol{b}=(b_1,b_2,\cdots,b_L)^{\mathrm{T}};$$

$$\boldsymbol{A}=(a_{j,i})_{L,N+2L};$$

$$x_{N+j}-x_{N+L+j}=e_j, \quad j=1,\cdots,L;$$

$$(a_{j,N+i})_{L,L}=\begin{pmatrix} 1 & 0 & \cdots & 0 \\ 0 & 1 & \cdots & 0 \\ \cdots & \cdots & \cdots & \cdots \\ 0 & 0 & \cdots & 1 \end{pmatrix}$$

$$(a_{j,N+L+i})_{L,L}=\begin{pmatrix} -1 & 0 & \cdots & 0 \\ 0 & -1 & \cdots & 0 \\ \cdots & \cdots & \cdots & \cdots \\ 0 & 0 & \cdots & -1 \end{pmatrix}$$

通过 MATLAB 软件中的线性规划函数 linprog 对辨识模型（9-8）进行优化求解，

即可优化出各潜在源的实际释放强度 $J^i$。如果在辨识结果中 $J^i=0$ 或为极小的值，则表明潜在源位置未释放污染物；而如果 $J^i$ 为较大的值，则表示该潜在源位置为真实污染源释放位置，而 $J^i$ 的值即为辨识出的源强度值。

源辨识过程步骤如下：

① 获得稳态流场。源辨识模型中各潜在源对传感器位置的可及度求解是重要环节，该值可通过 CFD 模拟得到，也可通过示踪气体实验得到。若为前者，则需针对待辨识房间建模，通过 CFD 模拟获得稳态流场；若为后者，则需对实际房间开启通风空调系统一段时间，使流场达到稳定。

② 求解各潜在源的污染源可及度。可通过 CFD 模拟或示踪气体实验获得。每次仅在一个潜在源位置处释放污染物，通过布置在不同位置的传感器逐时采集数据，求得各潜在源对各传感器位置的污染源可及度。对每个潜在源位置均需进行一次瞬态浓度模拟或实验，模拟或实验次数等于潜在源数量。

③ 污染物释放后的辨识。污染物释放后，各传感器开始以一定的时间间隔采集数据。将采集的数据和步骤②获得的对应可及度数据代入模型（9-8）进行优化求解，辨识出源释放位置和强度。

### 9.3.2 源辨识实验

利用建立的源辨识方法，在真实实验小室开展了多组源辨识实验。实验小室尺寸为 4m($X$)×2.5m($Y$)×3m($Z$)。实验平台示意图如图 9-3 所示，实验采用全新风直流系统，空调箱风机将室外新风输送至实验小室，将排风排至室外大气。室内布置一个送风口和一个排风口，送风口尺寸为 0.2m×0.2m，排风口尺寸为 0.3m×0.18m，气流组织形式为侧上送异侧下回。室内无热源和湿源分布，除辨识实验用污染源外，无其他污染源分布。

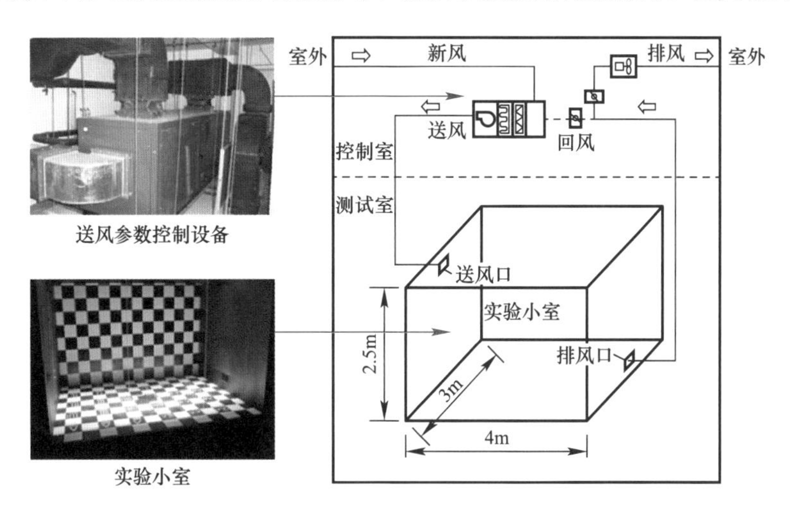


图 9-3 通风及污染物传播实验平台示意图

选取 $CO_2$ 作为辨识污染物，在小室中选取 5 个位置作为潜在源位置（分别标记为 CS1～CS5），$CO_2$ 通过在潜在源位置布置的布满小孔的乒乓球均匀释放。在不同位置布置 9 个 $CO_2$ 传感器（分别标记为 SR1～SR9），如图 9-4 所示。

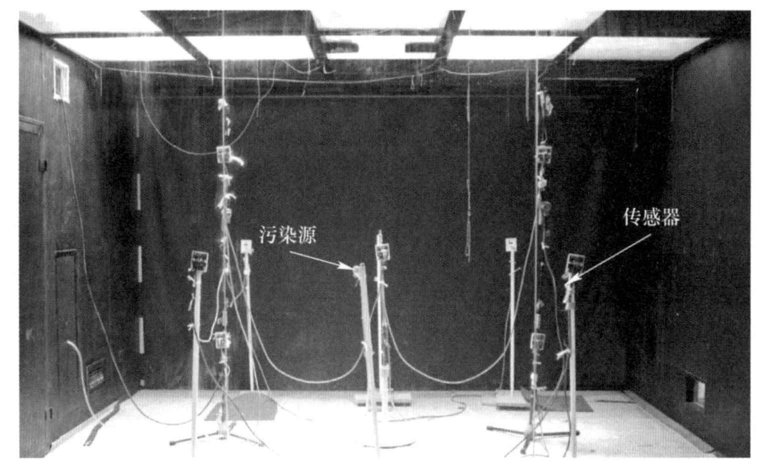


图 9-4　污染源与传感器布置图

潜在污染源与传感器的具体位置见表 9-1。

**潜在污染源和传感器的位置坐标　　表 9-1**

| 对象 | $X$ (m) | $Y$ (m) | $Z$ (m) |
|---|---|---|---|
| CS1 | 0.50 | 1.20 | 1.50 |
| CS2 | 2.00 | 1.20 | 0.50 |
| CS3 | 2.00 | 1.20 | 2.50 |
| CS4 | 3.50 | 1.20 | 1.50 |
| CS5 | 1.50 | 0.90 | 1.50 |
| SR1 | 1.00 | 1.80 | 1.50 |
| SR2 | 2.00 | 1.20 | 1.50 |
| SR3 | 3.00 | 1.80 | 1.50 |
| SR4 | 3.00 | 0.60 | 1.50 |
| SR5 | 3.00 | 1.20 | 0.50 |
| SR6 | 1.00 | 1.20 | 0.50 |
| SR7 | 1.00 | 0.60 | 1.50 |
| SR8 | 1.00 | 1.20 | 2.50 |
| SR9 | 3.00 | 1.20 | 2.50 |

共设计了 6 个释放实验，包括 5 个单源释放和 1 个双源释放，具体见表 9-2。

**源释放实验设计　　表 9-2**

| 释放场景编号 | 潜在源强度 (L/min) | | | | |
|---|---|---|---|---|---|
| | CS1 | CS2 | CS3 | CS4 | CS5 |
| 1 | 5.00 | 0 | 0 | 0 | 0 |
| 2 | 0 | 5.00 | 0 | 0 | 0 |
| 3 | 0 | 0 | 5.00 | 0 | 0 |
| 4 | 0 | 0 | 0 | 5.00 | 0 |
| 5 | 0 | 0 | 0 | 0 | 5.00 |
| 6 | 0 | 5.00 | 5.00 | 0 | 0 |

$CO_2$ 传感器量程为 $0\sim5000\times10^{-6}$，精度为 $40\times10^{-6}\pm3\%$测量值；流量控制仪量程为 0～25L/min，精度为±2%测量值；风口风速由热敏风速计测量，量程为 0～20m/s，精度为±(0.03m/s+5%测量值)。测得房间通风量为 $272m^3/h$，对应的换气次数为 9.07 次/h。图 9-5 展示了各潜在源对传感器位置的污染源可及度。

可以看出，各潜在源对不同位置传感器的影响存在差异。传感器 SR2、SR6、SR7 和 SR8 各自对应的 5 条可及度曲线较为分散［如图 9-5（b）、(f)、(g)、(h) 所示］，表明各潜在源对这些传感器位置的影响程度差别较大，换言之，每个传感器对各潜在源的区分度较高；传感器 SR1、SR3、SR4、SR5 和 SR9 各自对应的 5 条可及度曲线较为集中，表明各潜在源对这些传感器位置的影响程度差别较小，即每个传感器对各潜在源的区分度较低。

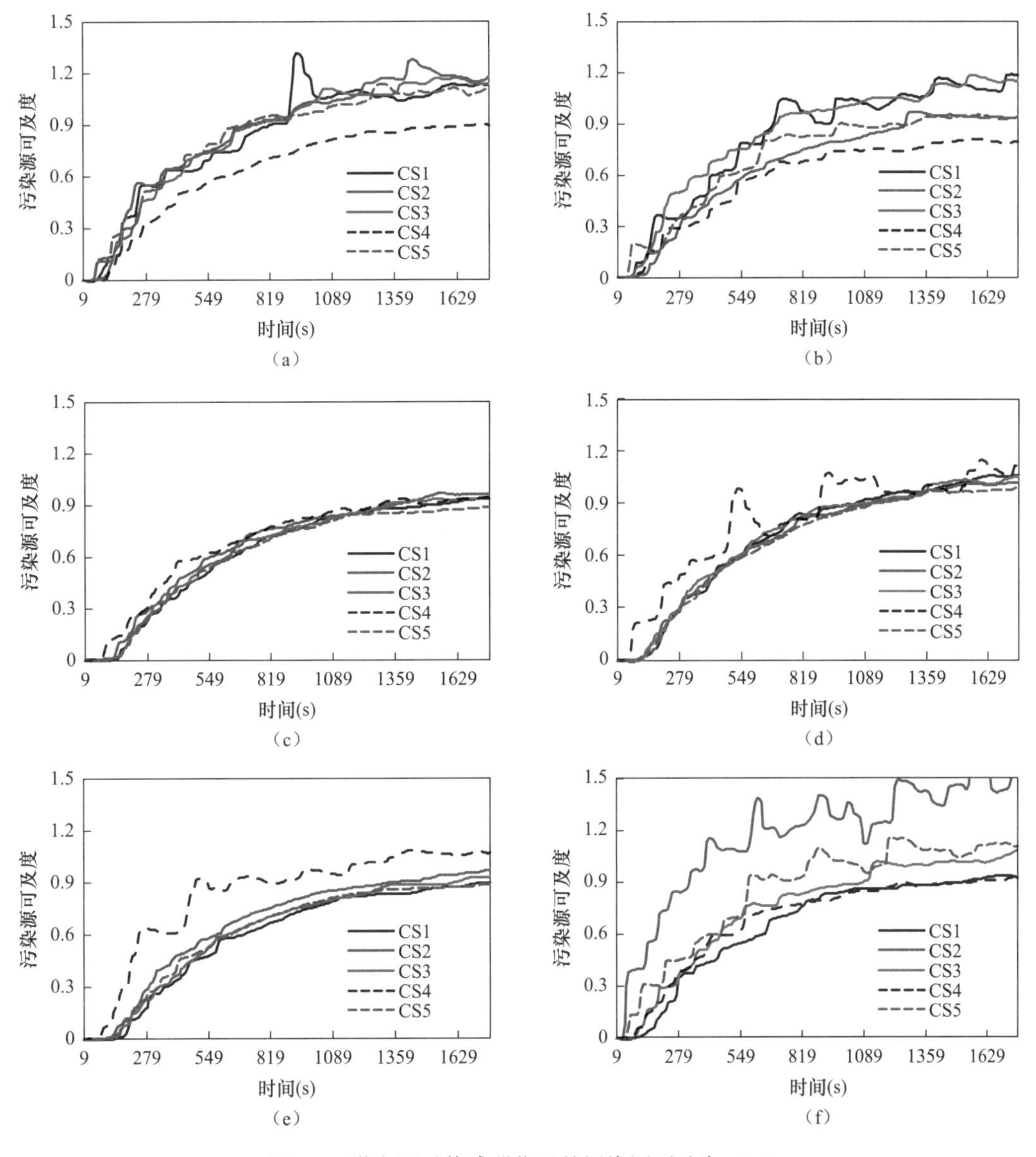


图 9-5　潜在源对传感器位置的污染源可及度（一）
(a) SR1；(b) SR2；(c) SR3；(d) SR4；(e) SR5；(f) SR6

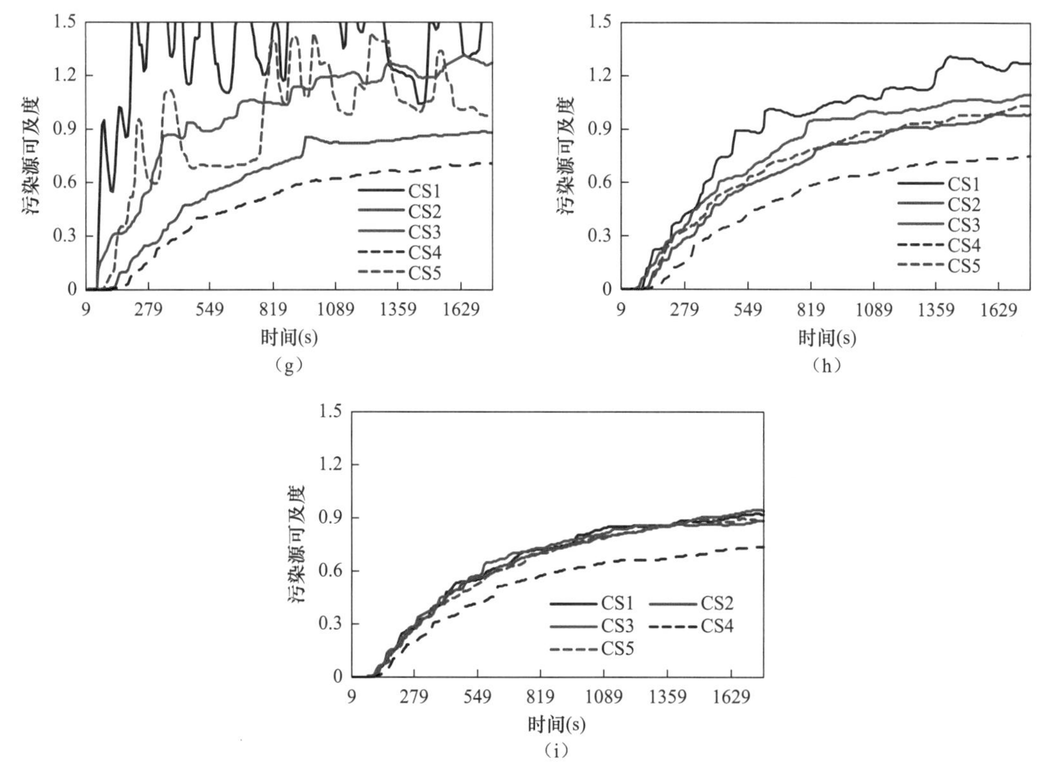


图 9-5 潜在源对传感器位置的污染源可及度（二）

（g）SR7；（h）SR8；（i）SR9

传感器 SR4、SR6 和 SR7 分别距离潜在源 CS4、CS2、CS1 和 CS5 很近，当这些潜在源位置释放 $CO_2$ 时，很容易导致附近传感器采集数据的剧烈变化，因此，从图 9-5（d）、（f）、（g）中可见 SR4、SR6 和 SR7 处的可及度曲线波动剧烈。

此外，对于 9 个 $CO_2$ 传感器而言，在开始一段较短的时间内可及度值基本维持在 0 值，表明各传感器读数存在一定的时间延迟，即污染物释放之后，各传感器不会立刻响应，而是需要保持当前值一段时间后才开始记录数据。将 9 个传感器在 30min 采集到的所有数据用于各场景下的辨识，结果如图 9-6 所示。

当单源分别在潜在源位置 CS2、CS3 和 CS4 释放时［如图 9-6（b）、（c）、（d）所示］，在真实传感器下，采用恒定源辨识方法能够准确地辨识出污染物释放的位置（较大的强度辨识值对应真实释放位置，较小值对应未释放位置），且辨识出的源强度值与真实值偏差较小；当单源在潜在源位置 CS1 释放时［如图 9-6（a）所示］，该位置的辨识源强度值最大，表明准确地识别出了该释放位置，但同时潜在源位置 CS3 的辨识强度值也不可忽略，即辨识出该位置也在释放污染物，因此，在该释放场景下存在一定的位置辨识偏差。此外，也存在一定的强度辨识偏差；当单源在潜在源位置 CS5 释放时［如图 9-6（e）所示］，位置 CS2、CS3 和 CS5 均辨识出较大的源强，即辨识出这些位置都在释放污染物，这与真实释放场景差别较大。而从源强度的辨识精度看，辨识值与真实值偏差也很大，因此，该释放场景未能实现很好的辨识。

以上分析为单源释放的辨识结果，图 9-6（f）进一步给出了双源释放的辨识结果。

可以看到，当在潜在源位置CS2和CS3同时释放$CO_2$时，这两个位置辨识出的源强度均较大，其余位置辨识出的源强度均很小，表明源位置辨识结果准确。进一步可以看出，位置CS2和CS3辨识出的源强度与真实源强度偏差较小，源强度辨识精度较高。因此，该场景下两个源的位置与强度均实现了较好的辨识。

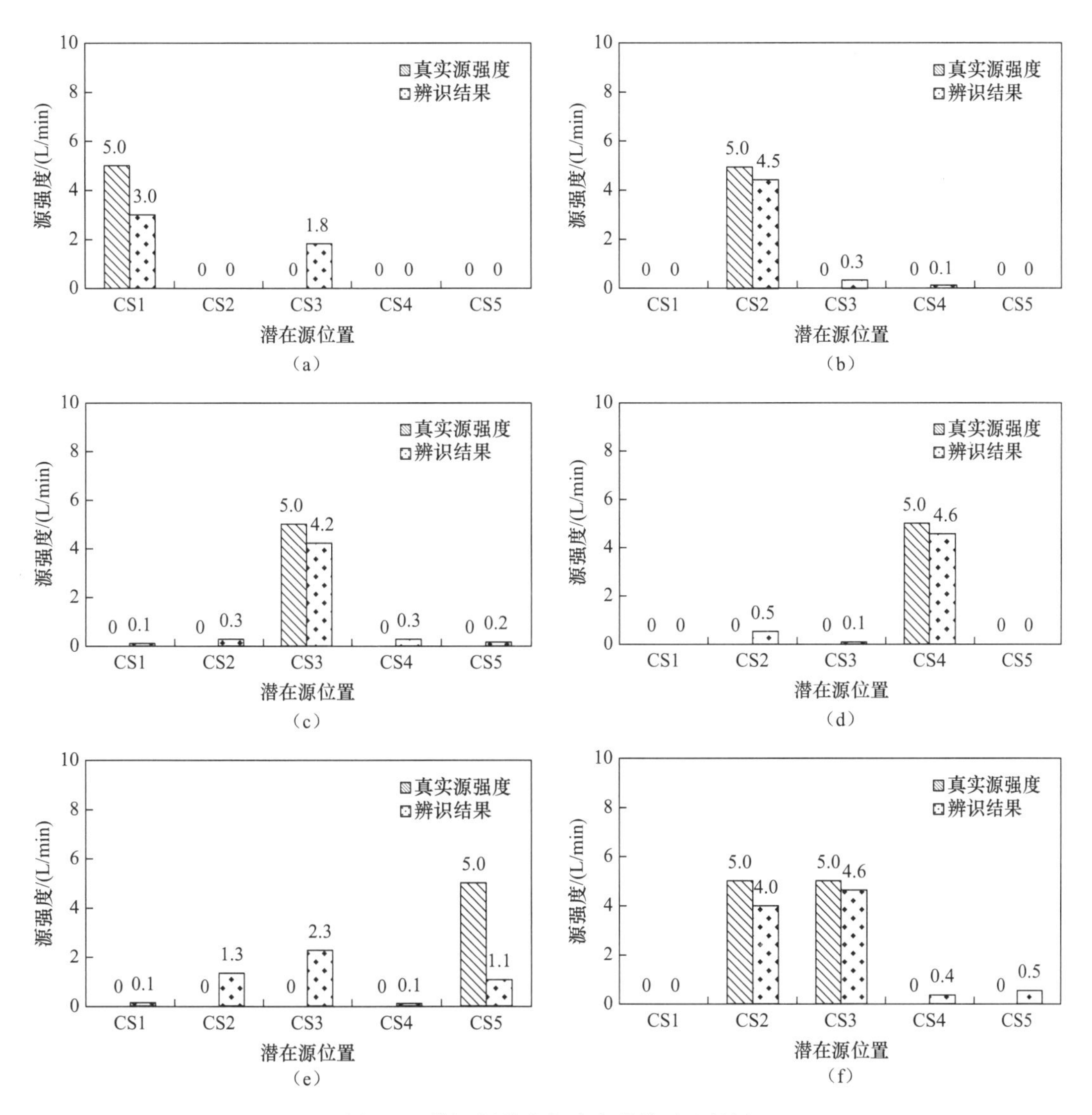


图9-6　辨识源强度与真实值的对比结果

(a) 场景1；(b) 场景2；(c) 场景3；(d) 场景4；(e) 场景5；(f) 场景6

此外，每个场景下辨识出的各潜在源强度值之和均近似等于真实总源强值，这表明提出的源辨识方法对总的源释放强度辨识是准确的，只是在部分情况下对总源强度在各潜在源位置的强度分配比例出现了偏差。

通过以上分析可知，源辨识方法对4个场景（场景2、3、4、6）实现了准确辨识，对1个场景（场景1）能够在一定程度上实现辨识，只有1个场景（场景5）难以实现辨识。辨识方法不仅可用于单源辨识，也可用于双源辨识。

源辨识结果的好坏除受辨识方法本身影响之外，还受其他因素影响，如：传感器的数量、位置、采样时间等。增加传感器数量、合理布置传感器和增加采样时间，一般可有助于提高辨识精度。

## 9.4 基于机器视觉的人员定位技术

人员是建筑室内环境保障的主要目标，同时也是影响室内环境的主要因素。室内人员的数量、位置以及活动方式的变化形成了多种室内环境应用场景，并对空调系统的运行与能耗产生显著的影响。而人员所占据的室内空间相当有限，因此如果获知人员的准确位置信息将能够在室内空间营造非均匀的环境并根据人员的位置进行调整，从而大幅度节约能耗。所以人员定位系统对于室内建筑的节能具有重要意义。

现有的很多传感器和算法已经用于人员检测，但它们只能对人员的数量提供简单的估计。无线信标系统（Radio Frequency Identification，RFID）能够准确地得到人员的坐标信息，但是系统效果比较依赖室内的电磁环境，并且基于无线定位的系统需要人员一直佩戴定位标签，这也限制了系统更广泛的应用。基于图像的人员定位系统的显著优势是非接触式，但由于单个相机的覆盖范围有限，适用的人员数量还很有限，并且无法获得更详细的人员姿态信息。本研究提出了两种基于机器视觉的人员定位系统新方法，能够准确提供较大室内空间内人员的位置分布和室内场景信息，为多模通风以及室内环境的高效营造和控制提供了基础数据。

### 9.4.1 基于可见光的室内人员定位系统

基于可见光的室内人员定位系统主要由 4 台相机和处理计算机组成。考虑在房间使用过程中，人员分布比较随机而人员间的相互遮挡将显著影响到人体关键点的提取，因此采用 4 台广角相机获取图像。为了方便安装，相机布置在房间的四角且指向房间的中心，并采用广角镜头，如图 9-7 所示。采用 500 万像素的网络监控摄像头，选用 4mm 广角镜头，视场角为 79°，使得房间的绝大部分区域均能被多个相机从不同角度拍摄到，从而解决人员相互遮挡的问题。

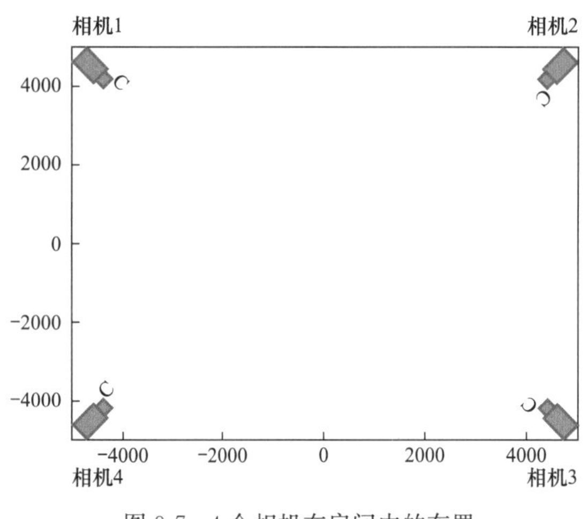

图 9-7　4 个相机在房间内的布置

网络监控摄像机通过网线连接到局域网中，计算机通过局域网实时获取拍摄的图像。该方案采用了较为常用的网络监控摄像头作为图像信息的来源，一方面降低了系统搭建的成本，另一方面，为与既有监控系统的结合提供了可能。基于图像关键点的室内人员定位系统的基本算法如图 9-8 所示。其主要包括 3 个模块：采集图像、处理图像和信息融合。

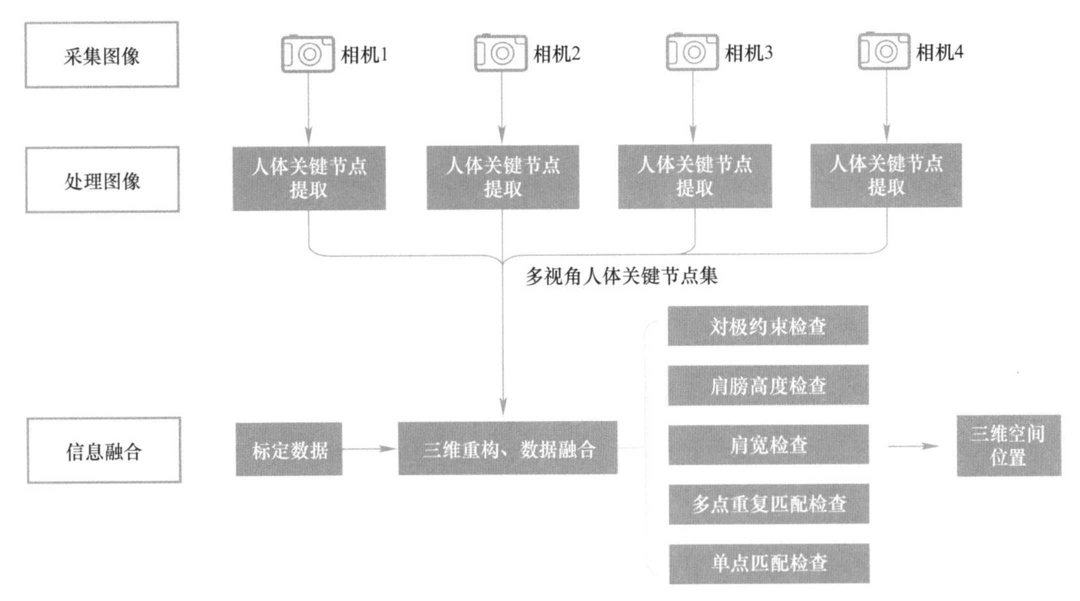


图 9-8　基于图像关键点的室内人员定位系统的基本算法

采集图像模块是利用房间内不同位置和角度的摄像机，获取房间内人员分布的实时图像。处理图像模块是通过人体关键点的提取算法计算得到从不同角度看到的人体关键点的二维坐标，从而将多视角下人体关键节点的图片信息转化成了相机二维平面内的语义信息，提供了三维重构的基本素材。但由于人员在空间内的分布可能发生叠加以及相机投影关系，还需要进一步通过三维重构和数据融合来实现最终位置信息的提取和确认。

三维重构和数据融合模块包括了一系列的匹配算法和检查，是系统中最为核心的部分。从相机成像和三维重构的角度来说，任意两个相机均能够记录并重构出空间人员的位置信息，但难点在于如何确定不同角度下拍摄的两张图像内的人体关键点对应同一个人，这需要通过复杂的算法进行计算和匹配。具体来说，对极约束是利用相机标定数据计算一组相机内人体关键点的三维匹配误差。由于这里的人体关键节点是基于图像特征的提取结果，在不同视角下图像的提取结果可能略有差异，与常规的三维重构时一般为特定点不同，因此这里的对极约束检查通常取较大的阈值，以保证所有潜在的匹配对象能进入后续筛查。进一步考虑人体的各个部分由于姿态的关系很难在一张照片中都被看到，因此本研究中只针对了左右肩和脖子的位置进行识别和匹配分析。采用多个点进行匹配判断的好处是可以减少随机误差，保证匹配的可靠性。

由于对极约束的阈值较大，还需要采用其他约束关系来检查匹配的合理性。这里主要针对数据的合理性以及匹配的唯一性来开展。由于人的肩部和脖子能够在绝大部分时间被拍摄到，因此检查主要针对人员的肩部和脖子进行。肩膀高度检查是根据人在房间内的肩膀位置来进行匹配判断，本研究的取值区间是 0.2～2m，超出此范围则认为是错误的匹配。肩宽检查是根据人的肩宽范围筛除错误的匹配，本研究的取值区间是 0.3～0.5m，超出此范围的匹配将被删除。匹配的唯一性是指某个相机里人员的一组关键点数据只能和其他相机的一组关键点数据匹配，不能重复匹配。多点重复匹配是针对多个相机重构出来的重叠的点进行检查，判断各个匹配是否满足唯一性，然后将确认的结果保存。为了将只有一组相机拍到的人体关键点的结果考虑进来，本研究还利用已经确认过的匹配对剩余的单组匹配结果进行匹配唯一性检查，经过筛选和确认后的单组匹配结果也计入到合格的匹配中。自习教室模式下的室内图像和人体关键点的提取结果如图 9-9 所示，人员定位结果如图 9-10 所示。

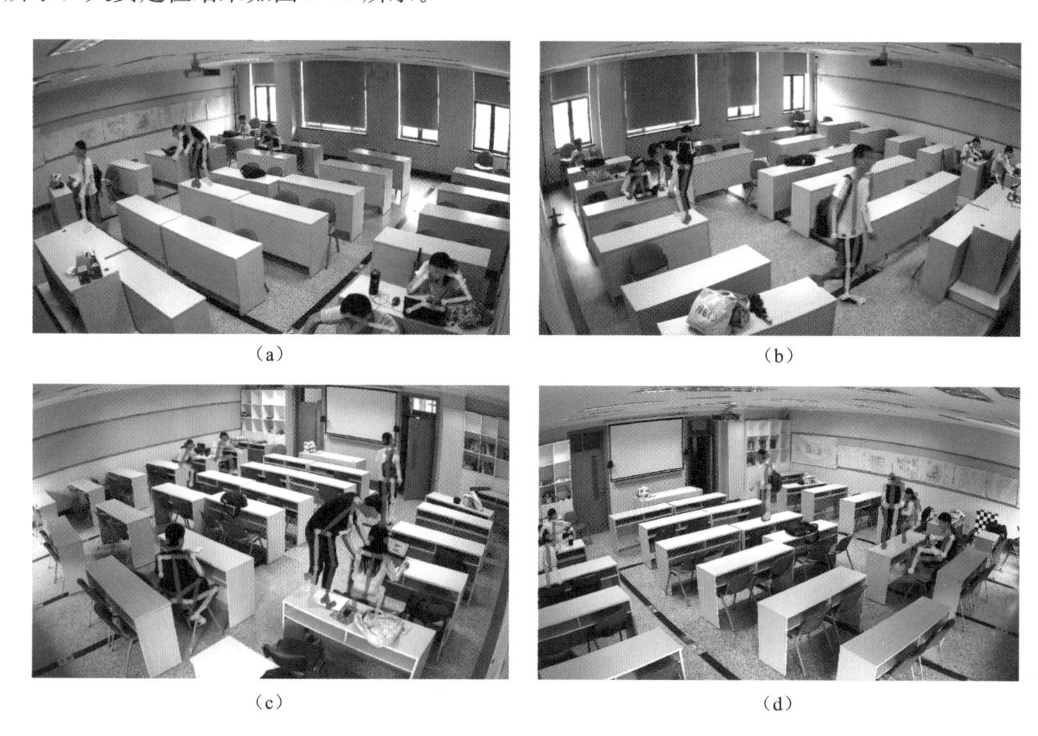

图 9-9 自习教室模式下室内图像和人体关键点提取结果

(a) 相机 1；(2) 相机 2；(3) 相机 3；(4) 相机 4

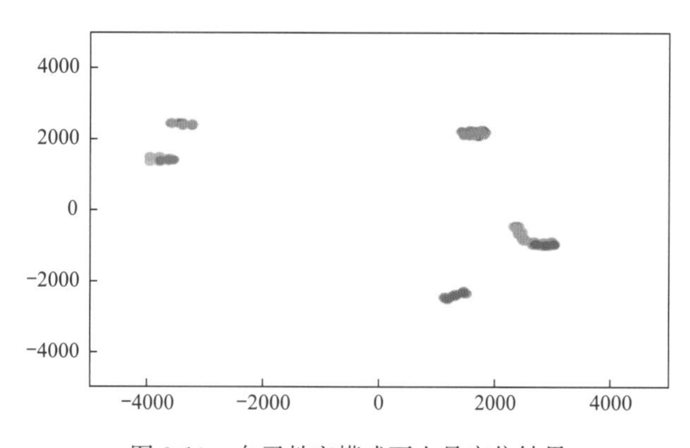


图 9-10 自习教室模式下人员定位结果

将房间中心作为坐标系中心，取面向讲台的方向为向上，采用同种颜色的 3 个点分别表示一组（两台）相机所获得的人员左右肩和脖子的水平位置。由于任意两台相机均可能重构出空间内三维点的坐标，这里采用不同颜色的点表征不同组相机所提供的定位结果。如果多个彩色点重叠，证明该处人员的定位结果可以被多组相机所确认，所以非常精准。可以看到，大部分结果能够得到多组相机的确认，同时还可以得到人员的位置和身体方向信息，比如场景中左下角的两位讨论的同学的身体角度就准确地呈现了出来，场景中正在行走的同学也被准确地重构和表达。因此，该系统在人员分布比较疏松并且姿态比较复杂的工况中取得了良好的应用效果。

为了进一步测试在人员较密集情况下的系统表现，进行了会议模式下的测试。该工况下各个相机得到的室内图像和人体关键点提取结果如图 9-11 所示，人员定位结果如图 9-12 所示。此时室内共有 12 个人，正在进行会议讨论，座位相对集中，而坐姿有较大不同。从人体关键点的提取结果来看效果较好（由于人数较多，并没有将所有识别到的人都标记出来）。

图 9-11　会议模式下室内图像和人体关键点提取结果

（a）相机 1；（b）相机 2；（c）相机 3；（d）相机 4

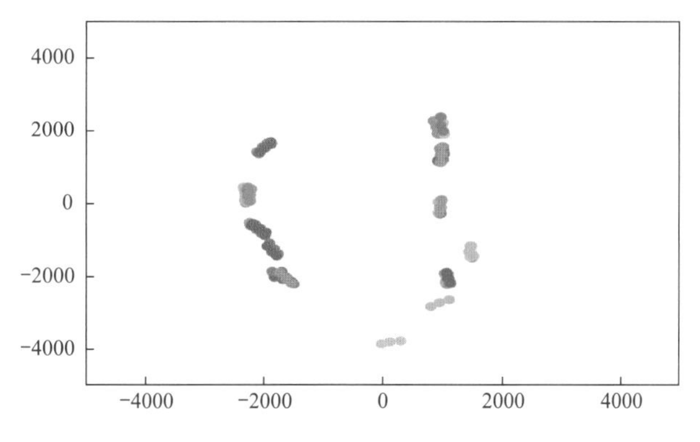


图 9-12　会议模式下人员定位结果

从最终匹配的结果看，绝大多数定位结果能够得到多组相机的确认，证明系统精度非常高。从结果图中甚至能够分辨出人员坐姿的不同。而对比两种模式下人员姿态的不同，可以很容易地分辨出建筑空间内使用模式的变化，结合准确的人员分布数据，为面向需求的高效环境营造提供了基础。

### 9.4.2 基于深度传感器的室内人员定位方法

RGBD 相机可同步获得拍摄区域的颜色和深度图像，提供视场内更丰富的信息，有助于解决空间内密集人员所带来的匹配困难问题，如图 9-13 所示。本研究提出了基于深度传感器的室内人员定位方法（CIOPS-RGBD），其基本原理与基于可见光的人员定位系统类似，首先从颜色图像中不同的相机视图中抽象占用骨架的关键点，再利用深度图像在 3D 空间中重建位置和身体方向。由于每个相机都能提供三维点云信息，最后将多个相机的 3D 重建结果进行数据融合。该系统由 4 个 RGB-D 摄像机和 1 台用于图像处理及数据融合的台式计算机组成。

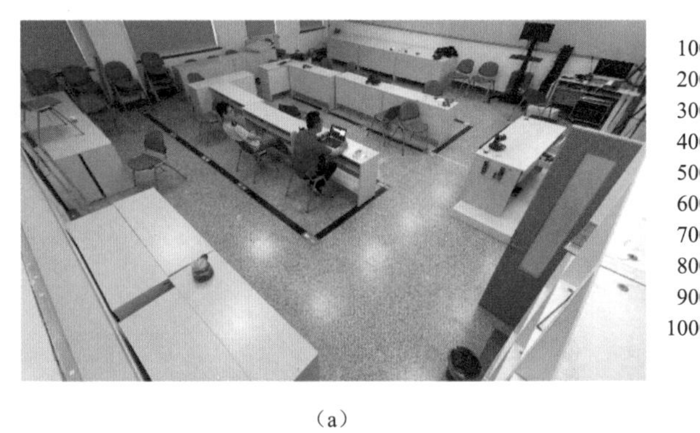

(a)

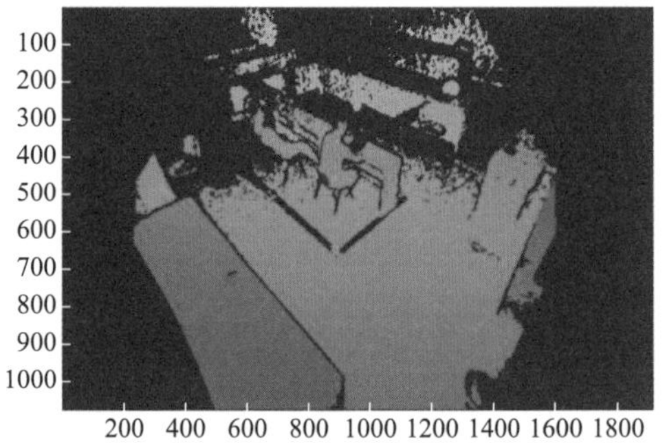


(b)

图 9-13 RGBD 相机的典型图像

(a) 彩色图像；(b) 深度图像（单位：pixel）

在更为复杂、人员密度更高的会议场景下，对 CIOPS-RGBD 进行了测试。该场景主要的挑战性因素是人员只分布在空间内相对集中的位置，而人员密度差距很大，对三维重构和匹配算法的挑战更高。会议现场的彩色图像和人体关键点提取情况如图 9-14 所示。在会议室内共有 16 名参会者，参会者坐在 U 形会议桌上，他们之间的距离很小，并且分为多排就座，这对新的人员定位系统带来了巨大的挑战。

系统的测量结果如图 9-15 所示，这里将来自不同 RGBD 的最终关键点和点云合并在一起。点云的不同颜色表示由不同位置的 RGBD 传感器捕获的数据。可以清楚地观察到房间中心的桌子被不同角度的 RGBD 捕获并由传感器表示，证明了点云的准确性。由于相机视角有限，RGBD 没有捕获房间拐角处的工作人员。这里浅蓝色球代表 CIOPS-RGBD 系统得到的人员头部和左右肩的位置。可以观察到结果与人体的点云对应良好，证明了 CIOPS-RGBD 的识别和定位能力以及准确性。从平面图上［图 9-19（b）］，甚至可以观察到参与者姿态的细微差异。

（a）　（b）　（c）　（d）

图 9-14　CIOPS-RGBD 会议模式下室内图像和人体关键点的提取结果

（a）K4A-0；（b）K4A-1；（c）K4A-2；（d）K4A-3

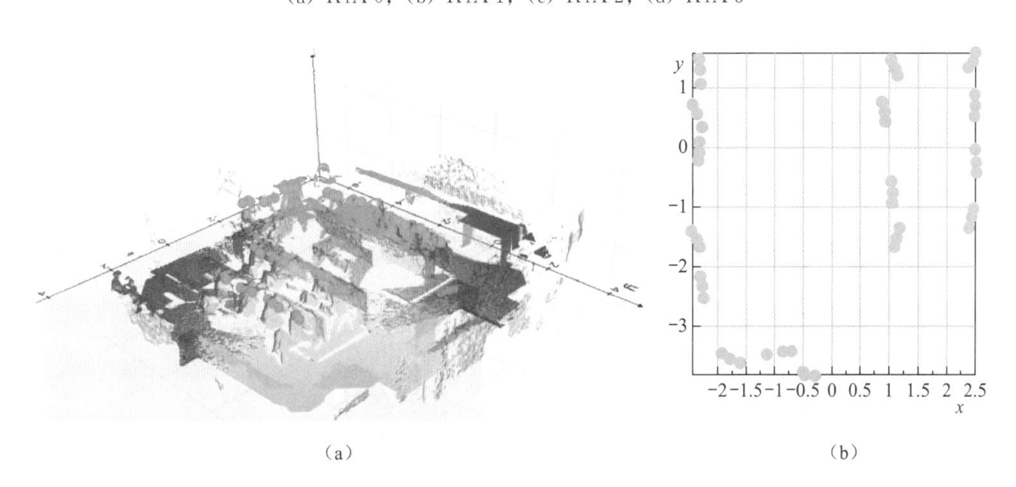


（a）　（b）

图 9-15　CIOPS-RGBD 会议场景下点云结果与人员分布平面图

（a）不同 RGBD 相机采集的点云和关键点；（b）人体关键点的分布图

在实际复杂情况下，所有参会者都被识别、定位并正确地表示，充分证实了 CIOPS-RGBD 的准确性和能力，以及适用于对复杂且人口稠密的场景的人员定位和室内物品的测量。

综合上述两种人员定位系统可以发现，基于机器视觉的人员定位系统可以为室内环境的营造提供丰富的信息，可以获得室内人员的活动模式，分析不同室内场景的聚类，构建面向人员的通风及空调系统等，为面向需求的高效室内环境的营造提供了关键的技术基础。

## 9.5 新型气流组织末端与风扇网络

传统的空调系统通过散流器将空气送入房间后认为可以均匀混合。但是根据实际空气流场的测量结果，建筑空调系统中散流器的运行效果差异巨大，系统的管道安装会显著影响散流效果，导致实际建筑环境的空气混合效果不理想。实测结果显示，室内空气末端的方向调节性能也很差，无法根据需要进行调整。从而导致实际室内环境中，空调送风既无法做到均匀分散，也无法根据人员需求进行准确的调整，从而影响了室内环境的实际效果。鉴于依靠固定的送回风口不能有效进行室内在实际动态热源与需求下的环境营造，有必要引入面向需求的动态新风输运手段。

### 9.5.1 可调矢量送风末端

针对现有空调系统的上述问题，提出以风扇作为末端营造系统的主要动力和核心部件的室内可调矢量送风末端。其基本思路是利用可以调整方向的风扇将空调系统的送风更直接地送到目标保障区，根据送风可及性原则，此时的送风口对目标保障区的影响效果最直接，最容易实现保障目标。其基本构成如图 9-16 所示，采用可调转速的风扇作为送风射流的动力单元。方向控制舵机和俯仰控制舵机可以实现风扇送风的水平方向以及向下倾角的改变和锁止。两个舵机配合能够实现风扇送风方向的高度可调节性，使其能够向其下方的任意一点送风。通过风扇的转速调节可以调整风扇的送风量。根据房间内需要实现的非均匀程度和需要达到的营造差异性布置可以配置多个能够单独控制的矢量送风模块，与原空调系统的送风口结合，形成送风方向和风量高度可控的可调矢量送风末端，如图 9-17 所示。

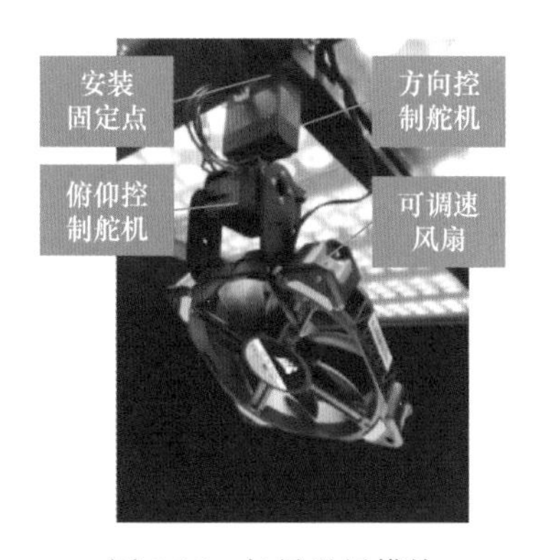


图 9-16　矢量送风模块

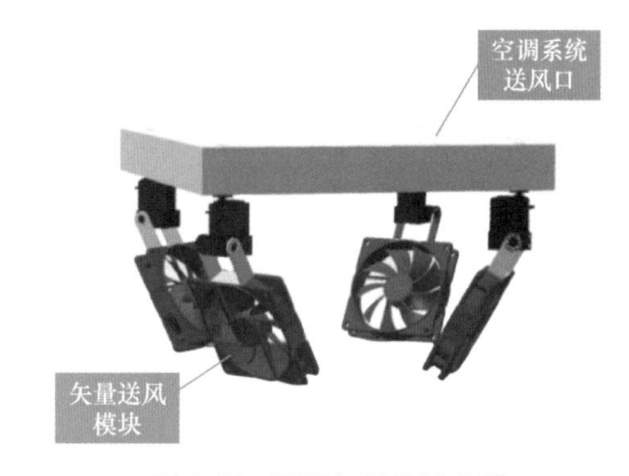


图 9-17　可调矢量送风末端

### 9.5.2 风扇网络用于多种场景营造

将可调矢量送风末端布置在房间顶部，能实现对房间内大部分人员活动区域的直接指定风量送风，为气流组织的营造提供了巨大的便利。考虑到大量时间内人员仅占据部分空间，人员和其他污染源在空间和时间上的分布具有聚类特征，并且能够利用多种传感器和信息处理方法获得。在这些信息的支持下，综合多个可以调整的矢量送风模块组成风扇送风网络，可以针对需要保障的关键位置和环节进行重点保障，提高环境营造水平和能效水平，并为室内环境的高效营造提供基础性支持。

具体的，当射流风速较低而不足以到达远处的保障目标时，可以用一个风扇进行中继、一个风扇负责散流，从而延伸送风射流的范围。因而通过送风方向和风量的调整，组成风扇送风网络来实现不同目标的保障，比如用于延伸送风射流，如图 9-18 所示。

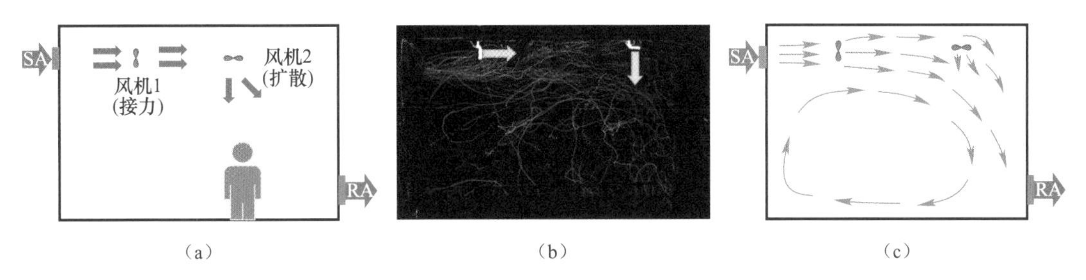


图 9-18　风扇网络用于延伸送风射流

(a) 设计工况；(b) 送风状态与轨迹叠加；(c) 绘制流线

当人员位于出风口下方的回流区，送风无法直接到达时，可以将风扇反向吹风，用来辅助送风进入人员所在区域，如图 9-19 所示。

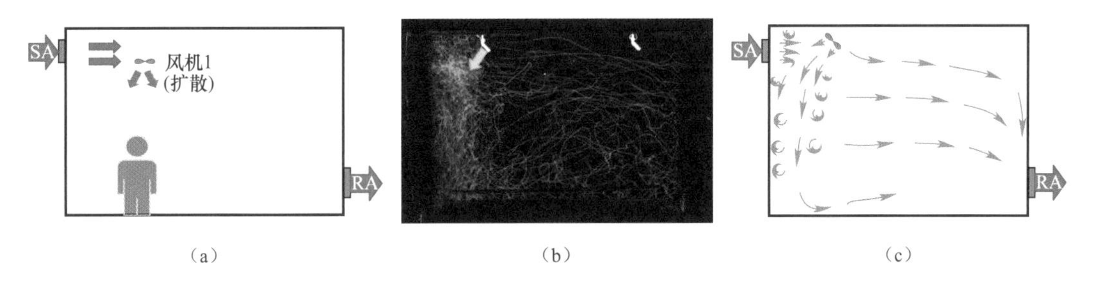


图 9-19　风扇网络用于辅助送风进入人员区域

(a) 设计工况；(b) 送风状态与轨迹叠加；(c) 绘制流线

当人员较多时，可以相向吹风，用来增强混合效果，如图 9-20 所示。

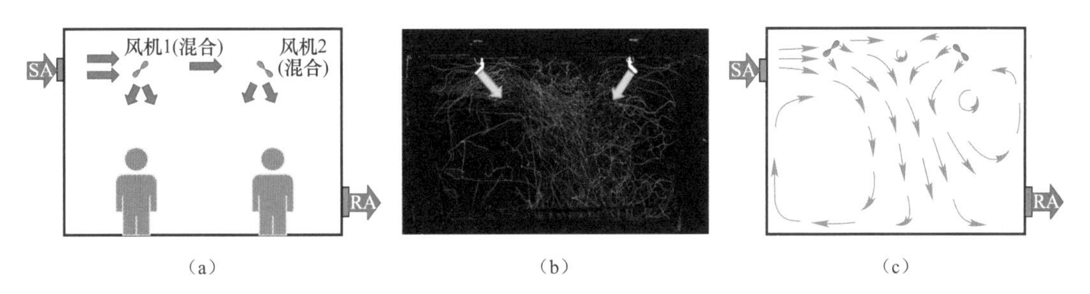


图 9-20　风扇网络用于增强混合

(a) 设计工况；(b) 送风状态与轨迹叠加；(c) 绘制流线

风扇网络在原有的环境营造系统的基础上，实现了一套系统服务于不同目标保障、高度可调节的气流组织营造方案，为室内环境的动态保障提供了基本思路和实现工具，完善了送风口调节能力有限的问题，通过与人员和热源检测及定位系统相结合，可以形成完整的非均匀环境营造平台。

## 9.6 多模式通风系统示例

每种送回风气流组织形式均具有其高效作用的场景。当实际场景多变时，将不同的气流组织形式进行组合，并根据实际场景进行合理切换，将能更好地保障在更宽广的时间尺度下的室内需求。设计多种典型的人员分布和热源场景，对多模通风气流组织设计进行展示。

建立典型的会议室模型，房间尺寸为 12m(长)×3m(高)×4m(宽)，会议桌周围布置 18 个座位（图 9-21）。主要研究夏季工况，仅考虑显热负荷。假设仅东侧墙为外墙，其余墙均为内墙（设为绝热），外墙厚度设为 0.2m，墙体室外侧对流传热系数为 20W/($m^2$ · K)，室外温度为 30℃。根据实际会议性质，参会人员的数量和位置将不同，呈现多分布场景；会议室中的设备和通过窗户入射的太阳辐射等热源的位置或强度将发生变化，呈现多热源分布场景。

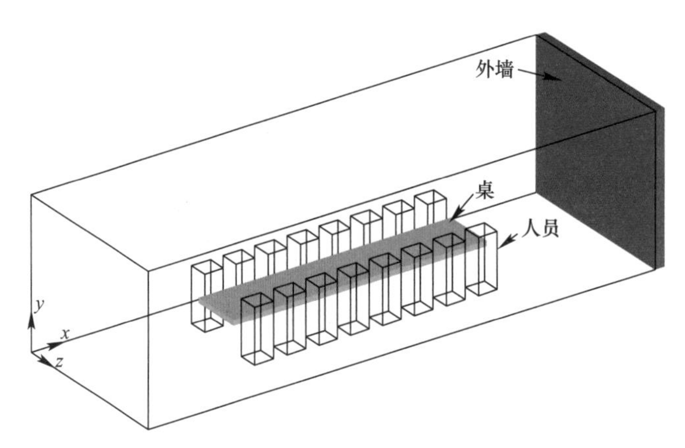


图 9-21　会议室模型

在进行多模通风设计时，需要首先确定典型的需求场景。假设充分考虑到该会议室的实际使用特征后，确定典型人员分布场景，如图 9-22 所示。传统的热环境针对整个房间进行温度控制，回风口温度是可代表房间温度的选择之一。但人员占据的区域是真正需要保障的区域，其他区域可降低保障程度，在多模通风策略下，将人员实际占据区域的温度作为控制目标。在人员分布场景 1～3 中，仅 4 个人存在，将每 2 个人所占据的局部区域作为 1 个保障区域，可认为同时存在 2 个局部区域需要保障；在场景 4 和 5 中，1 个保障区域存在 4 人，2 个保障区域共存在 8 人；在场景 6 中，1 个保障区域存在 8 人，2 个保障区域共存在 16 人。每种场景下，保障目标为将 2 个局部区域的平均温度维持在 26℃。每个区域的高度为 1.2m，即人员的坐立高度。

热源分布场景如图 9-23 所示。场景 1 为太阳入射地面引起地面传热量为 1500W，场景 2 和场景 3 分别为发热量为 600W 的热源位于桌面上的左、右侧。

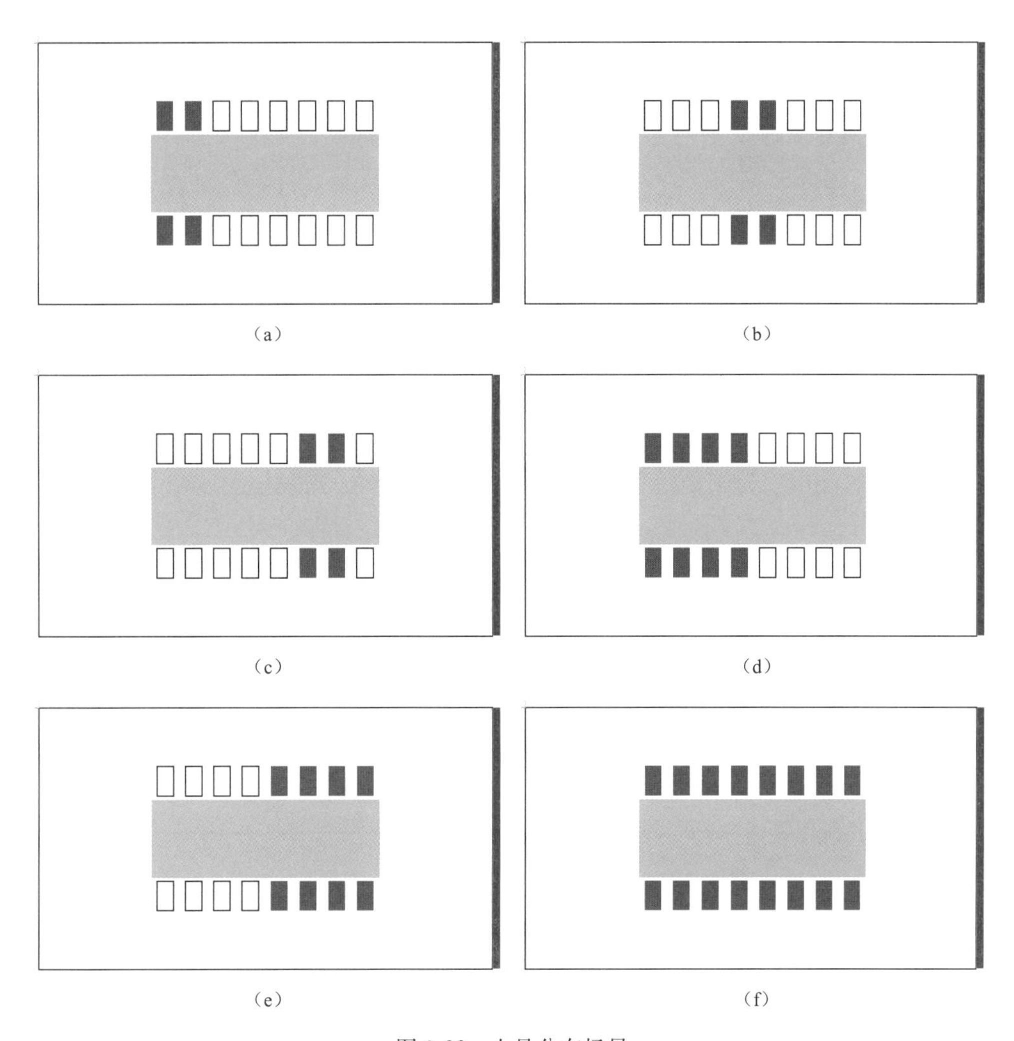


图 9-22　人员分布场景

(a) 场景 1：4 人居左；(b) 场景 2：4 人居中；(c) 场景 3：4 人居右；
(d) 场景 4：8 人居左；(e) 场景 5：8 人居右；(f) 场景 6：16 人

假设考虑实际需求场景和源场景时确定的典型场景如表 9-3 所示。

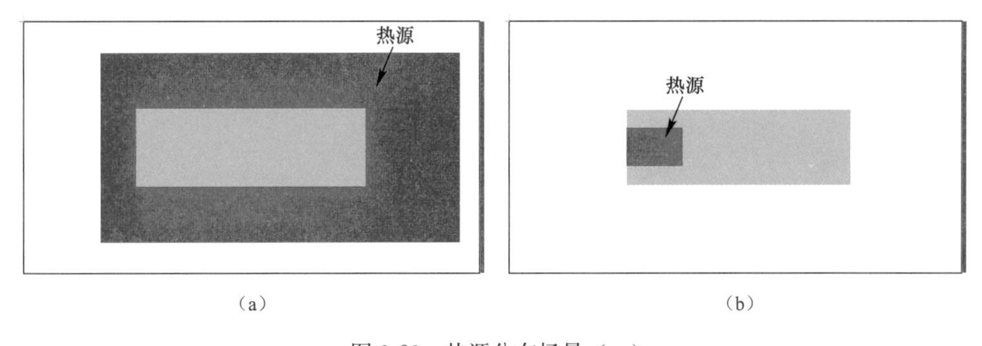


图 9-23　热源分布场景（一）

(a) 场景 1：热量位于地面；(b) 场景 2：热量位于桌子左侧

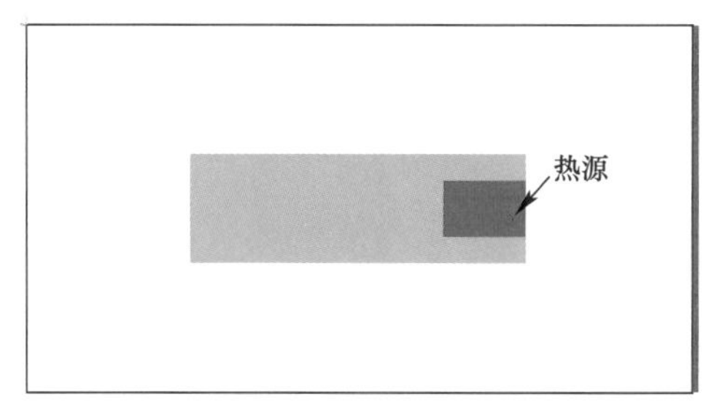


(c)

图 9-23　热源分布场景（二）

(c) 场景 3：热量位于桌子右侧

**典型场景**　　**表 9-3**

| 算例编号 | 人员分布场景 | 热源分布场景 |
|---|---|---|
| 1 | 1 | 1 |
| 2 | 2 | 1 |
| 3 | 3 | 1 |
| 4 | 4 | 1 |
| 5 | 5 | 1 |
| 6 | 6 | 1 |
| 7 | 1 | 2 |
| 8 | 1 | 3 |

初步设计 4 种气流组织模式（图 9-24）：顶送顶回 1、顶送顶回 2、顶送顶回 3 和侧

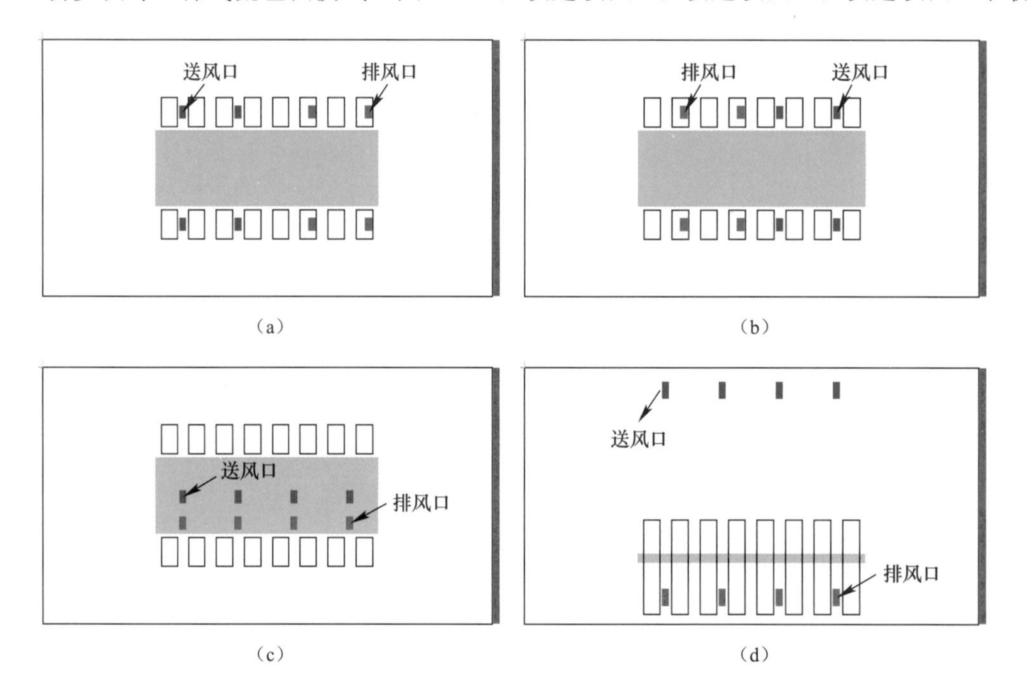


图 9-24　初步设计的气流组织形式

(a) 气流组织 1；(b) 气流组织 2；(c) 气流组织 3；(d) 气流组织 4

上送异侧下回。送、回风口尺寸均为 0.2m×0.2m，送风速度为 1.5m/s。需要通过定量评估比选，确定多模通风系统的气流组织构成。

为实现同样的区域 26℃控制，不同的气流组织因效率不同，所需的送风温度也不同。如所需的送风温度越高，气流组织输送冷量到达目标区域的能力越强，则空调系统越节能。由于保障过程不再是为使整个房间达到 26℃而从整个房间去除热量，而是为控制局部关注区域达到 26℃而需要向房间投入冷量，采用第 6 章提出的局部负荷指标进行评估，局部负荷越小，表明气流组织保障局部环境的能力越强，空调系统越节能。对每种场景下，各气流组织的局部负荷进行比较，结果如图 9-25 所示。

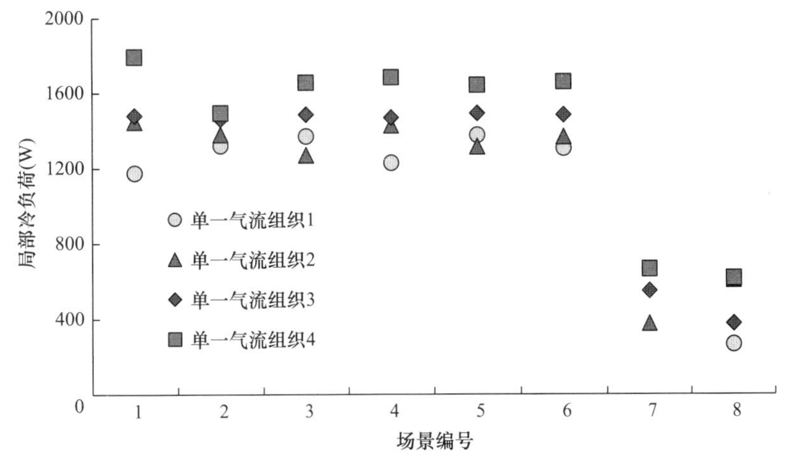


图 9-25　不同气流组织的局部负荷对比

每种单一气流模式仅在部分场景下的局部负荷较低，例如，在方案 1、2、4、6 和 8 中，气流模式 1 的局部负荷最低；然而，气流模式 1 在其他场景（尤其是场景 7）中表现不佳。气流模式 4 在所有场景下的表现均较差。气流模式 1 对于 5 种典型场景高效，而气流模式 2 对于另外 3 种典型场景高效，因此，针对展示案例给定的所有典型场景，气流模式 1 和 2 的组合将能够实现高效保障。设计的多模通风系统示意图如图 9-26 所示。经过调节的空气通过送风干管输送，之后分流到支管中。在支管中设置风阀，用于送风路径的切换。室内空气流回到回风支管，之后汇流至回风干管。回风支管上设置风阀，用于回风路径的切换。通过多模通风系统的构建，除了现有的气流模式 1 和 2 之外，还可以通过控制不同阀门的开/关位置形成其他新的气流模式，这可进一步丰富多模通风在实际运行中的气流模式选择，提升灵活性和效果。

在实际运行中，典型场景的确定应从建筑的实际调研、已有经验和用户要求等角度充分考虑而确定。示例中多模通风将两种单一气流组织模式联合，而实际设计时可充分考虑不同气流组织的优化组合，如某一单一气流组织的送风口可作为另一单一气流组织的回风口；在不影响两种待组合的单一气流组织保障能力的前提下，可考虑是否两种单一气流组织各自的回风口可只用一组；将几种单一气流组织结合后，通过风阀的切换，可能会形成与之前单一气流组织不同的新的气流组织，可进一步确认新的气流组织是否能保障更多的典型场景，从而进一步提高多模通风的保障能力。

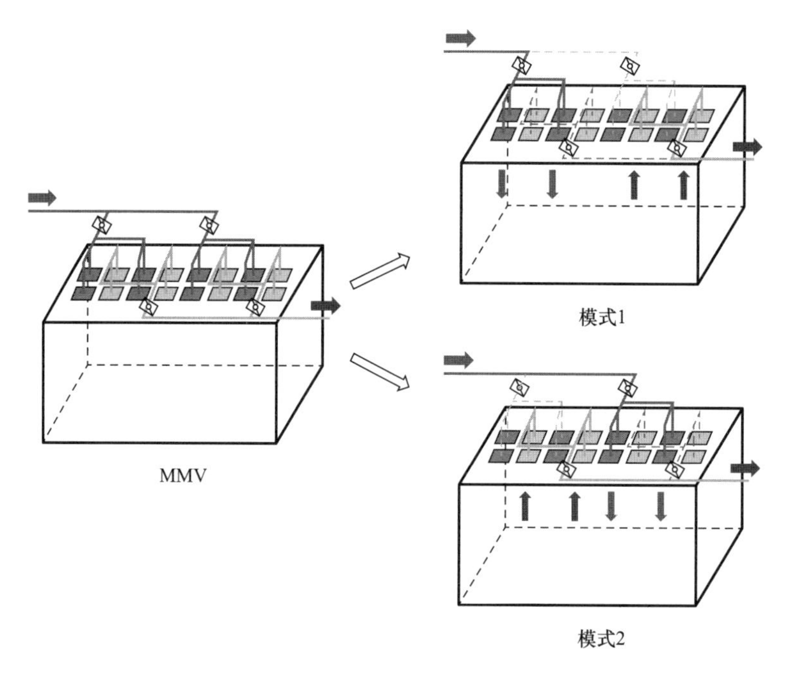


图 9-26　多模通风系统设计

## 9.7　本章小结

本章针对不同的应用场景提出了多模通风的系统构建方法，从源辨识和需求定位、设计和控制层面介绍了实现多模通风的要素，主要结论如下：

（1）多模通风通过若干种单一气流组织组合为一套多种模式的通风系统，针对实际的不同典型场景，实现相对应的高效气流模式的切换。实现多模通风的关键环节在于典型场景的确定、待组合气流模式的遴选、优化冗余的多模通风系统设计、源参数和对象位置的辨识、面向需求的通风模式切换和送风参数的优化控制。

（2）利用现有的传感器和信号处理技术，结合源辨识方法和人员定位方法，能够获得室内环境的应用场景，进行一段时间积累后，可以确定室内环境的典型应用场景。并且可以实时提供环境营造的主要保障目标和分布区域，为多模通风的实施和控制提供关键信息。

（3）风扇网络系统利用新型矢量送风末端，通过送风方向和风量的调整，实现了高度可调节的气流组织营造末端，相比传统的整体通风气流组织而言，可更好地保障不同目标的需求差异性，为更精细的环境营造和个性化调节提供了可选择的技术方法。

## 第 9 章　参考文献


[1] Sandberg M, Blomqvist C. Displacement ventilation systems in office rooms [J]. ASHRAE Transactions, 1989, 95 (2): 1041-1049.

[2] Yuan X, Chen Q, Glicksman L R. A critical review of displacement ventilation [J]. ASHRAE

Transactions，1998，104（1）：78-90.

[3] Alajmi A，El-Amer W. Saving energy by using underfloor-air-distribution（UFAD）system in commercial buildings [J]. Energy Conversion Management，2010，51（8）：1637-1642.

[4] Fanger P O. Human requirements in future air conditioned environments：A search for excellence [C]. Proceedings of the 3rd International Symposium on Heating，Ventilation and Air Conditioning，1999.

[5] Melikov A K，Cermak R，Majer M. Personalized ventilation：Evaluation of different air terminal devices [J]. Energy and Buildings，2002，34（8）：829-836.

# 第10章 展　望

随着人类社会提出碳中和的发展目标以及人们对舒适健康要求的提升，面向人员或工艺需求的非均匀环境营造必然成为未来发展的主要方向。虽然目前人们已在非均匀环境营造方向开展了一系列工作，取得了一系列成效，但要使面向需求的非均匀环境得到广泛应用，未来还需要在下列方向开展更多的研究工作。

（1）典型应用场景的确定方法

实际工程中除设计工况外，还存在大量的日常工况，需要将这些日常工况聚类为一定数量的典型应用场景，从而为适应各种日常工况的多模式送风方式设计提供基础数据。随着电子信息技术的快速发展，室内人员的识别和定位成为可能，通过计算机图像等技术，可长时间记录人员位置数据，分析获得空间的实际使用模式情况以及人员在空间内的分布情况，提炼多种典型需求场景；结合非接触式传感器等进行热源定位和描述，分析获得空间内人员和其他热源的分布情况，提炼典型热源分布场景，为各类建筑功能空间确定有代表性的典型场景。

（2）适合工程师应用的设计计算工具

面向需求的非均匀环境负荷和风量理论需要较复杂的理论分析与计算，普通的工程师应用起来有一定难度。为此，需要将复杂的方法转化为工程化的计算工具或线算图表，使普通工程师可以很快地学会应用。为此，需要结合典型的应用对象，对各影响因素进行分类，通过大量的工况计算，将结果整理成经验公式或线算图，从而方便工程师应用。

（3）适应多种场景的高效末端研发

目前的末端风量和送风形式的调节能力有限，难以创造出适应大量不同日常场景的高效气流组织形式。为此，需要开发出可以调节送风方向和风量的高效送风末端，以适应各种不同功能房间、不同需求场景的高效送风。本书介绍的可调矢量送风末端及风扇网络是对这类高效末端的初步尝试，希望未来有更多形式的末端可以适应各种应用场景。

（4）面向多变个性化需求的非均匀环境调控方法

目前室内环境调控方法主要保障房间或工作区的整体平均环境，控制算法多采用传统的反馈方法。面向不同人员的个人喜好，实现差异化的多位置或多局部区域的参数保障是发展方向。为精准调控同一共享空间中多目标位置的参数，避免不同位置在调节过程中的耦合影响和反复振荡，可以融合室内非均匀参数分布规律，建立基于物理模型或数据驱动的传感器输入数据与多目标位置参数的关系，进而构建高适应性的预测性控制方法。

# 后　记

本书主要研究工作始于2003年，历时19年完成。通过杨建荣、陈玖玖、马晓钧、邵晓亮、梁超、王欢、闫帅、赵家安的博士课题，李冬宁、孟彬彬、李蓉樱、朱奋飞的硕士课题，以及蔡浩的博士后研究工作，完成了本书的主要研究成果。本书的研究工作得到了国家杰出青年自然科学基金项目（51125030）、国家自然科学基金重点项目（51638010）、面上项目（50578080、51578306）、国家科技支撑计划（2006BAJ02A08-7-2、2012BAJ02B07）和重点研发计划（2018YFC0705200）的资助，在此表示感谢。与本书相关的研究成果，共发表SCI论文45篇，其中3篇获国际期刊最佳论文奖。

本书相关研究工作培养的研究生和受资助项目见附表1和附表2。

**培养的博士、硕士毕业生　　附表1**

| 毕业时间 | 姓名 | 学位论文名称 |
| --- | --- | --- |
| 2004年 | 杨建荣 | 博士论文：送风有效性和污染物传播特性的研究与应用 |
| 2007年 | 陈玖玖 | 博士论文：通风房间污染物传播规律及其在应急通风中的应用 |
| 2012年 | 马晓钧 | 博士论文：通风空调房间温湿度和污染物分布规律及其应用研究 |
| 2014年 | 邵晓亮 | 博士论文：面向需求的室内非均匀环境营造若干关键问题研究 |
| 2018年 | 梁超 | 博士论文：非均匀室内环境的空调负荷与能耗构成及其降低方法 |
| 2018年 | 王欢 | 博士论文：彩色时序粒子轨迹测速系统研发及室内流动测量应用 |
| 2022年 | 闫帅 | 博士论文：多种末端作用下非均匀室内环境负荷数量与温度品位 |
| 2023年 | 赵家安 | 博士论文：电子洁净厂房非均匀环境营造方法及空调系统理论能耗 |
| 2003年 | 李冬宁 | 硕士论文：实际空调系统中空气龄和污染物浓度的计算方法 |
| 2004年 | 孟彬彬 | 硕士论文：体育馆气流组织评价方法 |
| 2007年 | 李蓉樱 | 硕士论文：全程空气龄与新风量关系研究及应用 |
| 2009年 | 朱奋飞 | 硕士论文：带回风系统中室内污染物动态浓度分布规律研究 |

**主要受资助科研项目　　附表2**

| 起止时间 | 项目名称 | 项目来源 |
| --- | --- | --- |
| 2006—2008年 | 控制室内突发污染物传播的应急通风的控制策略研究 | 国家自然科学基金面上项目（50578080） |
| 2006—2010年 | 建筑室内化学污染控制与改善关键技术研究 | “十一五”国家科技支撑计划子课题（2006BAJ02A08-7-2） |
| 2012—2015年 | 降低需求的营造方法与节能高效的冷热设备系统 | 国家杰出青年自然科学基金项目（51125030） |
| 2012—2015年 | 建筑室内空气净化产品开发及工程应用关键技术研究 | “十二五”国家科技支撑计划课题（2012BAJ02B07） |
| 2016—2019年 | 利用低品位能量总线减少玻璃围护结构夏季传热和去除室内得热的研究 | 国家自然科学基金面上项目（51578306） |

续表

| 起止时间 | 项目名称 | 项目来源 |
|---|---|---|
| 2017—2022 年 | 利用自然环境低品位能源降低建筑供热空调能耗的理论和方法研究 | 国家自然科学基金重点项目（51638010） |
| 2018—2021 年 | 洁净空调厂房的节能设计与关键技术设备研究 | “十三五”国家重点研发计划项目（2018YFC0705200） |

已发表与本书研究相关的国际期刊论文如下：

[1] Zhao J, Liang C, Wang H, et al. Control strategy of fan filter units based on personnel position in semiconductor fabs [J]. Building and Environment, 2022, 223: 109420.

[2] Li X, Zhao J, Yu C W F. Progress and prospect of research on the non—uniform indoor environment [J]. Indoor and Built Environment, 2022, 31 (8): 2019—2023.

[3] Zhao J, Liu Y, Li X, et al. Numerical investigation on ventilation control strategy of reducing circulating air volume in a factory for storing satellites [J]. Energy and Buildings, 2021, 252: 111444.

[4] Zhao J, Shao X, Li X, et al. Theoretical expression for clean air volume in cleanrooms with non-uniform environments [J]. Building and Environment, 2021, 204: 108168.

[5] Shao X, Hao Y, Liu Y, et al. Decoupling transient effects of factors affected by air recirculation devices on contaminant distribution in ventilated spaces [J]. Building and Environment, 2021, 206: 108339.

[6] Liang C, Melikov A K, Li X. The influence of heat source distribution on the space cooling load oriented to local thermal requirements [J]. Indoor and Built Environment, 2021, 30 (2): 264-277.

[7] Yan S, Li X. Comparison of space cooling/heating load under non-uniform indoor environment with convective heat gain/loss from envelope [J]. Building Simulation, 2021, 14 (3): 565-578.

[8] Wang H, Wang G, Li X. Image-based occupancy positioning system using pose estimation model for demand-oriented ventilation [J]. Journal of Building Engineering, 2021, 39: 102220.

[9] Liang C, Li X, Shao X, et al. Direct relationship between the system cooling load and indoor heat gain in a non-uniform indoor environment [J]. Energy, 2020, 191: 116490.

[10] Yan S, Li X. Analytical expression of indoor temperature distribution in generally ventilated room with arbitrary boundary conditions [J]. Energy and Buildings, 2020, 208: 109640.

[11] Liang C, Li X, Shao X, et al. Numerical analysis of the methods for reducing the energy use of air-conditioning systems in non-uniform indoor environments [J]. Building and Environment, 2020, 167: 106442.

[12] Wang H, Wang G, Li X. Implementation of demand-oriented ventilation with adjustable fan network [J]. Indoor and Built Environment, 2020, 29: 621-635.

[13] Shao X, Liang S, Li X, et al. Quantitative effects of supply air and contaminant sources on steady contaminant distribution in ventilated space with air recirculation [J]. Building and Environment, 2020, 171: 106672.

[14] Wang H, Zhang H, Hu X, et al. Measurement of airflow pattern induced by ceiling fan with quad-view colour sequence particle streak velocimetry [J]. Building and Environment, 2019, 152: 122-134.

[15] Liang C, Li X, Melikov A K, et al. A quantitative relationship between heat gain and local cooling load in a general non-uniform indoor environment [J]. Energy, 2019, 182: 412-423.

[16] Wang H, Wang G, Li X. High-performance color sequence particle streak velocimetry for 3D airflow measurement [J]. Applied Optics, 2018, 57 (6): 1518-1523.
[17] Liang C, Shao X, Melikov A K, et al. Cooling load for the design of air terminals in a general non-uniform indoor environment oriented to local requirements [J]. Energy and Buildings, 2018, 174: 603-618.
[18] Shao X, Ma X, Li X, et al. Fast prediction of non-uniform temperature distribution: A concise expression and reliability analysis [J]. Energy and Buildings, 2017, 141: 295-307.
[19] Wang H, Li X, Shao X, et al. A colour-sequence enhanced particle streak velocimetry method for air flow measurement in a ventilated space [J]. Building and Environment, 2017, 112: 77-87.
[20] Shao X, Li X, Ma X, et al. Multi-mode ventilation: An efficient ventilation strategy for changeable scenarios and energy saving [J]. Building and Environment, 2017, 115: 332-344.
[21] Liang C, Shao X, Li X. Energy saving potential of heat removal using natural cooling water in the top zone of buildings with large interior spaces [J]. Building and Environment, 2017, 124: 323-335.
[22] Shao X, Li X, Ma X, et al. Long-term prediction of dynamic distribution of passive contaminant in complex recirculating ventilation system [J]. Building and Environment, 2017, 121: 49-66.
[23] Shao X, Li X, Ma H. Identification of constant contaminant sources in a test chamber with real sensors [J]. Indoor and Built Environment, 2016, 25 (6): 997-1010.
[24] Shao X, Li X. Evaluating the potential of airflow patterns to maintain a nonuniform indoor environment [J]. Renewable Energy, 2015, 73 (1): 99-108.
[25] Cai H, Li X, Chen Z, et al. A fast model for identifying multiple indoor contaminant sources by considering sensor threshold and measurement error [J]. Building Services Engineering Research and Technology, 2015, 36 (1): 89-106.
[26] Cai H, Li X, Chen Z, et al. Rapid identification of multiple constantly-released contaminant sources in indoor environments with unknown release time [J]. Building and Environment, 2014, 81 (1): 7-19.
[27] Shao X, Li X, Ma X, et al. Optimising the supply parameters oriented to multiple individual requirements in one common space [J]. Indoor and Built Environment, 2014, 23 (6): 828-838.
[28] Ma X, Li X, Shao X, et al. An algorithm to predict the transient moisture distribution for wall condensation under a steady flow field [J]. Building and Environment, 2013, 67: 56-68.
[29] Cai H, Li X, Chen Z, et al. Fast identification of multiple indoor constant contaminant sources by ideal sensors: A theoretical model and numerical validation [J]. Indoor and Built Environment, 2013, 22 (6): 897-909.
[30] Ma X, Shao X, Li X, et al. An analytical expression for transient distribution of passive contaminant under steady flow field [J]. Building and Environment, 2012, 52: 98-106.
[31] Li X, Cai H, Li R, et al. A theoretical model to calculate the distribution of air age in general ventilation system [J]. Building Services Engineering Research and Technology, 2012, 33: 159-180.
[32] Cai H, Li X, Kong L, et al. Rapid identification of single constant contaminant source by considering characteristics of real sensors [J]. Journal of Central South University of Technology, 2012, 19: 593-599.
[33] Cai H, Li X, Kong L, et al. An optimization method of sensor layout to improve source identification accuracy in the indoor environment [J]. International Journal of Ventilation, 2012, 11: 155-170.

[34] Li X, Shao X, Ma X, et al. A numerical method to determine the steady state distribution of passive contaminant in generic ventilation systems [J]. Journal of Hazardous Materials, 2011, 192: 139-149.

[35] Li X, Zhu F. Response coefficient: A new concept to evaluate ventilation performance with "Pulse" boundary conditions [J]. Indoor and Built Environment, 2009, 18: 189-204.

[36] Li X, Chen J. Evolution of contaminant distribution at steady airflow field with an arbitrary initial condition in ventilated space [J]. Atmospheric Environment, 2008, 42: 6775-6784.

[37] Li X, Yang J, Sun W. Strategy to optimise building ventilation to aid rescue of hostages held by terrorists [J]. Indoor and Built Environment, 2005, 14: 39-50.

[38] Zhao B, Li X, Chen X, et al. Determining ventilation strategy to defend indoor environment against contamination by integrated accessibility of contaminant source (IACS) [J]. Building and Environment, 2004, 39: 1035-1042.

[39] Li X, Zhao B. Accessibility: A new concept to evaluate the ventilation performance in a finite period of time [J]. Indoor and Built Environment, 2004, 13: 287-293.

[40] Li D, Li X, Guo Y, et al. Generalized algorithm for simulating contaminant distribution in complex ventilation systems with recirculation [J]. Numerical Heat Transfer Part A-Applications, 2004, 45: 583-599.

[41] Yang J, Li X, Zhao B. Prediction of transient contaminant dispersion and ventilation performance using the concept of accessibility [J]. Energy and Buildings, 2004, 36: 293-299.

[42] Li X, Li D, Yang X, et al. Total air age: An extension of the air age concept [J]. Building and Environment, 2003, 38: 1263-1269.

[43] Li X, Li D, Dou C. An algorithm for calculating fresh air age in central ventilation system [J]. Science In China (Series E), 2003, 46: 182-190.

[44] Li D, Li X, Yang X, et al. Total air age in the room ventilated by multiple airhandling units: Part 1. An algorithm [J]. ASHRAE Transactions, 2003, 109: 829-836.

[45] Zhao B, Li X, Li D, et al. Revised air-exchange efficiency considering occupant distribution in ventilated rooms [J]. Journal of the Air & Waste Management Association, 2003, 53 (6): 759-763.